中国科学技术大学研究生教育创新计划项目经费支持

一流规划教材

研究生系列教材
信息类

形式化方法
理论及应用

FORMAL METHODS
THEORY AND APPLICATIONS

华保健　编著

U0258970

中国科学技术大学出版社

内 容 简 介

形式化方法是计算机科学理论中历史悠久、理论性强、发展成熟的学科,已发展成为计算机科学的重要分支之一。形式化方法主要用数学的理论和工具,对计算机软硬件系统进行形式建模和性质推理研究,以期证明系统的实现正确性,或提高系统的可靠性和健壮性等。本书全面讲授形式化方法理论及应用,从基础知识出发,讨论了数理逻辑、可满足性、决策过程以及理论应用等内容,并给出了丰富的实例。

全书共分为13章,分别讨论了理论基础、命题逻辑、布尔可满足性、谓词逻辑、可满足性模理论、数据结构的判定、符号执行、程序验证、程序合成、Curry-Howard同构、依赖类型等内容,并给出了充分的实践讨论与应用实例。

本书适合高等学校信息与计算机科学与技术、软件工程、信息安全等相关专业的学生,以及对软件工程、形式化方法等感兴趣的工程技术人员阅读。

图书在版编目(CIP)数据

形式化方法:理论及应用/华保健编著.--合肥:中国科学技术大学出版社,2024.5
ISBN 978-7-312-05875-2

Ⅰ.形…　Ⅱ.华…　Ⅲ.形式语言　Ⅳ.TP301.2

中国国家版本馆CIP数据核字(2024)第043173号

形式化方法：理论及应用
XINGSHIHUA FANGFA：LILUN JI YINGYONG

出版　中国科学技术大学出版社
　　　　安徽省合肥市金寨路96号,230026
　　　　http://press.ustc.edu.cn
　　　　https://zgkxjsdxcbs.tmall.com
印刷　安徽省瑞隆印务有限公司
发行　中国科学技术大学出版社
开本　787 mm×1092 mm　1/16
印张　22.25
字数　568千
版次　2024年5月第1版
印次　2024年5月第1次印刷
定价　76.00元

前　　言

　　形式化方法是计算机科学理论中历史悠久、理论性强、发展成熟的学科。该学科最早起源于 20 世纪初期纯数学领域中的数理逻辑、可计算性、证明论等基础研究,并逐渐发展为计算机科学的重要分支之一。

　　形式化方法主要用数学的理论和工具,对计算机软硬件系统进行形式建模和性质推理研究,以期证明系统的实现正确性,或提高系统的可靠性和健壮性等。形式化方法和计算机软硬件领域的很多研究深入交叉融合,在形式语言与自动机、软件系统建模与软件可靠性证明、Hoare 逻辑与程序验证、程序合成、程序切片、符号执行与软件测试等研究领域都有重要应用。尤其在进入 21 世纪以来的这 20 多年里,随着自动定理证明工具的成熟,伴随着大数据、云计算、区块链等技术的发展,形式化方法在一键式证明、云服务安全架构、智能合约证明等领域也得到愈加广泛的应用。

　　本书对形式化方法的理论和典型应用做了全面讨论和介绍,在成书过程中,我们特别注意把握了以下几个原则:

　　第一,理论性。本书特别强调了基础理论的重要性,从实现理论完备性的目标出发,对形式化方法涉及的基础理论给出了充分的讲解,这些重要理论包括但不限于形式化方法的基础知识、命题逻辑、布尔可满足性、一阶逻辑、可满足性模理论、等式与未解释函数、线性算术理论、数据结构相关理论、理论组合等。这部分内容将给学生打下坚实的理论基础。

　　第二,应用性。本书特别强调了理论的实际应用,对当前形式化方法重要的应用领域做了充分介绍,并给出了大量实例。这些重要的应用领域包括符号执行、程序验证、程序合成、类型理论等。通过这些应用,学生有机会看到这些形式化理论是如何被用于解决重要的实际研究问题的。

　　第三,实践性。本书适当增加了对新技术和前沿研究的介绍与讨论,特别是增加了形式化方法的最新实践,增加了对 Coq、Z3、KLEE、Dafny、Sketch、Twelf、F* 等最新软件工具的介绍。适当增加对学科前沿新技术和实践的研讨,有助于学生尽快进入相关专题的专门研究。

　　本书内容共分 13 章。我们从讨论必要的基础知识出发(第 1 章),进入对数理逻辑基础的讨论(第 2 章、第 4 章),这部分内容涵盖了命题逻辑、谓词逻辑,详细讨论了这些形式系统的语法、语义以及关键性质。接下来，我们重点讨论可判定性问题和重要的决策过程，包括布尔可满足性问题（第 3 章）、等式与未解释函数理论（第 5 章）、线性算术理论（第 6 章）、数据结构理论（第 7 章）以及理论组合（第 8 章）。最后，我们讨论理论的若干重要应用，包括符号执行（第 9 章）、程序验证（第 10 章）、程序合成（第 11 章）、Curry-Howard 同构（第 12 章）和依赖类型（第 13 章）等。

笔者特别感谢中国科学技术大学李曦教授在课程建设和内容组织方面提供的无私指导和支持；特别感谢中国科学技术大学软件学院王超副院长在课程建设和课程项目立项上提供的大力帮助。

本书是笔者在中国科学技术大学软件学院所讲授的形式化方法等相关课程讲稿的基础上综合整理而成的。特别感谢樊淇梁和潘志中两位助教，他们全程听课并记录了课程笔记，为本书成稿做出了极大贡献。

本书得到了中国科学技术大学研究生教材出版专项经费支持。

限于笔者的知识水平和时间，书中不妥甚或谬误之处在所难免，恳请读者指正。

华保健

于中国科学技术大学软件学院

目　　录

第1章 基础知识

本章主要讨论本书用到的相关基础知识,为后续章节内容打下基础。这些基础知识包括集合、关系与映射、上下文无关文法、数学归纳法和结构归纳法以及文法的实现。

1.1 集 合

我们首先介绍本书需要用到的一些集合论基础概念以及它们的符号表示。

集合论是研究集合(由一堆抽象物件构成的整体)的数学理论,包含了集合、元素、成员关系等最基本的数学概念。我们用大写字母表示集合,小写字母表示集合元素;符号 $\varnothing$ 表示空集,即不包含任何元素,且空集是任何集合的子集。

元素 a 是集合 A 的元素,记作 $a \in A$;集合 A 是集合 B 的子集,记作 $A \subseteq B$,表示集合 A 的元素都是集合 B 的元素;集合 A 是集合 B 的真子集,记作 $A \subset B$,表示凡是 A 的元素都是 B 的元素,但是集合 A 和 B 不相等。例如集合 $\{1,2\}$ 的子集包含 $\{\{1\},\{2\},\{1,2\},\varnothing\}$,而它的真子集只包含 $\{\{1\},\{2\},\varnothing\}$。

集合 A 和集合 B 相等,记作 $A = B$,即满足

$$A \subseteq B \quad 且 \quad B \supseteq A$$

集合 A 和集合 B 不相等,记作 $A \neq B$。

集合 A 的幂集,记作

$$\mathcal{P}(A) = \{a \mid a \subseteq A\}$$

它是由集合 A 的全体子集所形成的集合。例如,集合

$$A = \{1, 2, 3\}$$

则

$$\mathcal{P}(A) = \{\{1\}, \{2\}, \{3\}, \{1,2\}, \{1,3\}, \{2,3\}, \{1,2,3\}, \varnothing\}$$

记 $|A|$ 为集合 A 中元素的个数,则对幂集,有

$$|\mathcal{P}(A)| = 2^{|A|}$$

可通过数学归纳法证明该结论,我们把该证明作为练习留给读者。

集合 A 和集合 B 的并,记作

$$A \cup B = \{x \mid x \in A \text{ 或 } x \in B\}$$

集合 A 和集合 B 的交,记作

$$A \cap B = \{x \mid x \in A \text{ 且 } x \in B\}$$

集合的并和交都满足交换律、结合律和分配律。以后,我们把有限次的集合并

$$A_1 \cup A_2 \cup \cdots \cup A_n$$

记作

$$\bigcup_{i=1}^{n} A_i$$

把有限次的集合交

$$A_1 \cap A_2 \cap \cdots \cap A_n$$

记作

$$\bigcap_{i=1}^{n} A_i$$

集合 A 与集合 B 的差集,记作

$$A - B = \{x \mid x \in A \text{ 且 } x \notin B\}$$

无限集合包含无限多个元素,但直观上,有些无限集合包含的元素比其他无限集合包含的元素更多。例如,实数集合 $\mathbb{R}$ 比整数集合 $\mathbb{Z}$ 中的元素更多,因为对所有整数 $n \in \mathbb{Z}$,我们都有 $n \in \mathbb{R}$,但实数中的无理数不属于整数集合,如 $\pi \notin \mathbb{Z}$。

为了刻画集合的大小,我们引入基数(cardinal number)的概念,集合 A 的基数记作 card A。两个集合 A 和 B 的基数相等,当且仅当能够在这两个集合之间建立一个双射 $A \sim B$,即

$$\text{card } A = \text{card } B \quad \text{当且仅当} \quad A \sim B$$

注意到,在集合 A 是有限集合的条件下,card A 退化为集合 A 中元素的个数 $|A|$。

对于给定的集合 A 和 B,如果能在集合 A 和 B 的子集 $C (C \subseteq B)$ 之间建立一个双射的话,则称集合 A 被 B 支配(dominated),记作 $A \preceq B$,则有

$$\text{card } A \leqslant \text{card } B \quad \text{当且仅当} \quad A \preceq B$$

对于支配和基数的关系,有:

定理 1.1 (Schröder-Bernstein) (1)对于两个集合 A 和 B,如果 $A \preceq B$ 且 $B \preceq A$,则 $A \sim B$。(2)对于两个基数 η 和 λ,如果 $\eta \leqslant \lambda$ 且 $\lambda \leqslant \eta$,则 $\eta = \lambda$。

定理 1.2 (1)对于两个集合 A 和 B,结论 $A \preceq B$ 或 $B \preceq A$ 成立。(2)对于两个基数 η 和 λ,结论 $\eta \leqslant \lambda$ 或 $\lambda \leqslant \eta$ 成立。

这个定理也说明,对于任意给定的两个基数,它们之间肯定存在序关系。因此,对于集合的基数,我们可给出线性序

$$0, 1, 2, \cdots, \aleph_0, \aleph_1, \cdots$$

其中 $\aleph_0 = \operatorname{card} \mathbb{N}$ 是最小的基数,而 $\aleph_1$ 是比 $\aleph_0$ 大的下一个最小基数,等等。而实数集合的基数 $\operatorname{card} \mathbb{R} = 2^{\aleph_0}$,且由于实数集合是不可数集合,因此,有 $\aleph_0 < 2^{\aleph_0}$。

在有限集合基数上的四则运算,可以推广到无限集合的基数上。令 $\eta = \operatorname{card} A$ 且 $\lambda = \operatorname{card} B$,则有

$$\eta + \lambda = \operatorname{card}(A \cup B)$$
$$\eta \times \lambda = \operatorname{card}(A \cap B)$$

对于基数的四则运算,有:

定理 1.3(**基数算术**)　对于基数 η 和 λ,如果 $\eta \leqslant \lambda$ 且 λ 是无限的,则 $\eta + \lambda = \lambda$;进一步,若 $\eta \neq 0$,则 $\eta \times \lambda = \lambda$。特别地,对于无限基数 λ,$\aleph_0 \times \lambda = \lambda$。

1.2　关系与映射

本节主要讨论关系与映射。

两元素 a 和 b 按一定次序组成的二元组 (a, b),称为有序对,并满足基本性质

$$(a_1, b_1) = (a_2, b_2) \iff a_1 = a_2 \text{ 且 } b_1 = b_2$$

集合 A 与集合 B 的笛卡儿积$A \times B$,是由如下有序对构成的集合:

$$A \times B = \{(a, b) \mid a \in A \text{ 且 } b \in B\}$$

有序对和笛卡儿积可推广到 n 个元素或集合的情况。即 n 个集合 $A_1, \cdots, A_n$ 的笛卡儿积,可记作

$$\prod_{i=1}^{n} A_i = A_1 \times A_2 \times \cdots \times A_n$$
$$= \{(a_1, \cdots, a_n) \mid a_1 \in A_1, \cdots, a_n \in A_n\}$$

特别地,我们用 A^n 表示 $n(n \geqslant 1)$ 个集合 A 的笛卡儿积

$$\underbrace{A \times A \times \cdots \times A}_{n}$$

并规定 $A^0 = \varnothing$。

对于任意两个集合 A 和集合 B,我们称其笛卡儿积 $A \times B$ 的任意子集

$$R \subseteq A \times B$$

为在集合 A 和 B 上的二元关系,简称关系。特别地,若 $A = B$,则称集合 R 为集合 A 上的二元关系。

对于集合 A 和 B 上的关系 R,我们称集合 A 是关系 R 的前域,集合 B 是关系 R 的后域。记

$$C = \{a \mid a \in A, \ 存在 b \in B, \ 使得 (a, b) \in R\}$$
$$D = \{b \mid b \in B, \ 存在 a \in A, \ 使得 (a, b) \in R\}$$

我们称集合 C 为关系 R 的定义域,记作 $dom(R)$;称集合 D 为关系 R 的值域,记作 $ran(R)$;记

$$fld(R) = dom(R) \cup ran(R)$$

为关系 R 的域。

若集合 A 上的二元关系 $R \subseteq A \times A$ 满足如下三条性质:

（1）自反性:对于任意 $x \in A$,有 $(x, x) \in R$;

（2）对称性:对于任意 $x, y \in A$,若 $(x, y) \in R$,则 $(y, x) \in R$;

（3）传递性:对于任意 $x, y, z \in A$,若 $(x, y) \in R$ 且 $(y, z) \in R$,则 $(x, z) \in R$。

则把关系 R 称作集合 A 上的等价关系。

若关系 R 是集合 A 上的等价关系,且 $(a, b) \in R$,则称元素 a 和 b 等价,记作 $a \sim b$。集合 A 中与元素 a 等价的所有元素形成的集合,称为 a 由关系 R 生成的等价类,记作

$$[a]_R = \{x \mid x \in A \text{ 且 } x \sim a\}$$

若关系 R 是集合 A 上的等价关系,我们把关系 R 定义的所有等价类的集合称为商集,记作 A/R。

接下来,我们讨论映射。

设 $f \subseteq A \times B$ 是集合 A 和 B 上的一个关系,如果关系 f 还满足:对任意 $x \in A$,有且仅有一个 $y \in B$ 使得 $(x, y) \in f$,那么我们称关系 f 是从集合 A 到 B 的映射,并记作

$$f : A \to B$$

其中,集合 A 称作映射 f 的定义域,集合 B 称作映射 f 的值域。对于 $(x, y) \in f$,我们称 y 为 x 的象,称 x 为 y 的原象,并记作

$$x \mapsto y \quad \text{或} \quad y = f(x)$$

对于映射 $f : A \to B$,若在集合 B 中的任意元素 y,在集合 A 中都存在至少一个原象 x,使得 $y = f(x)$,则我们把这类映射 f 称作为集合 A 到 B 的满射。

如果映射 $f : A \to B$ 对任意 $x_1, x_2 \in A$ 都满足

$$x_1 \neq x_2 \Rightarrow f(x_1) \neq f(x_2)$$

则我们把这类映射 f 称作从集合 A 到 B 的单射。

如果映射 $f : A \to B$ 既是单射又是满射,则我们把这类映射 f 称作从集合 A 到 B 的双射。此时,我们也可以说集合 A 和集合 B 之间存在一一对应关系。

如果映射 $f : A \to B$ 是双射,则 f^{-1} 称为映射 f 的逆映射,即

$$f^{-1}(x) = y \iff f(y) = x$$

如果映射 $f : A \to B$ 的值域是映射 $g : B \to C$ 的定义域,则我们可以对映射 f 和 g 进行复合,得到复合映射

$$g \circ f : A \to C$$

它满足

$$(g \circ f)(x) = g(f(x))$$

1.3　上下文无关文法

本节介绍上下文无关文法(context-free grammer),简称文法。

定义 1.1（上下文无关文法）　上下文无关文法 G 由四元组

$$G = (N, T, S, P)$$

构成,其中

（1）N 是非终结符的有限集合;

（2）T 是终结符的有限集合,且 $N \cap T = \varnothing$;

（3）S 是开始符号,即 $S \in N$;

（4）P 是产生式的有限集合,每个产生式具有形式

$$A ::= \alpha$$

其中 $A \in N$ 称为产生式的左部,$\alpha \in (N \cup T)^*$ 称为产生式的右部。

在本书中,我们约定用小写字母代表终结符,用大写字母代表非终结符,用小写希腊字母代表由终结符或非终结符构成的串。

例 1.1　给定文法 G:

$$S ::= A\ B\ C$$
$$A ::= u$$
$$A ::= v$$
$$B ::= w$$
$$B ::= x$$
$$C ::= y$$

其中,终结符集合 $N = \{u, v, w, x, y\}$,非终结符集合 $T = \{S, A, B, C\}$,开始符号为非终结符 S,文法 G 中包括六条产生式。

接下来,我们将文法的产生式写成紧凑形式,即将左部相同的表达式写成一条,并用单竖线与右边进行隔离。例如,可将产生式

$$A ::= u$$
$$A ::= v$$

写成

$$A ::= u \mid v$$

从文法的开始符号 S 出发,反复用特定产生式右部替换其左部的非终结符,最终生成一个不包含非终结符的串,我们称该串为句子(sentence)。我们把这个反复替换的过程称作推导(derivation)。

根据例1.1给出的文法定义,我们对句子 $u\,w\,y$ 进行推导,过程如下:

$$
\begin{aligned}
S &\to A\,B\,C \\
&\to u\,B\,C \\
&\to u\,w\,C \\
&\to u\,w\,y
\end{aligned}
$$

接下来,我们举一个含有加减乘除的表达式的文法。

例 1.2　给定文法 G

$$E ::= E + E \mid E - E \mid E \times E \mid E/E \mid (E) \mid n$$

其中,终结符集合 $N = \{+, -, \times, /, n, (,)\}$；非终结符集合 $T = \{E\}$；开始符号为非终结符 E。

根据例1.2给出的文法定义,对句子 $1 + 2 \times 3$ 的一个可能的推导过程如下:

$$
\begin{aligned}
E &\to E + E \\
&\to E + E \times E \\
&\to 1 + E \times E \\
&\to 1 + 2 \times E \\
&\to 1 + 2 \times 3
\end{aligned}
$$

需要注意,对该句子的推导过程并不是唯一的,请读者自行尝试给出其他可能的推导。

我们可以把推导的过程,以"树"的图形形式展现出来,这种图形形式称为推导树(derivation tree)。在编译原理领域的术语中,由于这类树经常被用来表示语法分析过程,也被称为语法分析树(parsing tree)。

对例1.2给出的文法定义,对句子 $1+2\times3$ 的推导树表示如下:

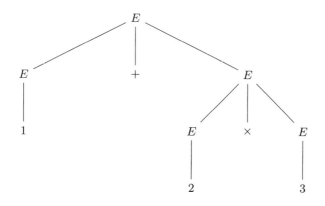

推导树具有一些非常明确的性质,例如:(1)根节点是文法的开始符号;(2)每个非叶子节点为一个非终结符;(3)每个叶子节点为一个终结符;(4)所有叶子节点,从左向右排列,构成了目标句子。

对于给定的一个文法,如果其某个句子能用多棵推导树来表示,那么我们称该文法具有二义性(ambiguity)。如例1.2 给出的文法定义,其句子 $1+2\times3$ 可以用另一棵推导树来表示:

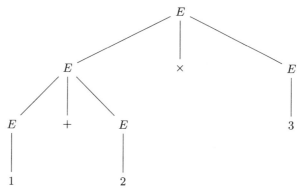

直观上看,这两棵推导树分别对应两种带括号的表达式 $1+(2\times3)$ 和 $(1+2)\times3$,计算得到的值分别为 7 和 9。显然,表达式 $1+(2\times3)$ 符合我们对式 $1+2\times3$ 的直观理解。但是,例1.2给出的文法无法支持确定的推导,所以我们需要对该文法的产生式规则进行修改,避免出现这类二义性,修改后的文法规则如下:

$$E ::= E+T \mid E-T \mid T$$
$$T ::= T\times F \mid T/F \mid F$$
$$F ::= (E) \mid n$$

其中,终结符集合 T、开始符号和文法 G 的句子集合不变,非终结符 N 的集合变为 $N = \{E, T, F\}$。

根据修改后的文法，我们继续对句子 $1+2\times3$ 进行推导，可以得到唯一一棵推导树：

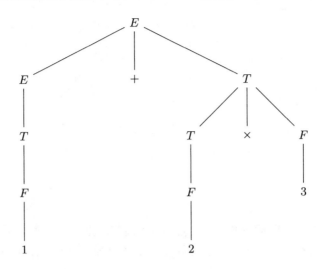

1.4 归 纳 法

本节讨论在本书中常用的几种归纳法原理。

我们先从基本的数学归纳法开始，再推广到更一般的结构化归纳法。数学归纳法遵循如下的步骤：要证明命题 $P(n)$ 对任意的自然数 $n\in\mathbb{N}$ 都成立，我们只需要证明：

（1）基础步：证明命题 P 对自然数 0 成立，即 $P(0)$ 成立；

（2）归纳步：假定命题 P 对自然数 k 成立，证明命题 $P(k+1)$ 仍然成立。

作为数学归纳法的实例，我们证明：

定理 1.4 对任意自然数 n，有

$$\sum_{i=0}^{n} i^2 = \frac{n(n+1)(2n+1)}{6}$$

证明 分成两个步骤来证：

（1）基础步：当 $n=0$ 时，等式两侧都等于 0，命题成立；

（2）归纳步：假设命题对 $n=k$ 成立，即

$$\sum_{i=0}^{k} i^2 = \frac{k(k+1)(2k+1)}{6}$$

则当 $n=k+1$ 时，有

$$左部 = \sum_{i=0}^{k+1} i^2$$

$$= \sum_{i=0}^{k} i^2 + (k+1)^2$$

$$= \frac{k(k+1)(2k+1)}{6} + (k+1)^2$$

$$= \frac{(k+1)(2k^2+7k+6)}{6}$$

$$= \frac{(k+1)((k+1)+1)(2(k+1)+1)}{6}$$

$$= 右部$$

故命题对 $n = k+1$ 成立。

综上两个步骤,命题得证。

基于上下文无关文法,我们可以给出自然数的另外一种表示形式,即

定义 1.2(**Church 数**)　自然数 N 由如下文法定义:

$$N ::= z \mid s\,N$$

直观上,Church 数是由如下元素构成的集合:

$$\{z, s\,z, s\,s\,z, s\,s\,s\,z, \cdots\}$$

自然数及其 Church 数表示是等价的,因为可以在两者间建立如下的双射。映射 f 把自然数映射到 Church 数上:

$$f(0) = z$$

$$f(n) = s\,(f(n-1))$$

以及逆映射 f^{-1},把 Church 数映射到自然数上:

$$f^{-1}(z) = 0$$

$$f^{-1}(s\,N) = 1 + (f^{-1}(N))$$

我们可以把数学归纳法,重新表述为在 Church 数上的等价形式,即要证明命题 $P(N)$ 对任意的 Church 数 N 都成立,我们只需要证明:

(1)基础步:证明命题 P 对 z 成立,即 $P(z)$ 成立;

(2)归纳步:假定命题 P 对 Church 数 N 成立,即 $P(N)$;证明命题 $P(s\,N)$ 成立。

注意上述归纳证明的原理,本质上是对定义1.2产生式右侧的两种不同结构进行归纳,因此这种归纳法被称为结构归纳法(structural induction)。

结构归纳法是对数学归纳法的一种推广,它可以适用于一般的产生式结构。对于产生式

$$A ::= \alpha_1 \mid \cdots \mid \alpha_m \mid \beta_1 A \gamma_1 \mid \cdots \mid \beta_n A \gamma_n$$

其中,非终结符 A 在 $\alpha_i(1 \leqslant i \leqslant m)$ 中不出现。要证明某个命题 $P(A)$ 成立,只要证明如下两个步骤:

(1)基础步:证明命题 P 对 $\alpha_i(1 \leqslant i \leqslant m)$ 都成立;

(2)归纳步:分别假设命题 P 对 $\beta_i A \gamma_i(1 \leqslant i \leqslant n)$ 中的 A 成立,分别证明 $P(\beta_i A \gamma_i)$ 成立。

综合上述两个步骤，可证明命题 $P(A)$ 成立。

对例1.2中给定的文法 G，我们记非终结符 E 产生的句子中的左、右圆括号的数量分别为 $L(E)$ 和 $R(E)$，则我们可以证明：

定理 1.5 对 E 产生的任意句子，有 $L(E) = R(E)$。

证明 用结构归纳法。

（1）基础步：对于终结符 n，显然有 $L(n) = R(n) = 0$，故命题成立；

（2）归纳步：分别考虑产生式的每个不同的包含非终结符 E 的右部：

对于 $E_1 + E_2$（注意，为了对其中的两个 E 进行区分，我们加入了显式下标），假设命题对于 E_1 和 E_2 都成立，即

$$L(E_1) = R(E_1)$$
$$L(E_2) = R(E_2)$$

则

$$
\begin{aligned}
L(E_1 + E_2) &= L(E_1) + L(E_2) \\
&= R(E_1) + R(E_2) \\
&= R(E_1 + E_2)
\end{aligned}
$$

因此原命题成立。类似地，我们可以证明命题对于 $E_1 - E_2, E_1 \times E_2, E_1/E_2$ 亦成立。

对于 (E_1)，假设命题对于 E_1 成立，即 $L(E_1) = R(E_1)$，则

$$
\begin{aligned}
L((E_1)) &= 1 + L(E_1) \\
&= 1 + R(E_1) \\
&= R((E_1))
\end{aligned}
$$

因此原命题成立，命题对产生式的所有右部都分别成立。

综合上述两个步骤，原命题成立。

对数学归纳法的一个重要推广是第二数学归纳法（the second principle of mathematical induction），也称为完全归纳法（the principle of complete induction）。在第二数学归纳法中，欲证明某个命题 $P(n)$ 成立，只需要执行以下步骤：

（1）基础步：证明 $P(0), \cdots, P(m)$ 命题成立（其中 m 是某个自然数）；

（2）归纳步：假设命题对于任意自然数 $i(i \leqslant k)$ 都成立，证明命题对于 $k + 1$ 成立。

由于第二数学归纳法使用了更多的证明前提，因此证明的过程更加灵活。

定理 1.6 任意给定的自然数 $n(n \geqslant 12)$ 都可以写成

$$n = 4p + 5q$$

的形式，其中 $p, q \in \mathbb{N}$。

证明 使用第二数学归纳法。

（1）基础步：不难证明命题对于 $n = 12, 13, 14$ 分别都成立；

（2）归纳步：假设命题对于任意自然数 $n \leqslant k$ 都成立，则

$$n = k + 1$$

$$= (k-3) + 4$$
$$= (4p + 5q) + 4 \qquad （由归纳假设）$$
$$= 4(p+1) + 5q$$

命题得证。

综合以上两个步骤,命题得证。

对第二数学归纳法的推广是良基归纳法（well-founded induction）。

定义 1.3（**良基关系**）　集合 S 上的二元关系 $\succ \subseteq S \times S$ 被称为良基关系;当且仅当,在集合 S 上不存在形如

$$s_1 \succ s_2 \succ s_3 \succ \cdots$$

的无限序列。

直观上,良基关系意味着由二元关系 $\succ$ 定义的递减序列一定是有限的。

例 1.3　在自然数集合 $\mathbb{N}$ 上的二元关系 $\succ$ 是良基关系。

例如,从自然数 65536 开始的序列:

$$65536 \succ 1024 \succ 128 \succ 37 \succ 0$$

不难验证,在 $\mathbb{N}$ 上的二元关系 $\succ$ 最多下降到元素 0。

例 1.4　在有理数集合 $\mathbb{Q}$ 上的二元关系 $\succ$ 不是良基关系。

不难举出一个在序列 $\frac{1}{i}(i \geqslant 1)$ 上无限下降的反例:

$$\frac{1}{1} \succ \frac{1}{2} \succ \frac{1}{3} \succ \frac{1}{4} \succ \cdots$$

在良基归纳法中,欲证明某个命题 $P(n)$ 成立,只需要执行以下步骤:

（1）基础步:证明 $P(0), \cdots, P(m)$ 命题成立（其中 m 是若干个具体命题相关的基础情形）;

（2）归纳步:假设命题对于任意元素 $i(i \prec k)$ 都成立,证明命题对于 k 成立。

良基归纳法的重要意义在于:它把数学归纳法、第二数学归纳法和结构归纳法统一在一个框架中。表1.1给出了不同归纳法所使用的良基关系:

表 1.1　良基归纳法的不同表现形式

归纳法	良基关系的定义
数学归纳法	$m \prec n$ 当且仅当 $m+1 = n$
第二数学归纳法	$m \prec n$ 当且仅当 $m < n$
结构归纳法	$m \prec n$ 当且仅当 m 是 n 的子表达式

对于数学归纳法,良基关系定义为元素 n 的前驱元素;对于第二数学归纳法,良基关系定义为比 n 小的所有元素;而对于结构归纳,良基关系定义为表达式的所有子表达式。

良基关系可进一步推广到集合的笛卡儿积上:给定分别具有良基关系 $\succ_A$ 和 $\succ_B$ 的集合 A 和 B,定义笛卡儿积 $A \times B$ 上的良基关系 $\succ_{A \times B}$ 为

$$(a_1, b_1) \succ_{A \times B} (a_2, b_2) \triangleq \begin{cases} a_1 \succ_A a_2 \\ a_1 = a_2 \quad 且 \quad b_1 \succ_B b_2 \end{cases}$$

直观上，上述定义表明二元组满足良基关系 $\succ_{A\times B}$，要么第一元满足良基关系 $\succ_A$；要么在第一元相等的情况下，第二元满足良基关系 $\succ_B$。

例 1.5 给定自然数集合 $\mathbb{N}$ 上的良基关系 $\succ$；下面的序列定义了在笛卡儿积 $\mathbb{N}\times\mathbb{N}$ 上的良基关系 $\succ$：

$$(4,30) \quad \succ \quad (4,20)$$
$$\succ \quad (3,80) \quad \succ \quad (3,60) \quad \succ \quad (3,10)$$
$$\succ \quad (2,90) \quad \succ \quad (2,80)$$

显然，我们可以把上述笛卡儿积上的良基关系推广到 n 个集合的情况。我们把这个推广的细节作为练习留给读者。

进一步，对于两个不一定等长的元组 $(a_1,\cdots,a_m)$ 和 $(b_1,\cdots,b_n)$，我们仍可以定义其良基关系：

$$(a_1,\cdots,a_m) \succ (b_1,\cdots,b_n) \triangleq \begin{cases} m > n \\ a_1 \succ b_1 \\ a_1 = b_1 \quad \text{且} \quad (a_2,\cdots,a_m) \succ (b_2,\cdots,b_n) \end{cases}$$

特别地，如果元素 $a_i(1\leqslant i\leqslant m)$ 和 $b_j(1\leqslant j\leqslant n)$ 都属于集合 $\{1,\cdots,9\}$ 的话，上述良基关系本质上定义了任意两个自然数间的大小排序，因此经常被称为字典序良基关系（lexicographic well-founded order）。

需要注意，字符串之间通常的字典序并不满足良基关系，我们把对这个结论的证明作为练习留给读者。

1.5 归纳定义

本书将大量使用归纳定义（inductive definitions）的技术和工具，来研究各种形式系统。本节讨论归纳定义的基本理论和方法，并讨论典型的实例。

归纳定义一般由断言和推理规则两部分组成，接下来，我们分别讨论这两个部分。

1.5.1 断言

断言（judgements）是断定某个事实为真的一种论断。本书将使用大量的断言，表1.2给出了典型的断言。

表 1.2 典型的断言

语法形式	含义
P	命题 P 为真
τ	类型 τ 合法
$t:\tau$	项 t 具有 τ 类型
$t\to t'$	项 t 计算的结果是 t'

一个具体的断言可能包含了若干实体。例如,断言 $t:\tau$ 包括了项 t 和类型 τ 两类实体,该断言表明了这两个实体间的关系:项 t 的类型是 τ。

例 1.6 对于自然数 $n \in \mathbb{N}$,断言 even n 断定 n 是偶数的事实。

接下来,我们将继续使用这个例子,来讨论归纳定义的其他相关概念。

1.5.2 推理规则

推理规则(inference rules)对断言进行证明,其一般形式是

$$\frac{J_1 \quad \cdots \quad J_n}{J} \tag{Name}$$

其中,横线上方的断言 $J_i(1 \leqslant i \leqslant n)$ 称为该推理规则的前提(premises),横线下方的断言 J 称为该推理规则的结论(conclusion),右侧的 Name 是该推理规则的唯一标识。直观上,这条推理规则表明,在假定前提条件 $J_i(1 \leqslant i \leqslant n)$ 都成立的情况下,我们可断定结论 J 成立。特别地,如果前提数量 $n = 0$,则该规则无需任何前提即可成立,在这种情况下我们称该规则为一条公理(axiom)。

例 1.7 对于自然数 n 是偶数的断言 even n,我们有如下两条推理规则:

$$\frac{}{\text{even } 0} \tag{Even-Z}$$

$$\frac{\text{even } n}{\text{even } (n+2)} \tag{Even-SS}$$

第一条规则(Even-Z)表明自然数 0 是偶数,它同时也是一条公理;第二条规则(Even-SS)表明在假定自然数 n 是偶数的前提下(即 even n),可以推理得到结论:自然数 $n+2$ 也是偶数(即 even $(n+2)$)。

在一个形式系统中,一组良定义的推理规则一般要满足以下两个条件:

第一,这组规则对于断言的证明是封闭的(closed)。这意味着,仅仅使用这组规则就足以证明目标断言的有效性。例如,对于上述断言 even 而言,上述两条推理规则(Even-Z)和(Even-SS)的组合使用,可以证明任何自然数为偶数的性质。

第二,规则对于断言的证明是最强的(strongest)。最强意味着推理规则是必要的:即一般情况下,断言的证明必须依赖这组推理规则,规则的必要性意味着我们可以使用基于对规则的归纳完成对命题的证明。例如,对于上述断言 even 而言,一般情况下,必须使用到这两条规则(Even-Z)和(Even-SS)。

1.5.3 推导

为了给出对目标断言的证明,我们需要利用推理规则,构建一个针对该证明的推导(derivation)。一个推导呈树状结构:它的叶子节点都是公理,内部节点是具体的某条推理规则,该节点的子节点是推理规则的前提,而双亲节点是推理规则的结论,树的根是待证的目标断言。

一般地,对于某条推理规则

$$\frac{J_1 \quad \cdots \quad J_n}{J} \tag{Name}$$

我们在推导过程中,会有树的内部节点

$$\frac{\bigtriangledown J_1 \qquad \cdots \qquad \bigtriangledown J_n}{J}$$

其中,$\bigtriangledown_{J_i}(1 \leqslant i \leqslant n)$ 代表以断言 J_i 为根的推导。

对任意给定的目标断言 J 的证明过程,就是构建一个以该断言 J 为根节点的推导。一般来说,推导过程的构建可分成有两种模式:一是自顶向下的目标合成过程;二是自底向上的前提查找过程。首先,在第一种模式中,我们尝试从公理出发,得到目标断言,由于公理的结论一般和待证的目标断言并不一定一致,因此,这个构建过程一般不是语法制导的。其次,在第二种模式中,我们从待证的目标断言出发,寻找能够使得该断言成立的前提条件,直到公理为止,这个过程一般是语法制导进行的。在实际断言的证明过程中,这两个模式可能都会用到。

例 1.8 证明断言 even 4 成立。

根据规则(Even-Z)和(Even-SS),我们可给出对 4 是偶数事实(即 even 4)的推导,过程如下:

$$\cfrac{\cfrac{\cfrac{}{\text{even } 0} \text{Even-Z}}{\text{even } 2} \text{Even-SS}}{\text{even } 4} \text{Even-SS}$$

推导过程中所使用的规则名字,已经标注在对应规则的右侧。

1.5.4 基于规则的归纳

由于形式系统中的推理规则一般是最强的,因此,要证明某个命题 P 对于目标断言成立,只需对每条推理规则做归纳,证明命题 P 在所有规则下都成立。这种证明被称为规则归纳(rule induction)。具体地,对于某条推理规则

$$\frac{J_1 \qquad \cdots \qquad J_n}{J} \tag{Name}$$

要证明命题 $P(J)$ 成立,可假设对 n 个前提 $P_i(1 \leqslant i \leqslant n)$,命题 $P(J_i)$ 都成立,并从这些前提条件出发,证明目标命题 $P(J)$ 成立。命题 $P(J_i)(1 \leqslant i \leqslant n)$ 被称为归纳假设(inductive hypothesis),而 $P(J)$ 被称为归纳结论(inductive conclusion)。

定理 1.7 对自然数 m 和 n,若 even m 且 even n,则有 even $(m+n)$。

证明 对断言 even m 使用基于规则的归纳。该断言一共有两种可能的证明方式:

(1)若该断言最后使用规则(Even-Z)证明,则有 $m = 0$,则待证的目标是 even $(0 + n)$,这可由假设条件 even n 直接得到。

(2)若该断言最后使用规则(Even-SS)证明,则由归纳假设有 $m = m' + 2$,且有假设条件 even m' 和 even n,则由归纳假设有 even $(m' + n)$,对其再次应用规则(Even-SS)可得到结论 even $(m' + n + 2)$,此即 even $(m + n)$。

综合以上两点,命题得证。

1.5.5　函数的归纳定义

归纳定义的另一个重要应用是给出函数的归纳定义。函数的归纳定义需要先给出关于函数参数和结果关系的断言,然后给出证明该断言的推理规则。

下面以自然数的加法为例讨论函数归纳定义的一般规则。首先,我们给出断言 plus m n k,表示自然数的加法 $k = m + n$,其中既包括两个操作数 m 和 n,也包括其和 k;接着,我们给出其推理规则:

$$\frac{}{\text{plus } 0 \, n \, 0} \tag{Plus-Z}$$

$$\frac{\text{plus } m \, n \, k}{\text{plus } (m+1) \, n \, (k+1)} \tag{Plus-S}$$

基于归纳的证明,同样适用于函数的归纳定义。

定理 1.8　对任意自然数 m, n 和 k,若 even m 且 even n,并且 plus m n k,则 even k。

证明　对断言 even m 使用基于规则的归纳。该断言一共有两种可能的证明方式:

(1)若该断言最后使用规则(Even-Z)证明,则有 $m = 0$,则断言 plus 0 n k 只能由归纳(Plus-Z)证明,这也意味着 $k = n$,而由假设条件 even n 直接得到结论 even k。

(2)若该断言最后使用规则(Even-SS)证明,则由归纳假设有 $m = m' + 2$,且有假设条件 even m', even n, plus m' n k' 且 even k',应用规则(Plus-S)两次,我们可得到 plus $(m' + 2)$ n $(k' + 2)$,再次应用规则(Even-SS),可由 even k' 得到 even $(k' + 2)$。

综合以上两点,命题得证。

1.6　实　　现

本节给出对本章讨论的文法和归纳的定义的实现。对于文法,我们将讨论基于 Python 的抽象语法树的实现;而对于归纳定义,我们将讨论基于 Coq 的依赖类型实现以及基于 Z3 的自动定理证明器的实现。

1.6.1　文法的实现

在后续章节,我们经常需要对给定的文法进行编程处理。本小节讨论对文法进行实现的一般技术。为统一起见,本书都使用 Python 程序设计语言给出实例实现。由于实例代码中使用了 Python 新引入的 f 格式化字符串和模式匹配 match/case 等特性,因此读者需要安装 Python 3.10 或更高版本的编译器来编译运行实例代码(本书代码使用 Python 3.11.4 版本)。但需要注意的是,本书任何理论和技术都不依赖于 Python 语言,读者也可以根据本书讨论的基本原理和技术,使用其他任何合适的程序设计语言进行实践。

对文法的实现需要用到抽象语法树(abstract syntax tree)的概念,它是编译器内部对

文法的编码实现。一般地,对于一般形式的产生式

$$A_1 ::= \alpha_{11} \mid \cdots \mid \alpha_{1m}$$
$$\vdots ::= \vdots$$
$$A_n ::= \alpha_{n1} \mid \cdots \mid \alpha_{nk}$$

在用 Python 语言进行实现时,我们对每个非终结符 $A_i(1 \leqslant i \leqslant n)$ 都定义一个父类 `A_i`;而对该非终结符 A_i 的右部中的每种产生式形式 $\alpha_{i1}, \cdots, \alpha_{ih}$,我们都需要从其左部非终结符 A_i 对应的父类 `A_i` 中继承 h 个子类 `A_i1`,$\cdots$,`A_ih`,每个子类对产生式的相应右部中的信息进行编码实现。

作为实例,我们重新考虑上一小节给出的文法:

$$E ::= E + T \mid E - T \mid T$$
$$T ::= T \times F \mid T/F \mid F$$
$$F ::= (E) \mid n$$

为了对文法进行实现,我们对三个左侧的非终结符,分别定义了三个类 `E,T` 和 `F`,这些类并没有实际的功能,只是作为父类让子类来进行继承:

```
1  class E: pass
2  class T: pass
3  class F: pass
```

需要注意,本书给出的实例代码,主要强调代码的完整性和精确性,并不追求代码量最小或代码符合特定的编码格式。

接着,我们为产生式的每个右侧定义一个类,该类继承产生式左部的非终结符定义的类。例如,考虑非终结符 E,它有三个右部 $E + T$, $E - T$ 和 T,因此我们分别定义三个类 `EAdd`,`ESub` 和 `ETerm`:

```
1   from dataclasses import dataclass
2
3   # E ::= E+T
4   @dataclass
5   class EAdd(E): e: E; t: T;
6
7   # E ::= E-T
8   @dataclass
9   class ESub(E): e: E; t: T;
10
11  # E ::= T
12  @dataclass
13  class ETerm(E): t: T;
```

这三个类都继承自同一个父类 `E`,其中包括的字段对应于产生式中的相应非终结符。我们使用了 Python 3.7 之后引入的语法 `dataclass`,简化了构造方法的写法。例如,对于 `EAdd` 类,其等价的构造方法 `__init()__` 是

```
1  # E ::= E+T
2  class EAdd(E):
3    def __init__(self, e, t)
4      self.e = e
5      self.t = t
```

使用 dataclass 来代替显式构造方法,具有显著的技术优势:首先,在该表示中,每个类的字段名字及其类型都能够显式表达,有助于 Python 编译器进行更严格的编译期代码检查;其次,该表示有效减少了代码量。

类似地,我们可以为非终结符 T 的右部进行编码实现,用三个类 TMul,TDiv 和 TFactor 分别表示产生式右部的三种不同情况:

```
1  # T ::= T*F
2  @dataclass
3  class TMul(T): t: T; f: F;
4
5  # T ::= T/F
6  @dataclass
7  class TDiv(T): t: T; f: F;
8
9  # T ::= F
10 @dataclass
11 class TFactor(T): f: F;
```

我们给出对非终结符 F 的产生式右侧的实现,用两个类 FExp 和 FNum,分别编码非终结符 F 的两个右部:

```
1  # F :: = (E)
2  @dataclass
3  class FExp(F): e: E;
4
5  # F ::= n
6  @dataclass
7  class FNum(F): n: int;
```

基于对该文法定义的这些 Python 数据结构,我们可以构造具体表达式的数据结构表示。例如,对于表达式 $1 + 2 \times 3$,我们可以用如下数据结构表示:

```
1  e = EAdd(ETerm(TFactor(FNum(1))), TMul(TFactor(FNum(2)), FNum(3)))
```

该表示已经正确地编码了表达式的优先级和结合性等关键信息。

基于对该文法的数据结构定义,文法上的操作可表达成对应 Python 数据结构上的函数。作为实例,我们给出对该文法(即数据结构)的输出函数,为此,我们可以给出如下三个相互递归定义的函数 print_E,print_T 和 print_F:

```
1  def print_E(e: E) -> None:
2    match e:
3      case EAdd(e, t): print_E(e); print("+", end=""); print_T(t)
4      case ESub(e, t): print_E(e); print("-", end=""); print_T(t)
```

```
5       case ETerm(t): print_T(t)
6
7   def print_T(t: T) -> None:
8     match t:
9       case TMul(t, f): print_T(t); print("*", end=""); print_F(f)
10      case TDiv(t, f): print_T(t); print("/", end=""); print_F(f)
11      case TFactor(f): print_F(f)
12
13  def print_F(f: F) -> None:
14    match f:
15      case FExp(e): print_E(e)
16      case FNum(n): print(n, end="")
```

函数的实现有两个关键点需要注意: 首先, 函数使用了 Python 新引入的模式匹配 (即 match 和 case) 语法特性, 来支持对参数具体类型的分析和匹配; 其次, 我们使用了 Python 中可选的静态类型标注特性, 显式标注了函数的返回值 (此例中都是 None), 从而有利于编译器进行静态类型检查。

作为第二个实例, 我们实现并给出对上述文法生成的表达式的求值操作。为此, 我们在三个非终结符 E, T 和 F 对应的类 E, T 和 F 上分别定义一个求值函数 eval_E, eval_T 和 eval_F:

```
1   def eval_E(e: E) -> int:
2     match e:
3       case EAdd(e, t): n1 = eval_E(e); n2 = eval_T(t); return n1+n2
4       case ESub(e, t): n1 = eval_E(e); n2 = eval_T(t); return n1-n2
5       case ETerm(t): return eval_T(t)
6
7   def eval_T(t: T) -> int:
8     match t:
9       case TMul(t, f): n1 = eval_T(t); n2 = eval_F(f); return n1*n2
10      case TDiv(t, f): n1 = eval_T(t); n2 = eval_F(f); return n1/n2
11      case TFactor(f): return eval_F(f)
12
13  def eval_F(f: F) -> int:
14    match f:
15      case FExp(e): return eval_E(e)
16      case FNum(n): return n
```

这三个函数除了返回值类型为 int 外, 核心算法与第一个实例中实现输出的算法类似。

1.6.2 基于依赖类型的归纳定义的实现

为了实现归纳定义, 本小节讨论基于依赖类型的实现技术, 由于我们将在第 12 章详细深入讨论依赖类型, 此处仅对相关实现给出自足的说明。本小节将使用 Coq 作为实现工具 (本书使用 Coq 8.16 版本), Coq 不仅提供了实现归纳定义所需的依赖类型系统, 还支持归纳定义以及基于归纳的证明。需要指出的是，Coq 不是实现归纳定义的唯一可选的依赖类型的语言和工具，我们将在第 12 章讨论 Twelf 和 F* 等其他基于依赖类型的语言实现归纳定义。

为了实现断言和推理规则，我们可使用 Coq 的归纳定义机制。例如，为了实现断言 even n 及其两条推理规则，我们可给出：

```
1  Inductive even: nat -> Prop :=
2    | Even_Z: even 0
3    | Even_SS: forall n: nat, even n -> even (n+2).
```

第 1 行说明 even 是一个定义在自然数 nat 上的断言（在 Coq 中称为命题（prop），在本书中，在不引起混淆的情况下，我们也经常混用断言和命题这两个术语）；第 2 行和第 3 行分别用构造符 Even_Z 和 Even_SS 给出了两条推理规则的定义。为清晰起见，这里用的名字 Even_Z 和 Even_SS 分别和规则中的名字一致。构造符 Even_Z 是对事实 even 0 的证明；而构造符 Even_SS 可看成证明的转换函数，它将对命题 even n 的证明转换为对命题 even (n+2) 的证明。

基于归纳定义和构造符，我们可以以显式证明项的形式给出断言的证明。例如证明项：

```
1  Definition prf1: even 0 := Even_Z.
2  Definition prf2: even 2 := Even_SS 0 Even_Z.
3  Definition prf3: forall n, even n -> even (n+2+2) :=
4    fun (n: nat) => fun (prf: even n) => Even_SS (n+2) (Even_SS n prf).
```

分别给出了三个证明 prf1,prf2 和 prf3，注意 prf3 是一个函数。

在 Coq 中，我们也很方便使用基于推理规则的归纳。例如，对于定理 1.7，我们可在 Coq 中将其形式化并给出其证明：

```
1   Theorem thm1: forall m n: nat, even m -> even n -> even (m+n).
2   Proof.
3   intros.
4   induction H.
5   apply H0.
6   apply Even_SS in IHeven.
7   assert (HH: n+2 = 2+n).
8   lia.
9   rewrite <- plus_assoc in IHeven.
10  rewrite HH in IHeven.
11  rewrite plus_assoc in IHeven.
12  apply IHeven.
13  Qed.
```

在 Proof 和 Qed 之间的为其证明，其中用到了证明策略（tactic），我们将在第 2 章详细讨论证明策略，读者目前只需了解其在证明过程中的基本作用即可。第 4 行代码基于对规则的归纳，给出了对断言 even m 的归纳，归纳产生两个证明的子目标，分别是：

```
1  2 goals
2  n : nat
3  H0 : even n
```

```
4  ────────────────────────────────────(1/2)
5  even (0 + n)
```

以及

```
1  1 goal
2  n, n0 : nat
3  H : even n0
4  H0 : even n
5  IHeven : even (n0 + n)
6  ────────────────────────────────────(1/1)
7  even (n0 + 2 + n)
```

第一个子目标直接从前提假设 H0 可证,而第二个子目标需要将证明规则(Even-SS)应用到假设 IHeven 上(代码的第 6 行),便可得到。虽然前提假设 IHeven 和证明目标非常接近,但需要使用自然数加法的交换律和结合律对加法表达式进行变形(代码的第 7 到第 12 行),然后应用归纳假设即可(第 13 行)。

对运算的归纳定义的构造方式,和普通的归纳定义并没有区别,在 Coq 中它们都被 Inductive 机制统一处理。例如,为了对1.5.5小节讨论的 plus 加法断言以及相关推理规则在 Coq 中进行形式化,我们可以给出:

```
1  Inductive plus: nat -> nat -> nat -> Prop :=
2    | Plus_Z: forall n: nat, plus 0 n n
3    | Plus_S: forall m n k: nat, plus m n k -> plus (m+1) n (k+1).
```

对于函数性质的证明,在 Coq 中同样可以基于对推理规则的归纳来进行。例如,重新考虑定理1.8,我们可以在 Coq 中给出其形式化定义:

```
1  Theorem even_plus: forall m n k: nat,
2    even m -> even n -> plus m n k -> even k.
```

对该命题的证明较冗长,但并不复杂,我们留给读者作为练习。

1.6.3 基于自动定理证明器的归纳定义的实现

本小节讨论基于自动定理证明器的归纳定义的实现。本小节使用 Z3 自动定理证明器(本书使用 Z3 4.12.1 版本),且主要使用 Python 语言的绑定。Z3 是一个全自动的定理证明器,支持命题逻辑和谓词逻辑命题的证明,并且内置诸多理论,我们将在第 3 章和第 4 章详细讨论 Z3 对命题逻辑和谓词逻辑的支持。本小节给出对归纳定义的自足的讨论。

对于归纳定义中一般的推理规则

$$\frac{J_1 \qquad \cdots \qquad J_n}{J} \tag{Name}$$

我们可将其写成如下的谓词逻辑带量词的蕴含式 R:

$$R \triangleq \forall x_1. \cdots. \forall x_m. (J_1 \wedge \cdots \wedge J_n \to J) \tag{1.1}$$

其中,$J_i (1 \leqslant i \leqslant n)$ 和 J 是 $n+1$ 个谓词逻辑的命题,而 $x_i (1 \leqslant i \leqslant m)$ 是这个 $n+1$ 个命题中出现的 m 个自由变量。类似地,对所有 k 条规则都完成上述转换过程后,可得到 k 个

命题 $R_1, \cdots, R_k$，它们一起形成的合取命题 $R_1 \wedge \cdots \wedge R_k$，构成了该归纳定义的谓词逻辑形式的推理规则，可进一步用于目标命题的证明。

接下来，我们可以使用 Z3 对这些推理规则进行编码实现。例如，对于上述逻辑命题 (1.1)，其 Z3 实现可以是：

```
1   # declare sorts
2   sort1 = DeclareSort('sort1')
3   ... # omit similar sorts for simplicity
4   sortm = DeclareSort('sortm')
5
6   # declare variables
7   x1 = Const('x1', sort1)
8   ... # omit similar variables for simplicity
9   xm = Const('xm', sortm)
10
11  # declare inference rules in the deduction system
12  R = ForAll([x1, ..., xm], Implies(And(J1, ..., Jn), J))
```

其中，我们假定每个变量 xi 的种类分别是 $\mathrm{sort}i(1 \leqslant i \leqslant m)$，为清晰起见，我们省略了部分种类和变量的定义。

例 1.9 给出对例1.7中归纳定义 even 的实现。

结合上述对归纳定义规则的定义过程，我们给出如下的 Z3 实现：

```
1   # declare sorts: isort and bsort
2   isort = IntSort()
3   bsort = BoolSort()
4
5   # the variable and judgment
6   n = Const('n', isort)
7   even = Function('even', isort, bsort)
8
9   # create inference rules
10  even_z = even(0)
11  even_ss = ForAll([n], Implies(even(n), even(n+2)))
12  rules = And([even_z, even_ss])
13
14  # to prove a sample proposition P
15  P = even(10)
16  target = Not(Implies(rules, P))
17
18  # check this proposition using a solver
19  solver = Solver()
20  solver.add(target)
21  result = solver.check()
22  print(result)
```

首先，我们用内置的种类 IntSort 和 BoolSort 定义了两个种类符号 isort 和 bsort，分别代表整型和布尔型,我们用这两个种类符号分别定义了变量 n 和函数 even ,后者返回布尔类型,因此实际上是一个命题。接下来,我们定义了两个推理规则 even_z 和 even_ss,以及它们的合取 rules。利用这些推理规则,我们可以尝试证明一个实例命题 even(0),对这个待证的命题,Z3 运行时将输出:

unsat

此输出表明该命题是真命题。

最后需要指出的是,由于对谓词逻辑命题的证明是不可判定问题,因此,在很多情况下,对命题的证明并不一定总能得到预期的结论。例如,考虑证明命题 $P = \text{even}\,(100)$,则 Z3 将输出(大约运行 10.4 秒后):

unknown

这实际上表明:尽管待证的命题是一个真命题,但 Z3 未能在给定的时间阈值内证明该命题。我们将在第 4 章继续深入讨论该问题。

本 章 小 结

本章主要讨论形式化方法所涉及的一些基础知识,主要内容包括集合、关系与映射、上下文无关文法和归纳法以及归纳定义;并结合 Python,Coq 和 Z3 等程序设计语言和工具,讨论了文法和归纳定义实现的一般技术。

深 入 阅 读

Herbert[1] 系统讲述了集合论相关理论;Hopcroft[2] 讨论了自动机和文法;Mitchell[3] 讨论计算机科学中常用的各种归纳法;Harper[8] 讨论了归纳定义;Appel[4] 给出了对文法实现的编译器实现技术;Python[5]、Coq[15] 和 Z3[30] 的官方网站,分别给出了这些语言或工具的丰富的学习材料和使用手册。

思 考 题

1. 列举集合 {1, 3, 5, 7, 9} 的所有子集和真子集。

2. 已知集合 A 满足

$$\{a,\ b,\ c\} \subseteq A \subset \{a,\ b,\ c,\ d,\ e\}$$

请列出所有满足该条件的集合 A。

3. 设集合 $A = \{a,\ b,\ c\}$ 和集合 $B = \{0,\ 1\}$,请写出所有从集合 A 到集合 B 的映射。

4. 设集合 $M = \{0,\ -1,\ 1\}$ 和集合 $N = \{-2,\ -1,\ 0,\ 1,\ 2\}$ 存在映射 $f : M \to N$,且满足条件:对任意 $x \in M$,$x + f(x)$ 是奇数,列出所有满足该条件的映射。

5. 请根据例1.2中的文法,给出 $1 + 2 \times 3$ 的另外一种不同的推导。

6. 请用数学归纳法证明,对任意集合 A

$$|\mathcal{P}(A)| = 2^{|A|}$$

7. 给定断言

$$\text{odd } n$$

它表示自然数 $n \in \mathbb{N}$ 为奇数。试给出该断言的推理规则。分别用 Coq 和 Z3 给出该断言 odd 以及其推理规则的实现。

8. 给定断言

$$\text{tnum } t \ n$$

它表示二叉树 t 的节点数为 n,试给出该断言的推理规则。分别用 Coq 和 Z3 给出该断言 tnum 以及推理规则的实现。

9. 请用 Z3 尝试证明下述命题:

$$\text{even } m \to \text{even } n \to \text{even } (m + n)$$

Z3 是否可以自动完成该命题的证明? 请解释你得到的结果。

10. 对本章中讨论的断言 plus 及其推理规则,用 Z3 给出其实现。

11. 根据本章中讨论的断言 even 和 plus,在 Coq 中,完成对如下定理的证明:

```
1  Theorem even_plus: forall m n k: nat,
2    even m -> even n -> plus m n k -> even k.
```

提示:可以利用 lia 策略简化对许多等式的证明。

12. 请尝试用 Z3 编码并证明命题:

$$\text{even } m \to \text{even } n \to \text{plus } m \ n \ k \to \text{even } k$$

请解释你得到的结果。

13. 给定英文字母的集合 $\Sigma = \{a, \cdots, z\}$,定义 Σ 上的字符串是若干个英文字母的连接,特别地,不包含任何字母的空串记为 ϵ。

（1）定义字符串上的二元关系 $\succ$ 如下:

$$s \succ t \quad \text{当且仅当 } |s| > |t|$$

其中,$|s|$ 表示字符串 s 的长度。试证明二元关系 $\succ$ 是良基关系。

（2）定义字符串上的二元关系 $\succ$ 如下:

$$s \succ \epsilon \quad \text{当且仅当 } s \neq \epsilon$$
$$a s \succ b t \quad \text{当且仅当 } a \text{比} b \text{在} \Sigma \text{中靠前; 或} a = b \text{且} s \succ t$$

试证明二元关系 $\succ$ 不是良基关系。

第 2 章　命题逻辑

命题逻辑是最简单的逻辑系统,本章主要讨论命题逻辑的相关知识,内容包括命题逻辑的语法系统、基于自然演绎风格的证明系统、命题逻辑的语义系统、命题逻辑的可靠性和完备性定理,以及命题逻辑的可判定性。

2.1　语　　法

我们给出:

定义 2.1(**命题逻辑语法**)　命题逻辑语法由如下上下文无关文法给出:

$$P ::= \top \mid \bot \mid x \mid P \wedge P \mid P \vee P \mid P \rightarrow P \mid \neg P \tag{2.1}$$

其中,符号 P 代表任意逻辑命题,它由几种不同语法形式组成:符号 $\top$ 和 $\bot$ 分别代表两个逻辑命题常量"真"和"假";小写符号 x 代表一个命题变量(proposition variables)。这三种语法形式都是基本的,且无内部结构,因此我们可称它们为原子命题(atomic propositions)。

我们还可以通过逻辑联接词(logical connectives)连接子命题,从而构成复合命题。具体地,我们有四个联接词:合取(conjunction)$\wedge$、析取(disjunction)$\vee$、蕴含(implication)$\rightarrow$ 和否定(negation)$\neg$。其中前三个联接词是二元的,最后一个是一元的。

关于命题逻辑的语法,有两个关键点需要注意:

第一,式(2.1)给出的抽象语法,其中略去了联接词的优先级和结合性等细节。一般地,我们约定否定联接词 $\neg$ 的优先级最高,其次是合取联接词 $\wedge$ 和析取联接词 $\vee$,蕴含联接词 $\rightarrow$ 优先级最低;并且,否定联接词 $\neg$ 和蕴含联接词 $\rightarrow$ 是右结合的,而合取联接词 $\wedge$ 和析取联接词 $\vee$ 是左结合的。在可能出现混淆的情况下,我们可以通过添加显式的括号进行明确。

第二,在本书中,在不加特别说明的情况下,我们总是以大写英文字母代表任意的复合命题,而以小写英文字母代表任意原子命题。在有的文献中,经常用英文字母代表原子命题,而以希腊字母代表复合命题,请读者注意区分。

我们可把上述命题逻辑的定义2.1看成一个形式语言,从而可以用处理形式语言的一般工具和技术来处理命题。例如,我们可以基于归纳定义,给出:

例 2.1　给定一个命题 P,下面的函数 $\mathcal{V}(P)$ 计算 P 中出现的所有原子命题变量组成的集合。

$$\mathcal{V}(\top) = \varnothing$$
$$\mathcal{V}(\bot) = \varnothing$$
$$\mathcal{V}(x) = \{x\}$$
$$\mathcal{V}(P \land Q) = \mathcal{V}(P) \cup \mathcal{V}(Q)$$
$$\mathcal{V}(P \lor Q) = \mathcal{V}(P) \cup \mathcal{V}(Q)$$
$$\mathcal{V}(P \to Q) = \mathcal{V}(P) \cup \mathcal{V}(Q)$$
$$\mathcal{V}(\neg P) = \mathcal{V}(P)$$

不难看到,函数 $\mathcal{V}(P)$ 的计算规则基于对命题 P 语法形式的归纳。类似地,我们可给出另外一个函数 $\mathcal{V}(N)$。

例 2.2　给定一个命题 P,下面的函数 $\mathcal{N}(P)$ 计算 P 中出现的所有原子命题的个数。

$$\mathcal{N}(\top) = 0$$
$$\mathcal{N}(\bot) = 0$$
$$\mathcal{N}(x) = 1$$
$$\mathcal{N}(P \land Q) = \mathcal{N}(P) + \mathcal{N}(Q)$$
$$\mathcal{N}(P \lor Q) = \mathcal{N}(P) + \mathcal{N}(Q)$$
$$\mathcal{N}(P \to Q) = \mathcal{N}(P) + \mathcal{N}(Q)$$
$$\mathcal{N}(\neg P) = \mathcal{N}(P)$$

关于函数 $\mathcal{V}$ 和 $\mathcal{N}$ 的关系,有如下定理:

定理 2.1　对任意命题 P,有

$$|\mathcal{V}(P)| \leqslant \mathcal{N}(P)$$

证明　用结构归纳法,对命题 P 的语法结构进行归纳。

（1）基础步:若命题 $P = \top$,则不难验证

$$|\mathcal{V}(P)| = \mathcal{N}(P) = 0$$

故命题成立;同理可证对于原子命题 $P = \bot$ 和 $P = x$,命题亦成立。

（2）归纳步:若命题 $P = Q \land R$,则根据归纳假设,有

$$|\mathcal{V}(Q)| \leqslant \mathcal{N}(Q) \quad 且 \quad |\mathcal{V}(R)| \leqslant \mathcal{N}(R)$$

那么可得到

$$
\begin{aligned}
|\mathcal{V}(P)| &= |\mathcal{V}(Q \land R)| \\
&= |\mathcal{V}(Q) \cup \mathcal{V}(R)| \\
&\leqslant |\mathcal{V}(Q)| + |\mathcal{V}(R)| \\
&\leqslant \mathcal{N}(Q) + \mathcal{N}(R) \\
&= \mathcal{N}(Q \land R) \\
&= \mathcal{N}(P)
\end{aligned}
$$

所以，当 $P = Q \wedge R$ 时，命题成立；同理可证当 $P = Q \vee R, P = Q \rightarrow R$ 或 $P = \neg Q$ 时，原命题亦成立。

综合上述两个步骤，原命题得证。

2.2 证明系统

本节讨论对命题逻辑的证明系统，该系统基于自然演绎风格。

我们给出：

定义 2.2 (**环境**)　环境（environment）Γ 是由 $n(n \geqslant 0)$ 个命题构成的命题列表

$$\Gamma = P_1, \cdots, P_n$$

特别地，若 $n = 0$，我们称 Γ 为空环境，并经常记作 $\varnothing$ 或者直接省去。

定义 2.3 (**断言**)　断言（judgements）是由环境 Γ 和命题 P 构成的元组

$$\Gamma \vdash P$$

直观上，一个断言表明：我们可以在假定证明环境 Γ 中命题都成立的前提下，证明命题 P。

基于断言，我们可给出

定义 2.4 (**证明规则**)　证明规则（proof rules）是形如

$$\frac{\Gamma_1 \vdash P_1 \quad \cdots \quad \Gamma_n \vdash P_n}{\Gamma \vdash P} \qquad \text{(Rule-Name)}$$

的一条公式，其中 $n \geqslant 0$。

证明规则也能称为推理规则（inference rules），它由三部分组成：第一个部分是横线上方的 n 条断言

$$\Gamma_i \vdash P_i \quad (1 \leqslant i \leqslant n)$$

它们也被称为规则的 n 条前提（premise）；第二部分是横线下方唯一的断言

$$\Gamma \vdash P$$

它也被称为规则的结论（conclusion）；最后，规则还包括横线右侧的规则的名字（rule-name），它是该规则的唯一标识。

特别地，如果证明规则中前提的数量 $n = 0$，则该规则退化为

$$\frac{}{\Gamma \vdash P} \qquad \text{(Axiom-Name)}$$

即规则不需要任何前提，我们称这类规则为一条公理（axiom）。

基于自然演绎风格（natural deduction）的证明系统由一系列如上的证明规则组成，对于式（2.1）给定的命题逻辑，我们基于对命题 P 语法形式的归纳，给出其证明规则。

单个命题

$$\overline{\Gamma, P \vdash P} \tag{Var}$$

规则（Var）是一条公理，它表示若命题 P 在环境中出现，显然可推出命题 P 成立。

真

$$\overline{\Gamma \vdash \top} \tag{$\top$I}$$

规则（$\top$I）是一条公理，它表示在任意环境 Γ 中，命题 $\top$ 都无条件成立。特别注意，规则名字 $\top$I 中的字母 I 代表引入（introduction）。

假

$$\frac{\Gamma \vdash \bot}{\Gamma \vdash P} \tag{$\bot$E}$$

证明规则（$\bot$E）表示，若能证明"假"，则可推出任意命题 P 为真。特别注意，规则名字 $\bot$E 中的字母 E 代表消去（elimination）。

合取

$$\frac{\Gamma \vdash P \quad \Gamma \vdash Q}{\Gamma \vdash P \wedge Q} \tag{$\wedge$I}$$

证明规则（$\wedge$I）表示，若前提中能够证明命题 P 和 Q 分别都成立，则可推出两者的合取命题 $P \wedge Q$ 成立。

$$\frac{\Gamma \vdash P \wedge Q}{\Gamma \vdash P} \tag{$\wedge$E$_1$}$$

$$\frac{\Gamma \vdash P \wedge Q}{\Gamma \vdash Q} \tag{$\wedge$E$_2$}$$

证明规则（$\wedge$E$_1$）和（$\wedge$E$_2$）分别表示，若前提中能够证明合取命题 $P \wedge Q$ 成立，则可分别证明命题 P 和 Q 成立。

析取

$$\frac{\Gamma \vdash P}{\Gamma \vdash P \vee Q} \tag{$\vee$I$_1$}$$

$$\frac{\Gamma \vdash Q}{\Gamma \vdash P \vee Q} \tag{$\vee$I$_2$}$$

证明规则（$\vee$I$_1$）和（$\vee$I$_2$）表示，若前提中能够证明命题 P 或 Q 成立，则可证明两者的析取命题 $P \vee Q$ 成立。

$$\frac{\Gamma \vdash P \vee Q \qquad \Gamma, P \vdash R \qquad \Gamma, Q \vdash R}{\Gamma \vdash R} \qquad (\vee E)$$

证明规则（$\vee$E）表示，在前提中，若从环境 Γ 能够推出析取命题 $P \vee Q$ 成立，且在假定命题 P 或 Q 分别成立的前提下，都能推出命题 R 成立，则可在环境 Γ 下推出命题 R 成立。

蕴含

$$\frac{\Gamma, P \vdash Q}{\Gamma \vdash P \to Q} \qquad (\to I)$$

证明规则（$\to$ I）表示，若能在环境 Γ, P 下推出命题 Q 成立，则可在环境 Γ 下推出蕴含命题 $P \to Q$ 成立。

$$\frac{\Gamma \vdash P \to Q \qquad \Gamma \vdash P}{\Gamma \vdash Q} \qquad (\to E)$$

证明规则（$\to$ E）表示，若命题 $P \to Q$ 和 P 都成立，则可推出命题 Q 成立。

否定

$$\frac{\Gamma, P \vdash \bot}{\Gamma \vdash \neg P} \qquad (\neg I)$$

证明规则（$\neg$I）表示，若在假设命题 P 成立的前提下，能够推出"假"，则可推出命题 P 的否定 $\neg P$。在进行证明的过程中，这条证明规则经常被称为反证法（proof-by-contradiction）：欲证明命题 P 不成立，我们可先假定命题 P 成立，然后从前提推导得出矛盾（即 $\bot$），从而可证明命题 P 不成立。

$$\frac{\Gamma \vdash P \qquad \Gamma \vdash \neg P}{\Gamma \vdash \bot} \qquad (\neg E)$$

证明规则（$\neg$E）表示，若在环境 Γ 下，能够同时推出命题 P 和它的否定 $\neg$P，则可推出 $\bot$。

双重否定

$$\frac{\Gamma \vdash \neg\neg P}{\Gamma \vdash P} \qquad (\neg\neg E)$$

证明规则（$\neg\neg$E）表示，若能在环境 Γ 下推出命题 P 的双重否定 $\neg\neg$P，则可推出命题 P。这条规则经常被称作双重否定律（double negation law）。

关于上述给定的证明规则，有三个关键点需要注意：

第一，在给出的证明规则中，有的逻辑联接词出现在横线下方的结论中，我们称这类规则为引入规则（introduction rules）；有的逻辑联接词出现在横线上方的前提中，我们称这类规则为消去规则（elimination rules）。我们用如下的记号约定区分这两类规则：引入规则的名字总是以 I 标识，而消去规则的名字总是以 E 标识。这个命名约定中唯一的例外是公理 Var，这是由于单个命题 P 中没有显式指明联接词。

第二，每个逻辑联接词的引入和消去规则的数量并不一致，以合取联接词 $\wedge$ 为例，它有一条引入规则（$\wedge$I）和两条消去规则（$\wedge$E$_1$）和（$\wedge$E$_2$），而命题 $\perp$ 只有消去规则。其他联接词的情况类似。

第三，给定的证明规则基本都是语法制导的（syntax-directed），即对命题 P 中的每种具体语法形式，都有若干条规则与其对应。唯一的例外是双重否定规则，这条规则非常特殊，它是区分经典逻辑（classical logic）和构造逻辑（constructive logic）的一条典型规则，我们将在下一节对此深入讨论。

接下来，我们利用上述规则，给出几个证明的实例。证明的过程也是一个推导的过程，并形成树状结构，我们称之为证明树（proof tree）。需要特别注意的是，对于给定的一个命题，其证明树可能并不唯一。

例 2.3　证明 $\vdash P \wedge Q \to P$。

证明　根据上述规则，我们可给出如下的推导过程：

$$
\cfrac{\cfrac{\cfrac{}{P \wedge Q \vdash P \wedge Q}\ (\text{Var})}{P \wedge Q \vdash P}\ (\wedge\text{E}_1)}{\vdash P \wedge Q \to P}\ (\to \text{I})
$$

例 2.4　证明 $\vdash P \vee Q \to Q \vee P$。

证明　根据上述规则，我们可给出如下的推导过程：

$$
\cfrac{\cfrac{}{P \vee Q \vdash P \vee Q}\ (\text{Var}) \quad \cfrac{\cfrac{\cfrac{}{P \vee Q, P \vdash P}\ (\text{Var})}{P \vee Q, P \vdash Q \vee P}\ (\vee\text{I}_2) \quad \cfrac{\cfrac{}{P \vee Q, Q \vdash Q}\ (\text{Var})}{P \vee Q, Q \vdash Q \vee P}\ (\vee\text{I}_1)}{P \vee Q \vdash Q \vee P}\ (\vee\text{E})}{\vdash P \vee Q \to Q \vee P}\ (\to \text{I})
$$

上面定理实际上证明了析取 $\vee$ 满足交换律。

例 2.5　证明 $\vdash P \to \neg\neg P$。

证明　根据上述规则，我们可给出如下的推导过程：

$$
\cfrac{\cfrac{\cfrac{\cfrac{}{P, \neg P \vdash P}\ (\text{Var}) \quad \cfrac{}{P, \neg P \vdash \neg P}\ (\text{Var})}{P, \neg P \vdash \perp}\ (\neg\text{E})}{P \vdash \neg\neg P}\ (\neg\text{I})}{\vdash P \to \neg\neg P}\ (\to \text{I})
$$

请读者特别注意，例2.5中给出的定理和双重否定律 $\vdash \neg\neg P \to P$ 的区别。对于双重否定律的证明可由读者自行完成。

例 2.6　证明 $\vdash P \vee \neg P$。

证明　根据上述规则，我们可给出如下的推导过程：

$$
\cfrac{\cfrac{\cfrac{\cfrac{}{\neg(P \vee \neg P) \vdash \neg(P \vee \neg P)}\ (\text{Var}) \quad G}{\neg(P \vee \neg P) \vdash \perp}\ (\neg\text{E})}{\vdash \neg\neg(P \vee \neg P)}\ (\neg\text{I})}{\vdash P \vee \neg P}\ (\neg\neg\text{E})
$$

其中,符号 G 的推导过程如下:

$$\frac{\dfrac{\overline{\neg(P \vee \neg P), P \vdash P}\ (\text{Var})}{\neg(P \vee \neg P), P \vdash P \vee \neg P}\ (\vee\text{I}_1) \quad \overline{\neg(P \vee \neg P), P \vdash \neg(P \vee \neg P)}\ (\text{Var})}{\dfrac{\dfrac{\neg(P \vee \neg P), P \vdash \bot}{\neg(P \vee \neg P) \vdash \neg P}\ (\neg\text{I})}{\neg(P \vee \neg P) \vdash P \vee \neg P}\ (\vee\text{I}_2)}\ (\neg\text{E})$$

例2.6中证明的定理,也经常被称为排中律(law of exclusive middle,LEM)。

2.3　构 造 逻 辑

排中律在逻辑学中具有非常特殊的地位,本质上,排中律 $\vdash P \vee \neg P$ 说明:在不考虑命题 P 的具体结构的情况下,我们可断定命题 $P \vee \neg P$ 成立,但我们并不能具体判定命题 P 和 $\neg P$ 中的哪一个成立。而另外一种称为构造逻辑(constructive logic)的逻辑流派不认同排中律,相反,要证明命题 $P \vee \neg P$,我们必须显式地证明 P 和 $\neg P$ 中的某一个成立。在逻辑学中,构造逻辑也经常被称为直觉主义逻辑(intuitionistic logic),而我们在 2.2 节讨论的逻辑系统,经常被称为经典逻辑(classical logic)。

为了更深入理解排中律在证明中的作用,以及更深入理解经典逻辑和构造逻辑的区别,我们给出:

定理 2.2　存在两个无理数 p 和 q,使得 p^q 是一个有理数。

证明　令 $p = q = \sqrt{2}$,显然 p 和 q 都是无理数。考虑

$$A = \sqrt{2}^{\sqrt{2}}$$

(1)若 A 是一个有理数,则我们找到了两个无理数 $p = q = \sqrt{2}$,使得命题成立。

(2)若 A 是一个无理数,则

$$
\begin{aligned}
A^{\sqrt{2}} &= \left(\sqrt{2}^{\sqrt{2}} \right)^{\sqrt{2}} \\
&= \left(\sqrt{2} \right)^2 \\
&= 2
\end{aligned}
$$

则我们找到了两个无理数 $p = \sqrt{2}^{\sqrt{2}}, q = \sqrt{2}$,使得命题成立。

综合上述两种情况,原命题得证。

在对定理2.2进行证明的过程中,我们对问题进行了分情况讨论,最终证明了该定理。但是,在证明结束后,我们却无法得出 p 和 q 具体的值,这是因为我们在证明的过程中使用了排中律,即一个逻辑命题 P,要么为真要么为假,不存在中间情况,但排中律无法给出两个命题的真假。

现实情况比上述情况更加复杂,我们考虑下面两个命题:

（1）命题 P:存在外星人。

（2）命题 Q:π 中一定存在连续 10000 个 0。

对于命题 P,由于人类到目前为止并未发现外星人,因此我们不能断定 P 为真;对于命题 $\neg P$,由于我们也没有找遍宇宙中的所有星球(事实上,如果宇宙确实无限的话,也不可能找遍所有的星球),因此也无法判定一定不存在外星人,因此也不能判定 $\neg P$ 为真;这样,在构造逻辑看来,判定命题 $P \vee \neg P$ 为真非常可疑。

同理,对于命题 Q,我们也可以做类似的推理,从而说明命题 $Q \vee \neg Q$ 未必为真。

经典逻辑在数学中被广泛使用,而构造逻辑在计算机科学中得到了广泛应用,是类型理论等很多研究分支的理论基础。接下来,我们给出针对构造逻辑的自然演绎风格的证明系统。

在构造逻辑中,"非"被定为一种导出形式

$$\neg P \triangleq P \to \perp$$

因此,我们不用再对 $\neg$ 给出其证明规则。其他命题形式的证明规则如下,这些规则仍然是基于语法制导的。

$$\frac{}{\Gamma, P \vdash P} \tag{Var}$$

$$\frac{}{\Gamma \vdash \top} \tag{$\top$I}$$

$$\frac{\Gamma \vdash \perp}{\Gamma \vdash P} \tag{$\perp$E}$$

$$\frac{\Gamma \vdash P \quad \Gamma \vdash Q}{\Gamma \vdash P \wedge Q} \tag{$\wedge$I}$$

$$\frac{\Gamma \vdash P \wedge Q}{\Gamma \vdash P} \tag{$\wedge$E$_1$}$$

$$\frac{\Gamma \vdash P \wedge Q}{\Gamma \vdash Q} \tag{$\wedge$E$_2$}$$

$$\frac{\Gamma \vdash P}{\Gamma \vdash P \vee Q} \tag{$\vee$I$_1$}$$

$$\frac{\Gamma \vdash Q}{\Gamma \vdash P \vee Q} \tag{$\vee$I$_2$}$$

$$\frac{\Gamma \vdash P \vee Q \quad \Gamma, P \vdash R \quad \Gamma, Q \vdash R}{\Gamma \vdash R} \tag{$\vee$E}$$

$$\frac{\Gamma, P \vdash Q}{\Gamma \vdash P \to Q} \qquad (\to \mathrm{I})$$

$$\frac{\Gamma \vdash P \to Q \qquad \Gamma \vdash P}{\Gamma \vdash Q} \qquad (\to \mathrm{E})$$

由于这些规则和经典逻辑对应规则非常类似,因此此处不再解释。在后续章节,我们会指明使用的是哪个逻辑系统中的规则,如果未指明,则默认是经典逻辑系统。

例 2.7 使用构造逻辑证明规则,证明 $\vdash P \lor Q \to Q \lor P$。

证明 根据构造逻辑证明规则,我们可给出如下的推导过程:

$$\cfrac{\cfrac{\overline{P \lor Q \vdash P \lor Q} \ (\mathrm{Var})}{} \quad \cfrac{\cfrac{\overline{P \lor Q, P \vdash P}}{P \lor Q, P \vdash Q \lor P} \ (\lor \mathrm{I}_2)}{} \quad \cfrac{\cfrac{\overline{P \lor Q, Q \vdash Q}}{P \lor Q, Q \vdash Q \lor P} \ (\lor \mathrm{I}_1)}{}}{\cfrac{P \lor Q \vdash Q \lor P}{\vdash P \lor Q \to Q \lor P} \ (\to \mathrm{I})} \ (\lor \mathrm{E})$$

我们发现上述推导过程与经典逻辑推导过程并无区别,所以一般情况下,对于不含"非"的逻辑命题的证明,经典逻辑与构造逻辑的推导过程可以是一致的。

例 2.8 使用构造逻辑证明规则,证明 $\vdash P \to \neg\neg P$。

证明 根据构造逻辑证明规则,我们无法直接对上述命题进行推导,而是需要使用"非"的导出形式消去"非",具体消去过程如下:

$$P \to \neg\neg P \triangleq P \to \neg(P \to \bot)$$
$$\triangleq P \to ((P \to \bot) \to \bot)$$

下一步,可给出如下的推导过程:

$$\cfrac{\cfrac{\overline{P, P \to \bot \vdash P \to \bot} \ (\mathrm{Var}) \quad \overline{P, P \to \bot \vdash P} \ (\mathrm{Var})}{P, P \to \bot \vdash \bot} \ (\to \mathrm{E})}{\cfrac{P \vdash (P \to \bot) \to \bot}{\vdash P \to ((P \to \bot) \to \bot)} \ (\to \mathrm{I})} \ (\to \mathrm{I})$$

2.4 语 义 系 统

本节讨论(经典)命题逻辑的语义系统,该系统也为后续将讨论的可满足问题奠定基础。

定义 2.5 (布尔代数) 令二元组

$$\mathbb{B} = \langle \{0, \ 1\}, \ \{-, \min, \max\} \rangle$$

其中,三个二元算符 $\{-, \ \min, \ \max\}$ 满足表

x	y	$-$	min	max
1	1	0	1	1
1	0	1	0	1
0	1	0	0	1
0	0	0	0	0

给定的计算规则。

直观上,在集合 $\{0,1\}$ 中,符号"1"表示"真",符号"0"表示"假";三个二元算符 $-$、min 和 max 在集合 $\{0,1\}$ 上封闭。

例 2.9 计算式

$$\min(1,0) - \max(1,0) - \max(1,1)$$

的值。

计算过程如下:

$$\min(1,0) - \max(1,0) - \max(1,1) = 0 - 1 - 1$$
$$= 0$$

例 2.10 计算式

$$\max(\min(1, 1 - 1), 1 - \max(0,1))$$

的值。

计算过程如下:

$$\max(\min(1, 1 - 1), 1 - \max(0,1)) = \max(\min(1,0), 1 - 1)$$
$$= \max(0,0)$$
$$= 0$$

定义 2.6(**指派**) 给定原子命题变量集合 S,若映射 $\mathcal{A}$ 将 S 中的原子命题变量映射到形式系统 $\mathbb{B}$ 的元素上,则我们把映射 $\mathcal{A}$ 称作集合 S 一种指派(assignment),并记作

$$\mathcal{A}: S \to \mathbb{B}$$

例 2.11 假设集合 $S = \{p, q\}$,则以下是集合 S 的一种指派:

$$\mathcal{A}(p) = 1$$
$$\mathcal{A}(q) = 1$$

不难证明,对于上述例子中的集合 S,一共存在 4 种不同的指派,我们把另外三种指派作为练习留给读者。

定义 2.7(**求值**) 对命题 P,求值(valuation)$[\![P]\!]^{\mathcal{A}}$ 在指派 $\mathcal{A}$ 下将命题 P 映射到 $\mathbb{B}$,且由如下公式基于对 P 的语法形式归纳给出:

$$[\![\top]\!]^{\mathcal{A}} = 1$$

$$[\![\bot]\!]^{\mathcal{A}} = 0$$
$$[\![x]\!]^{\mathcal{A}} = \mathcal{A}(x)$$
$$[\![P \wedge Q]\!]^{\mathcal{A}} = \min\left([\![P]\!]^{\mathcal{A}}, [\![Q]\!]^{\mathcal{A}}\right)$$
$$[\![P \vee Q]\!]^{\mathcal{A}} = \max\left([\![P]\!]^{\mathcal{A}}, [\![Q]\!]^{\mathcal{A}}\right)$$
$$[\![P \rightarrow Q]\!]^{\mathcal{A}} = \max\left(1 - [\![P]\!]^{\mathcal{A}}, [\![Q]\!]^{\mathcal{A}}\right)$$
$$[\![\neg P]\!]^{\mathcal{A}} = 1 - [\![P]\!]^{\mathcal{A}}$$

其中,x 是原子命题变量。

例 2.12 对于含有原子命题变量 p 和 q 的命题 $\neg p, \neg q, p \wedge q, p \vee q$ 和 $p \rightarrow q$,下表给出了在四种(对应表中的四行)指派下,各个逻辑命题的求值结果。

p	q	$\neg p$	$\neg q$	$p \wedge q$	$p \vee q$	$p \rightarrow q$
1	1	0	0	1	1	1
1	0	0	1	0	1	0
0	1	1	0	0	1	1
0	0	1	1	0	0	1

我们经常把这类表称为真值表(truth table)。

由于复合命题的值仅取决于组成它的子命题的值,因此,真值表可以从原子命题推广到任意命题上。例如,我们可以给出 $\neg P, \neg Q, P \wedge Q, P \vee Q$ 和 $P \rightarrow Q$ 的真值表,我们把它作为练习留给读者。

定义 2.8 (重言式) 若对于任何可能的指派 $\mathcal{A}$,对命题 P 的求值结果总是 1,即

$$[\![P]\!]^{\mathcal{A}} = 1$$

总是成立,那么我们把命题 P 称作重言式(tautology),记作

$$\vDash P$$

定理 2.3 证明 $\vDash p \vee \neg p$。

证明 由于只含有一个命题变量 p,则共有两种可能的指派,不难给出如下真值表:

p	$\neg p$	$p \vee \neg p$
1	0	1
0	1	1

因此有 $\vDash p \vee \neg p$。

定义 2.9 (语义推论) 给定环境 Γ,如果使得环境 Γ 中每个命题都是重言式的指派 $\mathcal{A}$,也一定使得命题 P 是重言式,我们就称命题 P 是环境 Γ 的语义推论(semantic entailment),记作

$$\Gamma \vDash P$$

例 2.13 证明 $p \wedge q \vDash p$。

证明 给出命题 $p \wedge q$ 和命题 p 的真值表:

p	q	$p \wedge q$	p
1	1	1	1
1	0	0	1
0	1	0	0
0	0	0	0

不难发现,使得命题 $p \wedge q$ 为"真"的指派只有第一行,而此时该指派也使得命题 p 为"真", 故原命题 $p \wedge q \vDash p$ 成立。

例 2.14 证明 $p \vee q \vDash p$ 不成立。

证明 给出命题 $p \vee q$ 和命题 p 的真值表:

p	q	$p \vee q$	p
1	1	1	1
1	0	1	1
0	1	1	0
0	0	0	0

可以发现,命题 $p \vee q$ 在前三行的指派下值为 1,但是命题 p 在第三行指派下值为 0,故命题 $p \vee q \vDash p$ 不成立。

2.5 可靠性和完备性定理

本节讨论命题逻辑的可靠性与完备性定理。这两个定理说明命题 P 在环境 Γ 下可证明与命题 P 是环境 Γ 的语义推论,本质上是等价的,即

$$\Gamma \vdash P \Longleftrightarrow \Gamma \vDash P$$

特别地,当 $\Gamma = \varnothing$ 时,有

$$\vdash P \Longleftrightarrow \vDash P$$

即可证命题和重言式是同一个命题集合。

我们给出:

定理 2.4 (可靠性) $\Gamma \vdash P \Longrightarrow \Gamma \vDash P$。

证明 设 $\Gamma \vdash P$ 成立,则可以使用命题逻辑证明规则进行推导,证明过程中产生 $P_1, P_2, \cdots, P_n$ 等几个中间命题,其中 $P_n = P$。现对此证明长度 n 使用归纳法证明 $\Gamma \vDash P$ 成立。

(1)基础步:当 $n = 1$ 时,即 $P \in \Gamma$,显然在这种情况下,当 Γ 中的命题通过计算为 1 时,可同时计算出命题 P 的值为 1,所以 $\Gamma \vDash P$ 成立。

（2）归纳步：当 $n > 1$ 时，若命题 $P \in \Gamma$，此时与 $n = 1$ 情况类似，显然可得出 $\Gamma \vDash P$ 成立；若命题 P 由其他命题复合而来，此时需要分情况讨论。假设命题 P_n 是通过规则 $\wedge I$ 推导而来的，则存在 P_i，P_j，使得 $P = P_i \wedge P_j$，其中 i，$j < n$。此时由 $\Gamma \vdash P_i$ 和 $\Gamma \vdash P_j$ 用归纳假设可得 $\Gamma \vDash P_i$ 和 $\Gamma \vDash P_j$ 成立，所以当 Γ 中的命题计算为 1 时，命题 P_i 和 P_j 计算也为 1，则 $P_i \wedge P_j$ 计算也为 1，所以 $\Gamma \vDash P_i \wedge P_j$ 成立。同理，可证命题 P_n 由其他证明规则推导而来时，命题都成立。

综合上述两个步骤，命题得证。

由可靠性定理，我们立即可以证明：

定理 2.5 (**无矛盾性**)　命题逻辑系统是无矛盾的，即不存在命题 P，使得 $\Gamma \vdash P$ 和 $\Gamma \vdash \neg P$ 同时成立。

证明　反证法。假设存在命题 P，使得 $\Gamma \vdash P$ 和 $\Gamma \vdash \neg P$ 同时成立，则由可靠性定理，有 $\Gamma \vDash P$ 和 $\Gamma \vDash \neg P$，即存在一个指派 $\mathcal{A}$，使得

$$\llbracket P \rrbracket^{\mathcal{A}} = \llbracket \neg P \rrbracket^{\mathcal{A}} = 1$$

得出矛盾，因此原命题得证。

定义 2.10 (**环境的完备性**)　称环境 Γ 是完备的，当且仅当对任意命题 P，$\Gamma \vdash P$ 和 $\Gamma \vdash \neg P$ 必有一个成立。

定理 2.6 (**完备性**)　$\Gamma \vDash P \Rightarrow \Gamma \vdash P$。

证明　反证法。即假设 $\Gamma \vDash P$ 但 $\Gamma \nvdash P$，设法找到一个指派 $\mathcal{A}$，使得 Γ 中所有命题的值都为 1，但使得 $\llbracket P \rrbracket^{\mathcal{A}} = 0$，从而与 $\Gamma \vDash P$ 矛盾。

逻辑命题集合是可数集，把该集合中所有命题进行展开排列，设为

$$P_0, P_1, \cdots$$

令

$$\Gamma_0 = \Gamma \cup \{\neg P\}$$

而当 $n > 0$ 时，令

$$\Gamma_n = \begin{cases} \Gamma_{n-1}, & \text{若 } \Gamma_{n-1} \vdash P_{n-1} \\ \Gamma_{n-1} \cup \{\neg P_{n-1}\}, & \text{若 } \Gamma_{n-1} \nvdash P_{n-1} \end{cases}$$

这样就归纳定义出一列 Γ_n：

$$\Gamma_0 \subseteq \Gamma_1 \subseteq \Gamma_2 \subseteq \cdots$$

现对 n 归纳证明每个 Γ_n 都是无矛盾的。

Γ_0 是无矛盾的，否则存在某个命题 Q 使得

$$\Gamma, \neg P \vdash Q$$
$$\Gamma, \neg P \vdash \neg Q$$

利用反证法可得 $\Gamma \vdash P$ 成立，这与我们的假设矛盾。

现设 Γ_{n-1} 无矛盾，进而证明 Γ_n 无矛盾。假设 Γ_n 有矛盾，则存在命题 Q 使得

$$\Gamma_n \vdash Q \tag{2.2}$$

$$\Gamma_n \vdash \neg Q$$

此时 $\Gamma_n \neq \Gamma_{n-1}$（因 Γ_{n-1} 无矛盾而 Γ_n 存在矛盾）。于是由 Γ_n 的定义式知

$$\Gamma_{n-1} \nvdash P_{n-1} \tag{2.3}$$

且

$$\Gamma_n = \Gamma_{n-1} \cup \{\neg P_{n-1}\} \tag{2.4}$$

将式（2.4）代入式（2.2），可得

$$\Gamma_{n-1}, \neg P_{n-1} \vdash Q \tag{2.5}$$
$$\Gamma_{n-1}, \neg P_{n-1} \vdash \neg Q$$

利用反证法，即得

$$\Gamma_{n-1} \vdash P_{n-1}$$

这与式（2.3）矛盾。这就证明了 Γ_n 是无矛盾的。

令

$$\Gamma^* = \bigcup_{n=0}^{\infty} \Gamma_n$$

则同理可证 Γ^* 也是无矛盾的。

另外，我们可以证明 Γ^* 是完备的，即

$$\Gamma^* \vdash P_n$$
$$\Gamma^* \vdash \neg P_n$$

两者必居其一。事实上，如果 $\Gamma^* \nvdash P_n$，那么便有 $\Gamma_n \nvdash P_n$，而由于

$$\Gamma_{n+1} = \Gamma_n \cup \{\neg P_n\}$$

因此有

$$\Gamma_{n+1} \vdash \neg P_n$$

故

$$\Gamma^* \vdash \neg P_n$$

利用 Γ^* 的无矛盾性和完备性，我们可以定义一个从命题 P 到系统 $\mathbb{B}$ 的映射

$$\mathcal{M}\colon P \to \mathbb{B}$$

定义式是

$$\mathcal{M}(P) = \begin{cases} 1, & \text{若 } \Gamma^* \vdash P \\ 0, & \text{若 } \Gamma^* \vdash \neg P \end{cases}$$

下面按照不同的联接词分类讨论，证明 $\mathcal{M}$ 具有保运算性，从而是命题 P 的一个求值。

对任一公式 Q,由 $\mathcal{M}$ 的定义可得

$$\mathcal{M}(\neg Q) = \begin{cases} 1, & \text{若 } \Gamma^* \vdash \neg Q \\ 0, & \text{若 } \Gamma^* \vdash \neg\neg Q \end{cases}$$

将此式与 $\mathcal{M}$ 的定义式比较,可得

$$\mathcal{M}(\neg Q) = 1 - \mathcal{M}(Q)$$

若 $P = Q \wedge R$,为了证明 $\mathcal{M}(Q \wedge R) = \min(\mathcal{M}(Q), \mathcal{M}(R))$,可分四种情形来讨论。

情形一:$\mathcal{M}(Q) = \mathcal{M}(R) = 1$。此时有

$$\mathcal{M}(Q) = 1 \Longrightarrow \Gamma^* \vdash Q$$
$$\mathcal{M}(R) = 1 \Longrightarrow \Gamma^* \vdash R$$

因此有

$$\Gamma^* \vdash Q \wedge R \Longrightarrow \mathcal{M}(Q \wedge R) = 1$$

其他三种情况的证明与此类似。

同理,可以证明 $\mathcal{M}$ 对于其他逻辑联接词同样具有保运算性,因此是命题逻辑的一个求值。

最后,我们可以看到,对映射 $\mathcal{M}$ 来说,Γ 中公式的真值皆为 1:

$$Q \in \Gamma \Longrightarrow Q \in \Gamma^*$$
$$\Longrightarrow \Gamma^* \vdash Q$$
$$\Longrightarrow \mathcal{M}(Q) = 1$$

但与此同时,因 $\neg P \in \Gamma_0 \subseteq \Gamma^*$,故有 $\Gamma^* \vdash \neg P$,进而有 $\mathcal{M}(P) = 0$,而这与 $\Gamma \vDash P$ 矛盾。

2.6　可判定性

命题逻辑的可判定性,指的是要给出一个算法来判定一个命题是否是重言式(或者是否可证)。就命题逻辑而言,它具体分为语义可判定性和语法可判定性。

2.6.1　语义可判定性

命题逻辑语义可判定性,指的是对于给定的一个逻辑命题 P,根据其是否存在算法,能够判断该命题 P 是否是重言式。

显然,如存在一种算法,则可根据真值表来判定某个命题是否是重言式。

例 2.15　判断命题

$$(p \vee (p \rightarrow q)) \rightarrow q$$

是否是重言式。

命题的真值表如下：

p	q	$p \to q$	$p \lor (p \to q)$	$(p \lor (p \to q)) \to q$
1	1	1	1	1
1	0	0	1	0
0	1	1	0	1
0	0	1	1	0

根据该真值表，所给命题不是重言式。

例 2.16　判断命题

$$(p \land (p \to q)) \to q$$

是否是重言式。

命题的真值表如下：

p	q	$p \to q$	$p \land (p \to q)$	$(p \land (p \to q)) \to q$
1	1	1	1	1
1	0	0	0	1
0	1	1	0	1
0	0	1	0	1

根据该真值表，所给命题是重言式。

对于命题逻辑，我们给出一般的重言式判定算法（算法 1），该算法接受命题 P 作为输入，判断该命题是否是重言式并返回结果（Y 或 N）。算法首先为命题 P 构造真值表 T，然后对表中每行 r 进行迭代，如果发现有的行值为 0，则该命题不是重言式，算法直接返回 N；如果循环迭代结束，则命题 P 是重言式，算法返回 Y。

算法 1　重言式判定算法

输入：逻辑命题 P

输出：Y 或 N

1: **procedure** is Tautology(P)
2:　　$T = \text{buildTruthTable}(P)$
3:　　**for** each row $r \in T$ **do**
4:　　　　**if** $T[r] == 0$ **then**
5:　　　　　　**return** N
6:　　**return** Y

假设命题 P 中包含 n 个命题变量，则真值表一共有 2^n 行，在最坏情况下，算法的执行时间复杂度为 $O(2^n)$，即具有指数时间复杂度。在后续章节，我们会讨论更加实用的判定算法。

2.6.2 语法可判定性

命题逻辑语法可判定性,是指对于任意给定的命题 P,根据其是否存在算法,可判断该命题 P 是否可证。

根据已经证明的完备性定理,判断一个逻辑命题 P 是否可证 $\vdash P$,只需判断该命题 P 是否是重言式 $\vDash P$ 即可。因此,我们同样可用上述给出的算法1进行判定。

2.7 命题逻辑的实现

为了高效完成命题的证明,研究人员开发了很多强大、实用的软件工具来辅助进行命题的半自动或全自动的证明,这类软件工具被统称为定理证明器 (theorem prover)。合理地使用定理证明器,可以快速高效地完成命题的证明。本节结合被广泛使用的交互式定理证明器 Coq,来讨论命题逻辑在实际定理证明器中的证明过程。

在 Coq 中,命题逻辑的定理及其证明具有如下基本结构:

```
1  Theorem ident: type.
2  Proof.
3      Tactic1.
4      ...
5      Tacticn.
6  Qed.
```

其中,符号 `Theorem` 用于声明一个新定理;符号 `ident` 表示新定理的名称;符号 `type` 表示待证的命题;符号 `Proof` 和 `Qed` 分别标记定理证明的起始和结束;Tactic1 到 Tacticn 是一系列证明策略,一般由程序员给出,Coq 按照这些证明策略完成对待证命题的证明。

我们根据上述定理及证明的基本结构,给出具体实例。

例 2.17 使用 Coq,证明命题 $\vdash P \rightarrow P$。

我们使用 Coq 对定理进行编码及证明,过程如下:

```
1  Theorem thm1: forall P: Prop,
2      P -> P.
3  Proof.
4      intros.
5      apply H.
6  Qed.
```

待证定理名称为 `thm1`,待证的定理为 `P -> P`。严格来说,待证的命题是 $\forall P : Prop$, $P \rightarrow P$,这是一个二阶逻辑的命题,其中的量词符号 $\forall$ 约束了一个命题变量 P。但是,在本书的讨论中,这个细节对于我们讨论命题逻辑的证明无关紧要。

此外,为表示和书写方便起见,Coq 用符号引入了一些纯 ASCII 的符号来表达命题逻辑中的联接词和命题。Coq 中使用的符号与命题逻辑中相应的联接词和命题的对应关系如表2.1所示。

表 2.1 命题逻辑联接词和命题与 Coq 语法形式的对应关系

	量词	合取	析取	蕴含	否定	真	假
命题逻辑	$\forall$	$\wedge$	$\vee$	$\rightarrow$	$\neg$	$\top$	$\bot$
Coq	forall	/\	\/	->	~	True	False

例2.17中从 Proof 开始是对该定理的证明,证明过程使用了 intros 和 apply 两条策略。这两条策略会驱动 Coq 改变证明状态。由于 Coq 是一个交互式工具,可以借助如 CoqIDE、Proof General 或者 Coqtop 等集成开发环境,方便呈现并分析这些证明状态。对例 2.17 而言,当开始证明该定理时,证明状态呈现如下形式:

```
1 goal


===========================(1/1)
forall P : Prop, P -> P
```

其中,横线上方是证明的前提,目前为空;横线下方是待证的结论;第 1 行的信息"1 goal"表示有一个目标需要证明,横线右侧的信息"(1/1)"表明这是共计一个目标中的第一个。

应用策略 intros,该策略对应我们前面讨论的蕴含引入规则($\rightarrow$ I),应用该策略后,得到证明状态如下:

```
1 goal


P : Prop
H : P
===========================(1/1)
P
```

其中,符号 H 是 Coq 自动生成的辅助变量,指代该命题 P(本质上,H 是命题 P 对应的证明项)。

继续使用策略 apply,该策略对应于前面讨论的公理(Var),在使用该策略时,指定了具体命题 H,应用该策略后,证明状态如下:

```
No more goals.
```

该信息表明已没有更多的目标(命题)需要证明。最后,Coq 读入 Qed 结束对该命题的证明。

需要强调,上述所讨论的证明状态及其变化,在不同集成开发环境(或同一开发环境的不同版本)中,展示的信息可能会有差异,请读者注意其中的区别。

Coq 提供了非常丰富和强大的证明策略,以方便使用者完成对复杂定理的证明。接下来,我们具体讨论 Coq 对各个证明规则所使用的证明策略。

Coq 使用 apply 证明策略来实现公理(Var)。在例2.17 中,我们已经给出了使用 apply 证明策略的实例。需要特别注意的是,证明策略 apply 实际涵盖了证明规则中(Var)和($\top$I)两条公理,即 Coq 中的证明策略并不与证明规则一一对应。

Coq 用 contradiction 证明策略,实现了对命题常量 $\bot$ 的消去规则。

例 2.18 使用 Coq,证明命题 $\vdash \bot \rightarrow P$。

我们可实现如下的 Coq 证明过程:

```
1  Theorem example: forall P: Prop,
2      False -> P.
3  Proof.
4      intros.
5      contradiction H.
6  Qed.
```

应用证明策略 intros 后,可得到证明状态:

```
1 goal

P : Prop
H : False
===========================(1/1)
P
```

继续应用证明策略 contradiction H,可证明原命题。

Coq 用 trivial 证明策略,实现了对命题常量 ⊤ 的引入规则。

例 2.19　使用 Coq,证明命题 $\vdash P \rightarrow \top$。

我们可实现如下的 Coq 证明过程:

```
1  Theorem example: forall P: Prop,
2      P -> True.
3  Proof.
4      intros.
5      trivial.
6  Qed.
```

应用证明策略 intros 后,共计生成 1 个证明目标,证明状态如下:

```
1 goal

P: Prop
H : P
===========================(1/1)
True
```

继续应用证明策略 trivial,可证明原命题。

Coq 用 split 证明策略,来实现合取的引入规则。

例 2.20　使用 Coq,证明命题 $\vdash P \rightarrow Q \rightarrow P \land Q$。

我们可实现如下的 Coq 证明过程:

```
1  Theorem example: forall P Q: Prop,
2      P -> Q -> P /\ Q.
3  Proof.
4      intros.
5      split.
6      apply H.
7      apply H0.
```

```
8  Qed.
```

应用证明策略 intros,共计生成 1 个证明目标,证明状态如下:

```
1 goal

P,Q : Prop
H : P
H0 : Q
==========================(1/1)
P /\ Q
```

继续应用证明策略 split 后,生成两个证明目标,证明状态如下:

```
2 goals

P,Q : Prop
H : P
H0 : Q
==========================(1/2)
P


==========================(2/2)
Q
```

通过对比应用证明策略 split 前后的证明状态可发现,证明策略 split 的作用是通过规则($\wedge$I),由下向上把需要证明的目标分解成了 2 个子目标,然后递归去证明子目标。

Coq 用证明策略 inversion,实现了合取联接词 $\wedge$ 的消去规则,并且,消去 $\wedge$ 后,我们将同时得到合取联接词的左右两个子命题。

例 2.21　使用 Coq,证明命题 $\vdash P \wedge Q \to P$。

我们可实现如下的 Coq 证明过程:

```
1  Theorem example: forall P Q: Prop,
2    P /\ Q -> P.
3  Proof.
4    intros.
5    inversion H.
6    apply H0.
7  Qed.
```

应用证明策略 intros,得到的 Coq 证明状态如下,共计包含 1 个证明目标:

```
1 goal

P,Q : Prop
H : P /\ Q
==========================(1/1)
P
```

继续应用证明策略 inversion 后,得到的证明状态如下:

```
1 goal

P,Q : Prop
H : P /\ Q
H0 : P
H1 : Q
==========================(1/1)
P
```

最后,应用 apply 证明规则,可完成对命题的证明。

Coq 引入了证明策略 left 和 right,来分别实现上述两条证明规则。

例 2.22 使用 Coq,证明命题 $\vdash P \to P \vee Q$。

我们可实现如下的 Coq 证明过程:

```
1  Theorem example: forall P Q: Prop,
2    P -> P \/ Q.
3  Proof.
4    intros.
5    left.
6    apply H.
7  Qed.
```

应用证明策略 intros,得到的 Coq 证明状态如下,共计包含 1 个证明目标:

```
1 goal

P,Q : Prop
H : P
==========================(1/1)
P \/ Q
```

继续应用证明策略 left 后,得到的证明状态如下:

```
1 goal

P,Q : Prop
H : P /\ Q
H : P
==========================(1/1)
P
```

最后,应用 apply 证明规则,可完成对命题的证明。

类似地,我们可以应用证明策略 right,完成对命题 $\vdash Q \to P \vee Q$ 的证明。我们把具体的证明过程,作为练习留给读者。

Coq 提供了证明策略 destruct,来实现析取联接词的消去规则。

例 2.23 使用 Coq,证明命题 $\vdash (P \vee Q) \to (P \to R) \to (Q \to R) \to R$。

我们可实现如下的 Coq 证明过程:

```
1  Theorem example: forall P Q R: Prop,
```

```
 2      (P \/ Q) -> (P -> R) -> (Q -> R) -> R.
 3   Proof.
 4       intros.
 5       destruct H.
 6       apply H2 in H0.
 7       apply H0.
 8       apply H3 in H0.
 9       apply H0.
10   Qed.
```

应用证明策略 intros,得到的 Coq 证明状态如下,共计包含 1 个证明目标:

```
1 goal


P, Q, R : Prop
H : P \/ Q
H0 : P -> R
H1 : Q -> R
==========================(1/1)
R
```

继续应用证明策略 destruct H 后,得到的证明状态如下:

```
2 goals


P,Q : Prop
H : P
H0 : P -> R
H1 : Q -> R
==========================(1/2)
R


==========================(1/2)
R
```

继续应用 apply H0 in H 证明策略,可得到证明状态:

```
1 goal


P,Q : Prop
H : Q
H0 : P -> R
H1 : Q -> R
==========================(1/1)
R
```

同理,再继续先后使用 apply H1 in H 和 apply H 证明策略,可最终完成对命题的证明。

　　Coq 引入了证明策略 intros,来实现蕴含的引入规则。我们在上面的证明例子中,已经多次使用过该证明策略,这里不再赘述。

Coq 实现了证明策略 apply 的另一种形式 apply ... in 来实现蕴含的消去规则。

例 2.24　使用 Coq,证明命题 $\vdash (P \to Q) \to P \to Q$。

我们可实现如下的 Coq 证明过程:

```
1  Theorem example: forall P Q: Prop,
2      (P -> Q) -> P -> Q.
3  Proof.
4      intros.
5      apply H in H0.
6      apply H0.
7  Qed.
```

应用证明策略 intros,得到的 Coq 证明状态如下,共计包含 1 个证明目标:

```
1 goal

P, Q, R : Prop
H : P -> Q
H0 : P
============================(1/1)
Q
```

继续应用证明策略 apply H in H0,把命题 H 应用到命题 H0,得到证明状态:

```
1 goal

P, Q, R : Prop
H : P -> Q
H0 : Q
============================(1/1)
Q
```

最后,使用证明策略 apply 即可证明结论。

回想一下,在构造逻辑中,联接词 ¬ 被定义为导出形式,即

$$\neg P \triangleq P \to \bot$$

Coq 引入了证明策略 unfold 对联接词 ¬ 进行展开。

例 2.25　使用 Coq,证明命题 $\vdash (P \wedge \neg P) \to \bot$。

我们可实现如下的 Coq 证明过程:

```
1  Theorem example: forall P Q: Prop,
2      (P /\ ~P) -> False.
3  Proof.
4      unfold not.
5      intros.
6      inversion H.
7      apply H1 in H0.
8      apply H0.
9  Qed.
```

策略 unfold not 把联接词 ¬ 展开后,得到证明状态:

1 goal

==(1/1)
forall P : Prop, P /\ (P -> False) -> False

继续使用 intros 等其他证明策略,可完成对该命题的证明。我们把余下的证明过程作为练习留给读者完成。

由于 Coq 默认使用构造逻辑,因此无法处理双重否定 ¬¬。但是 Coq 有相关的包,专门用来处理经典逻辑,有兴趣的读者可参考本章深入阅读给出的文献。

作为对 Coq 证明策略的总结,表2.2给出了 Coq 中的证明策略和命题逻辑证明规则间的对应关系。

表 2.2　Coq 提供的证明策略与命题逻辑证明规则的对应关系

	引入 I	消去 E
命题变量	apply	-
⊥	-	contradiction
⊤	trivial	-
∧	split	inversion
∨	left,right	destruct
¬	-	unfold not
→	intros	apply ... in

下面,我们应用上述已讨论的证明策略,给出复杂命题证明的典型实例。为简洁起见,此处略去了执行每个证明策略后,得到的中间证明状态,请读者结合 Coq 自行观察分析这些中间证明状态。

例 2.26　使用 Coq,证明命题 $\vdash (P \wedge Q) \to (Q \wedge P)$。

我们可实现如下的 Coq 证明过程:

```
1  Theorem example: forall P Q: Prop,
2      (P /\ Q) -> (Q /\ P).
3  Proof.
4      intros.
5      inversion H.
6      split.
7      apply H1.
8      apply H0.
9  Qed.
```

例 2.27　使用 Coq,证明命题 $\vdash (P \vee Q) \to (Q \vee P)$。

我们可实现如下的 Coq 证明过程:

```
1  Theorem example: forall P Q: Prop,
2      (P \/ Q) -> (Q \/ P).
3  Proof.
```

```
 4    intros.
 5    inversion H.
 6    right.
 7    apply H0.
 8    left.
 9    apply H0.
10   Qed.
```

例 2.28 使用 Coq，证明命题 $(P \wedge (Q \wedge R)) \to ((P \wedge Q) \wedge R)$。

我们可实现如下的 Coq 证明过程：

```
 1   Theorem example: forall P Q R: Prop,
 2      (P /\ (Q /\ R)) -> ((P /\ Q) /\ R)..
 3   Proof.
 4      intros.
 5      inversion H.
 6      inversion H1.
 7      split.
 8      split.
 9      apply H0.
10      apply H2.
11      apply H3.
12   Qed.
```

最后，还有三个要点需要说明：第一，本书仅以 Coq 为例讨论了定理证明器的最基础用法，Coq 所包括的功能远比本书所讨论的强大，对 Coq 感兴趣的读者可根据本章深入阅读给出的文献进一步学习；第二，对于部分命题的证明，其证明过程并不是唯一的，原因有多种，例如，对于一个联接词，可能有多种不同的策略可以应用；第三，本书给出的定理证明过程使用 Coq（8.14.1 版本）进行了运行验证，其他版本或不同的集成开发环境可能会存在一定的差异。

本 章 小 结

本章主要讨论命题逻辑的相关理论。首先，我们给出了命题逻辑的文法规则，并根据该文法规则给出了基于自然演绎风格的证明系统。接着，我们讨论了构造逻辑，并给出了它的证明系统，它相对于经典逻辑的最大区别就是是否承认排中律。接下来，我们讨论了命题逻辑的语义系统，证明了命题逻辑的可靠性和完备性，给出了命题逻辑可判定性的结论。最后，我们结合定理证明器 Coq，讨论了命题逻辑的具体实现。

深 入 阅 读

Smullyan[9] 和 Huth[13] 完整地介绍了命题逻辑的相关知识。逻辑的发展历史可以追溯到两千多年以前，而真值语义学大约在 160 年前才由 Boole[10] 提出。Gentzen[11] 提出了自然演绎系统，Prawitz[12] 进一步发展了该系统。

Coq 的官方网站 [15] 给出了丰富的定理辅助证明的参考材料。

思　考　题

1. 使用连接符 $\wedge, \vee, \rightarrow, \neg$ 以及原子命题 p, q 等表达以下语句,并且说明原子命题 p, q 等所代表的含义:

（1）如果今天是晴天,那么明天不将是晴天;

（2）如果气温下降,那么这天气不是要下雨就是要下雪;

（3）如果 Alice 昨天遇到了 Bob,那么他们可能一起喝了杯咖啡,或者一起去公园散步;

（4）没有鞋子,没有衬衫,没有帽子。

2. 使用命题逻辑证明规则,证明双重否定律

$$\vdash \neg\neg P \rightarrow P$$

3. 使用命题逻辑证明规则,判断以下命题是否可证:

（1）$\neg P \rightarrow \neg Q \vdash P \rightarrow Q$;

（2）$\neg Q \vee \neg Q \vdash \neg(P \wedge Q)$;

（4）$\neg P, P \vee Q \vdash Q$;

（5）$P \vee Q, \neg Q \vee R \vdash P \vee Q$;

（6）$P \wedge \neg P \vdash \neg(R \rightarrow Q) \wedge (R \rightarrow Q)$。

4. 假设集合 $S = \{p, \ q\}$,则以下是集合 S 的一种指派:

$$\mathcal{A}(p) = 1$$
$$\mathcal{A}(q) = 1$$

请给出另外三种指派。

5. 验证命题 $\neg P \vee Q$ 与命题 $P \rightarrow Q$ 等价。

6. 判断以下哪个命题与命题 $P \rightarrow (Q \vee R)$ 等价:

（1）$Q \vee (\neg P \vee R)$;

（2）$Q \wedge \neg R \rightarrow P$;

（3）$P \wedge \neg R \rightarrow Q$;

（4）$\neg Q \wedge \neg R \rightarrow \neg P$。

7. 判断命题 $P \rightarrow Q \wedge R \rightarrow Q \wedge P \vee Q$ 是否是重言式。

8. 使用 Coq,给出以下命题的证明过程:

（1）$(P \rightarrow Q) \rightarrow (Q \rightarrow H) \rightarrow (P \rightarrow H)$;

（2）$((P \rightarrow R) \wedge (Q \rightarrow R)) \rightarrow (P \wedge Q \rightarrow R)$;

（3）$(P \rightarrow Q) \rightarrow (\neg Q \rightarrow \neg P)$。

9. 完成对命题 $\vdash Q \rightarrow P \vee Q$ 的证明,并给出具体证明过程。

10. 给出例2.25完整的证明过程。

第 3 章　布尔可满足性

在逻辑学或计算机科学中,布尔可满足性(boolean satisfiability)是一个非常重要的问题,它尝试判定给定的逻辑命题是否有可能成立,如果成立,则该命题可满足;反之,则不可满足。它是历史上第一个被证明 NP 难的问题,但现有研究已经为该问题提出了很多实际可行的高效算法。本章主要介绍布尔可满足性相关知识,内容包括合取范式、决议与传播、DPLL 算法以及布尔可满足性问题的实际实现等。

3.1　布尔可满足性

在前面章节中,我们讨论了重言式 ⊨ P,布尔可满足性是重言式的一种弱化形式。

定义 3.1 (**布尔可满足**)　对于给定的命题 P,我们称 P 布尔可满足,当且仅当存在某个指派 $\mathcal{A}$,使得 $[\![P]\!]^{\mathcal{A}} = 1$。

如果命题 P 可满足,我们记作 $\mathrm{sat}(P)$;否则,命题不可满足,记作 $\mathrm{unsat}(P)$。

我们给出:

定理 3.1　对任意命题 P,存在如下等价关系:

$$\vdash P \Longleftrightarrow \mathrm{unsat}(\neg P)$$

证明　先证 $\vdash P \Longrightarrow \mathrm{unsat}(\neg P)$。由 $\vdash P$ 和可靠性定理,我们有 ⊨ P,即在真值表中 P 的值总是 1,因此 $\neg P$ 的值总是 0,即命题 $\neg P$ 是不可满足的,此即 $\mathrm{unsat}(\neg P)$。另外一个方向的证明与此类似,我们把它作为练习留给读者。

定理3.1实际给出了证明命题 P 的另外一种可能途径,即尝试判定命题 $\neg P$ 的不可满足性。

类似我们对重言式判定给出的算法,我们同样可以基于真值表,给出可满足性问题的一个判定算法(算法 2)。

算法 2 可满足性判定算法

输入：逻辑命题 P

输出：sat 或 unsat

1: **procedure** is SAT(P)
2:      $T = \text{buildTruthTable}(P)$
3:      **for** each row $r \in T$ **do**
4:          **if** $T[r, P] == 1$ **then return** sat
5:      **return** unsat

该算法接受命题 P 作为输入，判断该命题是否可满足并返回结果（sat 或 unsat）。算法首先为命题 P 构造真值表 T，然后对表中每行 r 进行迭代，如果发现有行的值 $T[r, P] = 1$ 的话，则该命题 P 可满足，算法直接返回 sat；否则，如果循环迭代结束，则命题 P 不可满足，算法返回 unsat。

假设命题 P 中包含 n 个命题变量，则真值表一共有 2^n 行，在最坏情况下，算法的执行时间复杂度为 $O(2^n)$，即具有指数时间复杂度。理论上讲，到目前为止，对布尔可满足性问题的计算复杂性，我们有：

定理 3.2 布尔可满足性问题是 NP 难问题。

即尚未找到通用的多项式时间的求解算法，因此，目前的研究都集中在寻找实际高效的求解算法，这也是本章要讨论的主要内容。

3.2 合 取 范 式

在数理逻辑中，范式（normal form）是常用的重要概念。我先给出：

定义 3.2（否定范式） 否定范式（negation normal form，NNF）由如下上下文无关文法给出：

$$P ::= \top \mid \bot \mid p \mid \neg p \mid P \wedge P \mid P \vee P$$

其中，P 是开始符号，p 是原子命题。在否定范式中，所有的否定符号 $\neg$ 都在原子命题 p 之前。

定义 3.3（合取范式） 合取范式（conjunctive normal form，CNF）由如下上下文无关文法给出：

$$P ::= D \mid D \wedge P$$
$$D ::= A \mid D \vee A$$
$$A ::= \top \mid \bot \mid p \mid \neg p$$

其中，P 是开始符号，p 是原子命题。

直观上,满足合取范式的命题的一般形式是

$$(A_{11} \vee \cdots \vee A_{1k}) \wedge \cdots \wedge (A_{n1} \vee \cdots \vee A_{nm})$$

或者简写成

$$\bigwedge_i \left(\bigvee_j A_{ij} \right)$$

下面,我们给出一些合取范式命题和非合取范式命题的例子。

例 3.1   以下命题满足合取范式:

$$p \wedge q$$
$$\neg p \wedge (p \vee q)$$
$$(p \vee q) \wedge (\neg p \vee q \vee \neg r) \wedge (\neg q \vee r)$$
$$(\neg p \vee q)$$

以下命题不满足合取范式:

$$(p \wedge q) \vee r$$
$$p \wedge (q \vee (p \wedge r))$$
$$\neg(p \vee q)$$

我们把对上述命题满足(或不满足)合取范式的判断过程,作为练习留给读者。

事实上,所有的命题都可以通过等价转换的方式,转换成合取范式的形式。例如,对例3.1中的三个不满足合取范式的命题,可等价转换成满足合取范式的命题,等价转换结果如下:

$$(p \wedge q) \vee r \Longrightarrow (p \vee r) \wedge (q \vee r)$$
$$p \wedge (q \vee (p \wedge r)) \Longrightarrow p \wedge (q \vee p) \wedge (q \vee r)$$
$$\neg(p \vee q) \Longrightarrow \neg p \wedge \neg q$$

请读者用真值表来验证上述转换后的命题和原命题等价。

为给出把非合取范式命题等价转化为合取范式命题的一般规则,我们先给出等价转换过程中需要用到的三个引理:

引理 3.1 (双重否定律)

$$\neg\neg P \equiv P$$

引理 3.2 (德·摩根律)

$$\neg(P \wedge Q) \equiv \neg P \vee \neg Q$$
$$\neg(P \vee Q) \equiv \neg P \wedge \neg Q$$

引理 3.3 (分配律)

$$P \wedge (Q \vee R) \equiv (P \wedge Q) \vee (P \wedge R)$$
$$P \vee (Q \wedge R) \equiv (P \vee R) \wedge (P \vee R)$$

注意到，在上面三个引理中，我们使用符号 $P \equiv Q$ 来代表 $\vdash P \to Q$ 且 $\vdash Q \to P$。我们把对这三个引理的证明，留给读者作为练习。

把任意命题等价转换为合取范式命题，总共分为三步：

（1）消去蕴含联接词 $\to$；

（2）等价转换为否定范式；

（3）否定范式等价转换成合取范式。

第一步，通过等价转换的方式消去蕴含 $\to$。消去蕴含联接词后，逻辑命题语法规则（2.1）可以简化为

$$P ::= \top \mid \bot \mid p \mid P \wedge P \mid P \vee P \mid \neg P \tag{3.1}$$

为消去蕴含联接词 $\to$，我们使用如下等价转换公式：

$$P \to Q \equiv \neg P \vee Q \tag{3.2}$$

对式（3.2）的证明，我们同样留给读者作为练习。

接下来，我们给出如下所示的等价转换函数 $\mathcal{E}$：

$$\mathcal{E}(\top) = \top \tag{3.3}$$
$$\mathcal{E}(\bot) = \bot \tag{3.4}$$
$$\mathcal{E}(p) = p \tag{3.5}$$
$$\mathcal{E}(P \wedge Q) = \mathcal{E}(P) \wedge \mathcal{E}(Q) \tag{3.6}$$
$$\mathcal{E}(P \vee Q) = \mathcal{E}(P) \vee \mathcal{E}(Q) \tag{3.7}$$
$$\mathcal{E}(P \to Q) = \mathcal{E}(\neg P \vee Q) \tag{3.8}$$
$$\mathcal{E}(\neg P) = \neg \mathcal{E}(P) \tag{3.9}$$

前三条转换规则说明，等价转换函数 $\mathcal{E}$ 对任意原子命题保持不变；第四条规则表示，对 $P \wedge Q$ 等价转换，等价于先对 P 和 Q 分别进行转换，然后再进行合取运算；其他运算规则与第四条规则类似；第六条规则使用了等价转换式（3.2），首先将 $P \to Q$ 转换为 $\neg P \vee Q$，然后再进一步进行转换。

第二步，在消去蕴含 $\to$ 的基础上，我们使用德·摩根律和双重否定律，对命题进行等价转换，生成否定范式。下面给出转换成否定范式的转换函数 $\mathcal{N}$：

$$\mathcal{N}(\top) = \top \tag{3.10}$$
$$\mathcal{N}(\bot) = \bot \tag{3.11}$$
$$\mathcal{N}(p) = p \tag{3.12}$$
$$\mathcal{N}(\neg p) = \neg p \tag{3.13}$$
$$\mathcal{N}(\neg\neg P) = \mathcal{N}(P) \tag{3.14}$$
$$\mathcal{N}(P \wedge Q) = \mathcal{N}(P) \wedge \mathcal{N}(Q) \tag{3.15}$$
$$\mathcal{N}(P \vee Q) = \mathcal{N}(P) \vee \mathcal{N}(Q) \tag{3.16}$$
$$\mathcal{N}(\neg(P \wedge Q)) = \mathcal{N}(\neg P) \vee \mathcal{N}(\neg Q) \tag{3.17}$$
$$\mathcal{N}(\neg(P \vee Q)) = \mathcal{N}(\neg P) \wedge \mathcal{N}(\neg Q) \tag{3.18}$$

前三条转换规则说明，等价转换函数 $\mathcal{N}$ 对任意原子命题保持不变；第四条规则表明，函数 $\mathcal{N}$ 对原子命题的否定 $\neg p$ 保持不变；第五条规则使用了双重否定律，要对 $\neg\neg P$ 进行转换，继续对 P 进行转换；第六条规则表示，对 $P \wedge Q$ 等价转换，等价于先对 P 和 Q 分别进行转换，然后再对转换结果进行合取运算；第七条规则与第六条类似；第八和第九条规则，先采用了德·摩根律，再对结果 $\neg P \vee \neg Q$ 进行等价转换。

需要特别注意的是，在第二步转换完成后，所有的否定符号 $\neg$ 都只位于原子命题 p 之前。

第三步，我们在否定范式的基础上，结合分配律进行等价转换，将命题转换成合取范式。我们用如下的函数 $\mathcal{C}$ 和 $\mathcal{D}$ 给出等价转换关系：

$$\mathcal{C}(\top) = \top \tag{3.19}$$

$$\mathcal{C}(\bot) = \bot \tag{3.20}$$

$$\mathcal{C}(p) = p \tag{3.21}$$

$$\mathcal{C}(\neg p) = \neg p \tag{3.22}$$

$$\mathcal{C}(P \wedge Q) = \mathcal{C}(P) \wedge \mathcal{C}(Q) \tag{3.23}$$

$$\mathcal{C}(P \vee Q) = \mathcal{D}(\mathcal{C}(P), \mathcal{C}(Q)) \tag{3.24}$$

$$\mathcal{D}(P_1 \wedge P_2, Q) = \mathcal{D}(P_1, Q) \wedge \mathcal{D}(P_2, Q) \tag{3.25}$$

$$\mathcal{D}(P, Q_1 \wedge Q_2) = \mathcal{D}(P, Q_1) \wedge \mathcal{D}(P, Q_2) \tag{3.26}$$

$$\mathcal{D}(P, Q) = P \vee Q \tag{3.27}$$

前四条转换规则表明，等价转换函数 $\mathcal{C}$ 对任意原子命题及其否定保持不变；第五条和第六条规则表明，对 $P \wedge Q$ 或 $P \vee Q$ 进行转换，等价于先对其中的子命题 P 和 Q 分别进行转换，然后再对转换结果进行处理；第六条规则有些特殊，它表明，使用转换函数 $\mathcal{C}$ 对 P 和 Q 进行转换得到 $\mathcal{C}(P)$ 和 $\mathcal{C}(Q)$ 后，由于联接词是 $\vee$，需要把该联接词分配到 $\mathcal{C}(P)$ 或 $\mathcal{C}(Q)$ 中去，这个分配过程由函数 $\mathcal{D}$ 完成，函数 $\mathcal{D}$ 考虑接受的两个命题，如果其中任何一个包含合取 $\wedge$，则调用函数 $\mathcal{D}$ 继续进行分配，注意，在调用的过程中用到了分配律。

最后，我们给出一个例子，把非合取范式形式的命题转换成合取范式形式的命题。

例 3.2 将命题

$$(p_1 \wedge \neg\neg p_2) \vee (\neg q_1 \rightarrow q_2)$$

转换为合取范式形式的命题。

依次使用上述三个步骤：

第一步，消去蕴含：

$$\begin{aligned}
\mathcal{E}((p_1 \wedge \neg\neg p_2) \vee (\neg q_1 \rightarrow q_2)) &= \mathcal{E}(p_1 \wedge \neg\neg p_2) \vee \mathcal{E}(\neg q_1 \rightarrow q_2)) \\
&= (\mathcal{E}(p_1) \wedge \mathcal{E}(\neg\neg p_2)) \vee (\mathcal{E}(\neg\neg q_1) \vee \mathcal{E}(q_2)) \\
&= (p_1 \wedge \neg\neg p_2) \vee (\neg\neg q_1 \vee q_2)
\end{aligned}$$

第二步，转换为否定范式：

$$\mathcal{N}((p_1 \wedge \neg\neg p_2) \vee (\neg\neg q_1 \vee q_2)) = \mathcal{N}(p_1 \wedge \neg\neg p_2) \vee \mathcal{N}(\neg\neg q_1 \vee q_2)$$

$$= (\mathcal{N}(p_1) \wedge \mathcal{N}(\neg\neg p_2)) \vee (\mathcal{N}(\neg\neg q_1) \vee \mathcal{N}(q_2))$$
$$= (p_1 \wedge p_2) \vee (q_1 \vee q_2)$$

第三步，转换为合取范式：

$$\mathcal{C}((p_1 \wedge p_2) \vee (q_1 \vee q_2)) = \mathcal{D}(\mathcal{C}(p_1 \wedge p_2), \mathcal{C}(q_1 \vee q_2))$$
$$= \mathcal{D}(p_1 \wedge p_2, \mathcal{D}(q_1, q_2))$$
$$= \mathcal{D}(p_1 \wedge p_2, q_1 \vee q_2)$$
$$= \mathcal{D}(p_1, q_1 \vee q_2) \wedge \mathcal{D}(p_2, q_1 \vee q_2)$$
$$= (p_1 \vee q_1 \vee q_2) \wedge (p_2 \vee q_1 \vee q_2)$$

最终转换得到的合取范式命题是

$$(p_1 \vee q_1 \vee q_2) \wedge (p_2 \vee q_1 \vee q_2)$$

3.3　决议与传播

本节将讨论命题上的决议与传播操作，它们将在后面要讨论的可满足性求解算法中用到。

我们引入记号

$$P[p]$$

来表示逻辑命题 P 中包含原子命题 p。且记

$$P[p \mapsto q]$$

为把命题 P 中出现的原子命题 p，替换成另外一个原子命题 q。我们把该替换操作的定义，作为练习留给读者。

则我们有以下定理：

定理 3.3　令合取范式命题

$$C = Q[p] \wedge R[\neg p]$$

则若 $\text{sat}(C)$，当且仅当 $\text{sat}(C \wedge (Q[p \mapsto \bot] \vee R[p \mapsto \top]))$。

证明　先证充分性。不失一般性，记

$$Q = p \vee Q_1, \qquad R = \neg p \vee R_1$$

对命题 p 取值做讨论：若命题 $p = \top$，则命题

$$C = (p \vee Q_1) \wedge (\neg p \vee R_1)$$
$$= (\top \vee Q_1) \wedge (\neg\top \vee R_1)$$
$$= R_1$$

同理，若命题 $p = \bot$，则命题 $C = Q_1$。因此，不管命题 p 取值为 $\top$ 或 $\bot$，我们总有若 $\mathrm{sat}(C)$，则 $\mathrm{sat}(C \wedge (Q_1 \vee R_1))$，亦即 $\mathrm{sat}(C \wedge (Q[p \mapsto \bot] \vee R[p \mapsto \top]))$。我们把对必要性的证明，留给读者作为练习。

根据上述定理，我们可把对命题 $C = Q[p] \wedge R[\neg p]$ 的可满足性判定，转化为对命题

$$C' = Q[p] \wedge R[\neg p] \wedge (Q[p \mapsto \bot] \vee R[p \mapsto \top])$$

的可满足性判定。这个从命题 C 到命题 C' 的转换过程，被称为决议（resolution）。

对于决议，有两个关键点需要注意：第一，决议并未改变命题的合取范式形式，即决议后得到的命题仍然满足合取方式要求；第二，尽管从直观上看，决议过程由于加入了新的命题，增加了命题 C 的复杂程度，从而可能导致更难判定命题的可满足性，但实际上，由于决议后得到的子命题

$$(Q[p \mapsto \bot] \vee R[p \mapsto \top])$$

包括命题常量，因此，可能会具有更多的化简机会。

例 3.3　对合取范式形式的命题

$$(\neg p \vee q) \wedge p \wedge (\neg q)$$

给出使用决议后的结果。

注意到命题 $\neg p \vee q$ 和逻辑命题 p 存在一个互反的原子命题，那么我们可以对其进行决议，得到

$$(\neg p \vee q) \wedge p \wedge (\neg q) \wedge q$$

命题 $\neg q$ 和 q 可以继续进行决议，得到

$$(\neg p \vee q) \wedge p \wedge (\neg q) \wedge q \wedge \bot$$

显然，原命题不可满足。

决议的一种特殊形式如下：

定义 3.4 (布尔约束传播)　令合取范式形式的命题

$$C = p \wedge Q$$

则布尔约束传播（boolean constraint propagation）bcp 将命题 C 转换为

$$\mathrm{bcp}(C) = Q[p \mapsto \top]$$

布尔约束传播不改变命题的可满足性，即

定理 3.4　对合取范式形式的命题 C，$\mathrm{sat}(C)$ 当且仅当 $\mathrm{sat}(\mathrm{bcp}(C))$。

我们把对这个定理的证明，作为练习留给读者。

例 3.4　对合取范式逻辑命题

$$(\neg p \vee q) \wedge (p) \wedge (\neg q)$$

给出布尔约束传播的结果。

由于命题中存在原子命题 p，则我们可以对其进行布尔约束传播，化简后得到

$$(q) \wedge (\neg q)$$

继续对原子命题 q 进行布尔约束传播，化简后得到 $\bot$。显然，该命题不可满足。

例 3.5　对合取范式逻辑命题

$$(\neg p \vee q) \wedge p \wedge (\neg p \vee \neg q \vee r)$$

给出其使用布尔约束传播后的结果。

我们发现合取范式最外层 p 是原子命题，则可对 p 进行布尔约束传播，原命题化简为

$$q \wedge (\neg q \vee r)$$

同理，可继续对原子命题 q 进行布尔约束传播，命题化简为 r。显然，当原子命题 $r = \top$ 时，原命题可满足。

3.4　DPLL 算法

DPLL 算法是一个计算命题可满足性的经典算法。本质上，DPLL 算法是一个基于真值表计算的启发式算法，其中使用了我们前面讨论的布尔约束传播等操作。尽管在最坏情况下，DPLL 算法仍然具有指数时间复杂度，但在实际中，它往往比较高效。

算法3给出了 DPLL 算法的伪代码实现。算法接受合取范式形式的命题 P 作为参数，如果命题 P 可满足，则返回 sat，否则返回 unsat。算法使用 bcp 操作，对命题 P 进行布尔约束传播和化简，如果化简得到命题常量 $\top$，则命题 P 可满足；反之，如果化简得到命题常量 $\bot$，则命题 P 不可满足。否则，算法调用 selectAtomicProp 函数，从命题 P 中选取一个原子命题 p，并根据原子命题 $p = \top$ 或 $p = \bot$ 这两种情况，分别递归进行求解。

假设在命题 P 中共包括 n 个原子命题，由于对每个原子命题最多可能有两个条件分支，则算法的最坏运行时间复杂度为 $O(2^n)$。但是，由于在第 9 行有一个早返回，因此，算法实际运行未必呈现指数时间复杂度。

例 3.6　利用 DPLL 算法，求解合取范式命题

$$P = (\neg p \vee \neg q) \wedge (q \vee r)$$

的可满足性。

根据 DPLL 算法，命题 P 无法直接使用 bcp 算法进行化简，也不是命题常量 $\top$ 或 $\bot$。因此，我们选取原子命题对命题 P 进行化简。假设我们选取了原子命题 p，则先考察 $p = \top$ 这种情况，那么命题可转化为

$$(\neg \top \vee \neg q) \wedge (q \vee r)$$

算法 3　DPLL 算法

输入：合取范式形式的命题 P

输出：sat 或 unsat

1: **procedure** DPLL(P)
2: 　　$P = \mathrm{bcp}(P)$
3: 　　**if** $P == \top$ **then**
4: 　　　　**return** sat
5: 　　**if** $P == \bot$ **then**
6: 　　　　**return** unsat
7: 　　$p = \mathrm{selectAtomicProp}(P)$
8: 　　**if** dpll($P[p \mapsto \top]$) $==$ **sat then**
9: 　　　　**return** sat
10: 　　**return** dpll($P[p \mapsto \bot]$)
11: **procedure** BCP(P)
12: 　　**while** $\exists p$ such that $P == p \wedge Q$ **do**
13: 　　　　$P = Q[p \mapsto \top]$
14: 　　**return** P

化简可得

$$(\neg q) \wedge (q \vee r)$$

此时，命题可继续使用 bcp 算法进行化简，化简后得到原子命题 r。接下来，我们只需计算 r 的可满足性，显然，下次递归选取原子命题 r，且当 $r = \top$ 时，即可得出命题 P 可满足。

3.5　实　　现

可满足性问题是数学和计算机科学中的重要问题，为了高效求解这类问题，研究人员开发了很多强大和实用的软件工具和库，可统称为 SAT 求解器（SAT solver）。合理地使用这些 SAT 求解器，可对可满足性问题进行建模求解。本节将介绍典型的 SAT 求解器的工作机理，讨论使用 SAT 求解器对命题进行可满足性求解的一般技术，并讨论对实际问题进行编码和建模的一般方法。

目前研究者已经研究和开发了很多 SAT 求解器，例如 ABsolver、MiniSmt、Spear、CVC 等。本书选择开源的 Z3 定理证明器作为实例讲解 SAT 求解器，并且使用 Z3 的 Python 接口讨论实现。但需要强调的是，本书所讨论的理论和技术，也同样适用于其他的 SAT 求解器，但由于不同的求解器提供的接口可能存在一定差别，如果读者使用其他约束求解器的话，需要具体参考相关求解器的文档和说明。

我们介绍 Z3 的一些基本类型和接口。Z3 提供了 Bools 接口，来声明命题。例如，下面的代码片段声明了名字分别为 P 和 Q 的原子命题 P 和 Q：

```
1  P, Q = Bools('P Q')
```

Z3 提供了丰富的接口，来表达各种逻辑联接词。例如，Z3 用 `And`、`Or`、`Not` 和 `Implies`，来分别表达联接词 $\wedge$、$\vee$、$\neg$ 和 $\rightarrow$。下面的实例代码分别调用这些接口，构建了 $F1$ 到 $F4$ 四个不同的复合命题：

```
1  # P ∧ Q
2  F1 = And(P, Q)
3  # P ∨ Q
4  F2 = Or(P, Q)
5  # ¬ P
6  F3 = Not(P)
7  # P → Q
8  F4 = Implies(P, Q)
```

Z3 最简单的用法是直接输入命题，以检查命题的可满足性。在 Z3 中，具体可通过使用 Solver 类来完成命题可满足性判定。

例 3.7　用 Z3 判定命题

$$(P \vee Q) \wedge (\neg(P \wedge \neg Q))$$

的可满足性。

如下实例代码可完成对该命题的可满足性判定：

```
1  # 构建命题P和Q
2  P, Q = Bools('P Q')
3
4  # F = (P ∨ Q) ∧ (¬(P ∧ ¬Q))
5  # 首先调用Z3的接口，对命题进行编码
6  F = And(Or(P, Q), Not(And(P, Not(Q))))
7
8  # 创建求解器实例
9  solver = Solver()
10
11 # 将待求解的命题F，添加到求解器solver中
12 solver.add(F)
13
14 # 调用check()函数求解命题F的可满足性，如果求解的结果为sat，则命题可满足，
15 # 调用model()函数将命题具体值打印出来；反之，命题不可满足，程序打印unsat。
16 if solver.check() == sat:
17   print(solver.model())
18 else:
19   print("unsat")
```

上述实例代码运行后，打印的模型如下（需要注意，该输出的具体形式可能依赖具体使用的 Z3 版本，本书运行实例使用的是 Z3 的 4.12.2 的 64 位版本）：

```
[Q = True, P = False]
```

该结果表明,当命题 $Q = \top$ 且 $P = \bot$ 时,命题

$$(P \vee Q) \wedge (\neg(P \wedge \neg Q))$$

可满足。

上述求解只得到了使得命题可满足的一组 P, Q 的取值,通过操作求解得到的模型,我们可以得到其他的解。

例 3.8 给定命题

$$(P \vee Q) \wedge (\neg(P \wedge \neg Q))$$

请计算有多少种不同的 P, Q 的取值组合,使得该命题可满足。

如下实例代码,可完成该计算:

```
1   # 构建命题P和Q
2   P, Q = Bools('P Q')
3
4   # F = (P∨Q)∧(¬(P∧¬Q))
5   # 首先调用Z3的接口, 对命题进行编码
6   F = And(Or(P, Q), Not(And(P, Not(Q))))
7
8   # 创建求解器实例
9   solver = Solver()
10
11  # 将待求解的命题F, 添加到求解器solver中
12  solver.add(F)
13
14  # 解的总数
15  count = 0
16
17  # 对命题F进行可满足性判定
18  while solver.check() == sat:
19    count = count + 1
20    model = solver.model()
21    # 调用eval()函数, 将命题P和Q的取值, 从模型model中取出
22    pv = model.eval(P, True)
23    qv = model.eval(Q, True)
24    # 并根据pv和qv的取值, 得到目前解的形式
25    if pv:
26      newP = P
27    else:
28      newP = Not(P)
29    if qv:
30      newQ = Q
31    else:
32      newQ = Not(Q)
33    # 对原命题F进行增强, 并将其加入到求解器solver中, 进行下一轮迭代求解
```

```
34    F = And(F, Not(newP, newQ))
35    solver.add(F)
36  # end of while
37
38  # 输出解的总数
39  print(f"count of models = {count}")
```

上述实例代码运行后,打印的模型以及模型的总数如下:

```
[Q = True, P = False]
[Q = True, P = True]
count of models = 2
```

该结果表明,共有两组不同的命题 P、Q 的取值,使得命题可满足。

回想一下,定理3.1的结论

$$\vdash P \Longleftrightarrow \mathrm{unsat}(\neg P)$$

表明对命题 P 的证明 $\vdash P$,等价于对其否命题 $\neg P$ 的可满足性判定 $\mathrm{unsat}(\neg P)$。因此,利用 Z3 这样的可满足性求解器,同样可完成对命题的证明。正是因为这个原因,Z3 也经常被称为定理证明器(theorem prover)。

例 3.9(排中律) 用 Z3 证明排中律

$$\vdash P \vee \neg P$$

如下实例代码,可完成对排中律的证明:

```
1   # 构建命题P(注意,由于只有一个命题,此处是Bool而不是Bools)
2   P = Bool('P')
3
4   # F = P∨¬P
5   # 首先调用Z3的接口,对命题进行编码
6   F = Or(P, Not(P))
7
8   # 创建求解器实例
9   solver = Solver()
10
11  # 对命题F的证明,被转化成对其否定命题¬F的可满足性的判定
12  solver.add(Not(F))
13
14  if solver.check() == sat:
15    print(solver.model())
16  else:
17    print("unsat")
```

实例代码运行结果如下:

```
unsat
```

表明命题 $\neg F$ 不可满足，从而命题 F 可证。

利用像 Z3 这样的定理证明器来解决实际问题，一般遵循如下三个步骤：首先，对实际问题进行建模，将问题描述转换为逻辑命题；然后，利用定理证明器对命题进行证明或求解；最后，再把求解的结果还原为问题的解。其中，最重要也是最困难的是第一步，即合理地用命题对问题进行描述。

例 3.10（**N 皇后问题**）　在一个 $n \times n$ 的棋盘上放置 n 个皇后，为了防止她们互相攻击，需要满足如下条件：

（1）每一行正好放置一个皇后；

（2）每一列正好放置一个皇后；

（3）每一个主对角线和斜对角线最多放置一个皇后。

请问是否存在这样的放置方式？

为简单起见，我们讨论这个问题的一个特殊情况，即 4 皇后问题。在后面章节，我们将给出 n 皇后问题的一般解法。对于 4 皇后问题，图3.1给出了一个解。

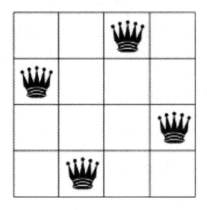

图 3.1　4 皇后问题的一个解

为了对问题进行建模，我们分别给每个棋盘格子一个逻辑命题 $P_{i,j}(0 \leq i, j \leq 3)$，用来代表该格子上是否放置了皇后 (注意，我们以棋盘的左下角为坐标原点 $(0,0)$)。

接下来，我们表达每个约束。棋盘的第 1 行正好放置 1 个皇后，可用如下逻辑命题表达：

$$
\begin{aligned}
A_0 = {}& (P_{0,0} \wedge \neg P_{1,0} \wedge \neg P_{2,0} \wedge \neg P_{3,0}) \\
& \vee (\neg P_{0,0} \wedge P_{1,0} \wedge \neg P_{2,0} \wedge \neg P_{3,0}) \\
& \vee (\neg P_{0,0} \wedge \neg P_{1,0} \wedge P_{2,0} \wedge \neg P_{3,0}) \\
& \vee (\neg P_{0,0} \wedge \neg P_{1,0} \wedge \neg P_{2,0} \wedge P_{3,0})
\end{aligned}
$$

同理，我们可给出在第 2 到 4 行分别正好放置一个皇后的逻辑命题表达 A_1, A_2 和 A_3。则对棋盘的每一行，都正好放置一个皇后的命题描述是

$$A_0 \wedge A_1 \wedge A_2 \wedge A_3$$

同样地，棋盘的第 1 列正好放置 1 个皇后，可用如下逻辑命题表达：

$$B_0 = (P_{0,0} \wedge \neg P_{0,1} \wedge \neg P_{0,2} \wedge \neg P_{0,3})$$

$$\lor\,(\neg P_{0,0} \land P_{0,1} \land \neg P_{0,2} \land \neg P_{0,3})$$
$$\lor\,(\neg P_{0,0} \land \neg P_{0,1} \land P_{0,2} \land \neg P_{0,3})$$
$$\lor\,(\neg P_{0,0} \land \neg P_{0,1} \land \neg P_{0,2} \land P_{0,3})$$

于是,我们还给出在第 2 到 4 列分别正好放置一个皇后的逻辑命题表示 B_1, B_2 和 B_3。则对棋盘的每一列,都正好放置一个皇后的命题描述是

$$B_0 \land B_1 \land B_2 \land B_3$$

4×4 的棋盘共有 7 条主对角线和 7 条斜对角线(注意,在我们的坐标约定下,主对角线的斜率为 1,而斜对角线的斜率为 -1),我们需要分别考虑每条对角线。以过原点 $(0,0)$ 的主对角线为例,如要求其上最多不能超过一个皇后,需要满足

$$C_0 = (P_{0,0} \land \neg P_{1,1} \land \neg P_{2,2} \land \neg P_{3,3})$$
$$\lor\,(\neg P_{0,0} \land P_{1,1} \land \neg P_{2,2} \land \neg P_{3,3})$$
$$\lor\,(\neg P_{0,0} \land \neg P_{1,1} \land P_{2,2} \land \neg P_{3,3})$$
$$\lor\,(\neg P_{0,0} \land \neg P_{1,1} \land \neg P_{2,2} \land P_{3,3})$$
$$\lor\,(\neg P_{0,0} \land \neg P_{1,1} \land \neg P_{2,2} \land \neg P_{3,3})$$

同理,我们可给出其他 6 条主对角线 $C_1, \cdots, C_6$ 的命题。

类似地,我们可给出在 7 条副对角线放置皇后,对应的命题 $D_0, \cdots, D_6$。

则合理放置方式必须同时满足以下命题:

$$A_0 \land \cdots \land A_3 \land B_0 \land \cdots \land B_3 \land C_0 \land \cdots \land C_6 \land D_0 \land \cdots \land D_6$$

将上述命题输入到 Z3 定理证明器后,可得到使命题满足的一组解。我们把输入这些命题求解的过程,作为练习留给读者。

我们进一步可以考虑,在 4×4 的棋盘上,一共存在多少种不同的可能放置方式。我们把对这个问题的求解,作为练习留给读者。

例 3.11（座位安排问题）　有三张椅子并排从左到右放置,编号分别为 1, 2, 3;三个人 Alice, Bob 和 Carol 都需要坐到这些椅子上,但要满足两个约束条件:

（1）Alice 不挨着 Carol 坐;

（2）Bob 不坐在 Alice 的右边。

请问是否存在这样的座位安排?

首先,我们用命题 $A_i (1 \leqslant i \leqslant 3)$ 表示 Alice 坐在座位 i 上;类似地,我们用 B_i, C_i 分别表示 Bob, Carol 坐在座位 i 上。

接着,我们用这些命题来表达约束。Alice 必须拥有一个座位,这可以通过命题

$$P_1 = (A_1 \land \neg A_2 \land \neg A_3 \land \neg B_1 \land \neg C_1)$$
$$\lor\,(\neg A_1 \land A_2 \land \neg A_3 \land \neg B_2 \land \neg C_2)$$
$$\lor\,(\neg A_1 \land \neg A_2 \land A_3 \land \neg B_3 \land \neg C_3)$$

表示。

同理，Bob 和 Carol 分别拥有一个座位，可用分别由命题

$$P_2 = (B_1 \wedge \neg B_2 \wedge \neg B_3 \wedge \neg A_1 \wedge \neg C_1)$$
$$\vee (\neg B_1 \wedge B_2 \wedge \neg B_3 \wedge \neg A_2 \wedge \neg C_2)$$
$$\vee (\neg B_1 \wedge \neg B_2 \wedge B_3 \wedge \neg A_3 \wedge \neg C_3)$$
$$P_3 = (C_1 \wedge \neg C_2 \wedge \neg C_3 \wedge \neg A_1 \wedge \neg B_1)$$
$$\vee (\neg C_1 \wedge C_2 \wedge \neg C_3 \wedge \neg A_2 \wedge \neg B_2)$$
$$\vee (\neg C_1 \wedge \neg C_2 \wedge C_3 \wedge \neg A_3 \wedge \neg B_3)$$

表示。

对于约束"Alice 不挨着 Carol 坐"，我们可给出命题

$$Q = (A_1 \rightarrow \neg C_2) \wedge (A_2 \rightarrow \neg C_1) \wedge (A_2 \rightarrow \neg C_3) \wedge (A_3 \rightarrow \neg C_2)$$

对于约束"Bob 不坐在 Alice 右边"，我们可给出命题

$$R = (A_1 \rightarrow \neg B_2) \wedge (A_1 \rightarrow \neg B_3) \wedge (A_2 \rightarrow \neg B_3)$$

最后，刻画所有约束条件的命题为

$$P_1 \wedge P_2 \wedge P_3 \wedge Q \wedge R。$$

把这些命题输入到 Z3 中，可以得到问题的解。我们把这个过程，作为练习留给读者。

程序运行后，输出的一个可能的结果为

```
[A1 = True,  A2 = False, A3 = False,
 B1 = False, B2 = True,  B3 = False,
 C1 = False, C2 = False, C3 = True]
```

从结果可以分析出，Alice 坐编号为 1 的座位，Bob 坐编号为 2 的座位，Carol 坐编号为 3 的座位。不难验证，这样的座位安排满足题目的要求。

本 章 小 结

本章主要讨论布尔可满足性，即判定给定的逻辑命题是否可以为真。首先，我们讨论了合取范式；然后，给出了判定可满足性时重要的决议与传播的策略；接下来，我们讨论了一种经典的命题可满足性的判定算法 DPLL；最后，我们介绍了一个现代的 SAT 求解器实例 Z3，并结合几个经典问题，讨论了利用 SAT 求解器进行实际问题求解的一般过程。

深 入 阅 读

Biere[16] 系统讲述了布尔可满足性相关的知识；Knuth[17] 使用了大量的篇幅来介绍布尔可满足性知识。DPLL 算法经历了两个阶段的发展：1960 年，Davis 和 Putnam 提出了一个解决可满足性问题的算法[18]；1962 年，Loveland 和 Logemann 实现了 Davis 和 Putnam 的想法，并与 Davis 一起发布了基本的 DPLL 框架[19]。

Montanari[20] 给出了约束满足问题定义；Marques-Silva 和 Sakallah 开发了 SAT 求解器 GRASP[21]；Bayardo 和 Schrag[22] 提出了一种将冲突驱动的学习应用于 SAT 的方法。近年来，得益于算法的改进，很多高效的求解器被开发出来，包括 Chaff[23]、Berkmin[24]、Siege[25]、MiniSAT[26]、Glucose[27]、PicoSAT[28]、和 Lingeling[29]，等等。

Z3 的官方网站[30] 有安装包及丰富的学习材料；Z3py 网站[31] 给出了 Z3 所有的 Python 的接口及其说明文档。

思 考 题

1. 完成对定理3.1的证明，即证明

$$\text{unsat}\,(\neg P) \Longrightarrow \vdash P$$

2. 给出例3.1命题属于（或不属于）合取范式的判断过程。

3. 使用真值表的方式验证以下命题等价：

（1）$(p \wedge q) \vee r \equiv (p \vee r) \wedge (q \vee r)$；

（2）$p \wedge (q \vee (p \wedge r)) \equiv p \wedge (q \vee p) \wedge (q \vee r)$；

（3）$\neg(p \vee q) \equiv \neg p \wedge \neg q$。

4. 给出引理3.1、引理3.2 和引理3.3的证明过程。

5. 给出式（3.2）的证明过程。

6. 给出3.3节中记号

$$P[p \mapsto q]$$

的定义。

7. 完成定理3.3必要性的证明。

8. 完成定理3.4的证明。

9. 给出例3.10所有可能的解。

第 4 章 谓词逻辑

谓词逻辑是比命题逻辑表达能力更强的推理系统。本章对谓词逻辑进行系统讨论,主要内容包括谓词逻辑的语法系统、基于自然演绎风格的证明系统、谓词逻辑的语义系统、谓词逻辑的可靠性和完备性定理、谓词逻辑的可判定性等。最后,结合实际的辅助定理证明工具,给出了谓词逻辑的典型应用。

4.1 命题的内部结构

命题变量是最小单位且没有内部结构,虽然这使得命题逻辑结构比较简单,但这也限制了命题逻辑的表达能力。

例 4.1 令集合 $S = \{5, 10, 15\}$,将如下推理过程表达成命题:

"S 中的数都是 5 的倍数,10 是 S 中的数,故 10 是 5 的倍数。"

我们令命题 P_x 表示 x 是集合 S 中的数;令命题 Q_x 表示 x 是 5 的倍数。则上述推理可表达成

$$((P_5 \to Q_5) \wedge (P_{10} \to Q_{10}) \wedge (P_{15} \to Q_{15})) \wedge P_{10} \to Q_{10}$$

注意到,上述第一个 P_5 和第二个 P_{10} 是相同命题的事实,是通过下角标相同的事实隐式给出的;另外,当问题的论域由有限推广到无限时,对命题的表述会更加困难。例如,如果我们把集合 S 推广成无限集合 $S = \{5, 10, 15, 20, \cdots\}$,则上述命题也会变成难以表达的无限形式:

$$((P_5 \to Q_5) \wedge (P_{10} \to Q_{10}) \wedge (P_{15} \to Q_{15}) \wedge \cdots) \wedge P_{10} \to Q_{10}$$

因此,我们需要更加精细的对命题内部结构的描述,并且,我们需要引入量词来刻画"无限"。对上面的例子,假定我们用命题 $P(x)$ 表示 x 是集合 S 中的数,令命题 $Q(x)$ 表示 x 是 5 的倍数。注意到集合的元素 x 由命题 P, Q 的下角标形式变成了命题的参数。我们用符号 $\forall$ 表达"任意",则上述命题可表达成

$$\forall x.(P(x) \to Q(x)) \wedge P(10) \to Q(10)$$

可以看到,命题 P, Q 的接收变量 x 做参数,因此可称为谓词(predicate),这种形式的逻辑系统也被称为谓词逻辑(predicate logic),有的文献称其为一阶逻辑(first-order logic)。

谓词逻辑大大增强了命题逻辑的表达能力。本章余下内容,对谓词逻辑进行深入讨论。

4.2 语 法

我们首先给出谓词逻辑的语法:

定义 4.1 (谓词逻辑语法) 谓词逻辑的语法规则用如下的上下文无关文法描述:

$$E ::= x \mid c \mid f(E, \cdots, E)$$
$$R ::= r(E, \cdots, E)$$
$$P ::= R \mid \top \mid \bot \mid P \wedge P \mid P \vee P \mid P \rightarrow P \mid \neg P \mid \forall x.P \mid \exists x.P$$

符号 E 定义了谓词逻辑的表达式(有的文献称其为项(term)),它由 3 种语法形式组成:符号 x 代表一个原子变量;符号 c 代表一个原子常量;符号 f 代表函数(有的文献称其为运算符),它取自一组未定义的函数符号 $\{f_1, f_2, \cdots\}$;符号 R 代表关系,它由一种语法形式组成;符号 r 称为谓词,它代表了关系算符,取自一组未定义的关系算符 $\{r_1, r_2, \cdots\}$。

符号 P 代表任意逻辑命题,它由八种不同语法形式组成:符号 $\top$ 和 $\bot$ 分别代表两个逻辑常量"真"和"假",它们和命题逻辑中的对应语法形式相同;命题中还包括四种联接词:合取 $\wedge$、析取 $\vee$、蕴含 $\rightarrow$ 和否定 $\neg$,它们在命题逻辑中讨论过。原子命题 R 的形式发生了变化,现在 R 有了内部结构,即若干个表达式 E 的关系。谓词逻辑还引入了量词符号,其中 $\forall$ 称为全称量词(universal quantification),表示"任意";符号 $\exists$ 称作存在量词(existential quantification),表示"存在"。

直观上,谓词逻辑的定义是被常量 c,函数符号 f 和谓词符号 r 参数化的,因此我们将这三部分称作签名(signature),并记作

$$\Sigma = (c, f, r)$$

例 4.2 如下都是谓词逻辑命题的实例:

$$\forall x.(P(x) \wedge Q(x))$$
$$\forall x.(P(x) \rightarrow Q(x))$$
$$\forall x.\forall y.(P(x) \rightarrow Q(y))$$
$$\forall x.\exists y.((P(x) \vee \neg Q(y)) \rightarrow (Q(x) \rightarrow P(y)))$$
$$\forall x.\forall y(P(x) \wedge Q(y, x) \rightarrow R(x, y))$$
$$\forall x.(P(x, Q(y)) \rightarrow R(x, y))$$

与上述例子中给定的命题一样,在本书余下内容中,在不引起混淆的情况下,我们经常用大写字母 P, Q 等表示谓词。

4.2.1 自由变量与绑定变量

对于谓词逻辑命题

$$\exists x.(P(x, y) \vee \forall y.(Q(x, y) \rightarrow R(x, z)))$$

在谓词 P,Q 和 R 中出现的变量 x 被最外层的存在量词 $\exists$ 所约束;类似地,谓词 Q 中出现的变量 y 被全称量词 $\forall$ 所约束。

定义 4.2 (绑定变量和自由变量) 我们把命题 P 中被量词约束的变量称为绑定变量(binding variables);相反地,在命题 P 中不受任何量词约束的变量称为自由变量(free variables)。

对谓词逻辑命题 P,我们用符号 $\mathcal{B}(P)$ 表示命题 P 的绑定变量集合。根据谓词逻辑语法规则,绑定变量集合 $\mathcal{B}(P)$ 可由如下公式给出:

$$\mathcal{B}(R) = \varnothing \tag{4.1}$$

$$\mathcal{B}(\top) = \varnothing \tag{4.2}$$

$$\mathcal{B}(\bot) = \varnothing \tag{4.3}$$

$$\mathcal{B}(\neg P) = \mathcal{B}(P) \tag{4.4}$$

$$\mathcal{B}(P_1 \wedge P_2) = \mathcal{B}(P_1) \cup \mathcal{B}(P_2) \tag{4.5}$$

$$\mathcal{B}(P_1 \vee P_2) = \mathcal{B}(P_1) \cup \mathcal{B}(P_2) \tag{4.6}$$

$$\mathcal{B}(P_1 \rightarrow P_2) = \mathcal{B}(P_1) \cup \mathcal{B}(P_2) \tag{4.7}$$

$$\mathcal{B}(\forall x.P) = \{x\} \cup \mathcal{B}(P) \tag{4.8}$$

$$\mathcal{B}(\exists x.P) = \{x\} \cup \mathcal{B}(P) \tag{4.9}$$

其中,前三条公式表示命题中绑定变量集合为空集 $\varnothing$;第四到第七条公式是基于递归计算命题的绑定变量;最后两条公式表明需要将变量 x 合并到子命题 P 中的绑定变量集合中。

例 4.3 计算谓词逻辑命题

$$A = \exists x.(P(x,y) \vee \forall y.Q(x,y) \rightarrow R(x,z))$$

的绑定变量集合。

根据 $\mathcal{B}$ 的定义,我们有

$$
\begin{aligned}
\mathcal{B}(A) &= \mathcal{B}(\exists x.(P(x,y) \vee \forall y.(Q(x,y) \rightarrow R(x,z)))) \\
&= \{x\} \cup \mathcal{B}(P(x,y) \vee \forall y.(Q(x,y) \rightarrow R(x,z))) \\
&= \{x\} \cup \mathcal{B}(P(x,y)) \cup \mathcal{B}(\forall y.(Q(x,y) \rightarrow R(x,z))) \\
&= \{x\} \cup \{y\} \cup \mathcal{B}(Q(x,y) \rightarrow R(x,z)) \\
&= \{x,y\}
\end{aligned}
$$

对谓词逻辑命题 P,我们用符号 $\mathcal{F}(P)$ 表示命题 P 的自由变量集合。根据谓词逻辑语法规则,自由变量集合 $\mathcal{F}(P)$ 可由如下公式给出:

$$\mathcal{F}_E(c) = \varnothing \tag{4.10}$$

$$\mathcal{F}_E(x) = \{x\} \tag{4.11}$$

$$\mathcal{F}_E(f(E_1,\cdots,E_n)) = \mathcal{F}_E(E_1) \cup \cdots \cup \mathcal{F}_E(E_n) \tag{4.12}$$

$$\mathcal{F}_R(r(E_1,\cdots,E_n)) = \mathcal{F}_E(E_1) \cup \cdots \cup \mathcal{F}_E(E_n) \tag{4.13}$$

$$\mathcal{F}(R) = \mathcal{F}_R(R) \tag{4.14}$$

$$\mathcal{F}(\top) = \varnothing \tag{4.15}$$

$$\mathcal{F}(\bot) = \varnothing \tag{4.16}$$

$$\mathcal{F}(\neg P) = \mathcal{F}(P) \tag{4.17}$$

$$\mathcal{F}(P_1 \wedge P_2) = \mathcal{F}(P_1) \cup \mathcal{F}(P_2) \tag{4.18}$$

$$\mathcal{F}(P_1 \vee P_2) = \mathcal{F}(P_1) \cup \mathcal{F}(P_2) \tag{4.19}$$

$$\mathcal{F}(P_1 \to P_2) = \mathcal{F}(P_1) \cup \mathcal{F}(P_2) \tag{4.20}$$

$$\mathcal{F}(\forall x.P) = \mathcal{F}(P) - \{x\} \tag{4.21}$$

$$\mathcal{F}(\exists x.P) = \mathcal{F}(P) - \{x\} \tag{4.22}$$

注意到,其中使用了函数 $\mathcal{F}_R$ 和 $\mathcal{F}_E$ 分别计算谓词 R 和表达式 E 中的自由变量集合。公式(4.15)到公式(4.20)分别计算原子命题常量和各种联接词的自由变量集合；公式(4.21)和公式(4.22)分别将命题 P 中的自由变量减去变量 x。前四条公式分别计算表达式 E 和谓词 R 中的自由变量集合,由于它们中不包含量词,因此,命题的自由变量集合等于各个子命题的自由变量集合的并集。

例 4.4　计算命题

$$A = \exists x.(P(x,y) \vee \forall y.(Q(x,y) \to R(x,z)))$$

的自由变量集合。

根据公式 $\mathcal{F}$,我们有

$$
\begin{aligned}
\mathcal{F}(A) &= \mathcal{F}(\exists x.(P(x,y) \vee \forall y.(Q(x,y) \to R(x,z)))) \\
&= \mathcal{F}(P(x,y) \vee \forall y.(Q(x,y) \to R(x,z))) - \{x\} \\
&= (\mathcal{F}(P(x,y)) \cup \mathcal{F}(\forall y.(Q(x,y) \to R(x,z)))) - \{x\} \\
&= (\{x,y\} \cup (\mathcal{F}(Q(x,y) \to R(x,z)) - \{y\})) - \{x\} \\
&= (\{x,y\} \cup ((\{x,y\} \cup \{x,z\}) - \{y\})) - \{x\} \\
&= \{y,z\}
\end{aligned}
$$

这里需要特别注意,谓词 $P(x,y)$ 中的 y 和谓词 $Q(x,y)$ 中的 y 是两个完全不同的变量,其中谓词 $P(x,y)$ 中的 y 是自由变量,而谓词 $Q(x,y)$ 中的 y 是绑定变量。

定义 4.3(**闭合命题**)　对命题 P, 如果 $\mathcal{F}(P) = \varnothing$, 则称命题 P 是闭合命题(closed proposition)。

4.2.2　替换

定义 4.4(**替换**)　给定谓词逻辑命题 P,其中的自由变量 x 可以被表达式 E 替换(substitution),记作 $P[x \mapsto E]$。

例如,考虑前述命题

$$\exists x.(P(x,y) \vee \forall y.(Q(x,y) \to R(x,z))) \tag{4.23}$$

由于命题（4.23）中谓词 P 中的变量 y 是自由的,因此可将其替换成 $f(u)$,其中 f 是某个函数而 u 是一个新变量,替换后得到命题

$$\exists x.(P(x, f(u)) \vee \forall y.(Q(x,y) \rightarrow R(x,z)))$$

但是,在替换时,要注意不能把自由变量变成绑定变量。例如,若将命题（4.23）中谓词 P 中的变量 y 替换成

$$f(x) \tag{4.24}$$

则得到

$$\exists x.(P(x, f(x)) \vee \forall y.(Q(x,y) \rightarrow R(x,z))) \tag{4.25}$$

注意到命题（4.25）中表达式 $f(x)$ 中的原本自由变量 x,在替换后被第一个量词 $\exists$ 绑定。我们把这种现象称为变量捕获（variable capture）。

为了防止变量捕获出现, 我们可以在进行替换前, 先将命题中的绑定变量进行重新命名,用如下规则表示:

$$(\forall x.P)[y \mapsto E] = (\forall z.(P[x \mapsto z]))[x \mapsto E]$$

其中,变量 z 在命题中未出现过,即 $z \notin (\mathcal{B}(P) \cup \mathcal{F}(P))$;$P[x \mapsto z]$ 表示把命题 P 中的自由变量 x 替换为变量 z。

基于绑定变量重命名, 我们将命题（4.23）中谓词 P 中的变量 y 替换成表达式 $f(x)$,得到

$$\exists m.(P(m, f(x)) \vee \forall y.(Q(m,y) \rightarrow R(m,z))) \tag{4.26}$$

其中,原本的绑定变量 x 被重新命名为 m。

根据命题的语法,我们给出替换 $P[x \mapsto E]$ 的规则:

$$c[x \mapsto E]_E = c \tag{4.27}$$
$$x[x \mapsto E]_E = E \tag{4.28}$$
$$y[x \mapsto E]_E = y \tag{4.29}$$
$$f(E_1, \cdots, E_n)[x \mapsto E]_E = f(E_1[x \mapsto E]_E, \cdots, E_n[x \mapsto E]_E) \tag{4.30}$$
$$r(E_1, \cdots, E_n)[x \mapsto E]_R = r(E_1[x \mapsto E]_E, \cdots, E_n[x \mapsto E]_E) \tag{4.31}$$
$$R[x \mapsto E] = R[x \mapsto E]_R \tag{4.32}$$
$$\top[x \mapsto E] = \top \tag{4.33}$$
$$\bot[x \mapsto E] = \bot \tag{4.34}$$
$$(\neg P)[x \mapsto E] = \neg(P[x \mapsto E]) \tag{4.35}$$
$$(P_1 \wedge P_2)[x \mapsto E] = P_1[x \mapsto E] \wedge P_2[x \mapsto E] \tag{4.36}$$
$$(P_1 \vee P_2)[x \mapsto E] = P_1[x \mapsto E] \vee P_2[x \mapsto E] \tag{4.37}$$
$$(P_1 \rightarrow P_2)[x \mapsto E] = P_1[x \mapsto E] \rightarrow P_2[x \mapsto E] \tag{4.38}$$

$$(\forall x.P)[x \mapsto E] = \forall x.P \tag{4.39}$$

$$(\forall y.P)[x \mapsto E] = (\forall z.P[y \mapsto z])[x \mapsto E] \tag{4.40}$$

$$(\exists x.P)[x \mapsto E] = \exists x.P \tag{4.41}$$

$$(\exists y.P)[x \mapsto E] = (\exists z.P[y \mapsto z])[x \mapsto E] \tag{4.42}$$

公式（4.32）到公式（4.42）完成对命题的替换，对联接词，规则会在子命题上进行递归替换；对原子命题 R，会调用 $R[x \mapsto E]_R$ 以及 $E'[x \mapsto E]_E$ 的规则，分别对谓词 R 和表达式 E' 进行替换。

公式（4.39）到公式（4.42）完成对含有量词的命题的替换。以全称量词 $\forall$ 为例，分成两种情况讨论：对于 $(\forall x.P)[x \mapsto E]$，则由于 $\forall x.P$ 中不包含自由变量 x，因此，替换后的结果仍为 $\forall x.P$；而对于 $(\forall y.P)[x \mapsto E]$，为了防止 E 中的变量被捕获，我们需要将 $\forall y.P$ 中全称量词的约束变量 y 进行重命名，得到

$$(\forall z.P[y \mapsto z])[x \mapsto E]$$

其中，z 是一个未在 P 中出现过的新变量。

例 4.5　对命题

$$F = \exists x.(P(y,x) \wedge Q(y,z))$$

给出替换

$$F[x \mapsto R(x,y)]$$

的结果。

由于替换变量 x 同时也是命题 F 的绑定变量，根据替换公式，替换后的结果保持不变，即仍为

$$F = \exists x.(P(y,x) \wedge Q(y,z))$$

例 4.6　对命题

$$F = \exists x.(P(y,x) \wedge \forall y.(\neg Q(y,x)) \vee P(y,z))$$

给出替换

$$F[y \mapsto x]$$

的结果。

我们有如下替换过程：

$$\begin{aligned}
F[y \mapsto x] &= (\exists x.(P(y,x) \wedge \forall y.(\neg Q(y,x)) \vee P(y,z)))[y \mapsto x] \\
&= (\exists t.(P(y,x) \wedge \forall y.(\neg Q(y,x)) \vee P(y,z))[x \mapsto t])[y \mapsto x] \\
&= (\exists t.(P(y,t) \wedge \forall y.(\neg Q(y,t)) \vee P(y,z)))[y \mapsto x] \\
&= \exists t.(P(x,t) \wedge \forall y.(\neg Q(y,t)) \vee P(x,z))
\end{aligned}$$

评注 4.1　上述对量词的约束变量进行重命名，实际上隐式地用到了以下结论：如果两个谓词逻辑命题仅量词约束变量不同（如 $\forall x.P(x)$ 和 $\forall y.P(y)$），则这两个命题是等价的。我们将在 4.3 节给出这个结论及其证明。

谓词逻辑中的许多定理和具体的量词无关，我们用 $\circledast$ 代表任意的量词符号，即 $\forall$ 或 $\exists$；用 $\circledast^*$ 代表相应量词的对偶，即当 $\circledast$ 为全称量词 $\forall$ 时，$\circledast^*$ 为存在量词 $\exists$，而当 $\circledast$ 为存在量词 $\exists$ 时，$\circledast^*$ 为全称量词 $\forall$。

对于谓词逻辑中的命题，如果其所有的量词都在最头部的位置上，则它满足：

定义 4.5（前束范式） 若逻辑命题 P 满足

$$P = \circledast x_1 \cdots \circledast x_n.Q$$

其中，命题 Q 中不包含任何量词，则称命题 P 满足前束范式（prenex normal form，PNF）。

由上述定义，命题

$$\exists x.\forall y.(P(y,x) \wedge (\neg Q(y,x)) \vee P(y,z))$$

是前束范式，而命题

$$\exists x.(P(y,x) \wedge \forall y.(\neg Q(y,x)) \vee P(y,z))$$

不是前束范式。

4.3 证明系统

我们基于自然演绎风格，给出对谓词逻辑的证明系统。由于谓词逻辑中引入了变量 x，因此环境 Γ 除了包含命题 P 外，还包含变量 x，我们有：

定义 4.6（环境） 谓词逻辑的环境 Γ 由如下产生式给出：

$$\Gamma ::= \varnothing \mid P, \Gamma \mid x, \Gamma$$

证明规则的形式保持不变，仍然是

$$\frac{\Gamma_1 \vdash P_1 \qquad \cdots \qquad \Gamma_n \vdash P_n}{\Gamma \vdash P} \tag{Name}$$

由于谓词逻辑中包括命题逻辑中的联接词，因此，命题逻辑中相应的证明规则也同样会出现在谓词逻辑的证明系统中。命题逻辑的相应证明规则，我们已经在2.2 节详细讨论过，这里不再赘述。下面我们给出谓词逻辑中，针对量词 $\forall$ 或 $\exists$，新增加的四条证明规则：

全称量词

$$\frac{\Gamma, x \vdash P}{\Gamma \vdash \forall x.P} \tag{$\forall$I}$$

证明规则 $\forall$I 表示，若在环境 Γ, x 下能够推出命题 P 成立，则可在环境 Γ 下推出命题 $\forall x.P$ 成立。

$$\frac{\Gamma \vdash \forall x.P}{\Gamma \vdash P[x \mapsto E]} \tag{$\forall$E}$$

证明规则 $\forall E$ 表示，若在环境 Γ 下能够推出命题 $\forall x.P$ 成立，则可在环境 Γ 下推出命题 $P[x \mapsto E]$ 成立。

存在量词

$$\frac{\Gamma \vdash P[x \mapsto E]}{\Gamma \vdash \exists x.P} \tag{$\exists$I}$$

证明规则 $\exists I$ 表示，若环境 Γ 能够推出命题 $P[x \mapsto E]$ 成立，则可在环境 Γ 下推出命题 $\exists x.P$ 成立。

$$\frac{\Gamma \vdash \exists x.P \qquad \Gamma, x, P \vdash Q}{\Gamma \vdash Q} \tag{$\exists$E}$$

证明规则 $\exists E$ 表示，若环境 Γ 能够推出命题 $\exists x.P$ 成立，且环境 Γ, x, P 能够推出命题 Q 成立，则可在环境 Γ 下直接推出命题 Q 成立。

和命题逻辑中的证明类似，对谓词逻辑的证明也可以组织成证明树的形式。

定理 4.1 证明命题 $\vdash \forall x.(P(x) \wedge Q(x)) \rightarrow \forall x.Q(x)$。

证明 推导如下：

$$\frac{\dfrac{\dfrac{\overline{\forall x.(P(x) \wedge Q(x)), x \vdash \forall x.(P(x) \wedge Q(x))}}{\forall x.(P(x) \wedge Q(x)), x \vdash P(x) \wedge Q(x)} \text{(Var)}}{\forall x.(P(x) \wedge Q(x)), x \vdash Q(x)} \text{(}\wedge\text{E}_2\text{)}}{\forall x.(P(x) \wedge Q(x)) \vdash \forall x.(Q(x))} \text{(}\forall\text{I)}$$

定理 4.2 证明命题

$$\vdash \forall x.P(x) \rightarrow \forall y.P(y)$$

其中，变量 y 不在命题 P 中出现。

证明 推导如下：

$$\frac{\dfrac{\dfrac{\overline{\forall x.P(x), y \vdash \forall x.P(x)}}{\forall x.P(x), y \vdash P(y)} \text{(Var)}}{\forall x.P(x) \vdash \forall y.P(y)} \text{(}\wedge\text{E}_2\text{)}}{\vdash \forall x.P(x) \rightarrow \forall y.P(y)} \text{(}\forall\text{I)}$$

上述命题实际上证明了评注4.1中给出的结论。

定理 4.3 证明命题

$$\vdash (P \rightarrow \circledast x.Q) \rightarrow \circledast x.(P \rightarrow Q)$$

其中，变量 x 不在命题 P 中自由出现。

证明 考虑 $\circledast$ 是全称量词 $\forall$ 的情况，推导如下：

$$\frac{\dfrac{\dfrac{\dfrac{\dfrac{\overline{P \rightarrow \forall x.Q, x, P \vdash P \rightarrow \forall x.Q} \text{(Var)} \quad \overline{P \rightarrow \forall x.Q, x, P \vdash P} \text{(Var)}}{P \rightarrow \forall x.Q, x, P \vdash \forall x.Q} \text{(}\rightarrow\text{E)}}{P \rightarrow \forall x.Q, x, P \vdash Q} \text{(}\forall\text{E)}}{P \rightarrow \forall x.Q, x \vdash P \rightarrow Q} \text{(}\rightarrow\text{I)}}{P \rightarrow \forall x.Q \vdash \forall x.(P \rightarrow Q)} \text{(}\forall\text{I)}}{\vdash (P \rightarrow \forall x.Q) \rightarrow \forall x.(P \rightarrow Q)} \text{(}\rightarrow\text{I)}$$

我们把 ⊛ 是存在量词 ∃ 情况的证明,留给读者作为练习。

定理 4.4　证明命题

$$\vdash (\circledast x.P \to Q) \to \circledast^* x.(P \to Q)$$

其中变量 x 不在命题 Q 中自由出现。

证明　考虑 ⊛ 是全称量词 ∀ 的情况,推导如下:

$$\dfrac{\dfrac{\overline{\forall x.P \to Q, P \vdash \forall x.P \to Q}\ (\text{Var}) \quad \dfrac{\dfrac{\overline{\forall x.P \to Q, x, P \vdash P}}{\forall x.P \to Q, P \vdash \forall x.P}\ (\forall \text{I})}{}}{\dfrac{\forall x.P \to Q, P \vdash Q}{\dfrac{\forall x.P \to Q \vdash P \to Q}{\dfrac{\forall x.P \to Q \vdash \exists x.(P \to Q)}{\vdash (\forall x.P \to Q) \to \exists x.(P \to Q)}\ (\to \text{I})}\ (\exists \text{I})}\ (\to \text{I})}\ (\to \text{E})}{}$$

我们把 ⊛ 是存在量词 ∃ 情况的证明,留给读者作为练习。

定理 4.5　证明命题

$$\vdash \neg(\circledast x.P) \to \circledast^* x.(\neg P)$$

证明　考虑 ⊛ 是全称量词 ∀ 的情况,推导如下:

$$\dfrac{\dfrac{\overline{\neg(\forall x.P), P \vdash \neg(\forall x.P)}\ (\text{Var}) \quad \dfrac{\dfrac{\overline{\neg(\forall x.P), P, x \vdash P}}{\neg(\forall x.P), P \vdash \forall x.P}\ (\forall \text{I})}{}}{\dfrac{\neg(\forall x.P), P \vdash \bot}{\dfrac{\neg(\forall x.P) \vdash \neg P}{\dfrac{\neg(\forall x.P) \vdash \exists x.(\neg P)}{\vdash \neg(\forall x.P) \to \exists x.(\neg P)}\ (\to \text{I})}\ (\exists \text{I})}\ (\bot \text{E})}\ (\bot \text{I})}{}$$

我们把 ⊛ 是存在量词 ∃ 情况的证明,留给读者作为练习。

定理4.2到定理4.5,实际上给出了将任何命题变换为前束范式的有效方法, 即有以下定理:

定理 4.6　任何包含蕴含 →、否定 ¬ 和量词的谓词逻辑公式 P,都可以被变换成前束范式。

证明　首先,我们可利用定理4.2,对命题 P 中所有的量词约束变量进行重命名,使得它们与命题中的所有变量均不相同;然后,我们反复利用定理 4.3到定理4.5,将量词从命题内部移到命题头部位置,最终得到前束范式。

例 4.7　将命题 $\forall x.(P(x) \to \forall y.Q(x,y))$ 变换成为前束范式。

利用定理4.3,命题变换过程如下:

$$\forall x.(P(x) \to \forall y.Q(x,y)) \Longrightarrow \forall x.\forall y.(P(x) \to Q(x,y))$$

例 4.8　将命题

$$\neg(\forall x.\exists y.P(x,y) \to \exists x.(\neg\forall y.Q(y) \to R(x)))$$

变换成为前束范式。

命题变换过程如下：

$$\neg(\forall x.\exists y.P(x,y) \to \exists x.(\neg\forall y.Q(y) \to R(x)))$$
$$\Longrightarrow \neg(\forall s.\exists t.P(s,t) \to \exists u.(\neg\forall v.Q(v) \to R(u)))$$
$$\Longrightarrow \neg(\forall s.\exists t.P(s,t) \to \exists u.(\exists v.\neg Q(v) \to R(u)))$$
$$\Longrightarrow \neg(\forall s.\exists t.P(s,t) \to \exists u.\forall v.(\neg Q(v) \to R(u)))$$
$$\Longrightarrow \neg(\exists s.\forall t.\exists u.\forall v.(P(s,t) \to (\neg Q(v) \to R(u))))$$
$$\Longrightarrow \forall s.\exists t.\forall u.\exists v.\neg(P(s,t) \to (\neg Q(v) \to R(u)))$$

注意到，对同一个命题 P 变换后，得到的前束范式未必是唯一的。

4.4　语　义　系　统

在谓词逻辑中，语义系统通过将命题映射到具体的模型中，来研究命题的真假。和命题逻辑不同，谓词逻辑的命题由于含有变量和量词等，其模型更加复杂。例如，考虑命题

$$P = \forall x_1.(r_1(f_1(x_1,c_1)) \to r_2(f_2(x_2,c_2)))$$

为了给出命题 P 的真值，我们需要给出常量符号 c_1, c_2 的值，自由变量 x_2 的值，函数符号 f_1, f_2 和关系符号 r_1, r_2 的具体含义，以及量词约束变量 x_1 的含义。

定义 4.7 (模型)　模型（Model）是一个四元组

$$\mathcal{M} = (\mathcal{S}, \mathcal{C}, \mathcal{F}, \mathcal{R})$$

其中，$\mathcal{S}$ 是一个集合，$\mathcal{C}, \mathcal{F}, \mathcal{R}$ 分别代表集合 $\mathcal{M}$ 上的一组常量、函数符号和关系符号。

接下来，对于谓词逻辑签名 $\Sigma = (c, f, r)$，我们分别用符号 $\mathcal{M}(c), \mathcal{M}(f), \mathcal{M}(r)$ 代表 Σ 中的各个部分在模型 $\mathcal{M}$ 中的映射。并且，我们约定 $range(\mathcal{M}(r)) = \{0,1\}$。

定义 4.8 (指派)　给定变量集合 X 和模型 $\mathcal{M} = (\mathbb{B}, \mathcal{C}, \mathcal{F}, \mathcal{R})$，若映射 $\mathcal{A}$ 将 X 中的变量映射到模型 $\mathcal{M}$ 的集合 $\mathbb{B}$ 上，则我们把映射 $\mathcal{A}$ 称作集合 X 的一种指派（assignment），并记作

$$\mathcal{A}\colon X \to \mathbb{B}$$

我们用记号 $\mathcal{A}(x)$ 求变量 x 的象，而用记号 $\mathcal{A}[x \mapsto y]$ 表示把指派 $\mathcal{A}$ 中变量 x 的值更新为 y。

为了对任意只含有项和关系的谓词逻辑命题进行求值，我们给出：

定义 4.9 (表达式和关系的求值)　给定模型 $\mathcal{M} = (\mathbb{B}, \mathcal{C}, \mathcal{F}, \mathcal{R})$ 和指派 $\mathcal{A}$，对表达式 E 和关系 R，求值（valuation）$[\![\cdot]\!]_{\mathcal{M}}^{\mathcal{A}}$ 将表达式 E 和关系 R 映射到 $\mathbb{B}$，且由如下公式基于对 E 和 R 的语法形式归纳给出：

$$[\![c]\!]_{\mathcal{M}}^{\mathcal{A}} = \mathcal{M}(c)$$
$$[\![x]\!]_{\mathcal{M}}^{\mathcal{A}} = \mathcal{A}(x)$$

$$\llbracket f(E_1, \cdots, E_n) \rrbracket_{\mathcal{M}}^{\mathcal{A}} = \mathcal{M}(f)(\llbracket E_1 \rrbracket_{\mathcal{M}}^{\mathcal{A}}, \cdots, \llbracket E_n \rrbracket_{\mathcal{M}}^{\mathcal{A}})$$

$$\llbracket r(E_1, \cdots, E_n) \rrbracket_{\mathcal{M}}^{\mathcal{A}} = \mathcal{M}(r)(\llbracket E_1 \rrbracket_{\mathcal{M}}^{\mathcal{A}}, \cdots, \llbracket E_n \rrbracket_{\mathcal{M}}^{\mathcal{A}})$$

其中,$x \in dom(\mathcal{A})$ 是命题变量。

例 4.9 给定谓词逻辑签名 $\Sigma = (\{c_0, c_1\}, \{f_0, f_1\}, \{r\})$,给出一个模型,使得命题

$$r(f_1(f_0(c_0, c_1), c_1), f_0(f_1(c_0, c_1), c_0)) \tag{4.43}$$

为真。

我们给出模型

$$\mathcal{M} = (\mathbb{N}, \mathcal{C} = \{0, 1\}, \mathcal{F} = \{+, *\}, \mathcal{R} = \{>\})$$

其中,$\mathbb{N}$ 是自然数集合,模型 $\mathcal{M}$ 满足如下映射:

$$\mathcal{M}(c_0) = 0$$
$$\mathcal{M}(c_1) = 1$$
$$\mathcal{M}(f_0) = +$$
$$\mathcal{M}(f_1) = *$$
$$\mathcal{M}(r) = >$$

则命题

$$r(f_1(f_0(c_0, c_1), c_1), f_0(f_1(c_0, c_1), c_0))$$

的求值为

$$(0 + 1) * 1 > (0 * 1) + 0 \tag{4.44}$$

不难验证式 (4.44) 在自然数集合 $\mathbb{N}$ 中为真。需要注意的是,由于给定的逻辑命题中不含变量,所以它不依赖于任意的具体指派。

上述模型不是唯一的,例如,我们可以给定另一个模型

$$\mathcal{M} = (\mathbb{M}, \mathcal{C}, \mathcal{F} = \{+, *\}, \mathcal{R} = \{\neq\})$$

其中,$\mathbb{M}$ 是整数矩阵的集合,集合 $\mathcal{C}$ 里的两个常量矩阵是

$$m_0 = \begin{pmatrix} 0 & 0 \\ 0 & 0 \end{pmatrix}, \qquad m_1 = \begin{pmatrix} 1 & 1 \\ 1 & 1 \end{pmatrix}$$

模型 $\mathcal{M}$ 满足如下映射:

$$\mathcal{M}(c_0) = m_0$$
$$\mathcal{M}(c_1) = m_1$$
$$\mathcal{M}(f_0) = +$$
$$\mathcal{M}(f_1) = *$$
$$\mathcal{M}(r) = \neq$$

则命题

$$r(f_1(f_0(c_0, c_1), c_1), f_0(f_1(c_0, c_1), c_0))$$

的求值为

$$(m_0 + m_1) * m_1 > (m_0 * m_1) + m_0 \tag{4.45}$$

不难验证式（4.45）的矩阵运算结果为真。

　　另外，需要注意：命题（4.43）的值和具体选定的模型 $\mathcal{M}$ 密切相关，我们也可以给出模型，使得命题（4.43）求值为假，我们把给出这种模型的过程，作为练习留给读者。

　　例 4.10　给定谓词逻辑签名 $\Sigma = (\phi, \{f_0, f_1\}, \{r\})$，给出一个模型，使得命题

$$r(f_0(x_1, x_2), f_1(x_3, x_4)) \tag{4.46}$$

为真。

　　我们给出模型

$$\mathbb{M} = (\mathbb{N}, \mathcal{C} = \phi, \mathcal{F} = \{+, *\}, \mathcal{R} = \{=\})$$

其中，$\mathbb{N}$ 是自然数集合，模型 $\mathcal{M}$ 满足如下映射：

$$\mathcal{M}(f_0) = +$$
$$\mathcal{M}(f_1) = *$$
$$\mathcal{M}(r) = =$$

并且，我们给定指派

$$\mathcal{A} = \{x_1 \mapsto 2, x_2 \mapsto 2, x_3 \mapsto 2, x_4 \mapsto 2\}$$

则命题

$$r(f_0(x_1, x_2), f_1(x_3, x_4))$$

的求值为

$$(2 + 2) = (2 * 2) \tag{4.47}$$

不难验证式（4.47）在自然数集合 $\mathbb{N}$ 中为真。本例说明，命题 P 的求值，依赖于具体的指派 $\mathcal{A}$。我们请读者构造另外一个模型 $\mathcal{M}$ 和指派 $\mathcal{A}$，使得命题（4.46）的求值为假。

　　求值的概念很容易推广到一般命题 P 上，即

　　定义 4.10（**命题的求值**）　给定模型 $\mathcal{M} = (\mathbb{B}, \mathcal{C}, \mathcal{F}, \mathcal{R})$ 和指派 $\mathcal{A}$，对命题 P，求值（valuation）$[\![P]\!]_{\mathcal{M}}^{\mathcal{A}}$ 将命题 P 映射到 $\mathbb{B}$，且由如下公式基于对 P 的语法形式归纳给出：

$$[\![\top]\!]_{\mathcal{M}}^{\mathcal{A}} = 1 \tag{4.48}$$

$$[\![\bot]\!]_{\mathcal{M}}^{\mathcal{A}} = 0 \tag{4.49}$$

$$[\![P_1 \wedge P_2]\!]_{\mathcal{M}}^{\mathcal{A}} = \min\left([\![P_1]\!]_{\mathcal{M}}^{\mathcal{A}}, [\![P_2]\!]_{\mathcal{M}}^{\mathcal{A}}\right) \tag{4.50}$$

$$[\![P_1 \vee P_2]\!]_{\mathcal{M}}^{\mathcal{A}} = \max\left([\![P_1]\!]_{\mathcal{M}}^{\mathcal{A}}, [\![P_2]\!]_{\mathcal{M}}^{\mathcal{A}}\right) \tag{4.51}$$

$$[\![P_1 \rightarrow P_2]\!]_{\mathcal{M}}^{\mathcal{A}} = \max\left(1 - [\![P_1]\!]_{\mathcal{M}}^{\mathcal{A}}, [\![P_2]\!]_{\mathcal{M}}^{\mathcal{A}}\right) \tag{4.52}$$

$$\llbracket \neg P \rrbracket_{\mathcal{M}}^{\mathcal{A}} = 1 - \llbracket P \rrbracket_{\mathcal{M}}^{\mathcal{A}} \tag{4.53}$$

$$\llbracket \forall x.P \rrbracket_{\mathcal{M}}^{\mathcal{A}} = \min \left(\llbracket P \rrbracket_{\mathcal{M}}^{\mathcal{A}[x \mapsto c]} \right) \qquad c \in \mathbb{B} \tag{4.54}$$

$$\llbracket \exists x.P \rrbracket_{\mathcal{M}}^{\mathcal{A}} = \max \left(\llbracket P \rrbracket_{\mathcal{M}}^{\mathcal{A}[x \mapsto c]} \right) \qquad c \in \mathbb{B} \tag{4.55}$$

式（4.48）到式（4.53）是平凡的，对命题 P 的求值基于对子命题的递归完成。式（4.54）表明，对全称量词 $\forall$ 的求值，可在将指派 $\mathcal{A}$ 中的变量 x 替换成模型集合 $\mathbb{B}$ 中任意元素 c 的情况下，枚举所有可能值 $\llbracket P \rrbracket_{\mathcal{M}}^{\mathcal{A}[x \mapsto c]}$ 当中最小的一个。式（4.55）的含义与此类似。

例 4.11　给定谓词逻辑签名 $\Sigma = (\phi, \{f_0\}, \{r\})$，给出一个模型，使得命题

$$\forall x_1.r(f_0(x_1, x_2), f_0(x_2, x_1)) \tag{4.56}$$

为真。

我们给出模型

$$\mathcal{M} = (\mathbb{N}, \mathcal{C} = \phi, \mathcal{F} = \{+\}, \mathcal{R} = \{=\})$$

其中，$\mathbb{N}$ 是自然数集合，模型 $\mathcal{M}$ 满足如下映射：

$$\mathcal{M}(f_0) = +$$
$$\mathcal{M}(r) = =$$

并且，我们给定指派

$$\mathcal{A} = \{x_1 \mapsto 8, x_2 \mapsto 9\}$$

则命题

$$\forall x_1.r(f_0(x_1, x_2), f_0(x_2, x_1))$$

的求值为

$$
\begin{aligned}
&\llbracket \forall x_1.r(f_0(x_1, x_2), f_0(x_2, x_1)) \rrbracket_{\mathcal{M}}^{\mathcal{A}} \\
&= \min \left(\llbracket r(f_0(x_1, x_2), f_0(x_2, x_1)) \rrbracket_{\mathcal{M}}^{\mathcal{A}[x_1 \mapsto c_1]} \right) \\
&= \min \left(c_1 + \mathcal{A}(x_2) = \mathcal{A}(x_2) + c_1 \right) \\
&= \min \left(c_1 + 9 = 9 + c_1 \right) \\
&= 1
\end{aligned}
$$

因此，式（4.56）在自然数集合 $\mathbb{N}$ 中为真。我们请读者构造另外一个模型 $\mathcal{M}$ 和指派 $\mathcal{A}$，使得命题（4.56）的求值为假。

定义 4.11（**语义推论**）　给定环境 Γ，如果对于任意指派 $\mathcal{A}$，使得环境 Γ 中每个命题都为真的模型 $\mathcal{M}$，也一定使得命题 P 为真，我们就称命题 P 是环境 Γ 的语义推论（Semantic entailment），记作

$$\Gamma \vDash P$$

例 4.12　试证：$r(x) \vDash \forall x.r(x)$。

证明 对于任意指派 $\mathcal{A}$,如果存在模型 $\mathcal{M}$,使得

$$[\![r(x)]\!]_{\mathcal{M}}^{\mathcal{A}} = 1$$

则

$$
\begin{aligned}
1 &= [\![r(x)]\!]_{\mathcal{M}}^{\mathcal{A}} \\
&= [\![r(x)]\!]_{\mathcal{M}}^{\mathcal{A}[x \mapsto c]} \\
&= [\![\forall x.r(x)]\!]_{\mathcal{M}}^{\mathcal{A}}
\end{aligned}
$$

定义 4.12(**有效式**) 对于任意给定的模型 $\mathcal{M}$ 和任意指派 $\mathcal{A}$,若命题 P 的求值结果总是 1,即

$$[\![P]\!]_{\mathcal{M}}^{\mathcal{A}} = 1$$

总是成立,那么我们称命题 P 为有效式(valid),记作

$$\vDash P$$

例 4.13 试证:若 $\Gamma \vDash P \to Q$ 且 $\Gamma \vDash P$,则 $\Gamma \vDash Q$。

证明 存在模型 $\mathcal{M}$,对于任意给定的指派 $\mathcal{A}$,使得

$$[\![P \to Q]\!]_{\mathcal{M}}^{\mathcal{A}} = \max\left(1 - [\![P]\!]_{\mathcal{M}}^{\mathcal{A}}, [\![Q]\!]_{\mathcal{M}}^{\mathcal{A}}\right) = 1 \tag{4.57}$$

且

$$[\![P]\!]_{\mathcal{M}}^{\mathcal{A}} = 1 \tag{4.58}$$

将式(4.58)代入式(4.57),可得

$$[\![Q]\!]_{\mathcal{M}}^{\mathcal{A}} = 1$$

此即

$$\Gamma \vDash Q$$

例 4.14 试证:$\nvDash r(x) \to \forall x.r(x)$。

证明 仅需举出一个反例,即给出一个模型 $\mathcal{M}$ 和指派 $\mathcal{A}$,使得

$$[\![r(x) \to \forall x.r(x)]\!]_{\mathcal{M}}^{\mathcal{A}} = 0$$

为此,我们给定模型

$$\mathcal{M} = (N, \{1, -1\}, \varnothing, \{> 0\})$$

且给定指派

$$\mathcal{A} = [x \mapsto 1, y \mapsto -1]$$

则

$$[\![r(x) \to \forall x.r(x)]\!]_{\mathcal{M}}^{\mathcal{A}}$$

$$= \max \left(1 - [\![r(x)]\!]_{\mathcal{M}}^{\mathcal{A}}, [\![\forall x.r(x)]\!]_{\mathcal{M}}^{\mathcal{A}}\right)$$
$$= \max \left(1 - \mathcal{M}(r)(\mathcal{A}(x)), \min\left(\mathcal{M}(r)(\mathcal{A}(x)), \mathcal{M}(r)(\mathcal{A}(y))\right)\right)$$
$$= \max \left(1 - (1 > 0), \min\left((1 > 0), (-1 > 0)\right)\right)$$
$$= \max (0, 0)$$
$$= 0$$

这证明了 $\nvDash r(x) \to \forall x.r(x)$。

4.5 可靠性和完备性

在本节,对谓词逻辑的命题 P,我们建立语法可证 $\Gamma \vdash P$ 和语义推论 $\Gamma \vDash P$ 之间的等价性,即

$$\Gamma \vdash P \Longleftrightarrow \Gamma \vDash P$$

特别地,当 $\Gamma = \varnothing$ 时,有

$$\vdash P \Longleftrightarrow \vDash P$$

即命题 P 可证与命题 P 有效是等价的。

我们给出：

定理 4.7 (可靠性) $\Gamma \vdash P \Longrightarrow \Gamma \vDash P$。

证明 使用归纳法,基于对证明 $\Gamma \vdash P$ 的归纳。

（1）如果使用了规则（Var）来证明 $\Gamma \vdash P$,则可知 $P \in \Gamma$,因此对任意模型 $\mathcal{M}$ 和指派 $\mathcal{A}$,都有 $[\![P]\!]_{\mathcal{M}}^{\mathcal{A}} = 1$,此即 $\Gamma \vDash P$;

（2）如果使用了规则（$\to$ E）来证明 $\Gamma \vdash P$,则可知存在命题 Q。使得 $\Gamma \vdash Q \to P$ 且 $\Gamma \vdash Q$,由归纳假设有 $\Gamma \vDash Q \to P$ 且 $\Gamma \vDash Q$,由例4.13 所证结论有 $\Gamma \vDash P$,因此对任意模型 $\mathcal{M}$ 和指派 $\mathcal{A}$,都有 $[\![P]\!]_{\mathcal{M}}^{\mathcal{A}} = 1$,此即 $\Gamma \vDash P$;

（3）对其他情况的讨论类似,我们把这些情况留给读者作为练习。

综上所有情况,命题得证。

基于可靠性定理,我们可给出：

定理 4.8 (无矛盾性) 不可能存在命题 P,使得 $\vdash P$ 且 $\vdash \neg P$。

证明 反证法。假定存在这样的命题 P,使得 $\vdash P$ 且 $\vdash \neg P$,则根据可靠性定理,我们有 $\vDash P$ 且 $\vDash \neg P$,即对于任意的模型 $\mathcal{M}$ 和指派 $\mathcal{A}$,有

$$[\![P]\!]_{\mathcal{M}}^{\mathcal{A}} = 1 \tag{4.59}$$

且

$$[\![\neg P]\!]_{\mathcal{M}}^{\mathcal{A}} = 1 \tag{4.60}$$

由式（4.60）可得

$$[\![P]\!]_{\mathcal{M}}^{\mathcal{A}} = 0 \tag{4.61}$$

式（4.61）与式（4.59）矛盾。故假设不成立，原命题得证。

为了证明完备性定理，我们给出：

引理 4.1（**模型存在性**）　对于任意给定的命题集合 Γ，若 Γ 无矛盾，则一定存在模型 $\mathcal{M}$，使得 Γ 中的所有命题都为真。

该引理的证明比较冗长，感兴趣的读者可参考本章深入阅读给出的文献。

根据模型存在性引理，我们可以给出

定理 4.9（**完备性**）　$\Gamma \vDash P \Longrightarrow \Gamma \vdash P$。

证明　反证法。假设 $\Gamma \vdash P$ 不成立，则 $\Gamma, \neg P$ 一定是无矛盾的，否则，我们有

$$\frac{\Gamma, \neg P \vdash \perp}{\Gamma \vdash P} \ (\perp E)$$

这与假设 $\Gamma \vdash P$ 不成立矛盾。

由于 $\Gamma, \neg P$ 无矛盾，我们可使用模型存在性引理，得到存在模型 $\mathcal{M}$，使得 $\Gamma, \neg P$ 所有命题为真，特别地，使得 $\neg P$ 为真，即

$$[\![\neg P]\!]_{\mathcal{M}}^{\mathcal{A}} = 1$$

化简后得到

$$[\![P]\!]_{\mathcal{M}}^{\mathcal{A}} = 0$$

上式与题设 $\Gamma \vDash P$ 矛盾。此矛盾说明原假设不成立，命题得证。

由于这个定理最早的证明由 Gödel 给出，因此也被称为 Gödel 完备性定理。

4.6　可 判 定 性

给定谓词逻辑的命题 P，可判定性问题要回答的是：是否可以找到一个算法，能够判定 $\vDash P$ 成立。直观上，由于自动判定 $\vDash P$ 需要讨论所有可能的模型 $\mathcal{M}$ 和指派 $\mathcal{A}$，所以这样的判定算法是不存在的。

为了证明该结论，我们给出：

定义 4.13（**Post 对应问题**）　给定长度都为 n 的数组 A 和 B，每个数组元素都是一个非空字符串，字符串中只含有 a 或 b 两种字符。试问是否可以找到一组下标 $i_1, i_2, \cdots, i_k (k > 0)$，使得

$$A[i_1] \cdot \cdots \cdot A[i_k] = B[i_1] \cdot \cdots \cdot B[i_k]$$

其中，符号 · 表示两个字符串的拼接。

例如，考虑图4.1中给定的两个数组，如果我们给定一组下标 $2, 1, 2, 0$，则有

$$A[2] \cdot A[1] \cdot A[2] \cdot A[0]$$
$$= bba \cdot ab \cdot bba \cdot a$$
$$= bbaabbbaa$$

且

$$B[2] \cdot B[1] \cdot B[2] \cdot B[0]$$
$$= bb \cdot aa \cdot bb \cdot baa$$
$$= bbaabbbaa$$

```
1 -----------------
2 A: |  a  | ab | bba |
3 -----------------
4 -----------------
5 B: | baa | aa | bb |
6 -----------------
```

图 4.1　Post 对应问题的实例数组

故我们找到了一组下标 $2, 1, 2, 0$,使得

$$A[2] \cdot A[1] \cdot A[2] \cdot A[0] = B[2] \cdot B[1] \cdot B[2] \cdot B[0]$$

注意到,由于下标可以重复选取(上面的例子重复选取了下标 2),因此,Post 对应问题要搜索的可能下标的空间是无限的。实际上,计算理论的结果表明:Post 对应问题是不可计算问题,即不存在算法能够对 Post 对应问题求解。

证明解的不存在性,往往比证明解的存在性更加困难,因为对后者,我们仅需给出一个实例即可;而对前者,我们需要枚举所有可能的情况。为了回答谓词逻辑的可判定问题,我们使用问题归约(problem reduction)技术,即假定目标问题可解,然后把目标问题归约到一个已经明确不可解的问题,从而得出矛盾。

在接下来的讨论中,我们把谓词逻辑的可判定问题,归约到 Post 对应问题。为此,我们构造具有如下模型的具体谓词逻辑系统:

$$\Sigma = (\mathbb{S}, \{\epsilon\}, \{f_a, f_b\}, \{r\})$$

其中,集合 $\mathbb{S} = (a|b)^*$,即是由字符 a 和 b 组成的所有可能的串;常量 ϵ 代表特殊的空字符串;两个一元函数符号 f_a 和 f_b 分别向参数后拼接字符 a 或 b,即

$$f_a(s) = s \cdot a$$
$$f_b(s) = s \cdot b$$

二元关系 $r(s_1, s_2)$ 表示存在一组下标 $i_1, \cdots, i_k (0 < k)$,使得

$$s_1 = A[i_1] \cdot \cdots \cdot A[i_k]$$
$$s_2 = B[i_1] \cdot \cdots \cdot B[i_k]$$

直观上,$r(s_1, s_2)$ 表示串 s_1, s_2 分别是由数组 A, B 对应位置上的元素拼接得到的,但 $s_1 = s_2$ 未必成立。

我们给定逻辑命题 $P = (P_1 \wedge P_2) \to P_3$,其中

$$P_1 = \bigwedge_{i=0}^{n-1} (r(A[i], B[i]))$$

$$P_2 = \forall v.\forall w.\left(r(v, w) \to \bigwedge_{i=0}^{n-1} (r(v \cdot A[i], w \cdot B[i])) \right)$$

$$P_3 = \exists z.r(z, z)$$

现在,我们可以给出:

定理 4.10　谓词逻辑中的有效命题不可判定,即不存在算法判定 $\vDash P$。

证明　假定 $\vDash P$ 成立,即我们可以确定性地构造一个模型 $\mathcal{M}$,使得 $[\![P]\!]_{\mathcal{M}}^{\mathcal{A}} = 1$,则证明它会得到 Post 对应问题的解。

我们简要叙述模型 $\mathcal{M}$ 的构造:首先选定字符串集合 $\mathbb{S}$,然后将常量 a, b, ϵ 分别解释为集合 $\mathbb{S}$ 上的对应元素,将函数 f_a, f_b 解释为字符串上的拼接函数,将关系 $r(s_1, s_2)$ 解释为集合 $\mathbb{S}$ 上的关系。则由于 $\vDash P$,因此,在模型 $\mathcal{M}$ 下,我们有

$$\vDash (P_1 \wedge P_2) \to P_3$$

不难验证(我们把验证过程,作为练习留给读者完成)

$$\vDash P_1 \wedge P_2$$

因此,根据例4.13的证明结论,我们有

$$\vDash P_3$$

根据命题 P_3 的结构,我们得到 Post 对应问题可解。

另一方面,假定有算法能够对 Post 对应问题求解,即能够给出一组下标 $i_1, \cdots, i_k (k > 0)$,使得

$$A[i_1] \cdot \cdots \cdot A[i_k] = B[i_1] \cdot \cdots \cdot B[i_k]$$

则我们需要构造一个模型 $\mathcal{M}$,使得命题 P 在模型 $\mathcal{M}$ 下成立。模型 $\mathcal{M} = (S, \{c\}, \{f_a, f_b\}, \{r\})$ 仍然和上面的模型构造方式一样,则在模型 $\mathcal{M}$ 下考虑证明目标

$$\vDash (P_1 \wedge P_2) \to P_3$$

显然,如果 $\nvDash P_1$ 或 $\nvDash P_2$ 的话,则命题平凡成立,考虑 $\vDash P_1$ 且 $\vDash P_2$ 的情况,此时不难验证

$$r(A[i_1] \cdot \cdots \cdot A[i_k], B[i_1] \cdot \cdots \cdot B[i_k])$$

此即

$$\exists z.r(z, z) = P_3$$

故有 $\vDash P_3$。

我们立刻可得到:

定理 4.11 谓词逻辑中命题的可证性不可判定,即不存在算法判定 $\vdash P$。

证明 反证法。假设存在算法计算谓词逻辑的可证性 $\vdash P$,则由可靠性定理,我们有 $\vDash P$,则该算法可计算命题的有效性,矛盾。这说明原假设不成立,命题得证。

我们同样可定义:

定义 4.14 (可满足性) 给定谓词逻辑命题 P,P 可满足指存在模型 $\mathcal{M}$ 和指派 $\mathcal{A}$,使得 $[\![P]\!]_{\mathcal{M}}^{\mathcal{A}} = 1$,记作 $\mathrm{sat}(P)$。

我们同样可给出:

定理 4.12 谓词逻辑的可满足性不可判定,即不存在算法判定 $\mathrm{sat}(P)$。

证明仍然基于对 $\mathrm{sat}(P)$ 和 $\vdash \neg P$ 关系的讨论,我们把证明过程作为练习留给读者。

上述否定结论实际指出:不存在算法判定一般谓词逻辑命题的可满足性。因此,在后续章节,我们将在谓词逻辑的特定子集以及特定的模型 $\mathcal{M}$ 上讨论可满足性问题。

4.7 实　　现

本节将讨论对谓词逻辑系统的两种不同实现:基于 Coq 定理辅助证明器的实现、基于 Z3 定理证明器的实现。

4.7.1 基于 Coq 的谓词逻辑实现

首先,我们给出 Coq 谓词逻辑命题的语法编码规则。一般地,由于谓词逻辑命题中可能包含变量 x 和谓词 r,因此,Coq 使用对变量 x 和谓词 r 带全称量词的形式来编码谓词逻辑的命题。例如,谓词逻辑命题

$$\forall x.P(x) \to \exists x.P(x) \tag{4.62}$$

其在 Coq 中的编码形式如下:

```
forall X: Type, forall P: X -> Prop,
  forall x: X, P(x) -> exists x: X, P(x).
```

注意到第一行是 Coq 为了编码命题 (4.62) 而引入的额外的约束,这些约束给定了变量 x 和谓词 P 的类型;第二行代码是对命题的编码,但引入了变量 x 的类型 X。一般地,假设谓词逻辑命题 P 中包括 n 个不同的变量 $x_i (1 \leqslant i \leqslant n)$,则 Coq 对命题 P 的编码需要增加量词约束:

```
forall X_1: Type, ..., forall X_n: Type,
```

对于一般的谓词 $r(x_1, \cdots, x_n)$,Coq 需要对 n 个变量引入 n 个类型:

```
forall r: X_1 -> ... -> X_n -> Prop,
  forall x_1: X_1, ..., forall x_n: X_n, r(x_1, ..., x_n)
```

谓词逻辑中有一部分证明规则与命题逻辑相应规则一致,我们不再赘述。接下来,我们主要讨论 Coq 对量词 $\forall$ 和 $\exists$ 新增加的四条证明规则。

规则 $\forall$I 和 $\forall$E

Coq 使用策略 `intros` 实现全称量词的引入规则 ∀I；使用 `apply` 策略实现全称量词 ∀ 的消去规则 ∀E。

例 4.15 使用 Coq，证明命题 $\forall x.P(x) \rightarrow \forall y.P(y)$。

我们给出如下的 Coq 证明过程：

```
1  Theorem example:
2    forall X: Type, forall P: X -> Prop,
3    (forall x: X, P(x)) -> (forall y: X, P(y)).
4  Proof.
5    intros.
6    apply H.
7  Qed.
```

执行完证明策略 `intros` 后，证明状态如下：

```
1 goal

X : Type
P0 : X -> Prop
H : forall x : X, P0 x
y : X
===========================(1/1)
P0 y
```

通过查看证明状态可发现，结论 $\forall y.P(y)$ 中的全称量词 ∀ 已被加入到证明环境中。继续应用策略 `apply`，得到的证明状态如下：

```
1  no more goals.
```

这就完成了对原命题的证明。

规则 ∃I 和 ∃E

Coq 使用证明策略 `exists`，实现了存在量词的引入规则 ∃I；使用证明策略 `destruct`，实现了存在量词的消去规则 ∃E。

例 4.16 使用 Coq，证明命题 $\exists x.P(x) \rightarrow \exists y.P(y)$。

我们给出如下的 Coq 证明过程：

```
1  Theorem example:
2    forall X: Type, forall P: X -> Prop,
3    (exists x: X, P x) -> (exists y: X, P y).
4  Proof.
5    intros.
6    destruct H.
7    exists x.
8    apply H.
9  Qed.
```

执行证明策略 `intros` 后，证明状态如下：

```
1 goal
```

```
X : Type
P0 : X -> Prop
H : exists x : X, P0 x
==========================(1/1)
exists x : A, P0 x
```

继续执行证明策略 destruct 后,证明状态如下:

```
1 goal

X : Type
P0 : X -> Prop
x : X
H : P0 x
==========================(1/1)
exists x : A, P0 x
```

直观上,我们可以得到结论:存在使得目标命题成立的变量 x,则我们继续使用证明策略 exists,得到证明状态如下:

```
1 goal

X : Type
P0 : X -> Prop
x : X
H : P0 x
==========================(1/1)
P0 x
```

最后,直接应用证明策略 apply,可完成对该命题的证明。

需要再次强调,本书仅仅讨论了 Coq 基本证明策略的使用,Coq 中还包括很多其他证明策略,感兴趣的读者可以参考深入阅读给出的资料进一步学习。

接下来,我们基于 Coq,来证明谓词逻辑命题更综合的例子。

例 4.17 使用 Coq,证明命题

$$\forall x.(P(x) \to Q(x)) \to \forall x.\neg Q(x) \to \forall x.\neg P(x)$$

我们给出如下的 Coq 证明过程:

```
1  Theorem example:
2    forall X: Type, forall P: X -> Prop, forall Q: X -> Prop,
3    (forall x: X, (P(x) -> Q(x))) -> (forall x: X, ~Q(x))-> (forall x: X, ~P(x)).
4  Proof.
5    unfold not.
6    intros.
7    apply H in H1.
8    apply H0 in H1.
9    apply H1.
10 Qed.
```

例 4.18 使用 Coq,证明命题

$$\exists x.(\neg P(x) \wedge \neg Q(x)) \rightarrow \exists x.\neg(P(x) \wedge Q(x))$$

我们给出如下的 Coq 证明过程:

```
1   Theorem example:
2     forall X: Type, forall P: X -> Prop, forall Q: X -> Prop,
3       (exists x: A, (P(x) /\ Q(x))) -> (exists x: X, P(x)) /\ (exists x: X, Q(x)).
4   Proof.
5     intros.
6     split.
7     destruct H.
8     destruct H.
9     exists x.
10    apply H.
11    destruct H.
12    destruct H.
13    exists x.
14    apply H0.
15  Qed.
```

4.7.2 基于 Z3 的谓词逻辑实现

我们给出 Z3 对谓词逻辑命题的语法编码规则。一般地,由于谓词逻辑命题中可能包含变量 x 和谓词 r,并且每个变量还属于特定的论域,因此,Z3 使用带种类的变量 x 来编码变量,并且用产生布尔类型的函数来编码谓词 r。例如,对逻辑命题 $P(x)$,其 Z3 编码是:

```
1   S = DeclareSort('S')
2   B = BoolSort()
3   x = Const('x', S)
4   P = Function('P', S, B)
5   F = P(x)
```

首先,Z3 调用 DeclareSort 声明了种类 S,并调用 Const 将变量 x 声明为种类 S;接着,Z3 调用 Function 声明了从种类 S 到布尔种类 B 的函数 P,并最终声明了谓词逻辑的命题 $P(x)$。

对于一般的谓词 $r(x_1, \cdots, x_n)$,Z3 需要对这 n 个变量 $x_i(1 \leqslant i \leqslant n)$,分别引入 n 个种类 $sort1, \cdots, sortn$,并声明相应种类的函数 r:

```
sort1 = DeclareSort('sort1')
...
sortn = DeclareSort('sortn')
x1 = Consts('x1', sort1)
...
xn = Consts('xn', sortn)
r = Function('r', sort1, sort2, ..., sortn, BoolSort())
```

Z3 引入了两个量词符号 ForAll 和 Exists，来分别表示全称量词 ∀ 和存在量词 ∃。例如，对命题

$$\forall x.P(x) \rightarrow \exists x.P(x)$$

其在 Z3 中的编码形式如下：

```
S = DeclareSort('S')
B = BoolSort()
x = Const('x', S)
P = Function('P', S, B)
F = Implies(Forall([x], P(x)), Exists([x], P(x)))
```

我们可以利用命题可证和可满足的对应关系

$$\vdash P \Longleftrightarrow \text{unsat}\,(\neg P)$$

利用 Z3 来完成谓词逻辑的证明。例如，对于上述例子，我们可以对其进行证明：

```
solver = Solver()
solver.add(Neg(F))
print(solver.check())
```

结果将输出：

```
unsat
```

表明该命题可证。

例 4.19 使用 Z3，证明命题 $\forall x.P(x) \rightarrow \forall y.P(y)$。

我们给出如下的 Z3 证明过程：

```
1  S = DeclareSort('S')
2  x, y = Consts('x y', S)
3  P = Function('P', S, BoolSort())
4  F = Implies(ForAll([x], P(x)), ForAll([y], P(y)))
5  solver = Solver()
6  solver.add(Not(F))
7  print(F, solver.check())
```

为清晰起见，我们省略了这个命题以及下面命题的输出，读者不难通过自行运行 Z3 进行验证。

例 4.20 使用 Z3，证明命题 $\exists x.P(x) \rightarrow \exists y.P(y)$。

我们给出如下的 Z3 证明过程：

```
1  S = DeclareSort('S')
2  x, y = Consts('x y', S)
3  P = Function('P', S, BoolSort())
4  F = Implies(Exists([x], P(x)), Exists([y], P(y)))
5  solver = Solver()
6  solver.add(Not(F))
7  print(F, solver.check())
```

例 4.21　使用 Z3,证明命题

$$\forall x.(P(x) \to Q(x)) \to \forall x.\neg Q(x) \to \forall x.\neg P(x)$$

我们给出如下的 Z3 证明过程:

```
1  S = DeclareSort('S')
2  x = Const('x', S)
3  P = Function('P', S, BoolSort())
4  Q = Function('Q', S, BoolSort())
5  F = Implies(ForAll([x], Implies(P(x), Q(x))),
6              Implies(ForAll([x], Not(Q(x))),
7                  ForAll([x], Not(P(x)))))
8  solver = Solver()
9  solver.add(Not(F))
10 print(F, solver.check())
```

例 4.22　使用 Z3,证明命题

$$\exists x.(\neg P(x) \wedge \neg Q(x)) \to \exists x.\neg(P(x) \wedge Q(x))$$

我们给出如下的 Z3 证明过程:

```
1  S = DeclareSort('S')
2  x = Const('x', S)
3  P = Function('P', S, BoolSort())
4  Q = Function('Q', S, BoolSort())
5  F = Implies(Exists([x], And(Not(P(x)), Not(Q(x)))),
6              Exists([x], Not(And(P(x), Q(x)))))
7  solver = Solver()
8  solver.add(Not(F))
9  print(F, solver.check())
```

本 章 小 结

本章主要讨论了谓词逻辑。首先,我们给出了谓词逻辑语法规则,并讨论了在语法层面的相关操作及核心定理;然后,我们基于自然演绎风格,给出了谓词逻辑的证明系统;接着,我们基于模型和指派的概念,给出了谓词逻辑的语义,并证明了谓词逻辑的可靠性与完备性定理;接下来,我们讨论了谓词逻辑的可判定问题;最后,我们结合 Coq 辅助定理证明工具以及 Z3 自动定理证明器,讨论了谓词逻辑的实现。

深 入 阅 读

谓词逻辑的基本概念和符号,最早出现在古希腊和中世纪的许多推理中,但直到 1903年,Frege[32] 才给出了谓词逻辑的严格定义,Hodges [33] 对逻辑的发展进行了介绍。很多数理逻辑的专著[34, 35, 41, 36] 涵盖了比本书更多内容,包括类型论、逻辑编程、代数规范和重写系

统等。Fitting[37] 讨论了很多自动定理证明的方法。Hodges[33] 和 Hamilton[38] 详细研究了谓词逻辑的数学基础,例如证明系统的完备性以及一阶算术的不完备性等。

Boolos[39] 讨论了可计算理论;Papadimitriou[40] 讨论了逻辑和计算复杂性之间的联系。

Coq 的官方网站[15] 有对于证明策略的详细介绍;而 Z3 的官方网站[30] 详细介绍了命题和证明的构造以及其 Python 接口。

思 考 题

1. 给定谓词

$$A(x, y) : x钦佩y$$
$$B(x, y) : x参加讲座y$$
$$P(x) : x是一名教授$$
$$S(x) : x是一名学生$$
$$L(x) : x是一个讲座$$

和常量

$$m = \text{Alice}$$

使用谓词逻辑中的命题,描述以下论断:

（1）Alice钦佩每一个教授;

（2）有一些教授钦佩Alice;

（3）Alice钦佩她自己;

（4）没有学生出席每一个讲座;

（5）没有一个讲座是每一个学生都出席的;

（6）没有任何学生出席讲座。

2. 给定谓词逻辑命题

$$A \triangleq \exists x.(P(y, x) \land (\forall y.(\neg Q(y, x) \lor P(y, z))))$$

其中,符号 P 和 Q 是接受两个参数的谓词。回答以下问题:

（1）计算命题 A 中所有的绑定变量;

（2）计算命题 A 中所有的自由变量;

（3）判断是否存在一个变量,它既是绑定变量也是自由变量;

（4）指出 $\exists x$ 的作用域。

3. 分别计算以下谓词逻辑命题的自由变量:

（1）$(\forall x.\forall y.(S(x, y) \rightarrow (S(y, x))) \rightarrow (\forall x.\neg S(x, x)))$;

（2）$\exists y.((\forall x P(x)) \rightarrow P(y))$;

（3）$(\forall x.(P(x) \rightarrow \exists y.Q(y))) \rightarrow (\forall x \exists y.(P(x) \rightarrow Q(y)))$;

（4）$(\forall x.\exists y.(P(x) \rightarrow Q(y))) \rightarrow (\forall x.(P(x) \rightarrow \exists y.Q(y)))$。

4. 分别计算以下谓词逻辑命题的绑定变量:

（1）$\forall x.\forall y.(S(x,y)) \rightarrow (\exists z.(S(x,z) \wedge S(z,y)))$；

（2）$(\forall x.\forall y.(S(x,y) \rightarrow (x=y))) \rightarrow (\forall z.\neg S(z,z))$；

（3）$\forall x.\forall y.((P(x) \rightarrow P(y)) \wedge (P(y) \rightarrow P(x)))$；

（4）$(\forall x.((P(x) \rightarrow Q(x)) \wedge (Q(x) \rightarrow P(x)))) \rightarrow ((\forall x.P(x)) \rightarrow (\forall x.Q(x)))$。

5. 使用谓词逻辑证明规则，证明以下命题：

$$\forall x.P(x) \vee \forall x.Q(x) \vDash \forall x.(P(x) \vee Q(x))$$

6. 完成定理4.3当 ⊛ 是存在量词 ∃ 情况的证明。

7. 完成定理4.4当 ⊛ 是存在量词 ∃ 情况的证明。

8. 完成定理4.5当 ⊛ 是存在量词 ∃ 情况的证明。

9. 给出一个模型 $\mathcal{M}$ 使得命题（4.43）的求值为真。

10. 给出一个模型 $\mathcal{M}$ 和指派 $\mathcal{A}$，使得命题（4.46）的求值为假。

11. 给出一个模型 $\mathcal{M}$ 和指派 $\mathcal{A}$，使得命题（4.56）的求值为假。

12. 补充完成定理4.7的证明。

13. 补充完成定理4.10的证明。

14. 完成定理4.12的证明。

15. 使用 Coq，证明命题：

$$\forall x.(P(x) \rightarrow Q(x)) \wedge \exists x.P(x) \rightarrow \exists x.Q(x)$$

16. 使用 Z3，证明命题：

$$\forall x.(P(x) \rightarrow Q(x)) \wedge \exists x.P(x) \rightarrow \exists x.Q(x)$$

第 5 章 等式与未解释函数理论

本章主要讨论可满足性模理论的一般概念，并讨论等式与未解释函数理论，内容包括理论的定义、求解算法、并查集与等价类。最后，我们讨论等式与未解释函数理论的实现，并给出典型的应用。

5.1 可满足性模理论

我们在第 4 章讨论了谓词逻辑可满足性问题，并证明了结论：谓词逻辑的可满足性不可判定，即不存在一般的算法，来判定谓词逻辑的任意命题是否可满足。但在实际应用中，往往只用到谓词逻辑的一个子集，且只针对特定的某些模型，因此，如果对这些子集以及特定的模型，能够给出确定的判定算法，则仍然有实际价值。

为理解所有模型和特定模型这两个概念的区别，我们考虑具有如下签名的谓词逻辑

$$\Sigma = (\{c_0, c_1\}, \{f\}, \{r\}) \tag{5.1}$$

并考虑其中的谓词逻辑命题

$$\exists x.r(f(x, c_0), c_1) \tag{5.2}$$

我们建立模型

$$\mathcal{M} = (\mathbb{N}, \{0, 1\}, \{+\}, \{=\})$$

其中，$\mathbb{N}$ 是自然数集合，并且其他符号有显然的解释：

$$\mathcal{M}(c_0) = 0$$
$$\mathcal{M}(c_1) = 1$$
$$\mathcal{M}(f) = +$$
$$\mathcal{M}(r) = =$$

则命题（5.2）被解释为

$$\exists x.x + 0 = 1 \tag{5.3}$$

显然取 $x = 1$，可以使得命题（5.3）满足。

而如果我们给定另外一个模型

$$\mathcal{M}' = (\mathbb{N}, \{0, 1\}, \{*\}, \{=\})$$

以及解释：

$$\mathcal{M}'(c_0) = 0$$
$$\mathcal{M}'(c_1) = 1$$
$$\mathcal{M}'(f) = *$$
$$\mathcal{M}'(r) = =$$

则命题（5.2）被解释成

$$\exists x. x * 0 = 1 \tag{5.4}$$

显然不存在自然数 $x \in \mathbb{N}$，使得命题（5.4）成立，即该命题不可满足。

由于命题满足与否取决于模型的选取，所以一个自然的问题是：针对确定的模型，是否能够判定命题的可满足性。

定义 5.1（**理论**）　一个理论 $\mathcal{T}$ 是谓词逻辑的一个子集，其模型具有特定的含义。

简单来说，理论就是带有固定模型的谓词逻辑（或子集），而为了简化讨论，我们接下来就把特定的谓词逻辑系统使用的签名特殊化，令其隐式代表所使用的模型。例如，我们把签名（5.1）写成

$$\Sigma = (\mathbb{N}, \{0, 1\}, \{+\}, \{=\}) \tag{5.5}$$

其中，集合 $\mathbb{N}$ 代表自然数集合，而其他符号具有显然的自然数集合 $\mathbb{N}$ 上的含义。这样，命题（5.2）只会被解释为 $\exists x.(x+0) = 1$。另外需要注意，以上谈到的"子集"，都是针对签名 Σ 中的符号，而不是针对命题联接词或者量词，对于后者，我们经常称作逻辑片段（fragment）。

对于选定的不同模型，它们都对应到不同的理论。在进行可满足性判定时，我们经常需要同时考虑几种不同的理论，这被称为理论组合。

例 5.1　命题

$$i = j \wedge A[i] \neq A[j]$$

是自然数理论和数组理论的组合。直观上看，上述命题是不可满足的（我们在后续章节，将给出判定算法）。

定义 5.2（**可满足性模理论**）　对这些理论或理论组合，进行可满足性判定的问题，称作可满足性模理论（satisfiability modulo theory，SMT）。

对这个问题进行判定的软件系统，被称作可满足性模理论求解器（SMT solver）。

根据对命题求解的结果，我们可以给出：

定义 5.3（**可靠性**）　如果每当求解返回"可满足"时，命题 P 也确实成立，则称该求解是可靠的。

定义 5.4（**完备性**）　如果命题 P 成立，则该求解过程会终止且返回"可满足"，则称该求解是完备的。

定义 5.5（判定过程）　如果对于理论 $\mathcal{T}$ 存在可靠且完备的求解，则我们称该求解为判定过程（decision procedure）。

在本书中，我们也经常称判定过程为判定算法。

直观上，可靠性意味着判定算法总是得到正确结果，而完备性意味着判定算法可以找到所有可满足的命题。在实际应用中，可靠性是我们设计判定算法时要满足的基本目标，即算法不能误判。相比之下，完备性要更加复杂，因为很多问题的求解难度都是 NP 完全的，即只有指数时间复杂度的解法，因此，对于规模较大或较复杂的问题，算法运行时间很长，在这种情况下，求解器往往在运行时间超过给定的时间阈值后终止求解，且返回"未知"（unknown）。

我们还要指出，在接下来的讨论中，我们总是假定命题满足否定范式，对于任意给定的命题，可以使用第 2 章讨论的变换公式，将其变形为否定范式。

5.2　等式与未解释函数理论

我们给出：

定义 5.6（等式与未解释函数理论）　等式与未解释函数理论（theory of equality and uninterpreted functions，EUF）的语法规则，由如下上下文无关文法给出：

$$E ::= x \mid c \mid f(E, \cdots, E)$$
$$R ::= E = E \mid E \neq E$$
$$P ::= R \mid P \wedge P$$

非终结符 E 代表表达式，包括原子命题变量 x、原子命题常量 c 和表达式上的计算 f，其中函数符号 f 是未解释的；非终结符 R 代表谓词，包括表达式的相等及其否定（为简单起见，我们直接将 $\neg(E = E)$ 写成 $E \neq E$）；命题 P 只包括合取联接词 $\wedge$。

上述定义有三个关键点：首先，模型 $\mathcal{M}$ 的论域是某个不指明的无限集合（如自然数集合 $\mathbb{N}$ 或实数集合 $\mathbb{R}$）；其次，命题 P 只含有合取联接词 $\wedge$，对于析取 $\vee$ 或者蕴含 $\rightarrow$ 等联接词，将由后续章节讨论的 DPLL(T) 框架统一处理；最后，如果等式与未解释函数理论中不包含函数运算 f，则该理论退化成等式理论（equality theory），也被称为等式逻辑（equality logic）。

例 5.2　命题

$$(x = y) \wedge (y = z) \wedge (x \neq z)$$

符合等式理论。

例 5.3　命题

$$a = b \wedge b = c \wedge d = e \wedge b = s \wedge d = t \wedge f(a, g(d)) \neq f(b, g(e))$$

符合等式与未解释函数理论。

5.3　基 本 性 质

等式与未解释函数理论满足以下性质:
自反性

$$\frac{}{x = x}$$

对称性

$$\frac{x = y}{y = x}$$

传递性

$$\frac{x = y \qquad y = z}{x = z}$$

全等性

$$\frac{x_1 = y_1 \qquad \cdots \qquad x_n = y_n}{f(x_1, \cdots, x_n) = f(y_1, \cdots, y_n)}$$

最后的全等性规则(congruence)实际说明了三个重要问题:首先,函数符号 f 是抽象的,即它没有任何先验的运算含义,否则,我们可以推出更多的相等情况。例如,当 $f = +$ 时,显然我们有

$$+(1, 2) = +(2, 1)$$

但此时左右两个加法运算对应的运算数,并不分别对应相等。

其次,函数 f 满足函数一致性(functional consistency)或者称幂等性(idempotence),即对于相同的运算数,函数 f 总是返回相同的运算结果。在程序设计中,如果定义函数总是满足这种性质,则称这种编程风格称为函数式编程风格,支持函数式编程风格的语言称为函数式编程语言。

最后,由第 1 章可知,上述等价关系 = 实际上定义了表达式 E 上的等价类 $[E]_=$。对等价类的计算,是我们接下来要讨论的判定算法的基础。

5.4　判 定 算 法

在给出对等式和未解释函数的判定算法前,我们先要指出该问题的计算复杂性。

定理 5.1　对等式和未解释函数理论的可满足性判定,是 NP 完全问题。

这意味着在对一般的逻辑命题而言,尚未找到多项式时间的算法,但是,目前已经研究了可行的算法,能够对实际问题高效求解。

定义 5.7　命题的表达式集合 $\mathcal{E}(P)$,包括命题 P 中所有表达式 E 及其所有子表达式。

注意,这里提到的子表达式不仅包括直接子表达式,还包括间接子表达式。

例 5.4 对给定的命题

$$P \triangleq x = f(f(f(f(f(x))))) \wedge x = f(f(f(x))) \wedge x \neq f(x)$$

其表达式集合是

$$\mathcal{E}(P) = \{x, f(x), f(f(x)), f(f(f(x))), f(f(f(f(x)))), f(f(f(f(f(x)))))\}$$

将给定的命题 P 分解成表达式集合 $\mathcal{E}(P)$,可从初始给定的空集 $S = \varnothing$ 出发,由如下方程计算:

$$\mathcal{E}(x) = (S \cup = \{x\})$$
$$\mathcal{E}(f(E_1, \cdots, E_n)) = \mathcal{E}(E_1); \cdots; \mathcal{E}(E_n); (S \cup = \{f(E_1, \cdots, E_n)\})$$
$$\mathcal{E}(E_1 = E_2) = \mathcal{E}(E_1); \mathcal{E}(E_2)$$
$$\mathcal{E}(E_1 \neq E_2) = \mathcal{E}(E_1); \mathcal{E}(E_2)$$
$$\mathcal{E}(R \wedge P) = \mathcal{E}(R); \mathcal{E}(P)$$

根据上述方程,我们可以对例5.4给出的命题进行分解。我们把这个过程留给读者作为练习。进一步,我们可以从这个计算方程,给出计算集合 $\mathcal{E}(P)$ 的算法 decompose(P)。我们同样把这个算法,留给读者作为练习。

对等式和未解释函数理论的判定算法,由全等闭包算法4 给出。算法接受命题 P 作为输入参数,对 P 进行可满足性判定,如果可满足,则输出 sat;否则,输出 unsat。算法首先调用 decompose() 函数,将命题 P 中所有的表达式(及子表达式)收集到集合 S 中。接着,算法依次为 S 中的每个表达式 e 建立一个只包含该表达式自身的单元素集合 $\{e\}$。第 5 行开始的循环,依次扫描命题 P 中的每个相等子命题 $e_1 = e_2$,并将这两个表达式所属的集合 S_{e_1} 和 S_{e_2} 进行合并。第 7 行开始的循环进行全等闭包操作(算法也因此得名),即对处于同一个集合 S_e 中的两个不同表达式 e_i 和 e_j,如果恰好有两个表达式 $f(e_i)$ 和 $f(e_j)$,则将这两个表达式所属的集合 $S_{f(e_i)}$ 和 $S_{f(e_j)}$ 进行合并,这个操作一直进行到没有集合合并发生为止,所以这是一个不动点操作。需要特别注意的是,这个循环用到了我们前面讨论的全等规则。最后,第 10 行开始的循环依次检查命题 P 中的所有不等子命题 $e_1 \neq e_2$,如果两个表达式 e_1 和 e_2 属于同一个集合,则命题不可满足,算法返回 unsat;否则,当循环结束时,命题 P 可满足,算法返回 sat。

考虑例5.4,算法4的执行过程由表5.1给出。该表分成两列,分别标明了算法执行的相应语句、以及执行完相应语句后表达式集合的状态。其中,算法执行第 7~9 行语句的过程中,集合经过了反复的合并后,最终得到了一个包含所有表达式的总集合。最后,算法执行第 10~12 行时,扫描到了命题 P 中的不等命题 $x \neq f(x)$,而由集合的状态可知:表达式 x 和 $f(x)$ 在同一个集合中,因此算法运行结束,并返回 unsat。

尽管在讨论算法4的过程中,为了清晰起见,我们使用了集合的数据结构和相关操作来进行描述,且能够实现算法的功能。但是,由于算法中涉及大量的集合查找和求集合并集的操作,我们需要更高效的数据结构。注意本算法的特殊性:本质上,我们只需要实现两个操作:

find(set, x)：判断元素x是否在集合set中出现

union(set1, set2)：将两个集合set1和set2进行合并

因此，我们可以使用并查集（union-find）的数据结构，对算法4进行高效实现。我们把这个这个基于并查集的实现，作为练习留给读者完成。

算法 4　全等闭包判定算法

输入：命题 P

输出：sat 或 unsat

1: **procedure** congruenceClosure(P)

2:　　$S = \text{decompose}(P)$

3:　　**for** each expression $e \in S$ **do**

4:　　　　$S_e = \{e\}$

5:　　**for** each proposition $(e_1 = e_2) \in P$ **do**

6:　　　　$S_{e_1} \cup = S_{e_2}$

7:　　**for** some set S_e still changes **do**

8:　　　　**for** $e_i, e_j \in S_e$ **do**

9:　　　　　　$S_{f(e_i)} \cup = S_{f(e_j)}$

10:　　**for** each proposition $(e_1 \neq e_2) \in P$ **do**

11:　　　　**if** S_{e_1}, S_{e_2} are the same set **then**

12:　　　　　　**return** unsat

13:　　**return** sat

表 5.1　算法的执行中集合的状态

算法步骤	表达式集合
2	$\{x, f(x), f(f(x)), f(f(f(x))), f(f(f(f(x)))), f(f(f(f(f(x)))))\}$
3~4	$\{x\}, \{f(x)\}, \{f(f(x))\}, \{f(f(f(x)))\}, \{f(f(f(f(x))))\},$ $\{f(f(f(f(f(x)))))\}$
5~6	$\{x, f(f(f(x))), f(f(f(f(f(x)))))\}, \{f(x)\}, \{f(f(x))\}, \{f(f(f(f(x))))\}$
7~9	$\{x, f(f(f(x))), f(f(f(f(f(x)))))\}, \{f(x)\}, \{f(f(x))\}, \{f(f(f(f(x))))\}$
	$\{x, f(f(f(x))), f(f(f(f(f(x)))))\}, \{f(x), f(f(f(f(x))))\}, \{f(f(x))\}$
	$\{x, f(f(x)), f(f(f(x))), f(f(f(f(f(x))))) \}, \{f(x), f(f(f(f(x))))\}$
	$\{x, f(x), f(f(x)), f(f(f(x))), f(f(f(f(x)))), f(f(f(f(f(x)))))\}$
10~12	$\{x, f(x), f(f(x)), f(f(f(x))), f(f(f(f(x)))), f(f(f(f(f(x)))))\}$

5.5　实　　现

Z3 支持 EUF 理论的求解，在 Z3Py 中可以通过方法

DeclareSort(name, ctx=None)

新声明一个名为 name 的类，当 ctx 的值为 None 的时候，这个新的类在整个 Z3Py 的上下文中都起作用。在声明的类的基础上，我们可以使用方法

Const(name, sort)

声明一个名为 name 且属于 sort 类别的常量，同样的，我们使用方法

Function(name, *sig)

声明一个名为 name 的未解释函数，其中参数 *sig 为一个或者多个类。

利用 Z3 提供的这些语法支持，我们可以对等式与未解释函数理论的命题进行编码和求解。

例 5.5 求解命题

$$f(f(x)) = x \land f(f(f(x))) = x$$

我们给出如下的 Z3 代码实现：

```
1  S = DeclareSort('S')
2  x = Const('x', S)
3  f = Function('f', S, S)
4  F = And([f(f(x)) == x, f(f(f(x))) == x])
5  solver = Solver()
6  solver.add(F)
7  res = solver.check()
8  if res == sat:
9    print(solver.model())
10 else:
11   print('unsat')
```

其中，S 为定义的一个类，x 为属于类 S 的一个常量，f 为一个未解释函数。该代码的执行输出是：

```
1  [x = S!val!0, f = [else -> S!val!0]]
```

该输出表明变量 x 的值是 S!val!0，而函数对任意的值（由 else 表示），总是输出 S!val!0，因此，不难验证上述等式成立。

例 5.6 求解命题

$$f(f(x)) = x \land f(f(f(x))) = x \land f(x) \neq x$$

我们给出如下的 Z3 代码实现：

```
1  S = DeclareSort('S')
2  x = Const('x', S)
3  f = Function('f', S, S)
4  F = And([f(f(x)) == x, f(f(f(x))) == x, f(x) != x])
5  solver = Solver()
6  solver.add(F)
```

```
7   res = solver.check()
8   if res == sat:
9     print(solver.model())
10  else:
11    print('unsat')
```

程序运行时将输出 unsat,表明该命题不可满足。

我们继续看一个例子:

例 5.7 求解命题

$$a = b, b = c, d = e, b = s, d = t, f(a, g(d)) \neq f(g(e), b)$$

我们给出如下的 Z3 代码实现:

```
1   S = DeclareSort('S')
2   a, b, c, d, e, s, t = Consts('a b c d e s t', S)
3   f = Function('f', S, S, S)
4   g = Function('g', S, S)
5   F = ([a == b, b == c, d == e, b == s, d == t, f(a, g(d)) != f(g(e), b)])
6   solver = Solver()
7   solver.add(F)
8   res = solver.check()
9   if res == sat:
10    print(solver.model())
11  else:
12    print('unsat')
```

以上代码执行时,将会给出一个类似以下形式的解:

```
[s = S!val!0,
 b = S!val!0,
 a = S!val!0,
 c = S!val!0,
 d = S!val!1,
 e = S!val!1,
 t = S!val!1,
 f = [(S!val!2, S!val!0)->S!val!4, else->S!val!3],
 g = [else->S!val!2]]
```

在上述结果中, 变量 s, b, a 和 c 都被赋值为 S!val!0;而变量 d, e 和 t 都被赋值为 S!val!1;未解释函数 f 对输入 (S!val!2, S!val!0),输出常量 S!val!4,而对其他输入都会输出常量 S!val!3;未解释函数 g 对所有输入,都输出 S!val!2。

5.6 应　　用

等式与未解释函数理论在多个领域都有广泛应用,本节讨论两个典型应用实例。

5.6.1 程序等价性证明

利用等式与未解释函数理论,我们可以证明程序的等价性。例如,对于两个给定的函数,我们可以考虑其输入/输出等价性:即证明两个函数对任意的输入值,它们计算得到的值都相等。为此,我们考虑如下的两个 C 语言实现的函数,第一个函数 power3 的代码如下:

```
1  int power3(int in){
2    int i, out_a;
3
4    out_a = in;
5    for(i = 0; i < 2; i++)
6      out_a = out_a * in;
7    return out_a;
8  }
```

另一个函数 power3_new 的代码如下:

```
1  int power3_new(int in){
2    int out_b;
3    out_b = in*in*in;
4    return out_b;
5  }
```

直观上,这两个函数都是计算得到一个整型输入 in 的三次方,我们可以利用等式与未解释函数理论,严格地证明这两个函数等价。值得注意的是,函数 power3 中出现了循环,而本章我们对等式与未解释函数理论中的语法,并没有对循环的支持,这里我们可以将循环展开,并将变量改写为静态单赋值形式（static single-assignment form, SSA）,因此,函数 power3 可以重写为:

```
1  int power3(int in){
2    int i, out_a;
3
4    out_a_0 = in;
5    out_a_1 = out_a_0 * in;
6    out_a_2 = out_a_1 * in;
7    return out_a_2;
8  }
```

将重写后的函数 power3 形式化为 EUF,我们可以得到命题 P_1:

$$P_1 \triangleq out\_a\_0 = in \wedge out\_a\_1 = f(out\_a\_0, in)$$
$$\wedge \, out\_a\_2 = f(out\_a\_1, in)$$

其中, $out\_a\_0, out\_a\_1, out\_a\_2, in$ 为等式与未解释函数理论中的变量, 未解释函数 f 是对 C 语言中整数乘法 $*$ 的抽象。类似地, 我们可以从函数 power3_new 中得到等式与未解释函数理论的命题 P_2:

$$P_2 \triangleq out\_b = f(f(in, in), in)$$

因此, 证明函数 power3 与 power3_new 相等的问题, 被转化为证明命题

$$P_1 \wedge P_2 \to out\_a\_2 = out\_b \tag{5.6}$$

则不难通过定理3.1

$$\vdash P \Longleftrightarrow \mathrm{unsat}(\neg P)$$

给出该命题的证明。

这种程序等价的证明方法也有其局限期, 其不能处理语义相同但语法不同的程序。例如, 对如下的两个求倍数的程序:

```
1  int mul2(int in){
2    int out_a = 2*in;
3    return out_a;
4  }
5
6  int mul2_new(int in){
7    int out_b = in+in;
8    return out_b;
9  }
```

我们可以类似地得到命题:

$$f_1(2, in) \wedge f_2(in, in) \to out\_a = out\_b$$

其中, 未解释函数 f_1 代表整数加法 $+$, 而未解释函数 f_2 代表整数乘法 $*$。由于这两个未解释函数并不相同, 因此, 我们无法证明上述命题成立, 亦即无法通过这种方式证明这两个程序等价。

5.6.2　翻译确认

编译器的主要功能是把高级语言编写的程序, 翻译为语义等价的低级语言编写的程序。例如, 编译器可以将代码片段

```
1  z = (x1+y1)*(x2+y2);
```

编译为如下形式的三地址码:

```
1  t1 = x1+y1;
2  t2 = x2+y2;
3  z = t1+t2;
```

核心的问题是需要保证编译器编译得到的代码与源代码具有相同的语义。为此, 一个常用的技术是翻译确认 (translation validation), 即在编译器翻译得到目标代码后, 证明目标代

码与源代码语义等价。针对上面的例子,我们可得到翻译前的等式与未解释函数理论命题

$$P_1 \triangleq z_1 = g(f(x_1, y_1), f(x_2, y_2))$$

其中,未解释函数 f 抽象了整数加法 $+$,而未解释函数 g 抽象了整数乘法 $*$。类似地,我们可得到翻译后的命题

$$P_2 \triangleq t_1 = f(x_1, y_1) \wedge t_2 = f(x_2, y_2) \wedge z_2 = g(t_1, t_2)$$

最后,我们只需要证明命题

$$P_1 \wedge P_2 \to z_1 = z_2$$

本 章 小 结

本章主要讨论了等式与未解释函数理论。首先,我们讨论了可满足性模理论,给出了其定义。接着,我们深入讨论了本书讨论的第一种可满足性模理论,即等式与未解释函数理论,给出了其定义、基本性质和判定算法。最后,我们结合自动定理证明器 Z3,讨论了等式与未解释函数理论的实现,并给出了在实际中的典型应用。

深 入 阅 读

Ackermann[42] 最早研究了等式与未解释函数理论;Downey[43] 等研究了公共子表达式问题的各种变体;Nelson 和 Oppen[44] 应用并查集算法,来计算全等闭包,并在 Stanford Pascal Verifier 中实现了该算法;Shostak[45] 详细介绍了全等闭包。

思 考 题

1. 判断以下命题是否满足等式理论的语法形式:

(1) $a = b \vee b = c$;

(2) $a = b \wedge b = c \wedge a + b = b + c$;

(3) $a = b \wedge c = d \wedge d = f$。

2. 判断以下等式理论命题是否可满足:

(1) $a = b \wedge b = c \wedge c = d$;

(2) $a = b \wedge b = c \wedge d = f$;

(3) $a = b \wedge b \neq c \wedge c = d$;

(4) $a = b \wedge b \neq c \wedge c \neq d$;

(5) $a = b \wedge b \neq c \wedge c \neq a$;

(6) $a = b \wedge b = c \wedge c = d \wedge d = a \wedge a \neq s \wedge s = c$。

3. 对例5.4给出的命题进行分解。

4. 给出计算集合 $\mathcal{E}(P)$ 的算法 decompose(P)。

5. 基于并查集(union-find)数据结构,给出全等闭包判定算法的高效实现。

6. 判断以下等式与未解释函数组成的命题是否可满足:

（1）$a = b \land f(a) = f(b)$；

（2）$a = b \land a = c \land f(b) \neq f(c)$；

（3）$a = b \land a = c \land s = c \land f(g(a)) = f(g(s))$；

（4）$a = b \land a = c \land s \neq c \land f(a, g(b)) = f(c, g(s))$；

（5）$a = b \land a = c \land c = s \land b \neq s \land f(f(s), g(b)) = f(f(a), g(a))$。

7. 使用等式与未解释函数理论,判断以下两段代码是否等价:

```
1  struct list{
2    int d; struct list *n;
3  };
4
5  int mul(struct list *in) {
6    int i, out_a;
7    struct list *a;
8    a = in;
9    out_a = in-> data;
10   for(i = 0; i < 2; i++) {
11     a = a -> n;
12     out_a = out_a * a -> d;
13   }
14   return out_a;
15 }
```

和

```
1  int mul_new(struct list *in) {
2    int out_b;
3
4    out_b = in -> d * in -> n -> d * in -> n -> n -> d;
5    return out_b;
6  }
```

8. 使用等式与未解释函数理论,判断以下两段代码是否等价:

```
1  int calculate_a(int in_1, int in_2){
2    int out_a_1 = in_1 * in_2;
3    int out_a_2 = in_1 + in_2;
4    int out_a = out_a_1 - out_a_2;
5    return out_a;
6  }
```

和

```
1  int calculate_b(int in_1, int in_2){
2    int out_b = (in_1 * in_2) - (in_1 + in_2);
3    return out_b;
4  }
```

第6章 线性算术理论

本章将讨论线性算术理论,主要内容包括线性算术理论的语法,对线性算术理论的各种判定算法,线性算术理论的实现,以及在实际问题求解中的应用。

6.1 语　　法

我们给出如下定义:

定义 6.1 (**线性算术理论**)　线性算术理论 (linear arithmetic theory,LAT) 的语法规则由如下的上下文无关文法给出:

$$A ::= x \mid c \mid c * x$$
$$E ::= A \mid A + E$$
$$R ::= E = E \mid E \leqslant E \mid E < E$$
$$P ::= R \mid P \wedge P$$

符号 A 表示线性算术理论中的原子表达式,它由变量 x,常量 c,或者常量系数乘以变量 $c*x$ 组成。值得注意的是,在线性算术理论中,常量 c 和变量 x 一般取值范围是实数域 $\mathbb{R}$、有理数域 $\mathbb{Q}$ 或者整数域 $\mathbb{Z}$。

符号 E 表示表达式,它可以由若干个单个原子表达式 A 相加组成。由于减法运算 $A - E$ 可以表达为 $A + (-1) * E$,为了清晰起见,这里给出的表达式语法中没有给出减法运算。

符号 R 表示关系,且包含三种关系:等于 (=)、小于等于 ($\leqslant$) 或小于 ($<$)。而大于 ($>$) 和大于等于 ($\geqslant$) 关系,可以通过对关系符号两边的表达式同时乘以系数 -1 的方式替换,因此,同样为清晰起见,省去了这些关系符号。

符号 P 表示线性算术命题,它由一个或者多个关系 R 的合取构成。

在接下来的讨论中,为简洁起见,我们经常用大花括号表示基本关系式的合取。并且,我们也经常使用减法和其他关系符号。

例 6.1　命题

$$(x + y < 5) \wedge (x - y > 3)$$

可以写成

$$\begin{cases} x + y < 5 \\ x - y > 3 \end{cases} \tag{6.1}$$

关于线性算术,还有三个关键点需要指出。首先,可以看到,线性算术的表达式都是 n 元一次表达式(即线性表达式),文献中也经常把这类表达式称为线性约束(linear constraints),把对线性算术的判定算法称作约束求解(constraint solving)。由此,在本章接下来的内容中,我们也经常交替使用判定算法和约束求解这两个名词。

其次,对于给定的一组线性约束

$$\begin{cases} a_{11}x_1 + \cdots + a_{1n}x_n > b_1 \\ \qquad\qquad\vdots \\ a_{m1}x_1 + \cdots + a_{mn}x_n > b_m \end{cases} \tag{6.2}$$

线性算术可满足问题求解的目标,是尝试找到同时满足这组不等式的一组解

$$(x_1, \cdots, x_n)$$

但注意到,解可能不止一组,如果我们继续考虑所有可能的解当中,哪一组会使得一个函数

$$c_1x_1 + \cdots + c_nx_n \tag{6.3}$$

的取值最大(或最小),即求

$$\max(c_1x_1 + \cdots + c_nx_n) \tag{6.4}$$

则我们把该问题称为线性规划(linear programming,LP)问题。其中函数(6.3)称为线性规划的目标函数(target function)。显然,线性算术的可满足问题,是线性规划的子问题。特别地,如果线性规划问题的论域是整数域 $\mathbb{Z}$,则我们称其为整数线性规划(integer linear programming,ILP)问题。进一步,如果我们限定变量的取值范围 $x_i \in \{0,1\}\,(1 \leqslant i \leqslant n)$,则我们称该问题为 0-1 整数线性规划(0-1 ILP)问题。

最后,从计算复杂度的角度,在实数论域 $\mathbb{R}$ 上的线性算术可满足性判定,存在多项式时间复杂度的算法,而在整数论域 $\mathbb{Z}$ 上的线性算术可满足性判定,是 NP 完全问题,即目前并不存在通用的多项式时间复杂度的判定算法。

6.2　高斯消元

我们先从最简单的情况开始讨论,即命题中只含有等式,其一般形式是(为简单起见,我们此处仅考虑 $m = n$ 的情况)

$$\begin{cases} a_{11}x_1 + \cdots + a_{1n}x_n = b_1 \\ \qquad\qquad\vdots \\ a_{n1}x_1 + \cdots + a_{nn}x_n = b_n \end{cases} \tag{6.5}$$

高斯消元法的目标是把方程（6.5）整理为以下阶梯形式：

$$
\begin{cases}
x_1 + a'_{12}x_2 + a'_{13}x_3 + \cdots + a'_{1n-1}x_{n-1} + a'_{1n}x_n = b'_1 \\
x_2 + a'_{23}x_3 + \cdots + a'_{2n-1}x_{n-1} + a'_{2n}x_n = b'_2 \\
x_3 + \cdots + a'_{3n-1}x_{n-1} + a'_{3n}x_n = b'_3 \\
\vdots \\
x_{n-1} + a'_{n-1n}x_n = b'_{n-1} \\
x_n = b'_n
\end{cases}
\tag{6.6}
$$

其中，后面的每一个等式都比相邻的前一个等式少一个变量。这样，我们从最后一个等式，可以得到

$$x_n = b'_n$$

将 x_n 的值代入倒数第二个等式，可得到变量

$$x_{n-1} = b'_{n-1} - a'_{n-1}b'_n$$

依此类推，可得到所有变量 $x_1, \cdots, x_n$ 的值。

从式（6.5）到式（6.6）的变换，可通过整理各个系数 $a_{ij}(1 \leqslant i, j \leqslant n)$ 完成，即我们先给每一个等式两边同时乘以适当的常数 c_i，将变量 x_1 的所有系数 $a_{11}, \cdots, a_{n1}$ 分别整理成常数 1，则式（6.5）变形为

$$
\begin{cases}
x_1 + a'_{12}x_2 + \cdots + a'_{1n}x_n = b'_1 \\
x_1 + a'_{22}x_2 + \cdots + a'_{2n}x_n = b'_2 \\
\vdots \\
x_1 + a'_{n2}x_2 + \cdots + a'_{nn}x_n = b'_n
\end{cases}
\tag{6.7}
$$

接着，用第 2 个到第 n 个等式分别减去第 1 个等式，则得到

$$
\begin{cases}
x_1 + a'_{12}x_2 + \cdots + a'_{1n}x_n = b'_1 \\
a''_{22}x_2 + \cdots + a''_{2n}x_n = b''_2 \\
\vdots \\
a''_{n2}x_2 + \cdots + a''_{nn}x_n = b''_n
\end{cases}
\tag{6.8}
$$

对第 2 个到第 n 个等式，重复以上步骤，则最终得到如式（6.6）所示形式。

对于有 n 个变量的等式，整理所有的变量系数的时间复杂度为 $O(n^2)$，将等式变换成式（6.6）的时间复杂度为 $O(n^3)$。最后，求解所有变量的时间复杂度为 $O(n^2)$。因此，高斯消元法总的时间复杂度为 $O(n^3)$。

例 6.2 判定

$$
\begin{cases}
x_1 + x_2 + x_3 = 3 \\
x_1 + 2x_2 + 4x_3 = 7 \\
x_1 + 3x_2 + 9x_3 = 13
\end{cases}
\tag{6.9}
$$

的可满足性。

首先,我们对其进行如下整理:

$$\begin{cases} x_1 + x_2 + x_3 = 3 \\ x_2 + 3x_3 = 4 \\ 2x_2 + 8x_3 = 10 \end{cases} \tag{6.10}$$

最终得到

$$\begin{cases} x_1 + x_2 + x_3 = 3 \\ x_2 + 3x_3 = 4 \\ x_3 = 1 \end{cases} \tag{6.11}$$

因此,解得

$$\begin{cases} x_1 = 1 \\ x_2 = 1 \\ x_3 = 1 \end{cases} \tag{6.12}$$

可使得原命题满足。

6.3　傅里叶–莫茨金消元

傅里叶–莫茨金消元法(Fourier-Motzkin variable elimination)是求解实数域 $\mathbb{R}$ 上的线性算术命题的有效算法,它的核心思想是不断地消去变量,直到能够得到最终结果。傅里叶–莫茨金消元法在消去变量的过程中,有可能会引起关系式数量快速增长,所以并不是很高效的算法。但是在变量数目较少的情况下,该算法仍然比较实用。

6.3.1　等式消去

傅里叶–莫茨金消元法的第一步是将线性算术命题 P 中的等式(=)消去,这一步可以确保命题 P 中只存在关系符号为小于等于(≤)的关系式,以方便进行下一步的求解。

假设线性算术命题 P 中有形如公式

$$\sum_{j=1}^{n} a_{ij} * x_j = b_i$$

的等号关系式 R,通过选取 R 中任意一个系数 $a_{ip} \neq 0$ 的变量 x_p,我们可将 R 改写为

$$x_p = \frac{b_i}{a_{ip}} - \sum_{\substack{1 \leqslant j \leqslant n \\ j \neq p}} \frac{a_{ij}}{a_{ip}} * x_j \tag{6.13}$$

我们再将命题 P 的其他关系式中的变量 x_p,替换为式(6.13)的等号右边部分,这样可以将原命题 P 中的等式 R 与变量 x_p 一同消去。如果 P 中还有其他等式,那么需要重复进行等式消去操作,直到命题 P 中的所有等式被消去,最终得到

$$\bigwedge_{i=1}^{m} \sum_{j=1}^{n} a_{ij} * x_j \leqslant b_i \tag{6.14}$$

此时命题 P 中只存在关系符号为小于等于($\leqslant$)的关系式。

例 6.3 对命题 P

$$\begin{cases} y + 2z = 0 & \text{(6.15a)} \\ -x - y \leqslant -1 & \text{(6.15b)} \\ x - 2y \leqslant 2 & \text{(6.15c)} \end{cases}$$

进行等式消去。

P 中的唯一的等式为关系式(6.15a),将其改写为 $y = -2z$,并分别找入不等式(6.15b)与不等式(6.15c)中,命题 P 被改写为

$$\begin{cases} -x + 2z \leqslant -1 \\ x + 4z \leqslant 2 \end{cases} \tag{6.16}$$

这样就完成了等式的消去。

6.3.2 消元

我们对线性算术命题 P 进行等式消去,并改写成满足式(6.14)的形式后,需要继续对 P 中的变量进行消元。消元变量的选取是一个启发式的过程,假设我们选取变量 x_q 作为消去的候选变量,一个基本的选取原则是变量 x_q 的系数 a_{iq} 在命题 P 中既有正数也有负数。为了方便之后的计算,我们将 a_{iq} 正规化为

$$c \in \{0, 1, -1\}$$

即变量 x_q 在命题 P 中只有系数 1、−1 或 0,我们分别称其为正出现、负出现或不出现。

命题 P 可以从式(6.14)进一步重写为

$$\bigwedge_{i=1}^{m} \left(c * x_q + \sum_{\substack{1 \leqslant j \leqslant n \\ j \neq q}} \frac{a_{ij}}{|a_{iq}|} * x_j \leqslant \frac{b_i}{|a_{iq}|} \right) \tag{6.17}$$

正规化之后我们可以开始消去命题 P 中的变量 x_q。我们可以忽略 P 中 x_q 的系数 $c = 0$ 的关系式,因为该类关系式中不包含变量 x_q。命题 P 中 $c = 1$ 的关系式可以重写为

$$x_q \leqslant \frac{b_i}{|a_{iq}|} - \sum_{\substack{1 \leqslant j \leqslant n \\ j \neq q}} \frac{a_{ij}}{|a_{iq}|} * x_j$$

可以看出,系数 $c = 1$ 的关系式都确定了变量 x_q 的一个上界。同理,命题 P 中 $c = -1$ 的关系式可以重写为

$$x_q \geqslant \sum_{\substack{1 \leqslant j \leqslant n \\ j \neq q}} \frac{a_{ij}}{|a_{iq}|} * x_j - \frac{b_i}{|a_{iq}|}$$

它们确定了变量 x_q 的一个下界。

假设命题 P 中有 m 个确定 x_q 上界的关系式, 同时有 n 个关系式确定 x_q 的下界, 那么消去 P 中的 x_q, 就必须让 x_q 所有下界都小于等于其所有上界。我们设命题 P 中 x_q 的所有上界为

$$T_1(x), \cdots, T_m(x)$$

x_q 的所有下界为

$$B_1(x), \cdots, B_n(x)$$

同时我们可以假设 P 中还有 k 个不含变量 x_q 关系式, 可以将其设为

$$U_1(x), \cdots, U_k(x)$$

那么命题 P 消去变量 x_q 后为

$$\left(\bigwedge_{j=1}^{m} \bigwedge_{i=1}^{n} (B_i(x) - T_j(x) \leqslant 0) \right) \bigwedge \left(\bigwedge_{r=1}^{k} U_r(x) \right) \tag{6.18}$$

命题 (6.18) 中的 $B(x), T(x)$ 和 $U(x)$ 都不再包含变量 x_q, 即已经完成对命题 P 中变量 x_q 的消元。

例 6.4　对命题 P

$$\begin{cases} x - 4y \leqslant -1 & \text{(6.19a)} \\ x + 5y \leqslant -2 & \text{(6.19b)} \\ -x + 3y \leqslant 0 & \text{(6.19c)} \end{cases}$$

进行消元。

由于变量 x 在三个不等式中同时有正出现和负出现, 则我们可选择 x 作为消元候选。由关系式 (6.19a) 可以确定变量 x 在命题 P 中的一个上界为 $-1 + 4y$; 由关系式 (6.19b) 可以确定变量 x 的另一个上界为 $-2 - 5y$; 由关系式 (6.19c) 确定了 x 的下界为 $3y$。为消去变量 x, 必须让 x 的所有下界都小于等于其所有上界, 因此可得

$$\begin{cases} 3y - (-1 + 4y) \leqslant 0 \\ 3y - (-2 - 5y) \leqslant 0 \end{cases} \tag{6.20}$$

进一步化简为

$$\begin{cases} -y \leqslant -1 \\ 8y \leqslant -2 \end{cases} \tag{6.21}$$

这样就消去了命题 P 中的变量 x。

6.3.3　无界与有界变量

傅里叶–莫茨金消元法需要不断重复消元操作, 直到整个线性算术命题 P 中只剩下一个变量, 或者已经无法继续消元。在讨论这种两种情况之前, 我们需要先引入无界变量 (unbounded variables) 与有界变量 (bounded variables) 的概念。

变量 x_q 是否有界取决于式 (6.14) 中系数 a_{iq} 的正负, 如果 $a_{iq} > 0$, 那么命题 P 中的关系式 R_i 可以确定 x_q 的一个上界; 如果 $a_{iq} < 0$, R_i 可以确定 x_q 的一个下界。

（1）当变量 x_q 的系数在命题 P 中全部为正的时候，变量 x_q 没有下界，我们称 x_q 为无界变量。

（2）当变量 x_q 的系数在命题 P 中全部为负的时候，变量 x_q 没有上界，我们称 x_q 为无界变量。

（3）当变量 x_q 的系数在命题 P 中既有负数也有正数的时候，变量 x_q 既有上界也有下界，我们称 x_q 为有界变量。

假设命题 P 中有无上界的无界变量 x_r，那么只要 x_r 取足够小的值就使得包含变量 x_r 的关系式必然成立；同理，如果无界变量 x_r 没有下界，x_r 只要取足够大的值，也必然使得包含变量 x_r 的关系式成立，因此含有无界变量的关系式必然成立。我们可以将命题 P 中所有包含变量 x_r 的关系式直接从 P 中剔除，而这不会影响命题 P 的求解结果。剔除一个无界变量可能导致之前有界的变量变成无界变量，所以这个简化过程需要一直重复执行，直到命题 P 中不再有无界变量为止。

只要在每次消元之前，我们进行剔除无界变量的操作，那么傅里叶–莫茨金消元法执行过程中，就不会出现命题中有超过一个变量，而无法继续消元的情况。那么消元的最终结果只剩下一个变量。我们假设命题 P 经过消元后只剩下变量 x_n，如果该变量是无上界的无界变量，设其下界为一组常量 $B_1, \cdots, B_m$，那么变量 x_n 的取值范围是

$$x_n \geqslant \max\{B_1, \cdots, B_m\}$$

同理，如果无界变量 x_n 无下界，我们可以设其上界为一组常量 $T_1, \cdots, T_m$，那么无界变量 x_n 的取值范围为

$$x_n \leqslant \min\{T_1, \cdots, T_m\}$$

如果 x_n 是有界变量，我们可以继续假设变量 x_n 下界为一组常量 $B_1, \cdots, B_m$，上界为一组常量 $T_1, \cdots, T_m$，首先需要求解命题

$$\max\{B_1, \cdots, B_m\} \leqslant \min\{T_1, \cdots, T_m\} \tag{6.22}$$

如果命题（6.22）为假，那么命题 P 不可满足；如果为真，那么变量 x_n 的取值范围为

$$\max(B_1, \cdots, B_m) \leqslant x_n \leqslant \min(T_1, \cdots, T_m)$$

如果变量 x_n 得到一个解，可以将变量 x_n 的解代入命题 P 消元前的状态中，可以得到满足线性算术命题 P 的一组解。

例 6.5 判定命题 P

$$\begin{cases} 2x + y + 3z \leqslant -10 \\ -x - z \leqslant 1 \\ x \leqslant 4 \\ -x \leqslant -2 \end{cases} \tag{6.23}$$

的可满足性。

由于变量 x 既有正出现,又有负出现,则我们首先将其消去,得到

$$\begin{cases} y + z \leqslant -8 \\ y + 3z \leqslant -14 \\ -2z \leqslant 10 \end{cases} \tag{6.24}$$

由于变量 z 既有正出现,又有负出现,则我们继续将 z 消去,得到

$$\begin{cases} y \leqslant -3 \\ y \leqslant 1 \end{cases} \tag{6.25}$$

即变量 y 的求值范围为 $y \leqslant -3$。取 $y = -3$ 且代入其他不等式,得到问题的一组解为

$$\begin{cases} x = 4 \\ y = -3 \\ z = -5 \end{cases} \tag{6.26}$$

假设线性算术命题 P 初始状态下有 n 个变量与 m 个关系式,傅里叶-莫茨金消元法的每一轮消元,在最差情况下会将命题中关系式的数量从 m 个增加到 $m^2/4$ 个。那么在最差情况下,命题 P 最终消元的结果将引入 $m^{2^n}/4^n$ 个关系式。因此,傅里叶-莫茨金消元法,更适合求解变量数量与关系式数量都较小的线性算术命题。

6.4　单 纯 形 法

单纯形法(simplex algorithm)是求解线性算术可满足性问题的较常用、较有效的方法之一。尽管从理论上看,单纯形法的最坏运行时间复杂度是指数级的,但这种情况在实践中非常罕见,所以单纯形法仍然被认为是高效的实际算法,并在多个领域有广泛应用。

6.4.1　标准型

为了简化问题的讨论,我们假定单纯形法接受的输入命题 P 满足特定的标准型,包括两种情况:

(1)等式:

$$\sum_{i=1}^{n} a_i * x_i = 0$$

(2)变量的上下界:

$$l_i \leqslant x_i \leqslant u_i$$

这里的常数 u_i 和 l_i 分别指代变量 x_i 的一个上界和下界,单纯形法支持无界变量,所以变量 x_i 的上界 u_i 和下界 l_i 不需要都存在。

我们需要将任意形式的命题,整理成满足如上形式的标准型。为此,对任意命题

$$a_1 x_1 + \cdots + a_n x_n \leqslant b \tag{6.27}$$

我们引入新的辅助变量 s,将其整理成等式形式

$$a_1x_1 + \cdots + a_nx_n = s \tag{6.28}$$

其中

$$s \leqslant b \tag{6.29}$$

注意到,式(6.28)和式(6.29)可写成

$$\begin{cases} a_1x_1 + \cdots + a_nx_n - s = 0 \\ s \leqslant b \end{cases} \tag{6.30}$$

这样,就得到了满足要求的标准型。

我们将新引入的变量 s 称为附加变量(additional variables),而将命题 P 中原有的变量 x_i 称为问题变量(problem variables)。

例 6.6 将命题 P

$$\begin{cases} x + y + 4 \leqslant 3y + 2 \\ -3x - y - 1 \leqslant -x - 2y \\ -x - y - 6 \leqslant -10 \end{cases} \tag{6.31}$$

整理成标准型。

命题 P 等价于

$$\begin{cases} x - 2y \leqslant -2 \\ -2x + y \leqslant 1 \\ -x - y \leqslant -4 \end{cases} \tag{6.32}$$

按以上步骤,命题 P 可被整理成

$$\begin{cases} x - 2y - s_1 = 0 \\ -2x + y - s_2 = 0 \\ -x - y - s_3 = 0 \\ s_1 \leqslant -2 \\ s_2 \leqslant 1 \\ s_3 \leqslant -4 \end{cases} \tag{6.33}$$

其中,s_1,s_2,s_3 为附加变量,而 x 和 y 为问题变量。

6.4.2 几何意义

线性算术命题具有一定的几何意义。直观上,线性算术命题 P 对应以下几何学描述:

(1)命题 P 中的问题变量的个数 n 表示空间维度;

(2)命题 P 中的每一个关系式表示的是一个几何平面;

(3)命题 P 的可满足性求解,可以使用一个凸多面体进行描述,这个凸多面体由多个平面相交得到。

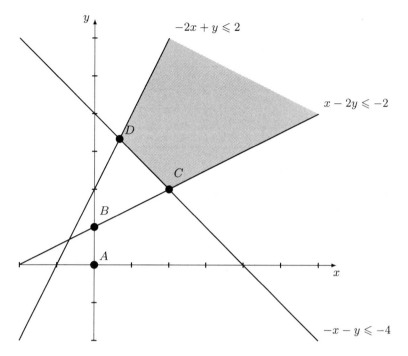

图 6.1　例6.6中命题 P 在二维平面上的表示

考虑例6.6中的命题 P，由于其包含两个问题变量 x 和 y，因此，它对应于二维空间的图形（即直线）。图6.1 给出了三个等式

$$
\begin{cases}
x - 2y = -2 \\
-2x + y = 1 \\
-x - y = -4
\end{cases}
\tag{6.34}
$$

分别对应的三条直线。而满足例6.6的三个不等式构成了图中阴影部分，亦即图中阴影部分任意一个点都满足例 6.6 中的命题。判定命题 P 可满足问题的过程，就是寻找阴影区域某个点的过程。实际上，我们总是可以得到各条线的交点，如图6.1中的点 C 或者 D。

需要注意，尽管我以二维空间为例进行了讨论，上述结论也同样适用于 n 维空间。

6.4.3　单纯形表

对于标准型

$$
\begin{cases}
a_{11}x_1 + a_{12}x_2 + \cdots + a_{1n}x_n = s_1 \\
\quad\vdots \\
a_{m1}x_1 + a_{m2}x_2 + \cdots + a_{mn}x_n = s_m \\
s_1 \leqslant b_1 \\
\quad\vdots \\
s_m \leqslant b_m
\end{cases}
\tag{6.35}
$$

对于前 m 行等式,我们可以把它们看成附加变量 $s_i(1 \leqslant i \leqslant m)$ 关于问题变量 $x_j(1 \leqslant j \leqslant n)$ 的函数,则我们可依此构造如下的单纯形表:

$$
\begin{array}{|c||c|c|c|}
\hline
 & x_1 & \cdots & x_n \\
\hline\hline
s_1 & a_{11} & \cdots & a_{1n} \\
\hline
\cdots & \cdots & \cdots & \cdots \\
\hline
s_m & a_{m1} & \cdots & a_{mn} \\
\hline
\end{array}
\tag{6.36}
$$

其中的附加变量 s_i 满足 $s_i \leqslant b_i(1 \leqslant i \leqslant m)$。

例 6.7 例6.6中的命题可写成单纯形表:

$$
\begin{array}{|c||c|c|}
\hline
 & x & y \\
\hline\hline
s_1 & 1 & -2 \\
\hline
s_2 & -2 & 1 \\
\hline
s_3 & -1 & -1 \\
\hline
\end{array}
\tag{6.37}
$$

附加变量的上下界为

$$
(s_1 \leqslant -2) \wedge (s_2 \leqslant 1) \wedge (s_3 \leqslant -4)
\tag{6.38}
$$

在接下来的讨论中,我们称单纯形表(6.36)中在行上的变量 x 为行变量(有的文献里也称其为非基本变量),称列上的变量 s 为列变量(有的文献里也称其为基本变量)。

6.4.4 换轴法

基于单纯形表,单纯形算法的基本执行过程是:给表中的行变量赋初始值

$$
(x_1 = c_1, \cdots, x_n = c_n)
$$

并以此求得列变量的值

$$
\begin{cases}
s_1 = a_{11}c_1 + a_{12}c_2 + \cdots + a_{1n}c_n \\
\vdots \\
s_m = a_{m1}c_1 + a_{m2}c_2 + \cdots + a_{mn}c_n
\end{cases}
\tag{6.39}
$$

如果此时,列变量满足

$$
\begin{cases}
s_1 \leqslant b_1 \\
\vdots \\
s_m \leqslant b_m
\end{cases}
\tag{6.40}
$$

则我们得到了该问题的一组解,该命题可满足。否则,假设不等式组(6.40)中第一个不满足的是

$$
s_i \leqslant b_i
$$

则我们把变量 s_i 同第一个合适的行变量进行交换,交换完成后,对行变量赋值,并回到第一步继续执行。

例 6.8 对例6.7进行求解。

首先,我们取初始值 $x = 0, y = 0$,并代入单纯形表,得到列变量的值

$$\begin{cases} s_1 = 0 \\ s_2 = 0 \\ s_3 = 0 \end{cases} \tag{6.41}$$

对比列变量的取值范围

$$(s_1 \leqslant -2) \wedge (s_2 \leqslant 2) \wedge (s_3 \leqslant -4) \tag{6.42}$$

可知第一个不满足约束的列变量为 s_1。接下来,我们让该变量 s_1 与某个单纯形表的行变量进行交换,为此,可选择行变量 x。对变量 x 和 s_1 进行换轴操作,意味着把等式

$$s_1 = x - 2y \tag{6.43}$$

改写成

$$x = s_1 + 2y \tag{6.44}$$

将等式(6.44)分别代入 s_2 和 s_3,得到

$$\begin{aligned} s_2 &= -2x + y \\ &= -2(s_1 + 2y) + y \\ &= -2s_1 - 3y \\ s_3 &= -x - y \\ &= -(s_1 + 2y) - y \\ &= -s_1 - 3y \end{aligned}$$

因此,我们可构造新的单纯形表

	s_1	y
x	1	2
s_2	-2	1
s_3	-1	-1

$$\tag{6.45}$$

注意到表中 $s_1 \leqslant -2$。

接下来,我们取 $s_1 = -2, y = 0$,并代入上表,得到

$$\begin{cases} x = -2 \\ s_2 = 4 \\ s_3 = 2 \end{cases} \tag{6.46}$$

对比 s_2 和 s_3 的取值范围

$$\begin{cases} s_2 \leqslant 2 \\ s_3 \leqslant -4 \end{cases} \tag{6.47}$$

可知第一个不满足的是变量 s_2,因此我们继续对变量 s_2 进行换轴操作。我们把剩余步骤作为练习留给读者完成。

6.5 分支定界法

整数线性算术问题指的是命题

$$
\begin{cases}
a_{11}x_1 + \cdots + a_{1n}x_n > b_1 \\
\phantom{a_{11}x_1}\vdots \\
a_{m1}x_1 + \cdots + a_{mn}x_n > b_m
\end{cases}
\tag{6.48}
$$

中所有的常量 a, b 和变量 x 都属于整型域 $\mathbb{Z}$ 时的可满足性问题。由于其和我们已经讨论过的实数域 $\mathbb{R}$ 上的可满足性问题的相似性,我们给出:

定义 6.2(**松弛问题**) 给定整数域 $\mathbb{Z}$ 上命题 P,其松弛问题(relaxed problem)指的是实数域 $\mathbb{R}$ 上的对应问题。

松弛问题的求解结果,可能有以下两种情况:

(1)无解,则该松弛问题对应的原问题也无解。

(2)有解,解恰好是整数,则找到了原问题的解,原问题可满足;解是实数,则需要递归进行求解。

按照上述思想,我们可给出一个用于整数线性算术求解的分支定界(branch-and-bound)算法。算法 5 给出了分支定界算法的代码实现。算法 branchAndBoundMain() 接受命题 P

算法 5　分支定界算法

输入: 命题 P

输出: sat 或 unsat

1: **procedure** branchAndBound(P)
2:　　$P = \text{relax}(P)$
3:　　$\text{res} = \text{solve}(P)$
4:　　**if** res==unsat **then**
5:　　　　**return**
6:　　**if** res are integer solutions **then**
7:　　　　**exit** sat
8:　　select a variable x, where $x = v$ and $v \in \mathbb{R}$
9:　　branchAndBound($P \cup \{x \leqslant \lfloor v \rfloor\}$)
10:　　branchAndBound($P \cup \{x \geqslant \lceil v \rceil\}$)
11: **procedure** BRANCHANDBOUNDMAIN(P)
12:　　branchAndBound(P)
13:　　**return** unsat

作为输入,对命题 P 进行可满足性判定,并返回 sat 或 unsat。函数 branchAndBound() 首先调用 relax() 对命题 P 进行松弛,然后调用 solve() 函数对命题 P 进行判定:如果判定的结果 res 是不可满足的,则函数直接返回;而如果 res 恰好是一组整数解,则命题可满足,

算法直接退出；否则，对于取实数值 $v \in \mathbb{R}$ 的变量 x，我们把它的下界 $\lfloor v \rfloor$ 和上界 $\lceil v \rceil$ 分别加到命题 P 中，递归进行求解。

对于有 n 个变量的命题 P，在最坏情况下，算法对每个变量 $x_i (1 \leqslant i \leqslant n)$ 都需要进行取整和递归操作，则算法的最坏运行时间复杂度为 $O(2^n)$。

最后，我们要指出算法5的两个关键点：首先，算法是不完备的，即算法有可能得不到问题的解。例如，考虑命题

$$
\begin{cases}
3x - 2y \geqslant 1 \\
3x - 2y \leqslant 2
\end{cases}
\tag{6.49}
$$

可验证算法5在该命题上运行不终止。我们把验证过程作为练习留给读者。但是，存在对算法5的改进，使得其完备。

其次，算法5可以被扩展，来同时支持变量取整数 $\mathbb{Z}$ 或实数 $\mathbb{R}$ 的情况。我们把这个扩展作为练习留给读者。

6.6　减法逻辑

减法逻辑是线性算术理论的一个特殊形式，我们先讨论其语法定义。

定义 6.3（减法逻辑）　减法逻辑的语法规则由如下的上下文无关文法给出：

$$
\begin{aligned}
&A ::= x - y \leqslant c \mid x - y < c \\
&P ::= A \mid P \wedge P
\end{aligned}
$$

定义中的变量在有理数论域 $\mathbb{Q}$ 上。在减法逻辑中，我们也可以将变量定义在整数论域 $\mathbb{Z}$ 上，而且其求解与在有理数论域 $\mathbb{Q}$ 上类似，都有多项式复杂度的算法，这点与线性算术不同。我们在6.1节中讨论过，线性算术在整数论域 $\mathbb{Z}$ 上的求解是一个 NP 完全问题，目前没有多项式复杂度的算法。

一些线性算术不等式可以通过转换，重写成符合减法逻辑定义的形式：

（1）$x - y = c$ 可以重写为 $x - y \leqslant c \wedge y - x \leqslant -c$；

（2）$x - y \geqslant c$ 可以重写为 $y - x \leqslant -c$；

（3）$x - y > c$ 可以重写为 $y - x < -c$；

（4）只有一个变量的不等式如 $x < 5$ 可以通过添加一个特殊变量 x_0，重写为 $x - x_0 < 5$，其中 x_0 被称为零变量，在约束求解过程中它的值恒为 0。

例如，线性算术约束

$$
\begin{cases}
x < y + 5 \\
y \leqslant 4 \\
x = z - 1
\end{cases}
\tag{6.50}
$$

可以重写为减法逻辑约束

$$\begin{cases} x - y < 5 \\ y - y_0 \leqslant 4 \\ x - z \leqslant -1 \\ z - x \leqslant 1 \end{cases} \tag{6.51}$$

6.7　实　　现

现代可满足性模理论的求解器或者定理证明器，都对线性算术理论与线性规划有不同程度的支持。在本章中，我们以 Z3 为例进行讨论，Z3 不仅支持整数域 $\mathbb{Z}$ 与实数域 $\mathbb{R}$ 上的线性算术与线性规划问题，而且也能解决一些简单的非线性算术问题。我们在表6.1中总结了 Z3 能够解决的常见理论、所用算法以及求解实例，其中变量 $x, y \in \mathbb{R}$，而变量 $a, b \in \mathbb{Z}$。

表 6.1　Z3 中支持的线性算术理论

理论缩写	理论名称	求解器算法	实例
LRA	实数线性算术	双重单纯形法	$x + 2y \leqslant 3$
LIA	整数线性算术	切割 + 分支算法	$a + 3b \leqslant 3$
LIRA	实数与整数混合线性算术		$x + a \geqslant 2$
IDL	整数减法逻辑	Floyd-Warshall 算法	$a - b \leqslant 4$
RDL	实数减法逻辑	Bellman-Ford 算法	$x - y \leqslant 4$
UTVPI	每不等式单元二变量	Bellman-Ford 算法	$x + y \leqslant 4$
NRA	实数多项式算术	基于模型的 CAD 算法	$x^2 + y^2 \leqslant 1$
NIA	整数非线性算术	CAD+ 分支算法	$a^2 = 2$

在 Z3 中，我们可以通过代码

```
x = Real('x')
a = Int('a')
```

声明实数域 $\mathbb{R}$ 上的变量 x，以及整数域 $\mathbb{Z}$ 上的变量 a。

6.7.1　线性算术

我们先讨论 Z3 在实数域 $\mathbb{R}$ 上的线性算术求解。

例 6.9　求解线性约束

$$\begin{cases} x + y = 0.8 \\ x - y = 0.2 \end{cases} \tag{6.52}$$

其中，变量 $x, y \in \mathbb{R}$。

我们可给出如下的 Z3 代码：

```
1  x, y = Reals('x y')
2  solver = Solver()
3  solver.add([x + y == 0.8, x - y == 0.2])
4  res = solver.check()
5  if res == sat:
6    print(solver.model())
7  else:
8    print("unsat")
```

程序运行后, Z3 将会输出如下的一组解:

```
[y = 3/10, x = 1/2]
```

这表明这组等式可满足。

除了在实数域 $\mathbb{R}$ 上的算术理论的求解, Z3 同样支持在整数域 $\mathbb{Z}$ 上的算术理论求解。

例 6.10 对线性约束

$$\begin{cases} x + y = 8 \\ x - y = 1 \end{cases} \tag{6.53}$$

分别在 $x, y \in \mathbb{R}$ 和 $x, y \in \mathbb{Z}$ 两个论域上进行求解。

我们可给出如下的 Z3 实现代码:

```
1   x, y = Reals('x y')
2   solver = Solver()
3   solver.add([x + y == 8, x - y == 1])
4   res = solver.check()
5   if res == sat:
6     print(solver.model())
7   else:
8     print("unsat")
9   x, y = Ints('x y')
10  solver = Solver()
11  solver.add([x + y == 8, x - y == 1])
12  res = solver.check()
13  if res == sat:
14    print(solver.model())
15  else:
16    print("unsat")
```

程序运行后, Z3 将会输出:

```
[y = 7/2, x = 9/2]
unsat
```

这表明这组等式在实数域 $\mathbb{R}$ 上可满足, 但在整数域 $\mathbb{Z}$ 上不可满足。

6.7.2 线性规划

一般而言，线性规划问题可视为线性算术问题的一个扩展，它包括两个部分：线性约束 C 与目标函数 F。线性规划问题的求解目标就是在满足约束 C 的前提下，求解目标函数 F 的最大值或者最小值。

Z3 中也提供了对于线性规划的支持，通过调用 Optimize 类中的 maximize() 函数或 minimize() 函数，我们可以在 Z3 中计算给定目标函数的最大值或最小值。

例 6.11 给定线性约束

$$\begin{cases} x \leqslant 2 \\ y - x \leqslant 1 \end{cases} \tag{6.54}$$

计算目标函数

$$x + 2y$$

的最大值 $\max(x + 2y)$，其中 $x, y \in \mathbb{Z}$。

我们可以给出如下 Z3 代码实现：

```
1  from z3 import *
2
3  x, y = Ints("x y")
4  # 声明求线性规划问题的求解器
5  opt = Optimize()
6  # 往求解器内添加线性约束条件
7  opt.add([x <= 2, (y - x) <= 1])
8  # 设置线性规划求解器的目标函数
9  opt.maximize(x + 2*y)
10 # 进行求解，如果约束是可满足的则打印出一组解
11 if opt.check() == sat:
12   print(opt.model())
13 else:
14   print('unsat')
```

该段代码输出的结果为

```
[y = 3, x = 2]
```

故所求的目标函数的最大值为

$$\max(x + 2y) = 8$$

6.7.3 0-1 整数线性算术

整数线性算术问题中有一个重要的特例：即所有整型变量取值限定为 0 或者 1，一般称之为 0-1 整数线性算术（0-1 ILA）。这种问题的求解和整数线性算数的求解类似，只需要在约束中加入变量的取值范围即可。

例 6.12　求解约束

$$-7x_1 - 3x_2 - 2x_3 + 9000x_4 + 5x_5 + 8x_6 = 0$$

其中，$x_i \in \{0,1\}, 1 \leqslant i \leqslant 6$。

我们可以给出如下 Z3 代码实现：

```
1  x1, x2, x3, x4, x5, x6 = Ints('x1 x2 x3 x4 x5 x6')
2  solver = Solver()
3  solver.add([-7*x1 -3*x2 -2*x3 + 9000*x4 + 5*x5 + 8*x6 == 0])
4  solver.add(Or([x1==0, x1==1]))
5  solver.add(Or([x2==0, x2==1]))
6  solver.add(Or([x3==0, x3==1]))
7  solver.add(Or([x4==0, x4==1]))
8  solver.add(Or([x5==0, x5==1]))
9  solver.add(Or([x6==0, x6==1]))
10 solver.add(x1+x2+x3+x4+x5+x6 != 0)
11 if solver.check() == sat:
12   print(solver.model())
13 else:
14   print('unsat')
```

该段代码输出的结果为

```
[x6 = 0, x1 = 0, x5 = 1, x2 = 1, x3 = 1, x4 = 0]
```

不难验证这组解可以使得原约束满足。特别注意到代码第 10 行的约束：

```
solver.add(x1+x2+x3+x4+x5+x6 != 0)
```

显式排除了下面这组可以使得原命题成立的平凡解（即全 0 解）：

```
[x6 = 0, x1 = 0, x5 = 0, x2 = 0, x3 = 0, x4 = 0]。
```

另外，可以看到，随着变量数量的增加，构造和维护这些命题也更加复杂。因此，我们可引入一些辅助函数，来简化构造的过程。为此，我们给出如下的 Z3 实现代码：

```
1  def gen_vars(n: int) -> list[ArithRef]:
2    return [Int(f"x{i}") for i in range(0, n)]
3
4  def gen_ors(l: list[ArithRef]) -> list[BoolRef]:
5    return list(map(lambda x: Or(x==0, x==1), l))
6
7  def gen_product(l1: list[ArithRef], l2: list[int]) -> list[ArithRef]:
8    return list(map(lambda x: x[0]*x[1], zip(l1, l2)))
9
10 all_vars = gen_vars(6)
11 ints = [-7, -3, -2, 9000, 5, 8]
12 prod = gen_product(allvars, ints)
```

```
13  solver = Solver()
14  solver.add(sum(prod, 0) == 0)
15  solver.add(gen_ors(all_vars))
16  solver.add(sum(all_vars, 0) != 0)
17  if solver.check() == sat:
18    print(solver.model())
19  else:
20    print('unsat')
```

其中函数 `gen_vars` 生成给定长度 n 的 Z3 整数变量的列表 (为清晰起见, 我们给函数加入了显式的 Python 类型标注 `list[ArithRef]`), 而函数 `gen_ors` 生成一个由析取构成的列表。函数 `gen_product` 生成两个列表构成的点积 (即列表对应元素的乘积)。这些辅助函数的利用, 简化了命题的构造和检测。

例 6.13　给定约束

$$23x_1 + 26x_2 + 20x_3 + 18x_4 + 32x_5 + 27x_6 + 29x_7 + 26x_8 + 30x_9 + 27x_{10} \leqslant 67$$

其中, $x_i \in \{0, 1\}, 1 \leqslant i \leqslant 10$。求最大值

$$\max(505x_1 + 352x_2 + 458x_3 + 220x_4 + 354x_5 + 414x_6 + 498x_7 + 545x_8 + 473x_9 + 543x_{10})$$

我们给出如下的 Z3 实现代码:

```
1   N = 10
2   all_vars = gen_vars(N)
3   ints1 = [23, 26, 20, 18, 32, 27, 29, 26, 30, 27]
4   ints2 = [505, 352, 458, 220, 354, 414, 498, 545, 473, 543]
5   opt = Optimize()
6   opt.add(sum(gen_product(all_vars, ints1), 0) <= 67)
7   opt.add(gen_ors(all_vars))
8   opt.maximize(sum(gen_product(all_vars, ints2), 0))
9   if opt.check() == sat:
10    m = opt.model()
11    print(m)
12    flags = [m.eval(x) for x in all_vars]
13    print(functools.reduce(lambda acc, x: acc+x[0] if x[1]==1 else acc,
14      zip(ints1, flags), 0))
15    print(functools.reduce(lambda acc, x: acc+x[0] if x[1]==1 else acc,
16      zip(ints2, flags), 0))
17  else:
18    print('unsat')
```

该程序执行输出的结果如下:

```
[x0 = 1, x1 = 0, x2 = 0, x3 = 1, x4 = 0,
 x5 = 0, x6 = 0, x7 = 1, x8 = 0, x9 = 0]
67
1270
```

即所求的最大值为 1270。

6.8　应　　用

线性算术理论已被广泛应用于许多实际问题的求解。特别地，很多这类问题都是 NP 完全问题，因此目前没有通用的高效求解算法。因此，线性算术理论及其高效求解器（如本书中使用的 Z3），为求解这类问题提供了有益的途径。在本节，我们将讨论几个经典的用线性算术理论可以求解的 NP 完全问题，其中既有线性算术问题也有线性规划问题。

例 6.14（子集求和问题）　给定一个整数集合 S，我们需要找到集合 S 的一个子集 $T \subseteq S$ 且 $T \neq \varnothing$，使得

$$\sum T = 0$$

例如，我们有集合

$$S = \{-7, -3, -2, 9000, 5, 8\}$$

这个集合的一个满足要求的子集为

$$T = \{-3, -2, 5\}$$

注意到，我们在例6.12中讨论的问题即是上述问题的一个特例。子集求和问题是经典的 NP 完全问题，暴力穷举法求解时算法复杂度为指数时间。在实践中，也可以使用使用动态规划（dynamic programming）进行求解，其算法复杂度为伪多项式（pseudo-polynomial）时间。

使用线性算术理论求解子集求和问题，我们可以给目标集合 S 中每个元素设置一个标志位 F_i，其取值为

$$F_i = \begin{cases} 0, & \text{如果不选择第} i \text{个元素} \\ 1, & \text{如果选择第} i \text{个元素} \end{cases}$$

这样，子集求和问题就可以描述成线性算术等式

$$\sum_{i=1}^{N} (F_i * S_i) = 0 \tag{6.55}$$

如果该方程有解，则可得到标志位 $F_i(1 \leqslant i \leqslant N)$ 的值，；而其中值为 1 的下标，对应集合 S 中满足条件的子集 T。特别注意到，这里的变量 $F_i(1 \leqslant i \leqslant N)$，取值为 0 或者 1，这是我们在 6.1 节中讨论过的 0-1 整数线性算术问题。

我们给出如下的 Z3 实现代码：

```
1  def subset(the_set: list[int]):
2    all_vars = (gen_vars(len(the_set)))
3    solver = Solver()
4    solver.add(sum(gen_product(all_vars, the_set), 0) == 0)
```

```
5    solver.add(gen_ors(all_vars))
6    solver.add(sum(all_vars, 0) != 0)
7    if solver.check() == sat:
8      m = opt.model()
9      print(m)
10     flags = [m.eval(x) for x in all_vars]
11     print(functools.reduce(lambda acc, x: acc+x[0] if x[1]==1 else acc,
12       zip(ints1, flags), 0))
13     print(functools.reduce(lambda acc, x: acc+x[0] if x[1]==1 else acc,
14       zip(ints2, flags), 0))
15   else:
16     print('unsat')
17
18   subset([-7, -3, -2, 9000, 5, 8])
```

例 6.15(**N 皇后问题**) 在例3.10中,我们使用命题逻辑描述了 N 皇后问题,并使用 Z3 进行了求解。实际上 N 皇后问题也可以使用 0-1 整数线性算术进行求解,和使用命题逻辑的求解方法相比,使用 0-1 整数线性算术的解法,更加简单直接。

我们可以给国际象棋棋盘中每一个格子设置一个二维标志位 $F_{ij}(1 \leqslant i, j \leqslant N)$,其中下标 i 和 j 分别为棋盘中横、纵向坐标,则 F_{ij} 的取值为

$$F_{ij} = \begin{cases} 0, & \text{如果在第 } i \text{ 行、第 } j \text{ 列上没有放置皇后} \\ 1, & \text{如果在第 } i \text{ 行、第 } j \text{ 列上放置了皇后} \end{cases}$$

那么我们可以利用标志位 F_{ij} 描述 N 皇后问题的约束条件:我们需要让棋盘上每一行只能摆放一个皇后,对于棋盘中的每一行 $1 \leqslant i \leqslant N$ 都可以描述为公式

$$\sum_{j=1}^{N} F_{ij} = 1 \tag{6.56}$$

同理,我们需要让棋盘上每一列只能摆放一个皇后,则棋盘中的每一列 $1 \leqslant j \leqslant N$ 都可以描述为公式

$$\sum_{i=1}^{N} F_{ij} = 1 \tag{6.57}$$

每一个主对角线上最多只能摆放一个皇后,则对于每一条主对角线 $1 - N \leqslant d < N$,都有公式

$$\sum_{\substack{i-j=d \\ 1 \leqslant i \leqslant N \\ 1 \leqslant j \leqslant N}} F_{ij} \leqslant 1 \tag{6.58}$$

我们可以得到 $2N - 1$ 个算术不等式。同理,每一个斜对角线上最多也只能摆放一个皇后,对于每一条斜对角线 $2 \leqslant d \leqslant 2N$,我们都有公式

$$\sum_{\substack{i+j=d \\ 1 \leqslant i \leqslant N \\ 1 \leqslant j \leqslant N}} F_{ij} \leqslant 1 \tag{6.59}$$

我们共可以得到 $2N-1$ 个算术不等式。最后,我们联立这些不等式,并最终得到 N 皇后问题的一个解。并且,我们在得到一组解后,可以将该解取反并加入到约束条件中,再继续求解,这个步骤一直进行下去可得到该问题的所有解。

例 **6.16**(**0-1 背包问题**)　给定 n 个不同物品,每个物品有两个属性:重量 W 和价值 V,即

$$W = \{w_1, \cdots, w_n\}$$
$$V = \{v_1, \cdots, v_n\}$$

给定一个背包,其最大可承受的重量为 C。则在不超过背包最大承重 C 的条件下,如何选择若干件物品装入该背包,从而使得背包内的物品价值最大。

0-1 背包问题是一类经典的优化问题,也是一个典型的 NP 完全问题,我们用标志变量 $F_i (1 \leqslant i \leqslant n)$,来标记是否将第 i 件物品装入背包,则有

$$F_i = \begin{cases} 0, & \text{如果物品}i\text{没被选中} \\ 1, & \text{如果物品}i\text{被选中} \end{cases}$$

为了刻画被选中的物品总重量不能超过背包承重 C,我们加入线性算术不等式

$$\sum_{i=1}^{n} F_i * w_i \leqslant C \tag{6.60}$$

而我们最终需要优化的目标函数是

$$\max\left(\sum_{i=1}^{n} F_i * v_i\right) \tag{6.61}$$

我们给出如下的 Z3 实现代码:

```
1  def knapsack(ws: list[int], vs: list[int], c: int):
2    all_vars = (gen_vars(len(ws)))
3    solver = Solver()
4    solver.add(sum(gen_product(all_vars, the_set), 0) == 0)
5    solver.add(gen_ors(all_vars))
6    solver.add(sum(all_vars, 0) != 0)
7    if solver.check() == sat:
8      m = opt.model()
9      print(m)
10     flags = [m.eval(x) for x in all_vars]
11     print(functools.reduce(lambda acc, x: acc+x[0] if x[1]==1 else acc,
12       zip(ws, flags), 0))
13     print(functools.reduce(lambda acc, x: acc+x[0] if x[1]==1 else acc,
14       zip(vs, flags), 0))
15   else:
16     print('unsat')
```

尽管本章我们主要讨论线性约束（即线性算术），但是现代的约束求解释也能求解很多非线性的约束。由于其不是本书的核心内容，我们仅讨论一个非线性约束求解的一个实例，以帮助读者理解非线性约束及其求解的一些典型特点。

例 6.17（**费马大定理**）　不定方程

$$x^n + y^n = z^n$$

当 $n > 2$ 时，没有对 (x, y, z) 的正整数解。

注意，费马大定理（fermat's last theorem）已经被 Andrew Wiles 证明。我们接下来给出对其验证的 Z3 代码：

```
1  def power(x, n):
2      l = [x for i in range(1, n)]
3      return functools.reduce(lambda acc, x: acc*x, l, x)
4
5  def check_nonlinear(n: int):
6      x, y, z = Ints('x y z')
7      solver = Solver()
8      solver.add([x>0, y>0, z>0])
9      p = power(x, n)+power(y, n) == power(z, n)
10     print(p)
11     solver.add(p)
12     solver.set("timeout", 6000)
13     if solver.check() == sat:
14         print(solver.model())
15     else:
16         print('unsat')
17
18 check_nonlinear(1)
19 check_nonlinear(2)
20 check_nonlinear(3)
```

特别地，非线性方程 $x^3 + y^3 = z^3$ 无解，因此为避免无限的求解过程，我们设置了 6 秒的超时 timeout（该时间可根据需要自行调节）。上述程序运行大约 6 秒后输出：

```
x + y == z
[z = 2, y = 1, x = 1]
x*x + y*y == z*z
[x = 6, y = 8, z = 10]
x*x*x + y*y*y == z*z*z
unsat
```

可见，对 $n = 3$ 的情况，算法在给定的时间阈值内，没有找到方程的解。

例 6.18（**线性回归**）　给定二维平面上的 n 个点：

$$\{(x_1, y_1), \cdots, (x_n, y_n)\}$$

线性回归（linear regression）尝试确定一条直线

$$y = kx + b$$

使得该直线离这 n 点最近，即

$$\min \left(\sum_{i=1}^{n} (y_i - kx_i - b)^2 \right)$$

我们同样可以使用 Z3 提供的最优化求解的能力，给出如下代码对其进行求解：

```
1  def linear_regression(pairs: list[(float, float)]):
2      k, b = Ints('k b')
3      opt = Optimize()
4      goal = functools.reduce(lambda acc, x: acc +
5              (x[1]-k*x[0]-b)*(x[1]-k*x[0]-b), pairs, 0.0)
6      #print(goal)
7      opt.minimize(goal)
8      if opt.check() == sat:
9          print(opt.model())
10     else:
11         print('unsat')
12
13 linear_regression([(1.0, 1.0), (2.0, 2.0), (3.0, 3.0), (4.0, 4.0)])
14 linear_regression([(1.0, 1.0), (2.0, 3.0), (3.0, 5.0), (4.0, 7.0)])
```

代码执行结束后，将输出：

```
[k = 1, b = 0]
[k = 2, b = -1]
```

这样意味着上述算法针对这两组输入，分别找到了两条直线：

$$y = x$$
$$y = 2x - 1$$

需要特别注意的是，为了提高求解效率，我们在上面的代码使用了整数 `Ints`，来编码斜率 k 和截距 b（代码第 2 行）。尽管这种解法的效率较高，但只能表示固定类型的直线。如果用实数 $\mathbb{R}$ 或有理数 $\mathbb{Q}$ 来实现斜率 k 和截距 b，则可能求解更高精度的直线，我们把这个问题留作习题，请读者自行完成。

本 章 小 结

本章主要讨论了线性算术理论。首先，我们给出了线性算术理论的语法定义；然后，介绍了线性算术理论命题可满足性判定的经典算法：包括实数域 $\mathbb{R}$ 上的傅里叶–莫茨金消元法与单纯形法、整数域 $\mathbb{Z}$ 上的分支定界法；接着，我们介绍了线性算术理论在 Z3 中的实现；最后，我们讨论了利用线性算术理论进行问题求解的一些实例。

深 入 阅 读

傅里叶–莫茨金消元法是最早的求解线性不等式的算法，它于 1826 年由 Fourier 提出，并在 1936 年被 Motzkin 重新发现。Loos 等[47] 提出了一种更有效的消除变量的方法，称为虚拟替换。单纯形法是由 Dantzig[48] 在 1947 年提出的，Kantorovich[49] 也提出了该方法。Khachian[50] 和 Karmarkar[51] 实现了弱多项式时间算法。Dutertre 和 de Moura[52] 在 DPLL(T) 的背景下提出了一种更快的线性算术求解算法。

线性规划是一种非常重要的建模工具，被用于解决科学与工程、金融、物流等领域的广泛问题[53]。Schrijver[54] 讨论了线性规划和整数线性规划；Wolsey[55]、Hillier 和 Lieberman[56]，以及 Vanderbei[57] 也讨论了相关课题。

思 考 题

1. 对已正规化的线性不等式

$$
\begin{cases}
x_1 + P_1(x) \geqslant 0 \\
\vdots \\
x_1 + P_{10}(x) \geqslant 0 \\
-x_1 + Q_1(x) \geqslant 0 \\
\vdots \\
-x_{10} + Q_{20}(x) \geqslant 0 \\
R_1(x) \geqslant 0 \\
\vdots \\
R_{724}(x) \geqslant 0
\end{cases}
\tag{6.62}
$$

其中，$P_i(x)(1 \leqslant i \leqslant 10)$，$Q_i(x)(1 \leqslant i \leqslant 20)$ 和 $R_i(x)(1 \leqslant i \leqslant 724)$ 不包含变量 x_1。使用傅里叶–莫茨金消元法消去变量 x_1 后，请计算得到的不等式的数量。

2. 完成例6.8使用单纯形法算法的求解过程。

3. 使用单纯形法计算以下不等式，并写下详细的转换过程：

$$
\begin{cases}
2x - y \geqslant 1 \\
x + y \geqslant 2 \\
x + 2y \geqslant 3
\end{cases}
\tag{6.63}
$$

4. 使用单纯形法判断以下命题是否可满足：

$$
\begin{cases}
2x_1 + 2x_2 + 2x_3 + 2x_4 \leqslant 2 \\
4x_1 + x_2 + x_3 - 4x_4 \leqslant -2 \\
x_1 + 2x_2 + 4x_3 + 2x_4 = 4
\end{cases}
\tag{6.64}
$$

5. 验证算法5对于命题（6.49）运行不终止，请给出具体的验证过程。

6. 修改算法5使其同时支持变量取整数 $\mathbb{Z}$ 或实数 $\mathbb{R}$ 的情况。

7. 使用分支定界法求解 $\min(z = -x_1 - 5x_2)$，其中变量 x_1 和 x_2 都是整数，线性不等式如下所示：

$$\begin{cases} x_1 - x_2 \geqslant -2 \\ 5x_1 + 6x_2 \geqslant 30 \\ x_1 \leqslant 4 \\ x_1,\ x_2 \geqslant 0 \end{cases} \tag{6.65}$$

8. 使用分支定界法求解 $\max(z = 4x_1 + 3x_2)$，其中变量 x_1 和 x_2 都是整数，线性不等式如下所示：

$$\begin{cases} 3x_1 + x_2 \geqslant 12 \\ 4x_1 + 2x_2 \geqslant 9 \\ x_1,\ x_2 \geqslant 0 \end{cases} \tag{6.66}$$

9. 现有资金 b 可以用于投资，共有 n 个项目可供决策者选择，假设第 i 个项目所需投资额为 a_i，投资后第二年年初可得利润 $c_i (1 \leqslant i \leqslant n)$，并且 $b, a_i, c_i \in \mathbb{Z}$。请问为使得第二年年初获得最大利润，决策者应该选择哪些项目进行投资？请用分支定界法解决以上问题，其中

$$x_i = \begin{cases} 0, & \text{对项目}i\text{投资} \\ 1, & \text{对项目}i\text{不投资} \end{cases}$$

10. 考虑以下线性系统 S：

$$\begin{cases} x_1 \geqslant -x_2 + \dfrac{11}{5} \\ x_1 \leqslant x_2 + \dfrac{1}{2} \\ x_1 \geqslant 3x_2 - 3 \end{cases} \tag{6.67}$$

（1）使用单纯形法，判断线性系统 S 是否可满足；

（2）使用使用傅里叶–莫茨金消元法，计算 x_2 的范围；

（3）假设存在线性系统 S'，它与线性系统 S 的唯一区别在于其变量的取值范围为整数 $\mathbb{Z}$，请用分支定界的算法判断线性系统 S' 的可满足性。

11. 在习题6.18中，我们使用整数 $\mathbb{Z}$ 编码了直线的斜率 k 和截距 b，尽管这种方法能够提高执行效率，但是缺失了表达精度。为了实现更高的表达精度，我们可以尝试用实数 $\mathbb{R}$ 编码直线的斜率 k 和截距 b：

```
k, b = Reals('k b')
```

请基于该表示给出实现，并重新运行习题6.18中的测试例子，程序运行需要多长时间？

进一步，我们也可以尝试用有理数 $\mathbb{Q}$ 编码直线的斜率 k 和截距 b，但 Z3 并未内置有理数类型，因此，我们可以尝试用如下方式模拟有理数：

```
k, b = Reals('k b')
```

```
k1, k2, b1, b2 = Ints('k1 k2 b1 b2')
f = [k==k1/k2, b==b1/b2, k2!=0, b2!=0]
```

即有理数 k 和 b 是满足如下等式的实数:

$$k = \frac{k_1}{k_2}$$
$$b = \frac{b_1}{b_2}$$

其中 $k_1, k_2, b_1, b_2 \in \mathbb{Z}$,且 $k_2, b_2 \neq 0$。请基于该表示给出实现,并重新运行习题(6.18)中的测试例子,程序运行需要多长时间?

第 7 章　数据结构理论

数据结构是计算机软件系统中非常重要的组成部分,不管是语言内置的数据结构,还是用户自定义的数据结构,对其性质的正确理解及对其操作的正确使用,对构建正确的程序极其重要。数据结构相关理论是对内置或用户自定义数据结构进行性质建模和推理的学科分支。本章主要讨论数据结构理论相关知识,包括位向量、数组、指针、字符串理论等,讨论现代的理论求解器对数据结构理论支持和实现,并给出典型应用。

7.1　位　向　量

程序设计语言使用基本类型来表达数值,但由于计算机系统的类型基于有限论域,程序设计语言中的基本类型和数学中使用的相关概念有本质的不同。例如,大部分程序都支持整型数 int,但是它只有有限的位宽(典型的是 32 或 64 比特)。因此,为了和数学中的概念相区分,程序设计语言中使用的这些基本类型一般被称为位向量(Bit vector)。本节,我们讨论位向量理论及其判定算法。

7.1.1　位向量的特殊语义

由于位向量定义在有限论域上,因此其具有非常微妙的性质。考虑公式

$$(x - y > 0) \iff (x > y) \tag{7.1}$$

在数学概念的整数域 $\mathbb{Z}$ 上显然是成立的。但由于位向量的有限长度,在位向量上进行的相关计算,可能会出现整型溢出的情况。例如,假定位向量有 8 个比特(则其取值范围为 $[-128, 127]$),我们令 $x = 128$ 且 $y = 1$,由于整型数溢出,则有

$$x - y = 127 > 0$$

但此时显然 $x \not> y$。这个事实意味着式(7.1)在位向量上一般并不成立。

由于位向量的微妙性质,类似的错误在软件工程实践中经常出现。下面的错误是 2006 年在 JDK 的代码中发现的。在早期的 JDK 实现中,在数组数据结构 `java.util.Arrays` 中实现二分查找的方法 `binarySearch`,其代码如下:

```
1   // 在输入数组arr中, 查找目标值target;
2   // 如果该值存在, 则返回其在数组中的下标; 否则返回-1。
```

```
3   int binarySearch(int[] arr, int target){
4     int low = 0;
5     int high = arr.length - 1;
6
7     while(low <= high){
8       int middle = (low + high)/2;
9       if(arr[middle] == target)
10         return middle;
11       if(arr[middle] > target)
12         high = middle - 1;
13       else
14         low = middle + 1;
15     }
16     return -1;
17  }
```

由于 Java 的整型值只有 4 个字节（32 个比特），则如果变量 `low` 和 `high` 的值足够大（但仍然是合法的值），第 8 行代码由于整型数溢出，将得到一个负的 `middle` 的值，进而在第 9 行将触发"数组下标越界"的异常（array index out of bounds exception）。幸运的是，Java 在运行时总是进行数组下标合法性的检查，从而能够保证在程序运行期间检测到这个问题。而对于像 C/C++ 这样的语言，由于缺乏运行时类似的检查机制，程序将可能运行崩溃。

7.1.2 语法

我们首先给出位向量理论的语法。

定义 7.1 (位向量)   位向量的语法由如下上下文无关文法给出：

$$O ::= + \mid - \mid * \mid / \mid \gg \mid \ll \mid \ggg \mid \& \mid \mid \mid \oplus$$
$$E ::= x \mid c \mid E \, O \, E \mid -E \mid \sim E \mid \text{ext}_c \, E$$
$$R ::= E = E \mid E \neq E \mid E \leqslant E \mid E < E$$
$$P ::= R \mid P \wedge P$$

符号 O 表示二元运算符，其中，符号 $\gg$ 与 $\ll$ 分别表示算术右移和算术左移运算；符号 $\ggg$ 表示逻辑右移；符号 $\&$ 与 $\mid$ 分别表示按位与和按位或运算；符号 $\oplus$ 表示按位异或运算。符号 E 代表表达式，它可以是一个变量 x、一个常量 c、两个表达式 E 之间的二元运算、一元取负数操作 $-E$，一元的按位非运算 $\sim E$，一元的扩展运算 ext_c。符号 R 代表关系，它包括表达式等于（$=$）、不等于（$\neq$）、小于等于（$\leqslant$）、小于（$<$）。符号 P 表示命题，它只包括关系 R 的合取。

例 7.1   命题

$$(x = 1) \wedge (y = 3) \wedge (x \& y = 0)$$

符合比特向量理论的语法。

7.1.3　语义

为了形式化定义位向量的语义,我们给出:

定义 7.2 (位向量语义)　一个长度为 l 的位向量 b 定义为一个序列

$$b_{l-1}, \cdots, b_0$$

其中,b_0 是最低有效位,而 b_{l-1} 是最高有效位。

定义中有两个关键点:首先,最高有效位 b_{l-1} 有特殊的涵义。一般地,如果 b 代表无符号整数,则最高有效位 b_{l-1} 是一个普通值;如果 b 是一个有符号整型数,则最高有效位 b_{l-1} 代表该数的符号,且

$$\begin{cases} b \geqslant 0, & \text{如果} b_{l-1} = 0 \\ b < 0, & \text{如果} b_{l-1} = -1 \end{cases}$$

其次,在本书接下来的讨论中,我们都假定位向量 b 的长度 l 是一个预设的固定常数,而对于可变长度的位向量,一般情况下其命题是不可判定的。为了清晰标明 b 的长度 l,我们经常使用带显式长度下标的记号 $b_{[l]}$;对于没有下标的情况,其长度要么并不需要显式标明、要么能够从上下文中推断得到。

基于位向量的定义,我们可给定位向量上运算的语义。对于位运算,只需要逐个操作位向量相应位置上每个位即可。例如,对于按位与操作 $\&$,定义

$$a \& b = \bigwedge_{i=0}^{l-1} a_i \& b_i \tag{7.2}$$

其他的位运算的定义类似,我们留给读者作为练习。

对于算术运算,我们首先需要将位向量映射到整数域 $\mathbb{Z}$ 上,为此,我们给出:

定义 7.3 (二进制编码)　给定无符号位向量 b,其二进制编码

$$[\![b]\!]_U = \sum_{i=0}^{l-1} b_i * 2^i$$

定义 7.4 (二进制补码)　给定有符号位向量 b,其二进制补码

$$[\![b]\!]_S = -b_{l-1} * 2^{l-1} + \sum_{i=0}^{l-2} b_i * 2^i$$

对于同一个位向量 b,其二进制编码和补码的值未必相同。

例 7.2　对于长度为 8 的位向量 $b = 11001000$,我们有

$$[\![b]\!]_U = [\![11001000]\!]_U$$
$$= 200$$
$$[\![b]\!]_S = [\![11001000]\!]_S$$
$$= -56$$

位向量上的算术运算，可先通过二进制或补码编码将位向量映射到整数域 $\mathbb{Z}$ 上，然后在 $\mathbb{Z}$ 上进行模操作。我们按运算的分类，分别进行讨论。

对于位向量上的加减法运算，我们有

$$a +_U b = c \Longleftrightarrow [\![a]\!]_U + [\![b]\!]_U = [\![c]\!]_U \quad \mathrm{mod}\ 2^l$$
$$a -_U b = c \Longleftrightarrow [\![a]\!]_U - [\![b]\!]_U = [\![c]\!]_U \quad \mathrm{mod}\ 2^l$$
$$a +_S b = c \Longleftrightarrow [\![a]\!]_S + [\![b]\!]_S = [\![c]\!]_S \quad \mathrm{mod}\ 2^l$$
$$a -_S b = c \Longleftrightarrow [\![a]\!]_S - [\![b]\!]_S = [\![c]\!]_S \quad \mathrm{mod}\ 2^l$$

对于一元取负数操作，我们有

$$-a = b \Longleftrightarrow -[\![a]\!]_S = [\![b]\!]_S \quad \mathrm{mod}\ 2^l$$

对于位向量上的乘除法运算，我们有

$$a *_U b = c \Longleftrightarrow [\![a]\!]_U * [\![b]\!]_U = [\![c]\!]_U \quad \mathrm{mod}\ 2^l$$
$$a /_U b = c \Longleftrightarrow [\![a]\!]_U / [\![b]\!]_U = [\![c]\!]_U \quad \mathrm{mod}\ 2^l$$
$$a *_S b = c \Longleftrightarrow [\![a]\!]_S * [\![b]\!]_S = [\![c]\!]_S \quad \mathrm{mod}\ 2^l$$
$$a /_S b = c \Longleftrightarrow [\![a]\!]_S / [\![b]\!]_S = [\![c]\!]_S \quad \mathrm{mod}\ 2^l$$

对于位向量上的移位运算，我们有

$$(a \ll b_U)_i = \begin{cases} a_{i-[\![b]\!]_U}, & \text{如果} i \geqslant [\![b]\!]_U \\ 0, & \text{否则} \end{cases}$$

$$(a \gg b_U)_i = \begin{cases} a_{i+[\![b]\!]_U}, & \text{如果} i < l - [\![b]\!]_U \\ a_{l-1}, & \text{否则} \end{cases}$$

$$(a \ggg b_U)_i = \begin{cases} a_{i+[\![b]\!]_U}, & \text{如果} i < l - [\![b]\!]_U \\ 0, & \text{否则} \end{cases}$$

这意味着在算术左移 $a \ll b_U$ 中，低位被补 0；在算术右移 $a \gg b_U$ 中，高位被补齐原位向量 a 的最高位 a_{l-1}；在逻辑右移 $a \ggg b_U$ 中，高位被补齐 0。

对位向量扩展运算 ext_c，我们有

$$\mathrm{ext}_{c\ U}a_{[l]} = b_{[c]} \Longleftrightarrow [\![a]\!]_U = [\![b]\!]_U$$
$$\mathrm{ext}_{c\ S}a_{[l]} = b_{[c]} \Longleftrightarrow [\![a]\!]_S = [\![b]\!]_S$$

扩展运算将长度为 l 的位向量 a 扩展为长度 c 的位向量 b，其中 $c \geqslant l$；对无符号数的扩展运算，高位补齐为 0，而对有符号数的扩展，高位补齐为原位向量 a 的最高位元素 a_{l-1}。

7.1.4　判定算法

重新考虑我们在例7.1中给出的命题

$$(x = 1) \wedge (y = 3) \wedge (x \& y = 0)$$

两个位向量 x,y 的二进制表示分别是

$$x = 0 \cdots 001$$
$$y = 0 \cdots 011$$

由于位向量是二值的,因此,我们可以把位向量的每一位看成一个布尔命题,且 0 对应命题常量 $\bot$,1 对应命题常量 $\top$。按这样的对应关系,位向量 x,y 可写成形式不同但等价的命题常量的列表

$$x = \bot \cdots \bot\bot\top$$
$$y = \bot \cdots \bot\top\top$$

则原命题中的按位与运算

$$x\&y = (\bot \land \bot) \cdots (\bot \land \bot)(\bot \land \top)(\top \land \top)$$

则原位向量约束 $x\&y = 0$,成为一组命题上的约束

$$(\bot \land \bot) = \bot$$
$$\vdots$$
$$(\bot \land \bot) = \bot$$
$$(\bot \land \top) = \bot$$
$$(\top \land \top) = \bot$$

由最后一个等式可知,原命题不可满足。

这个例子虽然并不复杂,但揭示了对位向量命题 P 进行判定的一种算法:首先,我们把命题 P 中的每一个位向量常量 c 或变量 x,都展开成为一组命题逻辑的命题 Q,Q 也被称为命题框架(propositional skeleton)。然后,我们把位向量上的相关操作,转换成命题逻辑命题 Q 上的逻辑相关操作。经过上述两个步骤,我们将位向量命题 P,转换成命题逻辑的命题 R。最后,我们把命题 R 交给 SAT 求解器进行求解即可。由于这个算法本质上对位向量进行了展开,故常称其为平展(flatterning)或者爆破(blasting)算法。

对于给定的位向量命题 P,平展过程由两个阶段组成:第一,我们用函数 $\mathcal{F}$ 将 P 中所有的表达式原子常量 c 和原子变量 x 都转换成位向量。函数 $\mathcal{F}$ 的定义如下:

$$\mathcal{F}(P_1 \land P_2) = \mathcal{F}(P_1); \mathcal{F}(P_2)$$
$$\mathcal{F}(E_1 = E_2) = \mathcal{F}(F_1); \mathcal{F}(E_2)$$
$$\mathcal{F}(E_1 \& E_2) = \mathcal{F}(E_1); \mathcal{F}(E_2); [\& \mapsto P_{l-1}, \cdots, P_0]$$
$$\mathcal{F}(c) = [c \mapsto P_{l-1}, \cdots, P_0]$$
$$\mathcal{F}(x) = [x \mapsto P_{l-1}, \cdots, P_0]$$

对复合命题或表达式,函数 $\mathcal{F}$ 直接递归到子命题或子表达式上;对原子表达式常量 c,生成 l 个全新(即从来没出现过)的命题变量 $P_{l-1}, \cdots, P_0$,并将它们绑定到常量 c 上。注意,对变量 x 或者位运算表达式 &,我们同样分别生成了一组全新的命题变量。接下来,我们用记

号 P_i^E 代表为表达式 E 生成的 l 个命题序列中的第 i 个命题。对其他命题和表达式的规则类似,为简单起见,我们此处从略,留给读者作为练习。

第二,我们用函数 $\mathcal{G}$ 为命题 P 生成一组约束,其定义如下:

$$
\begin{aligned}
\mathcal{G}(P_1 \wedge P_2) =& \mathcal{G}(P_1); \mathcal{G}(P_2) \\
\mathcal{G}(E_1 = E_2) =& \mathcal{G}(E_1); \\
& \mathcal{G}(E_2); \\
& (P_{l-1}^{E_1} = P_{l-1}^{E_2}) \wedge \cdots \wedge (P_0^{E_1} = P_0^{E_2}) \\
\mathcal{G}(E_1 \& E_2) =& \mathcal{G}(E_1); \\
& \mathcal{G}(E_2); \\
& (P_{l-1}^{\&} = P_{l-1}^{E_1} \wedge P_{l-1}^{E_2}) \wedge \cdots \wedge (P_{l-1}^{\&} = P_0^{E_1} \wedge P_0^{E_2}) \\
\mathcal{G}(c) =& (P_{l-1}^c = c_{l-1}) \wedge \cdots \wedge (P_0^c = c_0)
\end{aligned}
$$

对于等式关系 $E_1 = E_2$,函数 G 在分别为表达式 E_1 和 E_2 生成约束后,还需要为等号(=)生成约束,即对应位置上的命题相等:

$$
P_{l-1}^{E_1} = P_{l-1}^{E_2}, \qquad 0 \leqslant i < l
$$

对于按位与运算 $E_1 \& E_2$,函数 G 在分别为表达式 E_1 和 E_2 生成约束后,还需要为运算 & 生成约束,即对应位置上的命题等于其运算数的与:

$$
(P_i^{\&} = P_i^{E_1} \wedge P_i^{E_2}), \qquad 0 \leqslant i < l
$$

对表达式常量 c,我们要求其对应位置上的命题变量,与命题常量的值相等:

$$
P_i^c = c_i, \qquad 0 \leqslant i < l
$$

其他的情况,原理上与此类似,但由于表达式运算的不同,会有较大的区别,我们稍后回到对这个问题的讨论。

根据上述求解方程,我们可以给出其对应的算法实现,如算法6所示。整个算法接受位向量命题 P 作为输入,构造并返回和 P 等价的命题逻辑命题。函数 flattern() 分成三个步骤:首先,它调用 decompose() 函数对 P 进行展开;接着调用 genCons() 函数生成必要的命题约束,生成的约束被收集到全局集合 C;最后,函数将集合 C 中的命题的合取返回。

函数 flattern() 的第一个阶段,函数 decompose() 对命题 P 进行展开,展开基于命题 P 的语法形式进行:对合取命题 $P_1 \wedge P_2$,展开过程分别在两个子命题 P_1 和 P_2 上进行;对原子命题 $E_1 = E_2$,算法调用函数 decomposeExp() 分别展开两个子表达式 E_1 和 E_2;对其他情况的展开过程与此类似。

函数 decomposeExp() 基于对表达式 E 的语法结构进行展开:对于原子表达式常量 c,函数给 c 生成 l 个全新的命题变量,其中 l 的长度等于位向量 c 的长度;对原子表达式变量 x 的规则类似;对于表达式的按位与 $E_1 \& E_2$,算法先递归调用 decomposeExp(),将每个子表达式 E_1 和 E_2 分别展开,然后给算符 & 也同样生成 l 个全新的命题变量,它们代表算

符 & 的运算结果；对其他表达式的处理过程与此类似。至此，位向量命题 P 中所有的表达式都已处理完毕。

算法 6　对位向量命题的平展算法

输入：命题 P

输出：与 P 等价的命题逻辑命题

1: // 生成的约束集合

2: $C = \varnothing$

3: **procedure** flattern(P)

4: 　　$P = \text{decompose}(P)$

5: 　　genCons(P)

6: 　　**return** $\bigwedge C$

7: **procedure** decompose(P)

8: 　　**if** $P == (P_1 \wedge P_2)$ **then**

9: 　　　　decompose(P_1); decompose(P_1)

10: 　　**else if** $P == (E_1 = E_2)$ **then**

11: 　　　　decomposeExp(E_1); decomposeExp(E_2)

12: **procedure** decomposeExp(E)

13: 　　**if** $E == (c)$ **then**

14: 　　　　genVars(c)

15: 　　**else if** $E == (x)$ **then**

16: 　　　　genVars(x)

17: 　　**else if** $E == (E_1 \& E_2)$ **then**

18: 　　　　decomposeExp(E_1); decomposeExp(E_1); genVars($\&$)

19: 　　// 其他情况类似

20: **procedure** genCons(P)

21: 　　**if** $P == (P_1 \wedge P_2)$ **then**

22: 　　　　genCons(P_1); genCons(P_2)

23: 　　**else if** $P == (E_1 = E_2)$ **then**

24: 　　　　genConsExp(E_1); genConsExp(E_2); $C \cup = (P_i^{E_1} = P_i^{E_2})$

25: **procedure** genConsExp(E)

26: 　　**if** $E == (c)$ **then**

27: 　　　　$C \cup = (P_i^c = c_i)$

28: 　　**else if** $E == (E_1 \& E_2)$ **then**

29: 　　　　genConsExp(E_1); genConsExp(E_1); $C \cup = (P_i^{\&} = P_i^{E_1} \wedge P_i^{E_2})$

30: 　　// 其他情况类似

函数 flattern() 的第二个阶段,开始调用 genCons() 函数生成约束。函数 genCons() 对输入的命题 P 进行分情况讨论:对合取命题 $P_1 \wedge P_2$,则调用 genCons() 函数在两个子命题 P_1 和 P_2 上分别递归生成约束;对原子命题 $E_1 = E_2$,则先调用函数 genConsExp() 为两个子表达式 E_1 和 E_2 分别递归生成约束,然后再为等号(=)生成约束。对其他命题语法形式的处理过程与此类似。

函数 genConsExp() 基于对 E 语法形式的归纳,为表达式 E 生成约束:对于原子命题常量 c,直接生成等式约束;对于按位与运算 $E_1 \& E_2$,函数先为两个子表达式 E_1 和 E_2 递归生成约束,再生成对算符 & 的约束。对其他表达式语法形式的处理过程与此类似。

函数 flattern() 的第三个阶段,也是最后一个阶段,将集合 C 中收集的所有约束,进行合取后,返回与输入命题 P 等价的命题逻辑命题 $\bigwedge C$。

例 7.3 判定命题

$$(x = 1) \wedge (y = 3) \wedge (x \& y = 0) \tag{7.3}$$

的可满足性。

应用上述平展算法对命题进行判定,为简单起见,我们假设位向量的宽度 $l = 2$。第一步,我们展开所有常量和变量,得到

$$x_{[P_0, P_1]} = 1_{[P_2, P_3]}$$
$$y_{[P_4, P_5]} = 3_{[P_6, P_7]}$$
$$x_{[P_0, P_1]} \&_{[P_{10}, P_{11}]} y_{[P_4, P_5]} = 0_{[P_8, P_9]}$$

注意,同一个变量生成的命题是一样的,例如,对于在第一行和第三行中的变量 x,它对应的命题都是 $[P_0, P_1]$;另外,对算符 &,算符生成的命题是 $[P_{10}, P_{11}]$。

第二步,扫描所有命题,生成约束。首先,算法扫描第一行,得到

$$(P_2 = \bot) \wedge (P_3 = \top) \wedge (P_0 = P_2) \wedge (P_1 = P_3) \tag{7.4}$$

接着,算法继续扫描第二行,得到

$$(P_6 = \top) \wedge (P_7 = \top) \wedge (P_4 = P_6) \wedge (P_5 = P_7) \tag{7.5}$$

最后,算法扫描第三行,得到

$$(P_8 = \bot) \wedge (P_9 = \bot) \wedge (P_{10} = (P_0 \wedge P_4)) \tag{7.6}$$
$$\wedge (P_{11} = (P_1 \wedge P_5)) \wedge (P_8 = P_{10}) \wedge (P_{11} = P_9) \tag{7.7}$$

生成所有约束后,算法将式(7.4)、式(7.5)和式(7.6)进行合取后,最终得到与输入式(7.3)等价的逻辑命题,并可以交由 SAT 求解器进行进一步求解。

算法6的第 28 到 29 行,需要根据表达式 E 中的具体运算,来生成约束。上面已经讨论了位与位运算 & 的约束生成,其他位运算的规则与此类似:

$$\mathcal{G}(E_1 | E_2) = \mathcal{G}(E_1);$$
$$\mathcal{G}(E_2);$$

$$(P^|_{l-1} = P^{E_1}_{l-1} \vee P^{E_2}_{l-1}) \wedge \cdots \wedge (P^|_{l-1} = P^{E_1}_0 \vee P^{E_2}_0)$$

$$
\begin{aligned}
\mathcal{G}(E_1 \oplus E_2) =& \mathcal{G}(E_1); \\
& \mathcal{G}(E_2); \\
& (P^{\oplus}_{l-1} = P^{E_1}_{l-1} \oplus P^{E_2}_{l-1}) \wedge \cdots \wedge (P^{\oplus}_{l-1} = P^{E_1}_0 \oplus P^{E_2}_0) \\
\mathcal{G}(\sim E) =& \mathcal{G}(E); \\
& (P^{\sim}_{l-1} = \neg P^E_{l-1}) \wedge \cdots \wedge (P^{\sim}_0 = \neg P^E_{l-1}) \\
\mathcal{G}(\mathrm{ext}_{c\,U} E) =& \mathcal{G}(E); \\
& (P^{\mathrm{ext}_c\,U}_{c-1} = \bot) \wedge \cdots \wedge (P^{\mathrm{ext}_c\,U}_l = \bot) \wedge \\
& (P^{\mathrm{ext}_c\,U}_{l-1} = P^E_{l-1}) \wedge \cdots \wedge (P^{\mathrm{ext}_c\,U}_0 = P^E_{l-1}) \\
\mathcal{G}(\mathrm{ext}_{c\,S} E) =& \mathcal{G}(E); \\
& (P^{\mathrm{ext}_c\,S}_{c-1} = P^E_{l-1}) \wedge \cdots \wedge (P^{\mathrm{ext}_c\,S}_l = P^E_{l-1}) \wedge \\
& (P^{\mathrm{ext}_c\,S}_{l-1} = P^E_{l-1}) \wedge \cdots \wedge (P^{\mathrm{ext}_c\,S}_0 = P^E_{l-1})
\end{aligned}
$$

注意, 其中我们用到了命题的异或

$$P \oplus Q \triangleq (P \wedge \neg Q) \vee (\neg P \wedge Q)。$$

移位运算的规则如下:

$$
\begin{aligned}
\mathcal{G}(E \ll c) =& \mathcal{G}(E); \\
& (P^{\ll}_0 = \bot) \wedge \cdots \wedge (P^{\ll}_{c-1} = \bot) \wedge \\
& (P^{\ll}_c = P^E_0) \wedge \cdots \wedge (P^{\ll}_{l-1} = P^E_{l-1-c}) \\
\mathcal{G}(E \ggg c) =& \mathcal{G}(E); \\
& (P^{\ggg}_{l-1} = \bot) \wedge \cdots \wedge (P^{E\ggg}_{l-c} = \bot) \wedge \\
& (P^{\ggg}_{l-1-c} = P^E_{l-1}) \wedge \cdots \wedge (P^{\ggg}_0 = P^E_c) \\
\mathcal{G}(E \gg c) =& \mathcal{G}(E); \\
& (P^{\gg}_{l-1} = P^E_{l-1})) \wedge \cdots \wedge (P^{E\gg}_{l-c} = P^E_{l-1})) \wedge \\
& (P^{\gg}_{l-1-c} = P^E_{l-1}) \wedge \cdots \wedge (P^{\gg}_0 = P^E_c)
\end{aligned}
$$

求解表达式 E 上的算术运算, 可以对表达式对应的位向量中的每一个比特位逐个操作, 并求出结果。

例 7.4 判定命题

$$(x = 1) \wedge (y = 3) \wedge (x + y = 0) \tag{7.8}$$

的可满足性。

由于两个位向量

$$x = 0 \cdots 0001 \tag{7.9}$$

$$y = 0 \cdots 0011 \tag{7.10}$$

上的加法, 可表示成相应比特位上的加, 并产生和以及进位, 其结果是

$$x + y = 0 \cdots 0100$$

因此,命题(7.8)在长度为 $l = 1$ 或 $l = 2$ 的位向量理论上可满足,在长度 $l > 2$ 的理论上不可满足。

为了形式化刻画逐位相加以及进位的概念,我们给出:

定义 7.5 (全加法器) 给定两个比特值 a 和 b,以及一个进位比特值 c,则函数 $\mathcal{S}$ 和 $\mathcal{C}$ 定义了在三个值 a, b 和 c 上的全加法器 (full adder),它们分别返回相加后产生的和以及进位:

$$\mathcal{S}(a, b, c) = (a \oplus b) \oplus c \tag{7.11}$$

$$\mathcal{C}(a, b, c) = (a \wedge b) \vee ((a \oplus b) \wedge c) \tag{7.12}$$

上述定义很容易从单个比特值 a,推广到任意长度的比特向量 x 上。

定义 7.6 (加法器) 给定两个长度为 l 的位向量 x 和 y,以及一个初始值为 0 的进位比特值 c,则 x 和 y 上的加法器 (adder) 定义为

$$\mathcal{A}(x, y) = \bigwedge_i s_i, \quad 0 \leqslant i < l \tag{7.13}$$

其中 s_i 由二元组

$$\langle s_i, c \rangle = \langle \mathcal{S}(x_i, y_i, c), \mathcal{C}(x_i, y_i, c) \rangle, \quad 0 \leqslant i < l \tag{7.14}$$

给出。

特别地,我们记两个位向量 x 和 y 相加后的最高进位为 $\mathcal{A}(x, y).c$。

基于加法器的概念,我们可给出对加法的约束生成规则:

$$\begin{aligned}
\mathcal{G}(E_1 + E_2) =& \mathcal{G}(E_1); \\
& \mathcal{G}(E_2); \\
& (P_0^C = \bot) \wedge \\
& (P_0^+ = \mathcal{S}(P_0^{E_1}, P_0^{E_2}, P_0^C)) \wedge (P_1^C = \mathcal{C}(P_0^{E_1}, P_0^{E_2}, P_0^C)) \\
& \wedge \cdots \wedge (P_{l-1}^+ = \mathcal{S}(P_{l-1}^{E_1}, P_{l-1}^{E_2}, P_{l-1}^C))
\end{aligned}$$

减法、乘法和除法都可以转换到加法或移位等基本操作:

$$E_1 - E_2 = E_1 + (-E_2)$$

$$E_1 * E_2 = E_1 * \left(\sum_i E_{2i} * 2^i \right)$$

$$E_1 / E_2 = (E_1 = (E_2 * d + r)) \wedge (E_2 \neq 0) \wedge (r < E_2)$$

最后,除了算法6中已经给定的等号关系运算外,对小于关系运算符 $<$,我们有

$$E_1 <_U E_2 = \neg \mathcal{A}(E_1, -E_2).c$$

$$E_1 <_S E_2 = (P_{l-1}^{E_1} = P_{l-1}^{E_2}) \oplus (\mathcal{A}(E_1, -E_2).c)$$

7.1.5 增量策略

从上述约束生成的讨论可以看出,算法生成的约束的规模和具体的运算符密切相关。具体来说,位运算生成的约束最少,其次是移位运算,算术运算生成的约束最多。在算术运算中,乘法和除法生成的约束比加法和减法要多。由于生成的约束要交给 SAT 求解器进行求解,因此,约束规模过大可能降低 SAT 求解器的效率,甚至导致 SAT 求解器因超时或资源不足而求解失败。

因此,我们在处理约束生成时,可以采用一种增量策略 (incremental heuristic),即优先处理约束少的算符,再(惰性的)处理约束多的算符。例如,对于位向量命题

$$(x + y = 12) \wedge (x \times y = 36) \wedge (x = y) \wedge (x \neq y)$$

如果我们对算符不加区分,从左到右进行处理,则生成的约束规模比较庞大,而最后两个子命题实际上生成的约束规模较小。因此,如果我们先对这个部分命题进行求解的话,会比较容易。实际上,对上述例子中最后两个子命题进行求解,就可得知原命题不可满足(注意到原命题是合取式)。

对部分子命题求解,可能有两种不同结果:

(1)子命题不可满足:则此时原命题一定不可满足,求解过程结束。

(2)子命题可满足:假设得到的模型是 $\mathcal{M}$,则可将 $\mathcal{M}$ 代入命题的其他部分,如果整个命题仍然可满足,则我们找到了让命题满足的一个模型 $\mathcal{M}$,求解过程结束;否则,如果 $\mathcal{M}$ 不能让整个命题满足,则我们扩大子命题的规模,加入更多"难求解"的算符,求解过程迭代进行。

算法7给出了伪代码实现。函数 incrementalFlattern() 接受命题 P 作为输入,判定 P 的可满足性并返回结果 sat 或 unsat。算法调用 select() 函数选取命题 P 的一个容易解决的子命题 P',并调用 SAT 求解器进行求解,返回的结果和模型分别是 res 和 model:如果 res 是 unsat 的话,则算法直接返回 unsat;否则,如果结果是 sat 且模型 model 让命题 P 可满足的话,则算法直接返回 sat;如果模型 model 不能让命题 P 可满足,则算法选择 P 的更大规模的子命题进行迭代求解。注意,其中的子命题选择算法 select() 是和具体使用的策略相关的,在最简单的情况下,我们可以给每个算符一个优先级,例如关系算符优先级最高,而算术算符优先级最低,给定优先级后,我们从具有最高优先级的算符开始依次进行选取。

算法7本质上是一种贪心算法,它每次选取的子命题逐步增大,因此肯定运行终止。

7.1.6 实现

Z3 支持位向量理论的求解,我们对其基本的数据类型和操作进行简单的介绍。使用其 Python 绑定,在 Z3 中可以通过方法

```
1    BitVec(name, bv, ctx = None)
```

声明一个名为 name 且有 bv 个位的位向量变量。而方法

```
1    BitVecs(names, bv, ctx = None)
```

则可以一次性声明多个位数为 bv 的位向量变量，其中 names 为多个使用空格分隔的变量名字符串。使用方法

```
1   BitVecVal(v, n, ctx = None)
```

可以声明一个值为 v 且位数为 n 的位向量常量。

算法 7   增量求解算法

输入：命题 P

输出：判定结果：sat 或 unsat

  1: **procedure** incrementalFlattern(P)

  2:    **while True do**

  3:        $P' = \text{select}(P)$

  4:        res, model $= \text{SAT}(P')$

  5:        **if** res $==$ unsat **then**

  6:            **return** unsat

  7:        **if** model satisfies P **then**

  8:            **return** sat

除了变量声明，Z3 还提供了对位向量操作的全面支持，表7.1中给出了 Z3 的 Python 接口所支持的位向量的典型操作。从表7.1中可以看出，很多位向量操作需要区分操作数是有符号还是无符号。请读者参考 Z3 的手册，进一步了解这些操作的涵义。

使用 Z3 提供的这些变量声明和操作，我们可以方便地对相关性质进行建模和推理。

例 7.5   设 x, y 是两个长度分别为 8 的位向量，判定

$$x + y = 1024$$

是否有解。

我们给出如下的 Z3 代码实现：

```
1  x, y = BitVecs('x y', 8)
2  solver = Solver()
3  solver.add(x + y == 1024)
4  if solver.check() == sat:
5    print(solver.model())
6  else:
7    print('unsat')
```

以上代码运行后，将输出一组解：

```
[y = 0, x = 0]
```

上述结果用到了位向量加法的解释函数：

$$a +_S b = c \Longleftrightarrow [\![a]\!]_S + [\![b]\!]_S = [\![c]\!]_S \mod 2^l$$

表 7.1　Z3 支持的位向量典型操作

操作	有符号	无符号	实例代码
加	+	+	x+y
减	-	-	x-y
乘	*	*	x*y
除	/	UDiv	x/y, UDiv(x, y)
按位与	&	&	x&y
按位或	|	|	x|y
按位异或	^	^	x^y
按位取反	~	~	~x
等于	==	==	x==y
不等于	!=	!=	x!=y
大于等于	>=	UGE	x>=y, UGE(x, y)
大于	>	UGT	x>y, UGT(x, y)
小于等于	<=	ULE	x<=y, ULE(x, y)
小于	<	ULT	x <y, ULT(x, y)
左移	<<	<<	x<<y
算术右移	>>	>>	x>>y
逻辑右移	LShR	LShR	LShR(x,y)
模	%	%	x%y
余数	SRem	URem	SRem(x, y), URem(x, y)
正号	+	+	+x
负号	−	−	−x
拼接	Concat	Concat	Concat(x, y)
提取	Extract	Extract	Extract(x, y, z)
左旋	RotateLeft	RotateLeft	RotateLeft(x, y)
右旋	RotateRight	RotateRight	RotateRight(x, y)
符号位扩展	SignExt	SignExt	SignExt(n, x)
零位扩展	ZeroExt	ZeroExt	ZeroExt(n, x)
重复	RepeatBitVec	RepeatBitVec	RepeatBitVec(n, x)
合取归约	BVRedAnd	BVRedAnd	BVRedAnd(x)
析取归约	BVRedOr	BVRedOr	BVRedOr(x)

例 7.6　判定命题

$$(x = 1) \wedge (y = 3) \wedge (x \& y = 0)$$

是否可满足,其中 x, y 是长度为 32 的位向量。

我们给出如下的 Z3 代码实现:

```
1  x, y = BitVecs('x y', 32)
2  solver = Solver()
3  solver.add([x == 1, y == 3, x&y==9])
4  if solver.check() == sat:
```

```
5    print(solver.model())
6  else:
7    print('unsat')
```

以上代码运行后,将输出:

```
unsat
```

这表明原命题无解。

例 7.7 判定命题

$$(x >= 0) \land (y >= 0) \land (x + y < 0)$$

是否可满足,其中 x, y 是长度为 32 的位向量。

我们给出如下的 Z3 代码实现:

```
1  x, y = BitVecs('x y', 32)
2  solver = Solver()
3  solver.add([x >= 0, y >= 0, x+y < 0])
4  if solver.check() == sat:
5    print(solver.model())
6    print(f"{solver.model()[x].as_long():032b}")
7    print(f"{solver.model()[y].as_long():032b}")
8    n = simplify(solver.model()[x]+solver.model()[y])
9    print(f"{n.as_long():032b}")
10 else:
11   print('unsat')
```

以上代码运行后,将输出:

```
[y = 1608515583, x = 2147483647]
01111111111111111111111111111111
01011111110111111111111111111111
11011111110111111111111111111110
```

这表明 Z3 给出了一组会产生整数溢出的解。

例 7.8 判定命题

$$(x - y > 0) \land (x \leqslant y)$$

是否可满足,其中 x, y 是长度为 8 的位向量。

我们给出如下的 Z3 代码实现:

```
1  x, y = BitVecs('x y', 8)
2  solver = Solver()
3  solver.add([x-y > 0, x< = y])
4  if solver.check() == sat:
5    print(solver.model())
6    print(f"{solver.model()[x].as_long():08b}")
7    print(f"{solver.model()[y].as_long():08b}")
```

```
8       n = simplify(solver.model()[x]-solver.model()[y])
9       print(f"{n.as_long():08b}")
10  else:
11      print('unsat')
```

以上代码运行后,将输出:

```
[y = 99, x = 131]
10000011
01100011
00100000
```

注意,由于 x 的最高有效位为 1,因此,Z3 给出 x 的值实际为 -125。请读者自行验证命题中给定的两个结论 $x - y > 0$ 且 $x \leqslant y$ 是否同时成立。

我们可以进一步考虑,如果给定的两个值 x 和 y 都是非负整数,结论是否不同。

例 7.9 判定命题

$$(x - y > 0) \land (x \leqslant y) \land (x \geqslant 0) \land (y \geqslant 0)$$

是否可满足,其中 x, y 是长度为 8 的位向量。

我们给出如下的 Z3 代码实现:

```
1  x, y = BitVecs('x y', 8)
2  solver = Solver()
3  solver.add([x-y > 0, x< = y, x >= 0, y >= 0])
4  if solver.check() == sat:
5      print(solver.model())
6  else:
7      print('unsat')
```

以上代码运行后,将输出:

```
unsat
```

因此,命题不可满足。

7.1.7　应用

位向量具有固定长度,因此它的计算与普通的算术运算有着本质的区别。本小节,我们讨论两个利用位向量进行问题求解的实例。

例 7.10 回顾下之前讨论的关于二分查找的整数溢出错误,其核心代码如下:

```
int middle = (low + high)/2;
```

请构造该语句的一个反例,即 `low >= 0` 且 `high>=0`,但 `low+high<0`。

我们给出如下的 Z3 代码:

```
1  low, high = BitVecs('low high', 32)
2  solver = Solver()
3  solver.add([(low + high)/2 < 0, low >= 0, high >= 0])
4  if solver.check() == sat:
5    print(solver.model())
6  else:
7    print('unsat')
```

以上代码运行后，将输出：

```
[high = 1375740160, low = 1879040017]
01101111111111111110000000010001
01010010000000000010000100000000
11000010000000000000000100010001
```

因此，Z3 找到了能够使得命题满足的一组解，这组解会导致加法运算结果的溢出（注意，不同的平台或系统版本，将可能导致不同的输出结果）。

注意到上述求得的平均值

$$\frac{x+y}{2} < 0$$

我们可以继续思考一个问题：是否有可能存在 $x \geqslant 0$ 且 $y \geqslant 0$，使得

$$\frac{x+y}{2} \geqslant 0$$

但该结果并不等于需要求平均值的正确值。为此，我们需要计算平均值的正确算法，一个最简单的算法是把变量 x 和 y 都分别由 32 个比特位符号扩展成为 33 个比特位，因此可以保证符号扩展后，加法运算的结果不会溢出。基于该思想，我们用如下的 Z3 代码实现：

```
1  low, high, middle = BitVecs('low high middle', 32)
2  low1, high1, middle1 = BitVecs('low1 high1 middle1', 33)
3  solver = Solver()
4  solver.add([low >= 0, high >= 0, middle == (low + high)/2, middle >=0,
5              low1 == SignExt(1, low), high1 == SignExt(1, high),
6              middle1 == (low1 + high1)/2,
7              middle != Extract(31, 0, middle1)])
8  if solver.check() == sat:
9    print(solver.model())
10 else:
11   print('unsat')
```

上述代码运行后，将输出：

```
unsat
```

这表明只要计算的结果非负，就可以保证得到正确的结果。

尽管利用符号扩展的方式可以计算平均值，但很多语言中并未提供该机制。因此，在不同的语言中，需要利用所提供的语言机制来实现该功能。以 Java 语言为例，它的最新版的二分查找实现利用了如下算法来计算平均值：

```
(low + high) >>> 1
```

其中, >>> 代表 Java 中的逻辑右移运算。为了验证该算法的正确性, 我们首先给出如下的 Z3 代码:

```
1  low, high = BitVecs('low high', 32)
2  solver = Solver()
3  solver.add([LShR(low + high, 1) < 0, low >= 0, high >= 0])
4  if solver.check() == sat:
5    print(solver.model())
6  else:
7    print('unsat')
```

以上代码运行后, 将输出:

```
unsat
```

我们可以继续验证解的正确性:

```
1  low, high, middle = BitVecs('low high middle', 32)
2  low1, high1, middle1 = BitVecs('low1 high1 middle1', 33)
3  solver = Solver()
4  solver.add([low >= 0, high >= 0, middle == LShR(low + high, 1),
5              low1 == SignExt(1, low), high1 == SignExt(1, high),
6              middle1 == (low1 + high1)/2,
7              middle != Extract(31, 0, middle1)])
8  if solver.check() == sat:
9    print(solver.model())
10  else:
11    print('unsat')
```

上述代码运行后, 将输出:

```
unsat
```

这个结果证明了 Java 目前使用的二分查找算法的正确性。

位向量除了可以用于程序性质推理和证明外, 还可以用于求解和证明许多数学定理。

例 7.11　利用位向量, 验证费马大定理

$$x^n + y^n = z^n$$

当 $n > 2$ 时, 没有正整数解。

显然, 由于整数的无限性, 对任意整数进行验证并不可行。因此, 我们在一定的整数精度范围内, 对费马大定理进行验证, 其 Z3 实现代码如下:

```
1  def gen_prod(x: BitVecRef, y: BitVecRef, z: BitVecRef, n: int) -> bool:
2    i = 0; sx = x; sy = y; sz = z
3    while i<n-1:
4      sx = sx * x; sy = sy * y; sz = sz * z
5      i = i + 1
```

```
6        return sx + sy == sz
7
8   def fermat(n: int, bits: int, ext: int):
9        x, y, z = BitVecs('x y z', bits)
10       x = ZeroExt(ext, x)
11       y = ZeroExt(ext, y)
12       z = ZeroExt(ext, z)
13       P = gen_prod(x, y, z, n)
14       #print(P)
15       solver = Solver()
16       solver.add([x>0, y>0, z>0])
17       solver.add(P)
18       if solver.check() == sat:
19           print(solver.model())
20       else:
21           print("unsat")
22
23  fermat(3, 8, 32)
24  fermat(4, 10, 64)
```

程序将分别输出两个 `unsat`,分别表明费马达定理在如下两种情况下无解:

$$n = 3, x, y, z \in [-2^7, 2^7 - 1]$$
$$n = 4, x, y, z \in [-2^9, 2^9 - 1]$$

这种验证方法尽管从理论上看比较简单,但其面临的主要挑战是运行效率问题。对上述程序,前者的验证需要大约 2.67 秒,而后者的验证需要大约 100 秒。

7.2 数　　组

数组是大部分现代编程语言都支持的数据结构,也是软件中应用最广泛的数据结构之一。因此,在对软件性质的建模和推理过程中,我们经常需要刻画数组操作的相关性质,求解涉及数组操作的相关命题。本节,我们将讨论数组理论及其相关的判定算法,讨论现代约束求解器对数组理论的支持,并给出若干重要的应用实例。

7.2.1 语法

我们给出如下定义:

定义 7.7 (**数组**)　数组理论 (theory for arrays) 的语法由如下上下文无关文法给出:

$$E ::= x \mid c \mid select(E, E) \mid store(E, E, E)$$
$$R ::= E = E \mid E \neq E$$
$$P ::= R \mid P \wedge P$$

数组表达式 E 定义中的表达式 $select(E, E)$ 代表数组的读操作,其中第一个参数 E 代表某个数组,第二个参数 E 代表某个下标;表达式 $store(E, E, E)$ 代表数组的写操作,三个参数 E 分别是数组、数组的下标以及要向该下标写入的元素。为方便起见,我们接下来经常将数组读记作 $E[E]$,而将数组写 $store(E, E, E)$,记作 $E[E] = E$,这些记号和常用的编程语言中使用的数组语法形式类似。

例 7.12 命题

$$(x = y) \land (A[x] \neq A[y])$$

是一个满足数组理论的命题。其中 x, y, A 都是原子变量。

7.2.2　语义

对于数组理论,我们可给出如下的公理和推理规则,来对其性质进行推理。

$$\frac{A = B \qquad i = j}{A[i] = B[j]} \tag{Index}$$

下标规则(Index)说明:如果两个数组 A 和 B 分别相等,两个下标 i 和 j 也分别相等,则数组元素 $A[i]$ 和 $B[j]$ 相等。

$$\frac{i = j}{store(A, i, E)[j] = E} \tag{RAW-1}$$

规则(RAW-1)说明:如果将数组 A 下标 i 处的数组元素更新成 E 后,再读取下标 j 处的元素,且下标 i 和 j 相等,则结果是 E。考虑到操作的顺序,这条规则也称为**写后读公理**(read-after-write axiom)。

$$\frac{i \neq j}{store(A, i, E)[j] = A[j]} \tag{RAW-2}$$

规则(RAW-2)说明:如果将数组 A 下标 i 处的数组元素更新成 E 后,再读取下标 j 处的元素,且下标 i 和 j 不相等,则结果是 $A[j]$。这条规则也是一条写后读公理。

$$\frac{\forall i. A[i] = B[i]}{A = B} \tag{Extensionality}$$

外延规则(Extensionality)说明:如果数组 A 和数组 B 的每个 i 下标处的元素 $A[i]$ 和 $B[i]$ 都对应相等,则两个数组 A 和 B 相等。

7.2.3　判定算法

如果我们把数组看成是从下标 i 到数组元素 $A[i]$ 的映射,则数组的读操作 $A[i]$ 非常类似函数调用 $A(i)$,因此我们可以把数组 A 转换成未解释函数 A。这样,包含数组读的命题,将被转换成等式与未解释函数理论上的等价命题。

例 7.13 判定命题

$$(x = y) \wedge (A[x] \neq A[y])$$

的可满足性。其中,x, y, A 都是原子变量。

命题可转换成

$$(x = y) \wedge (A(x) \neq A(y))$$

由等式与未解释函数理论不难得到,上述命题不可满足。注意,为简单起见,我们仍然用同名数组符号,来代表其对应的未解释函数。

对于数组写操作 $store(A, i, E)$,我们可将数组 A 看成是一个函数式数组,即对数组 A 的写操作,不会原地修改数组 A,而总是产生一个新数组 A',且这个新数组 A' 满足公理(RAW-1)和(RAW-2)的要求。为此,我们有

$$store(A, i, E) \Longleftrightarrow (A'(i) = E) \wedge (\forall j. j \neq i \rightarrow A'(j) = A(j)) \tag{7.15}$$

例 7.14 判定命题

$$store(A, i, E)[i] \geqslant E$$

的可满足性。其中,i 是原子命题变量。

命题可转换成

$$((A'(i) = E) \wedge (\forall j. j \neq i \rightarrow A'(j) = A(j))) \rightarrow A'(i) \geqslant E$$

进一步可化简为

$$A'(i) = E \rightarrow A'(i) \geqslant E$$

不难得到,上述命题可满足。

如果把例7.14中给定的原子变量 i 扩展成一般表达式,则我们需要以下判定命题:

例 7.15 判定命题

$$store(A, E_1, 20)[E_2] = 10$$

的可满足性。其中,E_1, E_2 是任意表达式。

命题可转换成

$$((A'(E_1) = 20) \wedge (\forall j. j \neq E_1 \rightarrow A'(j) = A(j))) \rightarrow A'(E_2) = 10$$

可以看到,我们需要判定下标表达式 $E_1 \neq E_2$ 可满足。但是,判定一般表达式的满足性,是不可判定问题。因此,为了确保命题的可判定性,我们需要对用作下标的表达式 E 的语法形式进行限制,即它们要满足如下定义:

定义 7.8 (数组属性) 逻辑命题被称作数组属性(Array property),当且仅当它具有语法形式

$$\forall i_1. \cdots. \forall i_n. I(i_1, \cdots, i_n) \rightarrow V(i_1, \cdots, i_n)$$

且满足如下约束:

（1）命题 I 满足语法形式：

$$I ::= I \wedge I \mid I \vee I \mid R$$
$$R ::= T = T \mid T \leqslant T$$
$$T ::= i_1 \mid \cdots \mid i_n \mid E$$
$$E ::= c \mid c * x \mid E + E$$

且 E 中的变量 x，不能是 $i_1, \cdots, i_n$ 中的任何一个。

（2）变量 $i_k (1 \leqslant k \leqslant n)$ 仅能出现在形如 $A[i_k]$ 的数组读操作中。

特别注意到，数组属性的命题要求 I 中仅包含线性算术表达式。

例7.14的命题生成了约束

$$\forall j . j \neq i \rightarrow A'(j) = A(j)$$

由于其中包括不等式 $j \neq i$，故它不是数组属性。但是，我们可以把它转化成如下满足数组属性的形式：

$$\forall j . (j \leqslant i - 1 \vee i + 1 \leqslant j) \rightarrow A'(j) = A(j)$$

例 7.16　判定命题

$$(store(A, x * x + 2 * x + 1, 99))[(x+1) * (x+1)] = 99$$

的可满足性。

命题可转换成

$$A'(x * x + 2 * x + 1) = 99 \wedge (\forall j . j \neq x * x + 2 * x + 1 \rightarrow A'[j] = A[j])$$
$$\rightarrow A'[(x+1) * (x+1)] = 99$$

由于其中包括非线性表达式 $x * x + 2 * x + 1$，因此，该命题不是数组属性命题。

对于满足数组属性的命题，我们可使用如下数组归约（array reduction）算法，将其转换成包含下标、等式和未解释函数的命题，并进一步求解。归约算法的伪代码由算法8给出。算法接受数组理论的命题 P 作为输入，对 P 进行归约并返回结果命题，以供下一步的可满足性判定。算法共分成四个主要步骤：

第一步，移除数组中的所有写操作：

$$store(A, E_1, E_2)$$

将其归约成

$$A'[E_1] = E_2 \wedge (\forall j . j \leqslant E_1 - 1 \vee E_1 + 1 \leqslant j \rightarrow A'[j] = A[j])$$

算法 8　　数组归约求解算法

输入：命题 P

输出：转换后不包括数组理论的命题 P

1: **procedure** arrayReduce(P)
2:　　removeUpdate(P)
3:　　**for** each $\exists i$ in P **do**
4:　　　　replace $\exists i$ by a fresh variable j
5:　　**for** each $\forall i.Q(i)$ in P **do**
6:　　　　replace $\forall i.Q(i)$ by $\bigwedge_j Q(j)$
7:　　replace array read $A[i]$ by uninterpreted function $A(i)$
8:　　**return** P

第二步,将命题 P 中出现的所有存在量词符号 $\exists i$ 消去,同时将 P 中出现的变量 i 都替换成一个在 P 中没有出现过的全新的变量 j。例如,命题

$$\exists i.(P(i) \to P(i+1))$$

被归约为

$$(P(j) \to P(j+1))$$

第三步,将命题 P 中出现的所有全称量词符号 $\forall i.Q(i)$ 消去,同时将 $Q(i)$ 替换成合取命题

$$\bigwedge_j Q(j)$$

其中,j 是命题中出现的所有下标表达式。例如,命题

$$\forall i.(P(i) \to P(i+1))$$

被归约为

$$(P(x) \to P(x+1)) \wedge (P(y) \to P(y+1)) \wedge (P(z) \to P(z+1))$$

命题 P 中出现了三个下标表达式 x, y, z。

第四步,将命题 P 中所有的数组读 $A[i]$ 转换为未解释函数调用 $A(i)$。

重新考虑例7.14中的命题,其数组属性形式是

$$A'[i] = E \wedge (\forall j.(j \leqslant i-1 \vee i+1 \leqslant j) \to A'[j] = A[j]) \to A'[i] \geqslant E$$

接下来,尝试将其全称量词 $\forall$ 消去,由于命题中只出现了下标表达式 j,因此,消去全称量词 $\forall$ 后,得到命题

$$A'[i] = E \wedge ((i \leqslant i-1 \vee i+1 \leqslant i) \to A'[i] = A[i]) \to A'[i] \geqslant E$$

将数组读替换成未解释函数调用,最终得到命题

$$A'(i) = E \wedge ((i \leqslant i-1 \vee i+1 \leqslant i) \to A'(i) = A(i)) \to A'(i) \geqslant E$$

我们还要指出:由于对数组理论的判定算法,本质上是把数组看成映射,进而把数组操作归约为未解释函数。因此,这种判定算法同样适用于其他类型的映射。例如,考虑一个关键字和值都是整型 int 的哈希表,其类型和典型的接口函数的声明如下:

```
type hash: int -> int
lookup(h: hash, key: int)
insert(h: hash, key: int, value: int)
```

不难看到,哈希表上的查找操作 $lookup(h,k)$ 非常类似数组的读操作 $A[i]$,而哈希表插入操作 $insert(h,k,v)$ 非常类似数组的写操作 $store(A,i,e)$。因此,我们将对数组的判定算法推广到哈希表上。类似的结论也适用于二分查找树或红黑树等其他典型的查找结构。

7.2.4　实现

Z3 提供了对数组理论的全面支持,利用这些支持可以方便地完成对数组及其相关操作的建模和推理。

在 Z3 中,可以通过方法

```
1  Array(name, dom, rng)
```

新声明一个名为 name 的数组常量,其中 dom 为数组中下标的论域,rng 为数组元素的论域。例如,代码

```
1  A = Array('A', IntSort(), IntSort())
```

声明一个下标与元素都为整型 IntSort() 的数组 A。

Z3 还支持一系列数组相关操作:

```
1  Select(a, i)
2  Store(a, i, v)
3  K(dom, v)
4  Map(f, a, b)
```

方法 Select 返回数组 a 中下标为 i 的元素,亦即 $a[i]$;方法 Store 则将数组 a 中下标为 i 的元素更新为 v,亦即等价于数组写 $a[i] = v$;方法 K 声明一个下标论域为 dom,且元素为 v 的常量数组,此数组常量元素论域为 v 的种类;方法 Map 将函数 f 作用到数组 a 和数组 b 的对应元素上,并且返回一个新数组 c,数组 c 的每个元素都满足:

$$c[i] = f(a[i], b[i])$$

利用 Z3 提供的数组相关声明和操作,我们可以验证数组的相关性质。

例 7.17　判定命题

$$(x = y) \wedge (A[x] \neq A[y])$$

的可满足性。其中 x, y, A 都是原子变量。

我们给出如下的 Z3 实现:

```
1   dom_sort = DeclareSort('dom_sort')
2   range_sort = DeclareSort('range_sort')
3   A = Array('A', dom_sort, range_sort)
4   x, y = Consts('x y', dom_sort)
5   solver = Solver()
6   solver.add([x == y, A[x] != A[y]])
7   if solver.check() == sat:
8       print(solver.model())
9   else:
10      print('unsat')
```

程序运行将输出 unsat。需要特别注意,我们给变量 x 和 y 分别声明了两个不同的种类。

例 7.18 判定命题

$$store(A, i, E)[i] \geqslant E$$

的可满足性。其中 E 是整型。

我们给出如下的 Z3 实现:

```
1   dom_sort = DeclareSort('dom')
2   A = Array('A', dom_sort, IntSort())
3   x = Const('x', dom_sort)
4   y = Const('y', IntSort())
5   solver = Solver()
6   solver.add(Store(A, x, y)[x] >= y)
7   if solver.check() == sat:
8       print(solver.model())
9   else:
10      print('unsat')
```

程序运行将输出 []。这表明任意的数组都使得该命题满足。

例 7.19 判定命题

$$store(A, E_1, 20)[E_2] = 10$$

的可满足性。

我们给出如下的 Z3 实现:

```
1   dom_sort = DeclareSort('dom')
2   A = Array('A', dom_sort, IntSort())
3   e1, e2 = Consts('e1 e2', dom_sort)
4   solver = Solver()
5   solver.add(Store(A, e1, 20)[e2] == 10)
6   if solver.check() == sat:
7       print(solver.model())
8   else:
9       print('unsat')
```

程序运行将输出:

```
[e1 = dom!val!0,
 A = Store(K(dom, 2), dom!val!1, 10),
 e2 = dom!val!1]
```

数组 A 是由一个常量数组 K(dom, 2),将下标 dom!val!1 更新为 10 后得到;注意到 e1 和 e2 的值并不相等,因此取数组 A 的下标 dom!val!1 的数组值,仍会返回 10。

例 7.20 判定命题

$$(store(A, x*x+2*x+1, 99))[(x+1)*(x+1)] = 99$$

的可满足性。

注意,我们前面讨论过,该命题不满足数组属性,因此,一般情况下不可判定。但由于 Z3 也部分支持非线性算术的判定,我们可给出如下的 Z3 实现:

```
1  A = Array('A', IntSort(), IntSort())
2  x = Int('x')
3  solver = Solver()
4  solver.add(Store(A, x*x+1+2*x, 99)[(x+1)*(x+1)] == 99)
5  if solver.check() == sat:
6      print(solver.model())
7  else:
8      print('unsat')
```

程序运行将输出 []。这表明任意的数组都使得该命题满足。

7.3 指 针

指针是许多程序设计语言都支持的一种数据结构,指针通常被实现为一个地址,指向某个内存地址空间。指针的合理使用,可以给程序设计带来很多方便,如可以使程序高效操作数据,避免不必要的数据拷贝,等等。但另一方面,指针使用非常灵活且语义复杂,对指针的误用极易导致各种问题。因此对指针的建模和性质推理,是非常重要的研究课题。

在本节,我们讨论指针的相关理论和判定算法,并给出应用实例。

7.3.1 语法

我们给出如下定义:

定义 7.9(指针) 指针理论的语法由如下上下文无关文法给出:

$$T ::= x \mid \&x \mid *T \mid T + E \mid \&*T \mid \text{NULL}$$
$$E ::= x \mid c \mid *T \mid E + E \mid E - E \mid$$
$$R ::= T = T \mid T < T \mid E = E \mid E < E$$
$$P ::= R \mid P \wedge P$$

语法定义中指针表达式 T 包括几种语法形式：符号 x 表示指针变量；符号 $\&x$ 表示取变量 x 的地址；符号 $*T$ 表示取指针 T 所指向的值；$T+E$ 表示指针算术；T 表示指针而 E 代表任意表达式；符号 $\&*T$ 代表取表达式 $*T$ 的地址；NULL是一个特殊常量，代表空指针，在很多语言中，它的值是 0。

表达式 E 可以包括变量 x 或常量 c，还包括取指针解引用操作 $*T$，以及在两个表达式上的加法和减法。

关系 R 包括两个指针表达式 T 之间的相等关系或者小于关系，还包括两个表达式 E 之间的相等关系或者小于关系。

命题 P 表示一个基于指针理论的命题，它是由关系 R 组成的合取命题形式。

需要特别注意的是，尽管从语法记号上看，上述定义借鉴了 C 语言中指针的语法形式，但是有明显的不同，主要是我们对指针表达式 T 和普通表达式 E 进行了显式区分。指针表达式 T 中所有语法结构都具有指针类型，而普通表达式 E 都具有非指针类型。因此，同一个语法结构会因为其类型的不同，出现在不同的语法分类中。例如，对于取指针解引用操作 $*T$，如果其类型是指针类型（亦即取出的值也是指针），则该语法结构属于指针表达式 T，否则它属于表达式 E。

例 7.21　设变量 p 和 q 为指针类型，变量 i 和 j 为整型。则以下命题符合指针理论的语法规则：

$$*(p+i) = 1$$
$$*(p+*p) = 0$$
$$p = q \wedge *p = 5$$
$$******\,*p = 1$$
$$p < q$$

而以下命题不符合指针理论的语法规则：

$$p+i$$
$$p = i$$
$$*(p+q)$$
$$*1 = 1$$

7.3.2　内存模型

为了建立指针逻辑的语义，我们需要给出指针所对应的内存模型。由于指针用来代表内存地址，所以我们用一个连续的、统一的空间来为内存建模。

定义 7.10（**内存模型**）　内存模型（memory model）中的内存地址满足以下要求：

（1）内存地址的集合为 A，由连续的整数

$$A = \{0, \cdots, N-1\}$$

组成；

（2）内存地址 0 是不可访问的；

（3）一个指针 p 对应一个内存地址，即 $p \in A$；

（4）每个存储对象都是有限且具有特定大小的。

我们把内存模型记作映射

$$\mathcal{M} : A \to V$$

其中，值 V 是整型或指针。

根据内存模型，我们用记号 $\mathcal{M}[a]$ 表示取内存中地址 a 处的值。

我们假定所有的变量 x（也包括指针类型的变量）都具有内存地址，则我们需要把变量 x 映射到其对应的地址 A 上。为此，我们给出：

定义 7.11（内存布局）　内存布局（memory layout）把变量映射到内存地址：

$$\mathcal{L} : x \to A$$

我们用记号 $L[x]$ 表示取变量 x 地址。

注意，在实际的程序实现中，内存布局的工作通常由编译器来完成，即编译器负责决定将变量放到机器的寄存器中（这项工作称为寄存器分配（register allocation））还是内存中。如果是放在内存中，还需求确定变量的布局、对齐、排列顺序等细节。我们给出的内存布局模型是对实际过程的抽象，例如，我们假定没有进行寄存器分配优化，因此，变量都具有内存地址。

7.3.3　语义翻译

根据上述给出的内存模型和内存布局，我们用语义函数

$$[\![\cdot]\!]_{\mathcal{M}}^{\mathcal{L}}$$

将指针逻辑的语法结构翻译为线性算术理论和数组理论的组合。根据语法结构的不同，我们分别给出它们的规则。

对于指针类型的表达式 T，我们有

$$\begin{aligned}
[\![x]\!]_{\mathcal{M}}^{\mathcal{L}} &= \mathcal{M}[\mathcal{L}[x]] \\
[\![\&x]\!]_{\mathcal{M}}^{\mathcal{L}} &= \mathcal{L}[x] \\
[\![*T]\!]_{\mathcal{M}}^{\mathcal{L}} &= \mathcal{M}[[\![T]\!]_{\mathcal{M}}^{\mathcal{L}}] \\
[\![T + E]\!]_{\mathcal{M}}^{\mathcal{L}} &= [\![T]\!]_{\mathcal{M}}^{\mathcal{L}} + [\![E]\!]_{\mathcal{M}}^{\mathcal{L}} \\
[\![\& * T]\!]_{\mathcal{M}}^{\mathcal{L}} &= [\![T]\!]_{\mathcal{M}}^{\mathcal{L}} \\
[\![\text{NULL}]\!]_{\mathcal{M}}^{\mathcal{L}} &= 0
\end{aligned}$$

对于表达式 E，我们有

$$\begin{aligned}
[\![x]\!]_{\mathcal{M}}^{\mathcal{L}} &= \mathcal{M}[\mathcal{L}[x]] \\
[\![c]\!]_{\mathcal{M}}^{\mathcal{L}} &= c \\
[\![*T]\!]_{\mathcal{M}}^{\mathcal{L}} &= \mathcal{M}[[\![T]\!]_{\mathcal{M}}^{\mathcal{L}}]
\end{aligned}$$

$$[\![E_1 + E_2]\!]_{\mathcal{M}}^{\mathcal{L}} = [\![E_1]\!]_{\mathcal{M}}^{\mathcal{L}} + [\![E_2]\!]_{\mathcal{M}}^{\mathcal{L}}$$

$$[\![E_1 - E_2]\!]_{\mathcal{M}}^{\mathcal{L}} = [\![E_1]\!]_{\mathcal{M}}^{\mathcal{L}} - [\![E_2]\!]_{\mathcal{M}}^{\mathcal{L}}$$

对于关系 R,我们有

$$[\![T_1 = T_2]\!]_{\mathcal{M}}^{\mathcal{L}} = [\![T_1]\!]_{\mathcal{M}}^{\mathcal{L}} = [\![T_2]\!]_{\mathcal{M}}^{\mathcal{L}}$$

$$[\![T_1 < T_2]\!]_{\mathcal{M}}^{\mathcal{L}} = [\![T_1]\!]_{\mathcal{M}}^{\mathcal{L}} < [\![T_2]\!]_{\mathcal{M}}^{\mathcal{L}}$$

$$[\![E_1 = E_2]\!]_{\mathcal{M}}^{\mathcal{L}} = [\![E_1]\!]_{\mathcal{M}}^{\mathcal{L}} = [\![E_2]\!]_{\mathcal{M}}^{\mathcal{L}}$$

$$[\![E_1 < E_2]\!]_{\mathcal{M}}^{\mathcal{L}} = [\![E_1]\!]_{\mathcal{M}}^{\mathcal{L}} < [\![E_2]\!]_{\mathcal{M}}^{\mathcal{L}}$$

对于命题 P,我们有

$$[\![R]\!]_{\mathcal{M}}^{\mathcal{L}} = [\![R]\!]_{\mathcal{M}}^{\mathcal{L}}$$

$$[\![P_1 \wedge P_2]\!]_{\mathcal{M}}^{\mathcal{L}} = [\![P_1]\!]_{\mathcal{M}}^{\mathcal{L}} \wedge [\![P_2]\!]_{\mathcal{M}}^{\mathcal{L}}$$

例 7.22 对命题

$$(p = \&x) \wedge (x = 1) \wedge (*p = 1)$$

进行语义翻译。

根据上述翻译规则,我们有

$$[\![(p = \&x) \wedge (x = 1) \wedge (*p = 1)]\!]_{\mathcal{M}}^{\mathcal{L}}$$
$$= [\![p = \&x]\!]_{\mathcal{M}}^{\mathcal{L}} \wedge [\![x = 1]\!]_{\mathcal{M}}^{\mathcal{L}} \wedge [\![*p = 1]\!]_{\mathcal{M}}^{\mathcal{L}}$$
$$= ([\![p]\!]_{\mathcal{M}}^{\mathcal{L}} = [\![\&x]\!]_{\mathcal{M}}^{\mathcal{L}}) \wedge ([\![x]\!]_{\mathcal{M}}^{\mathcal{L}} = 1) \wedge ([\![*p]\!]_{\mathcal{M}}^{\mathcal{L}} = 1)$$
$$= (\mathcal{M}[\mathcal{L}[p]] = \mathcal{L}[x]) \wedge (\mathcal{M}[\mathcal{L}[x]] = 1) \wedge (\mathcal{M}[\mathcal{M}[\mathcal{L}[p]]] = 1)$$

最终得到的结果命题,只包括数组理论。

7.3.4 判定算法

上述讨论的语义翻译函数 $[\![\cdot]\!]_{\mathcal{M}}^{\mathcal{L}}$,实际上给出了一种对指针逻辑命题进行判定的算法。其基本思想是利用语义翻译函数,将指针逻辑命题 P 翻译到包含算术和数组理论的命题,并借助后者的判定算法进行进一步判定。

算法9给出了对指针理论进行判定的算法伪代码。函数 pointerReduce() 接受指针命题 P 作为输入,对其判定后返回结果 sat 或者 unsat。函数 pointerReduce() 首先调用语义翻译函数 $[\![\cdot]\!]_{\mathcal{M}}^{\mathcal{L}}$ 将指针操作转换后,得到命题 P';然后,函数再调用已有理论的求解器(如算术理论或数组理论),对命题 P' 进行判定并返回结果。

算法 9   对指针理论的判定算法

输入: 命题 P

输出: 判定结果:sat 或 unsat

  1: **procedure** pointerReduce(P)

  2:     $P' = [\![P]\!]_{\mathcal{M}}^{\mathcal{L}}$

  3:     **return** solve(P')

7.3.5　改进和扩展

我们讨论对基本的指针理论的几个重要改进和扩展:纯变量、内存分区和结构化数据。

在我们讨论的内存布局中,所有的变量都被分配到内存中,因此,对变量的操作总是涉及仿存,即调用内存布局函数 $\mathcal{L}$ 和内存模型函数 $\mathcal{M}$。

例 7.23　翻译命题

$$x = y \to y = x$$

我们有

$$
\begin{aligned}
&[\![x = y \to y = x]\!]^{\mathcal{L}}_{\mathcal{M}} \\
&= [\![x = y]\!]^{\mathcal{L}}_{\mathcal{M}} \to [\![y = x]\!]^{\mathcal{L}}_{\mathcal{M}} \\
&= [\![x]\!]^{\mathcal{L}}_{\mathcal{M}} = [\![y]\!]^{\mathcal{L}}_{\mathcal{M}} \to [\![y]\!]^{\mathcal{L}}_{\mathcal{M}} = [\![x]\!]^{\mathcal{L}}_{\mathcal{M}} \\
&= \mathcal{M}[\mathcal{L}[x]] = \mathcal{M}[\mathcal{L}[y]] \to \mathcal{M}[\mathcal{L}[y]] = \mathcal{M}[\mathcal{L}[x]]
\end{aligned}
$$

尽管得到的数组理论的命题可满足,但其复杂的结构给判定带来了更多的工作量。考虑到变量 x 和 y 没有进行取地址 & 操作,因此没有必要将这类变量布局在内存中,而是可以直接将其作为变量操作。(从编译器角度看,编译器对这类变量进行了寄存器分配,直接分配到了寄存器中,并且,在大多数计算机体系结构上,寄存器没有地址。)

为了形式化这个过程,我们给出如下定义:

定义 7.12 (纯变量)　如果一个变量 x 没有进行取地址 & 操作,则我们称变量 x 为纯变量(pure variable);否则,我们称 x 为逃逸变量(escaped variable)。

除了内存模型函数 $\mathcal{M}$ 和内存布局函数 $\mathcal{L}$ 外,我们引入一个新的变量布局函数

$$\mathcal{R} : x \to V$$

将变量 x 直接对应到其值 V。

基于变量布局函数 $\mathcal{R}$,我们把指针翻译函数 $[\![\cdot]\!]^{\mathcal{L}}_{\mathcal{M}}$ 扩展为 $[\![\cdot]\!]_{\mathcal{M},\mathcal{L},\mathcal{R}}$,将纯变量用变量布局函数进行分配:

$$
[\![x]\!]_{\mathcal{M},\mathcal{L},\mathcal{R}} = \begin{cases} \mathcal{R}[x], & \text{如果}x\text{是纯变量} \\ \mathcal{M}[\mathcal{L}[x]], & \text{否则} \end{cases}
$$

对于例7.23中的命题,我们有

$$
\begin{aligned}
&[\![x = y \to y = x]\!]_{\mathcal{M},\mathcal{L},\mathcal{R}} \\
&= [\![x = y]\!]_{\mathcal{M},\mathcal{L},\mathcal{R}} \to [\![y = x]\!]_{\mathcal{M},\mathcal{L},\mathcal{R}} \\
&= [\![x]\!]_{\mathcal{M},\mathcal{L},\mathcal{R}} = [\![y]\!]_{\mathcal{M},\mathcal{L},\mathcal{R}} \to [\![y]\!]_{\mathcal{M},\mathcal{L},\mathcal{R}} = [\![x]\!]_{\mathcal{M},\mathcal{L},\mathcal{R}} \\
&= \mathcal{R}[x] = \mathcal{R}[y] \to \mathcal{R}[y] = \mathcal{R}[x]
\end{aligned}
$$

定义 7.13 (指针别名)　我们称两个指针类型的表达式 e_1 和 e_2 为别名(alias),如果它们指向同一个内存地址。

基本的指针理论翻译,没有考虑变量的别名问题,因此,可能导致在同一个数组形式中,出现过多不必要的数组下标。

例 7.24 翻译命题

$$*x = 1 \wedge *y = 1$$

利用上述翻译函数 $[\![\cdot]\!]_{\mathcal{M},\mathcal{L},\mathcal{R}}$，我们有

$$[\![*x = 1 \wedge *y = 1]\!]_{\mathcal{M},\mathcal{L},\mathcal{R}}$$
$$= \mathcal{M}[\mathcal{R}[x]] = 1 \wedge \mathcal{M}[\mathcal{R}[y]] = 1$$

如果我们能够判定变量 x 和 y 肯定不是别名的话，则它们肯定不能指向同一个内存地址，则我们可以将内存模型 $\mathcal{M}$ 划分成不同的区域，分别代表不同变量的可能指向范围。例如，对上面的实例，我们可以将内存 $\mathcal{M}$ 划分为 $\mathcal{M}_x$ 和 $\mathcal{M}_y$，分别代表变量 x 和 y 可能指向的区域，而由于变量 x 和 y 不可能为别名，则 $\mathcal{M}_x \cap \mathcal{M}_y = \varnothing$，即两个区域不相交。则例7.24中的命题可翻译成

$$\mathcal{M}_x[\mathcal{R}[x]] = 1 \wedge \mathcal{M}_y[\mathcal{R}[y]] = 1$$

由于 $\mathcal{M}_x$ 和 $\mathcal{M}_y$ 代表不同的数组，对包含它们的命题的判定过程将更加高效。

判定指针别名有很多算法，这里简单讨论一种基于类型的判定算法。在这种判定算法中，两个变量 x 和 y 可能为别名，当且仅当 x 和 y 的类型相同。这种算法需要对变量类型进行显式判定（可由程序员显式给定，或者由编译器自动进行推断），因此，更适用于强类型化语言。

在堆中动态分配的复合数据类型，对于构建常用的数据结构非常重要，指针理论可扩展支持复合数据类型的建模和推理。

例 7.25 以 C 语言为例，可以用以下复合数据类型 list 声明单链表，并创建一个具有三个节点的链表实例：

```
1   struct list{
2     int data;
3     struct list *next;
4   };
5
6   struct list *create(int data, struct *list next){
7     struct list *t = malloc(sizeof(*t));
8     t->data = data;
9     t->next = next;
10    return t;
11  }
12
13  struct list *p = create(1, create(1, create(1, NULL)));
```

注意到，三个节点的数据域值相同，都是 1。

一般地，假设 p 是指向 list 结构体类型的指针，其指向的结构体的 data 字段的值是 d，next 字段的值是 n。为了对指针 p 及其指向的值进行建模，我们可使用命题

$$\mathcal{M}[\mathcal{R}[p]] = d \wedge \mathcal{M}[\mathcal{R}[p] + 1] = n \tag{7.16}$$

此处我们忽略了具体体系结构上数据类型长度细节，而假定 `data` 字段和 `next` 字段相对指针 p 的偏移分别为 0 和 1。

基于命题7.16，我们可对例7.25中的单链表 p，用如下命题建模：

$$\mathcal{M}[\mathcal{R}[p]] = 1 \wedge \mathcal{M}[\mathcal{R}[p] + 1] = p_1$$
$$\mathcal{M}[\mathcal{R}[p_1]] = 1 \wedge \mathcal{M}[\mathcal{R}[p_1] + 1] = p_2$$
$$\mathcal{M}[\mathcal{R}[p_2]] = 1 \wedge \mathcal{M}[\mathcal{R}[p_2] + 1] = \text{NULL}$$

尽管上述命题精确地建模了指针 p 所指向的数据的布局和字段的具体值，但它并不能刻画不同的指针 p, p_1, p_2 等指向的空间互不相交的事实。

例 7.26　以下程序代码分别创建具有一个节点的循环链表 p 和具有两个节点的循环链表 q：

```
1   struct list *p = create(1, NULL);
2   p->next = p;
3   struct list *q = create(1, create(1, NULL)));
4   q->next->next = q;
```

不难验证，逻辑命题

$$\mathcal{M}[\mathcal{R}[p]] = 1 \wedge \mathcal{M}[\mathcal{R}[p] + 1] = p_1$$
$$\mathcal{M}[\mathcal{R}[p_1]] = 1 \wedge \mathcal{M}[\mathcal{R}[p_1] + 1] = p_2$$
$$\mathcal{M}[\mathcal{R}[p_2]] = 1 \wedge \mathcal{M}[\mathcal{R}[p_2] + 1] = p$$

可以同时描述上述两个链表 p 和 q。我们把这个验证过程，作为练习留给读者。

为了刻画不同的变量 p 和 q 指向的内存单元不重合，我们可以使用命题

$$disjoint(p, q) \triangleq \neg((p = q) \vee (p = q + 1) \vee (q = p + 1))$$

如下命题刻画了一个长度为 3 的循环链表：

$$\mathcal{M}[\mathcal{R}[p]] = 1 \wedge \mathcal{M}[\mathcal{R}[p] + 1] = p_1$$
$$\mathcal{M}[\mathcal{R}[p_1]] = 1 \wedge \mathcal{M}[\mathcal{R}[p_1] + 1] = p_2$$
$$\mathcal{M}[\mathcal{R}[p_2]] = 1 \wedge \mathcal{M}[\mathcal{R}[p_2] + 1] = p \wedge$$
$$disjoint(p, p_1) \wedge$$
$$disjoint(p, p_2) \wedge$$
$$disjoint(p_1, p_2)$$

显然，对长度为 n 的循环链表，产生的命题的数量将达到 n^2（同样把对该结论的验证留给读者）。

对链表这类在堆中分配的数据结构，研究者已经提出了一些更现代的逻辑系统。例如，分离逻辑（separation logic）提供了联接词可以直接表达内存单元不相交的性质。尽管在这些逻辑系统表达内存分离等性质更加直接和方便，但本质上，其表达能力等价于本节讨论的系统。

7.4 字 符 串

字符串是大多数程序设计语言都支持的一种基本数据类型,因此,对字符串理论的研究,如字符串的建模、字符串性质推理、字符串的相关判定算法等,是非常重要的研究课题。

在本节,我们讨论字符串的相关理论和判定算法,并给出应用实例。

7.4.1 语法

我们给出如下定义:

定义 7.14 (字符串理论的语法)　字符串理论的语法由如下上下文无关文法给出:

$$E ::= c \mid x \mid E + E \mid E - E \mid E \times E \mid E/E$$
$$\mid \text{length}(E) \mid \text{indexof}(E_1, E_2) \mid \text{concat}(E_1, E_2)$$
$$\mid \text{substring}(E_1, E_2, E_3) \mid \text{replace}(E_1, E_2, E_3)$$
$$R ::= E < E \mid E \leqslant E \mid E = E \mid E > E \mid E \geqslant E \mid \text{contains}(E_1, E_2)$$
$$P ::= R \mid P \wedge P$$

语法定义中字符串表达式 E 包括几种语法形式:符号 c 表示数值或字符串常量;符号 x 表示数值或字符串变量;$E + E, E - E, E \times E, E/E$ 分别表示算术运算的加减乘除操作,其中符号 E 是整型数;$\text{length}(E)$ 表示获取字符串 E 的长度;$\text{indexof}(E_1, E_2)$ 表示获取字符串 E_2 在字符串 E_1 中首次出现的位置;$\text{concat}(E_1, E_2)$ 表示拼接两个字符串;$\text{substring}(E_1, E_2, E_2)$ 表示获取目标字符串 E_1,从下标 E_2 开始,长度为 E_3 的子串,显然我们要求 $0 \leqslant E_2 < \text{length}(E_1), 0 \leqslant E_3 < \text{length}(E_1)$ 且 $0 \leqslant E_2 + E_3 < \text{length}(E_1)$;操作 $\text{replace}(E_1, E_2, E_3)$ 表示字符串替换,将目标字符串 E_1 中所有出现的第二个字符串 E_2,都替换成目标 E_3。

关系 R 包括在表达式 E 之间比较关系:小于、小于等于、等于、不等于、大于、大于等于。其中等于操作能用于整型或字符串表达式的比较,而其他比较关系只用于整型表达式。$\text{contains}(E_1, E_2)$ 表达字符串之间的包含关系,即字符串 E_1 是否包含在字符串 E_2 中。

命题 P 表示一个基于字符串理论的命题,它是关系 R 组成的合取命题。

例 7.27　命题

$$\text{concat}(\text{``}abc\text{''}, x_1) = \text{concat}(\text{``}def\text{''}, x_2)$$

是一个满足字符串理论的命题。其中,符号 x_1, x_2 是字符串变量。直观上,该命题不可满足,因为不可能存在变量 x_1, x_2 的字符串具体值,使得上述等式两边能分别以字母'a' 和'd' 开头。

为简化起见,在下面的讨论中,我们经常用记号 $\cdot$ 表示字符串的拼接操作 concat,即

$$x \cdot y = \text{concat}(x, y)$$

7.4.2　判定算法

我们针对字符串理论的一个子集，讨论其判定算法。该子集只包括字符串相等比较以及字符串拼接操作 concat()。

我们给出如下定义：

定义 7.15（复合字符串）　复合字符串的语法形式为

$$Y ::= s \cdot Y \mid x \cdot Y \mid \varnothing$$

其中，符号 s 表示字符串常量，符号 x 表示字符串变量，符号 $\varnothing$ 表示空字符串。

直观上，复合字符串是由一组字符串常量 s 或字符串变量 x 拼接而成的，有可能为空。例如，例7.27中的命题可表达为

$$\text{“}abc\text{”} \cdot x_1 = \text{“}def\text{”} \cdot x_2 \tag{7.17}$$

对于只包含字符串拼接运算的字符串理论子集，我们可以使用归约操作对其化简，将复杂的字符串等式归约为简单的易于判定的字符串等式。例如，对于字符串等式（7.17），由于其等式两侧的字符串并不互为前缀，因此，该等式不可满足，结果为 unsat。

考虑等式

$$\text{“}abc\text{”} \cdot x_1 \cdot y_1 = \text{“}abcdef\text{”} \cdot x_2 \tag{7.18}$$

通过去除公共前缀"abc"，等式（7.18）可被归约为

$$x_1 \cdot y_1 = \text{“}def\text{”} \cdot x_2 \tag{7.19}$$

而等式（7.19）可进一步归约为如下等式之一（且仅其中之一）：

$$x_1 = \text{“”} \qquad\qquad \wedge y_1 = \text{“}def\text{”} \cdot x_2 \tag{7.20}$$
$$x_1 = \text{“}d\text{”} \qquad\qquad \wedge y_1 = \text{“}ef\text{”} \cdot x_2 \tag{7.21}$$
$$x_1 = \text{“}de\text{”} \qquad\qquad \wedge y_1 = \text{“}f\text{”} \cdot x_2 \tag{7.22}$$
$$x_1 = \text{“}def\text{”} \qquad\qquad \wedge y_1 = x_2 \tag{7.23}$$
$$x_1 = \text{“}def\text{”} \cdot x_3 \qquad \wedge y_1 = x_4 \wedge x_3 \cdot x_4 = x_2 \tag{7.24}$$

我们将上述归约过程形式化，可给出二元关系

$$Y_1 \longrightarrow Y_2$$

表示复合字符串 Y_1 归约为 Y_2，其规则如下：

$$s_1 \cdot Y_1 = s_2 \cdot Y_2 \longrightarrow Y_1 = s_3 \cdot Y_2, \quad \text{若} s_2 = s_1 \cdot s_3 \tag{7.25}$$
$$s_1 \cdot Y_1 = s_2 \cdot Y_2 \longrightarrow \text{unsat}, \quad \text{若} s_1 \text{不是} s_2 \text{的前缀} \tag{7.26}$$
$$x_1 \cdot Y_1 = Y_2 \longrightarrow (x_1 = Y_h) \wedge (Y_1 = Y_t) \wedge C, \quad \text{其中}(Y_t, Y_h, C) = \text{split}(Y_2) \tag{7.27}$$

注意，由于等式的对称性，这三条规则还存在对偶的三条规则（即等式左右互换）。我们把给出另外三条对偶规则作为练习，留给读者完成。

注意,上述规则中用到了分割函数 split(Y_2),该函数将输入的复合字符串 Y_2 分割成头尾两部分 Y_h 和 Y_t,并且在分割过程中,可能产生额外约束 C,等式归约的结果是

$$(x_1 = Y_h) \wedge (Y_1 = Y_t) \wedge C。$$

分割函数 split(Y) 的伪代码实现,由算法10给出。函数 split(Y) 将输出的复合字符串参数 Y,分割成首尾两个子串,并返回所有可能分割的结果集合 P,P 中的任一元素形如 (Y_h, Y_t, C),包括首尾两个串 Y_h 和 Y_t,以及相应的约束 C。函数 split(Y) 递归调用函数 splitRec(L, R),对首尾两个复合字符串 L 做分割 R。

算法 10　复合字符串分割算法

输入: 复合字符串 Y

输出: 将复合字符串 Y 分割成头尾两部分所有可能的结果

1: $P = \varnothing$
2: **procedure** splitRec(L, R)
3: 　　**if** $R == s \cdot R'$ **then**
4: 　　　　**for** each prefix t satisfying $s = t \cdot s'$ **do**
5: 　　　　　　$P\cup = (L \cdot t, s' \cdot R, \top)$
6: 　　　　splitRec($L \cdot s, R'$)
7: 　　**if** $R == x \cdot R'$ **then**
8: 　　　　$P\cup = (L \cdot x_1, x_2 \cdot R, x = x_1 \cdot x_2)$
9: 　　　　splitRec($L \cdot x, R'$)
10: 　　**if** $R == \varnothing$ **then**
11: 　　　　**return**
12: **procedure** SPLIT(Y)
13: 　　splitRec(nil, Y)
14: 　　**return** P

函数 splitRec(L, R) 的实现,基于对尾字符串 R 的语法形式的讨论: 在第 3 行,若 R 以字符串常量 s 开头,则将 s 分割为首尾两个子串 t 和 s',并且生成 R 的一个分割 $(L \cdot t, s' \cdot R, \top)$,然后,递归调用函数 splitRec( ) 自身对剩余的尾字符串 R' 继续分割;若 R 以字符串变量 x 开头,则算法将变量 x 分割为 x_1 和 x_2,并继续递归调用函数 splitRec( ) 自身。最后,当尾串 $R = \varnothing$ 时,函数调用返回。

例 7.28　给定复合字符串 "ab"$\cdot x$,则 split("ab"$\cdot x$) 函数调用可能返回如下三元组之一:

$$(\quad \text{""} \quad , \quad \text{"}ab\text{"} \cdot x, \top)$$
$$(\quad \text{"}a\text{"} \quad , \quad \text{"}b\text{"} \cdot x, \top)$$
$$(\quad \text{"}ab\text{"} , x, \top)$$
$$(\quad \text{"}ab\text{"} \cdot x_1, x_2, x_1 \cdot x_2 = x)$$

字符串理论判定的基本思想是：对给定的字符串等式，反复使用上述归约规则，对字符串等式进行化简，直到所有的等式一侧只留下字符串变量 x 为止，即满足如下两种情况之一：

$$x = s$$
$$x = Y$$

对第一种情况，我们可得到字符串变量 x 的值为字符串常量 s。对第二种情况，我们可得到结论：x 的值依赖于复合字符串 Y 中出现的所有字符串变量 $y_i(1 \leqslant i \leqslant n)$。这样，我们可以构建一个有向图 $G = (V, E)$，其图中的节点 V 是字符串变量，有向边 E 是字符串变量之间的依赖关系，如果变量 x 的值依赖于变量 y，则从变量 y 画一条有向边到变量 x。当所有等式都处理完后，我们对所有的字符串变量按照在有向图 G 中的拓扑排序，进行字符串常量的赋值（例如空串""），则可得到所有的字符串变量的取值。

基于该基本思想，字符串理论的判定算法 reduce(Q) 由算法11给出。算法 reduce(Q) 接受一个字符串的等式集合 Q 作为输入，对其可满足性进行判定，并返回判定结果 SAT 或 UNSAT。首先，算法使用前面我们讨论的归约规则，对所有等式进行反复归约（第 2 行到第 8 行），直到等式集合 Q 不再变化为止，所以这是一个计算不动点的过程。在迭代过程中，若出现等式 $x = s$，则把 x 的值 s 传播到 Q 的所有字符串等式中，代替其中出现的变量 x；若在代替后，出现等式 $s_1 = s_2$，但字符串常量 s_1 和 s_2 并不相同，则等式不可满足，返回 UNSAT。

算法 11　等式分割算法

输入：字符串等式集合 Q
输出：可满足性判定结果:SAT 或 UNSAT

1: **procedure** reduce(Q)
2: 　　**while** Q still changes **do**
3: 　　　　**for** each equality $Y_1 = Y_2 \in Q$ **do**
4: 　　　　　　reduce $Y_1 = Y_2$
5: 　　　　**for** each equality $x = s \in Q$ **do**
6: 　　　　　　rewrite all x to s in Q
7: 　　　　　　**if** there is some $s_1 = s_2$, but s_1 and s_2 are not same **then**
8: 　　　　　　　　**return** UNSAT
9: 　　build dependency graph G for variables $x \in Q$
10: 　　assign values to all variables $x \in Q$, in topological order
11: 　　**return** SAT

循环结束后，算法构建所有字符串变量组成的有向图 G，图中入度为 0 的节点是完全自由的，即它们可以取任意字符串值，则算法从这些变量开始，按照拓扑序对所有变量赋值字符串常量值。最后，算法返回可满足 SAT。

例 7.29 判定命题

$$(x \cdot y = \text{``}a\text{''} \cdot w) \wedge (x \cdot \text{``}d\text{''} = \text{``}abd\text{''})$$

的可满足性,其中 x, y, w 都是字符串变量。

由复合字符串的归约算法 11,我们有如下三种可能的归约结果:

(1) $(x \cdot y = \text{``}a\text{''} \cdot w) \wedge (x \cdot \text{``}d\text{''} = \text{``}abd\text{''}) \wedge (x = \text{``''}) \wedge (y = \text{``}a\text{''} \cdot w) \wedge (x = \text{``}ab\text{''})$;

(2) $(x \cdot y = \text{``}a\text{''} \cdot w) \wedge (x \cdot \text{``}d\text{''} = \text{``}abd\text{''}) \wedge (x = \text{``}a\text{''}) \wedge (y = w) \wedge (x = \text{``}ab\text{''})$;

(3) $(x \cdot y = \text{``}a\text{''} \cdot w) \wedge (x \cdot \text{``}d\text{''} = \text{``}abd\text{''}) \wedge (x = \text{``}a\text{''} \cdot w_1) \wedge (y = w_2) \wedge (w = w_1 \cdot w_2) \wedge (x = \text{``}ab\text{''})$。

对第(1)种情况,显然变量 x 的两个字符串常量取值矛盾,因此不可能满足。第(2)种情况与之类似。

对第(3)种情况,对变量 x 的值进行传播后,我们得到

$$(\text{``}ab\text{''} = \text{``}a\text{''} \cdot w_1) \wedge (y = w_2) \wedge (w = w_1 \cdot w_2) \wedge (x = \text{``}ab\text{''})$$

进一步归约(并经过变量传播后),得到

$$(\text{``}b\text{''} = w_1) \wedge (y = w_2) \wedge (w = \text{``}b\text{''} \cdot w_2) \wedge (x = \text{``}ab\text{''})$$

从上述等式中,我们可得到依赖关系

$$w_2 \to w \qquad w_2 \to b$$

则我们令自由变量 $w_2 = \text{``''}$,可得

$$\begin{cases} x = \text{``}ab\text{''} \\ y = \text{``''} \end{cases} \tag{7.28}$$

不难验证,这组解使得原命题成立。

我们继续扩大字符串理论的子集,考虑字符串长度操作 $\texttt{length}(E)$。我们主要用到如下的归约规则

$$Y_1 = Y_2 \longrightarrow \texttt{len}(Y_1) = \texttt{len}(Y_2) \tag{7.29}$$

即如果复合字符串 Y_1 和 Y_2 相等,则我们有等式 $\texttt{len}(Y_1) = \texttt{len}(Y_2)$,其中函数 $\texttt{len}(Y)$ 计算复合字符串 Y 的长度。需要特别注意 $\texttt{len}()$ 和函数 $\texttt{length}()$ 的区别,前者计算复合字符串的长度,而后者计算单个字符串的长度。

算法 12 给出了函数 $\texttt{len}()$ 的算法实现伪代码,该函数接收一个复合字符串 Y,返回一个表示该字符串长度的整型表达式。算法对输入参数 Y 分三种情况进行讨论:第一,若复合字符串 Y 形如 $s \cdot Y_1$,其中 s 是一个字符串常量,则返回 $|s| + \texttt{len}(Y_1)$,注意 $|s|$ 是字符串常量 $|s|$ 的具体长度值;第二,若复合字符串 Y 形如 $x \cdot Y_1$,其中 x 是字符串变量,则算法返回整型表达式 $\texttt{length}(x) + \texttt{len}(Y_1)$,其中 $\texttt{length}(x)$ 是字符串变量 x 的长度表达式,由于字符

串 x 是变量,所以 $\text{length}(x)$ 是一个抽象整型表达式,而不是具体值;最后,若输入的参数字符串 Y 为空,则算法返回整型数 0。

算法 12　复合字符串长度算法

输入：复合字符串 Y

输出：字符串长度的整型表达式

1: **procedure** $\text{len}(Y)$
2: 　　**if** $Y == s \cdot Y_1$ **then**
3: 　　　　**return** $|s| + \text{len}(Y_1)$
4: 　　**else if** $Y == x \cdot Y_1$ **then**
5: 　　　　**return** $\text{length}(x) + \text{len}(Y_1)$
6: 　　**else if** $Y == \text{nil}$ **then**
7: 　　　　**return** 0

例 7.30　计算字符串 $Y = x_1 \cdot \text{``}abc\text{''} \cdot x_2$ 的长度。

由算法12,我们有

$$
\begin{aligned}
\text{len}(x_1 \cdot \text{``}abc\text{''} \cdot x_2) & \\
&= \text{length}(x_1) + \text{len}(\text{``}abc\text{''} \cdot x_2) \\
&= \text{length}(x_1) + 3 + \text{len}(x_2) \\
&= \text{length}(x_1) + 3 + \text{length}(x_2)
\end{aligned}
$$

对于含有字符串拼接操作以及字符串长度操作的字符串理论子集,判定算法只需要做一点修改,即在按拓扑排序,给自由变量(入度为 0 的变量)赋字符串值时,判定其中的 $\text{length}(\ )$ 函数是否满足。

例 7.31　判定字符串理论命题

$$
x_2 = \text{``}a\text{''} \cdot x_1 \wedge x_3 = x_2 \cdot \text{``}efg\text{''} \wedge \text{length}(x_3) < 3
$$

的可满足性。

由算法11,我们可得到字符串变量 x_1, x_2 和 x_3 之间的依赖关系

$$
x_1 \longrightarrow x_2 \longrightarrow x_3
$$

我们取 $x_1 = \text{``}a\text{''}$,则有

$$
\begin{aligned}
x_2 &= \text{``}a\text{''} \\
x_3 &= \text{``}aefg\text{''}
\end{aligned}
$$

可得到

$$
\text{length}(x_3) = \text{length}(\text{``}aefg\text{''}) = 4
$$

这与原命题中的 $\text{length}(x_3) < 3$ 矛盾,因此,原命题不可满足。

例 7.32 判定字符串理论命题

$$x_2 = \text{``}a\text{''} \cdot x_1 \wedge x_3 = x_2 \cdot \text{``}efg\text{''} \wedge \text{length}(x_3) > 5$$

的可满足性。

与例7.31类似,给定字符串赋值 $x_1 = \text{``''}$ 后,可得

$$\text{length}(x_3) = \text{length}(\text{``}aefg\text{''}) = 4$$

因此,我们需要再次尝试给定字符串赋值 $x_1 = \text{``@''}$(注意,此处的"@"可以取任意字符),则有

$$\text{length}(x_3) = \text{length}(\text{``}a@efg\text{''}) = 5$$

因此,我们需要再次尝试给定字符串赋值 $x_1 = \text{``@@''}$,则有

$$\text{length}(x_3) = \text{length}(\text{``}a@@efg\text{''}) = 6$$

因此,我们得到了可以使原命题成立的一组字符串值

$$x_1 = \text{``@@''}$$
$$x_2 = \text{``}a@@\text{''}$$
$$x_3 = \text{``}a@@efg\text{''}$$

7.4.3 其他字符串操作

接下来,我们讨论除字符串拼接和长度操作之外的其他操作的求解算法,基本的技术思路是将其他字符串操作,都转化为基本的字符串拼接操作 concat 和求长度操作 length。

具体转化规则如下:

$$y = \text{substring}(x, i, j) \longrightarrow x = x_1 \cdot x_2 \cdot x_3 \wedge y = x_2$$
$$\wedge \text{length}(x_1) = i \wedge \text{length}(x_2) = j \tag{7.30}$$
$$\text{contains}(x_1, x_2) \longrightarrow x_1 = y_1 \cdot x_2 \cdot y_2 \tag{7.31}$$
$$\text{indexof}(x_1, x_2) = i \longrightarrow x_1 = y_1 \cdot y_2 \cdot y_3 \tag{7.32}$$
$$\wedge (i = -1 \vee i \geqslant 0)$$
$$\wedge ((i = -1) \leftrightarrow \neg(\text{contains}(x_1, x_2)))$$
$$\wedge ((i \geqslant 0) \leftrightarrow ((i = \text{length}(y_1)) \wedge (x_2 = y_2) \wedge \neg\text{contains}(y_1, x_2))) \tag{7.33}$$
$$\text{replace}(x_1, x_2, x_3) = x \longrightarrow x_1 = y_1 \cdot y_2 \cdot y_3$$
$$\wedge i = \text{indexof}(x_1, x_2)$$
$$\wedge \text{if } i = -1 \text{ then } x = x_1$$
$$\text{else } x = y_1 \cdot x_3 \cdot y_3 \wedge x_2 = y_2 \wedge i = \text{length}(y_1) \tag{7.34}$$
$$\text{split}(x_1, x_2) = [y_1, y_2] \longrightarrow x_1 = y_1 \cdot x_2 \cdot y_2$$
$$\wedge \neg\text{contains}(y_1, x_2) \wedge \neg\text{contains}(y_2, x_2) \tag{7.35}$$

函数 substring(x,i,j) 从字符串 s 的 i 下标处开始,取长度为 j 的子串并返回给 y。显然,字符串 x 可以写成 $x = x_1 \cdot x_2 \cdot x_3$,其中 $y = x_2$,并且串 x_1 和 x_2 的长度需要分别满足 length$(x_1) = i$ 和 length$(x_2) = j$。

谓词 contains(x_1, x_2) 判定字符串 x_2 是否是 x_1 的子串,则它可以归约为判定 $x_1 = y_1 \cdot x_2 \cdot y_2$ 是否成立,其中 y_1 和 y_2 是两个字符串变量。

函数 indexof$(x_1, x_2) = i$ 返回字符串 x_2 在字符串 x_1 中首次出现的下标 i,如果字符串 x_2 在字符串 x_1 中未出现,则返回 -1。我们可以把字符串 x 写成 $x = y_1 \cdot y_2 \cdot y_3$,对返回的下标 i 的值分情况进行讨论:若 $i = -1$,则说明 x_2 在 x_1 中未出现,即 $\neg(\text{contains}(x_1, x_2))$;若 $i \geqslant 0$,则串 x_2 位于串 x_1 从 length(y_1) 开始的偏移处,且子串 y_1 中不包括串 x_2。

函数 replace$(x_1, x_2, x_3) = x$ 将字符串 x_1 中首个出现的字符串 x_2 替换成字符串 x_3,得到的替换结果是字符串 x,如果字符串 x_2 在字符串 x_1 中未出现,则返回 x_1。我们可以把字符串 x 写成 $x = y_1 \cdot y_2 \cdot y_3$,且计算字符串 x_2 在 x_1 中首次出现的下标 i,对 i 的可能取值分情况进行讨论:若 $i = -1$,则说明 x_2 在 x_1 中未出现,则替换的结果 $x = x_1$;若 $i \geqslant 0$,则串 x_2 将替换字符串 x_1 从 $i = \text{length}(y_1)$ 开始的偏移处的子串 y_2,得到最终结果 $x = y_1 \cdot x_3 \cdot y_3$。

函数 split$(x_1, x_2) = [y_1, y_2]$ 按照字符串 x_2,将字符串 x_1 分割成左右两个子串 y_1 和 y_2,并且字符串 x_2 在子串 y_1 和 y_2 中都不出现。

7.4.4　实现

Z3 对字符串理论及其求解提供了丰富的支持,本小节讨论 Z3 对字符串理论的支持并给出典型实例实现。

在 Z3 中,我们可以通过如下代码

```
1  s = "abc"
2  x = String('x')
3  y, z= Strings('y z')
```

来声明字符串常量 s,或字符串变量 x, y 和 z。

Z3 支持非常丰富的字符串理论的函数和谓词,我们在表7.2 中给出了 Z3 支持的典型函数和谓词。

例 7.33　判定如下命题

$$Contains(\text{``}abcd\text{''}, x)$$

是否可满足;其中 x 是字符串变量。

我们可给出如下 Z3 实现代码:

```
1  x = String('x')
2  solver = Solver()
3  solver.add(Contains('abcd', x))
4  if solver.check() == sat:
5      print(solver.model())
6  else:
7      print('unsat')
```

表 7.2　Z3 支持的字符串典型操作

操作类别	符号	实例代码	说明
字符串拼接	Concat	Concat(s1, s2, ⋯)	⋯ 为任意多字符串
字符串包含	Contains	Contains(s1, s2)	字符串 s2 是否出现在 s1 中
字符串查找	IndexOf	IndexOf(s1, s2)	s2 在 s1 中的下标
字符串转换	IntToStr	IntToStr(i)	整数 i 转成字符串
字符串查找	LastIndexOf	LastIndexOf(s1, s2)	s2 在 s1 中最后出现的下标
字符串长度	Length	Length(s)	s 为字符串
前缀判断	PrefixOf	PrefixOf(s1, s2)	字符串 s1 是否是 s2 的前缀
字符串替换	Replace	Replace(s1, s2, s3)	将 s1 中的 s2 都替换成 s3
字符串转换	StrToInt	StrToInt(s)	字符串 s 转成整数
字符串截取	SubString	SubString(s, i, len)	s 从 i 下标开始 len 长度的子串
后缀判断	SuffixOf	SuffixOf(s1, s2)	字符串 s1 是否是 s2 的后缀

该程序执行时输出:

`[x = ""]`

即找到了一个空串,使得命题满足。我们可以继续找到使得该命题满足的所有可能解:

```
1  x = String('x')
2  solver = Solver()
3  solver.add(Contains('abcd', x))
4  count = 0
5  while solver.check() == sat:
6      xv = solver.model()[x]
7      print(xv)
8      solver.append(x != xv)
9      count = count + 1
10 print(f"{count} solutions before unsat")
```

程序运行后,将输出共计 11 种不同的解。

例 7.34　判定命题

$$(x \cdot y = \text{``}a\text{''} \cdot w) \wedge (x \cdot \text{``}d\text{''} = \text{``}abd\text{''})$$

的可满足性,其中 x, y, w 都是字符串变量。

我们给出如下 Z3 实现代码:

```
1  w, x, y = Strings('w x y')
2  solver = Solver()
3  solver.add(Concat(x, y) == Concat("a", w),
4          Concat(x, "d") == "abd")
5  if solver.check() == sat:
6      print(solver.model())
7  else:
8      print("unsat")
```

Z3 求解后给出一组解为

```
[y = "", w = "b", x = "ab"]
```

例 7.35　求解字符串理论的命题

$$\begin{cases} z = x \cdot y \\ z = \text{``}a\text{''} \cdot w \\ x \cdot \text{``}d\text{''} = \text{``}abd\text{''} \end{cases} \tag{7.36}$$

其中,符号 x, y, z, w 是字符串变量,"a""d""abd"是字符串常量。

我们给出如下 Z3 实现代码:

```
1  x, y, z, w = Strings('x y z w')
2  solver = Solver()
3  solver.add([z == Concat(x, y), z == Concat("a", w),
4           Concat(x, "d") == "abd"])
5  if solver.check() == sat:
6      print(solver.model())
7  else:
8      print("unsat")
```

Z3 求解后给出一组解为

```
[y = "", w = "b", z = "ab", x = "ab"]
```

例 7.36　求解字符串理论的命题

$$\begin{cases} x_1 = \text{``}a\text{''} \\ x_2 = x_1 \cdot \text{``}efg\text{''} \\ \texttt{length}(x_2) < 3 \end{cases} \tag{7.37}$$

其中,符号 x_1, x_2 是字符串变量,"a""efg"是字符串常量。

我们可给出如下 Z3 实现代码:

```
1  x1, x2 = Strings('x1 x2')
2  solver = Solver()
3  solver.add(x1 == "a", x2 == Concat(x1, "efg"), Length(x2) < 3)
4  if solver.check() == sat:
5      print(solver.model())
6  else:
7      print("unsat")
```

Z3 将输出 `unsat`,表明原命题不可满足。

例 7.37　求解字符串理论的命题

$$\begin{cases} x_1 = \text{``}a\text{''} \cdot x_3 \\ x_2 = x_1 \cdot \text{``}efg\text{''} \\ \texttt{length}(x_2) > 5 \end{cases} \tag{7.38}$$

其中,符号 x_1, x_2 是字符串变量,"a""efg"是字符串常量。

我们可给出如下 Z3 实现代码：

```
1  x1, x2, x3 = Strings('x1 x2 x3')
2  solver = Solver()
3  solver.add(x1 == Concat("a", x3), x2 == Concat(x1, "efg"), Length(x2) > 5)
4  if solver.check() == sat:
5      print(solver.model())
6  else:
7      print("unsat")
```

Z3 将输出一组解

```
[x3 = "AB", x2 = "aABefg", x1 = "aAB"]
```

7.4.5 应用

字符串理论被广泛应用于形式化验证，用于解决可达性分析、漏洞分析等各类问题。本小节，我们将结合 Web 安全的问题，讨论字符串理论在实际安全领域中的典型应用。

对于 Web 应用，很多情况下，客户端可以上传文件，或者服务端会将客户端的输入保存到文件中（且服务端把文件的命名权交给了客户端）。如果不加限制，用户可以上传以".php"为结尾的文件，或者用户的输入可以保存在服务器上以".php"结尾的文件中。这样，客户端可以通过编写和操作该文件，来注入和执行任意 PHP 代码，从而导致远程代码出现执行漏洞。因此，为防止该漏洞出现，许多 Web 应用程序通过在文件写入之前检查文件名，来进行保护。

例 7.38 给定如下一段 PHP 服务端代码（经过了适当简化）：

```
1  $name = explode(".", $_GET['filename']);
2  if($_POST['action'] == "write_changes"){
3    if($name[1] == "txt" || $name[1] == "sql"){
4      if($name[1] == "txt" && ... ) {
5        $fp = fopen($_GET['filename'], "w");
6        fwrite($fp, $_POST['text2edit']);
7      } else {...} } }
```

该代码的作用是判断客户端发送过来的文件名是否以".php"后缀结尾，如果不是则写入该文件，如果是则拒绝该文件。这在一定程度上可以防止远程代码执行漏洞的出现。其中，函数 explode( ) 以"."对字符串进行分割，返回一个字符串数组。

我们首先对以上代码进行建模。通过分析，我们只需要判断客户端输入的文件名是否以".php"结尾，若是则第 5 行代码不执行。根据以上分析，我们只需要证明如下约束：

$$\begin{cases} split(x, \ ``."\ ) = [x_1, x_2] \\ x = x_3 \cdot \ ``.php" \\ x_2 = \ ``txt"\ \lor x_2 = \ ``sql" \end{cases} \tag{7.39}$$

不可满足即可。

由于 Z3 不直接支持 split() 函数，所以需要利用对 split() 函数的归约规则，对其进行编码。下面给出 Z3 的求解代码：

```
1  x, x1, x2 = Strings('x x1 x2')
2  solver = Solver()
3  # split(x, ".") &= [x_1, x_2]
4  solver.add(x == Concat(x1, ".", x2), Not(Contains(x1, ".")), Not(Contains(x2, ".")))
5  solver.add(x == Concat(x3, ".php"), Or(x2 == "txt", x2 == "sql"))
6  if solver.check() == sat:
7      print(solver.model())
8  else:
9      print("unsat")
```

Z3 将输出解为 unsat。因此, 若客户端指定存储的文件以 ".php" 结尾, 则文件写入操作代码将不会执行。

<h2 style="text-align:center">本 章 小 结</h2>

本章详细讨论了位向量理论、数组理论、指针理论以及字符串理论。对于位向量理论, 我们详细讨论了语法、语义、判定算法以及增量策略, 讨论了 Z3 对位向量的支持及若干重要实例; 对于数组理论, 我们详细讨论了语法、语义和判定算法, 讨论了 Z3 对数组的支持, 并给出了实际的应用实例; 对于指针理论, 我们详细讨论了指针的语法、内存模型、语义翻译和判定算法, 并给出了改进和扩展的方法; 对于字符串理论, 我们详细讨论了语法、语义、判定算法, 讨论了 Z3 对字符串理论的支持及典型应用。

<h2 style="text-align:center">深 入 阅 读</h2>

求解器 SVC、ICS 和 CVC-Lite 等广泛支持位向量的相关理论, 把位向量相关命题翻译为等价的逻辑命题后使用 SAT 求解器进行求解。位向量理论在软硬件验证中都得到了广泛应用。Singerman[58] 讨论了位向量理论在硬件行业中的应用。Cogent 主要对 C 语言表达式的有效性进行检查, 并用于数据库等测试。Brummayer 和 Biere 开发了 C32SAT[67], 用于确定表达式是否具有符合 ANSI-C 标准的语义。

McCarthy[68] 提出了数组读写公理, 并用于证明编译器对算术表达式翻译的正确性。Nelson 的定理证明器 Simplify[71] 内置了 McCarthy 的读写公理和适当的实例化启发式算法。Hoare 和 Wirth 为数组引入了新的符号, 并用它来定义 Pascal 语言中的数组赋值操作。在程序验证领域, 数组理论通常与特定的谓词结合使用[70]。很多研究[72-74] 将数组理论化简为带未解释函数的 Presburger 算术。Bradley 等[75] 讨论了数组属性。

很多研究将指针建模为全局数组的索引; Burstall[84] 提出了一种基于类型的建模技术, 对每类指针都引入一个数组。Reynolds[88] 提出了分离逻辑, 用来推理动态内存分配的性质。Calcagno 等[89] 等证明了不包括量词的分离逻辑子集是可判定的。

Zheng 等[90, 91], Berzish 等[92] 以及 Mora 等[93] 讨论了字符串理论的语法及其判定算法, 并给出了理论的典型应用。

思 考 题

1. 给定位向量 a 和 b,判断命题

$$a = 1 \wedge b = 2 \wedge a \& b = 1$$

是否可满足。

2. 判断以下位向量命题

$$a * b = c \wedge b * a \neq c \wedge y = x \& z \wedge y \neq x \& z$$

是否可满足。

3. 根据式(7.2),完成对除按位与操作 & 以外的其他位运算符的定义。

4. 根据定义7.1位向量上下文无关文法,给出将命题中所有的表达式原子常量和原子变量都转换成位变量的函数 $\mathcal{F}$。

5. 把数组命题

$$i = j \wedge A[i] \neq A[j]$$

转换成等式与未解释函数命题。

6. 把以下程序:

```
1  int f(int n){
2    int a[2];
3    a[0] = x;
4    a[1] = a[0];
5    return a[0] * a[1];
6  }
```

转换成等式与未解释函数命题。

7. 逻辑命题

$$\mathcal{M}[\mathcal{R}[p]] = 1 \wedge \mathcal{M}[\mathcal{R}[p] + 1] = p_1$$
$$\mathcal{M}[\mathcal{R}[p_1]] = 1 \wedge \mathcal{M}[\mathcal{R}[p_1] + 1] = p_2$$
$$\mathcal{M}[\mathcal{R}[p_2]] = 1 \wedge \mathcal{M}[\mathcal{R}[p_2] + 1] = p$$

可以同时描述例7.26 两个链表 p 和 q,请给出验证过程。

8. 对长度为 n 的循环链表,使用命题进行刻画,产生的命题的数量将达到 n^2,请给出该结论的证明。

9. 把指针命题

$$*p = 1 \wedge ** = 1 \rightarrow p \neq q$$

转换成等式与未解释函数命题。

10. 判断以下的指针逻辑公式是否有效:

(1) $x = y \rightarrow \& x = \& y$; (2) $\& x \neq x$; (3) $\& x \neq \& y + i$。

11. 判断以下的字符串理论逻辑公式是否有效:

$$\text{contains}(x, y) \wedge \text{contains}(y, x) \rightarrow x = y$$

并给出 Z3 的相应实现。

12. 判断以下的字符串理论逻辑公式是否有效：

$$\mathtt{prefix}(x,y) \wedge \mathtt{surffix}(z,y) \wedge \mathtt{length}(x) + \mathtt{length}(z) = \mathtt{length}(y)$$
$$\rightarrow y = \mathtt{concat}(x,z)$$

并给出 Z3 的相应实现。

第8章 理论组合

我们已经讨论了几个可满足性模理论 $\mathcal{T}$,其中做了两方面的限制:首先,理论 $\mathcal{T}$ 是单一的,即命题只从属于某一个理论;其次,命题 P 只包括合取形式。在本章,我们将把这两个限制移除,讨论理论组合相关知识和判定算法,以及对任意联接词的支持。本章主要讨论支持多个理论同时推理的理论组合以及被称为 Nelson-Oppen 协作过程的判定算法,并讨论支持任意逻辑联接词的 DPLL(T) 判定算法。

8.1 理论组合

我们已经讨论的可满足性模理论,都只包含某一种特定的理论,如等式与未解释函数理论、线性算术理论、位向量理论、数组或指针理论,等等。但在实际应用中出现的命题,往往是几种理论组合起来的情况。

例 8.1 判定命题

$$(x_2 \geqslant x_1) \wedge (x_1 - x_3 \geqslant x_2) \wedge (x_3 \geqslant 0) \wedge f(f(x_1) - f(x_2)) \neq f(x_3)$$

的可满足性。

命题中既包括线性算术理论的命题(如第一个子命题 $x_2 \geqslant x_1$),也包括等式与未解释函数理论的命题(如最后一个子命题 $f(f(x_1) - f(x_2)) \neq f(x_3)$ 包括未解释函数符号 f)。需要特别强调的是:这两个不同理论的子命题并不是完全孤立的,而是有密切联系的。例如,变量 x_1 同时出现在这两个理论的子命题当中。

例 8.2 判定命题

$$f(a[32], b[1]) = f(b[32], a[1]) \wedge a[32] = b[32]$$

的可满足性。

命题中同时包括位向量 a, b,以及未解释函数 f。

例 8.3 判定命题

$$x = store(v, i, e) \wedge y = x[j] \wedge y > e$$

的可满足性。

命题中同时包括数组和线性算术理论命题。

例 8.4 判定命题

$$x + 2 = y \wedge f(store(A, x, 3)[y - 2]) \neq f(y - x + 1)$$

的可满足性。其中，A 是数组，f 是未解释函数。

为了刻画多个理论组合在一起的命题，我们给出如下定义：

定义 8.1 (理论组合) 给定两个理论 $\mathcal{T}_1$ 和 $\mathcal{T}_2$，它们的签名分别为 Σ_1 和 Σ_2，公理和推导规则的集合分别为 A_1 和 A_2。理论组合 (theory combination) 指的是由签名

$$\Sigma_1 \cup \Sigma_2$$

构成的理论，并记作

$$\mathcal{T}_1 \oplus \mathcal{T}_2$$

组合后的公理和推导规则集是

$$A_1 \cup A_2$$

定义8.1可以扩展到 n 个理论组合的情况。

定义 8.2 (理论组合问题) 设 P 是理论组合 $\mathcal{T}_1 \oplus \mathcal{T}_2$ 的一个任意命题，理论组合问题 (theory combination problem) 指的是在理论组合 $\mathcal{T}_1 \oplus \mathcal{T}_2$ 中判定命题 P 是否可满足，记作

$$\mathcal{T}_1 \oplus \mathcal{T}_2 \vDash P$$

类似地，定义8.2也可扩展到 n 个理论组合的情况。

事实上，即使理论 $\mathcal{T}_1$ 和 $\mathcal{T}_2$ 本身都是可判定的，理论组合问题 $\mathcal{T}_1 \oplus \mathcal{T}_2 \vDash P$ 也可能不可判定，即理论组合只有在一定的限制下才是可判定的。接下来，我们将讨论理论组合的一种常用判定算法——Nelson-Oppen 协作过程。

8.2 Nelson-Oppen 协作过程

为了让理论组合 $\mathcal{T}_1 \oplus \mathcal{T}_2 \vDash P$ 中命题可判定，我们给出如下定义：

定义 8.3 (Nelson-Oppen 限制条件) Nelson-Oppen 限制条件 (Nelson-Oppen restrictions) 包括四个约束条件：

（1）命题 P 不包含量词的命题，可以包含等式；

（2）理论 $\mathcal{T}_1$ 和 $\mathcal{T}_2$ 必须都是可判定的；

（3）理论组合的签名 Σ_1 和 Σ_2 满足

$$\Sigma_1 \cap \Sigma_2 = \varnothing$$

但不包括等式符号"="；

（4）理论 $\mathcal{T}_1$ 和 $\mathcal{T}_2$ 模型的论域都是无限集合。

满足 Nelson-Oppen 限制条件的理论组合命题,可用 Nelson-Oppen 协作过程(Nelson-Oppen cooperative procedure)进行判定,判定过程分成如下三个步骤:

(1)净化(purification):它的目标是使用辅助变量来简化理论组合的表达式 E,达到对命题 P 进行解耦的目的;

(2)分治:分别判定理论 $\mathcal{T}_1$ 中的命题 P_1,理论 $\mathcal{T}_2$ 中的命题 P_2 的可满足性,如果任何一个命题不可满足,则可直接判定命题 P 不可满足;

(3)等式传播:设命题 P_1 蕴含等式 $E_1 = E_2$,需要把等式 $E_1 = E_2$ 合取到命题 P_2,跳转到第(2)步继续执行。

第一个步骤需要对命题 P 进行净化,即转换 P 中所有的表达式 E,使得转换后的表达式 E 仅包含单一理论 $\mathcal{T}_i$。

算法13给出了命题净化算法的伪代码实现。该算法接受命题 P 作为输入,返回净化后的结果命题。算法确定命题 P 中的所有非原子表达式 e,对每个表达式 e 都生成一个全新的变量 t,并将 P 中的子表达式 e 替换成变量 t,并把等式 $x = e$ 合取到命题 P 上。对所有的子表达式 e 处理完毕后,算法返回生成的新的命题 P。

算法 13　命题净化算法

输入:逻辑命题 P
输出:净化后的命题

1:　**procedure** purify(P)
2:　　**for** each non-atomic sub-expression $e \in P$ **do**
3:　　　$t = \text{freshVar}()$
4:　　　rewrite sub-expression e by t
5:　　　$P = (P \wedge x = e)$
6:　　**return** P

例 **8.5**　对命题 P

$$x_1 \leqslant f(x_1)$$

进行净化。

该命题 P 是线性算术理论和等式与未解释函数理论的组合。为了对其进行净化,我们引入新变量 t,令

$$t = f(x_1)$$

则命题 P 等价转换为

$$x_1 \leqslant t \wedge t = f(x_1)$$

净化后,理论组合即解耦为一个线性算术命题

$$x_1 \leqslant t$$

和一个等式与未解释函数命题

$$t = f(x_1)$$

的合取。

例 8.6　对命题 P

$$f(f(x_1) - f(x_2)) \neq f(x_3)$$

进行净化。

该命题 P 是线性算术理论和等式与未解释函数理论的组合。为了对其进行净化，我们引入新变量 t_1, t_2，且令

$$t_1 = f(x_1)$$
$$t_2 = f(x_2)$$

则原命题净化为

$$f(t_1 - t_2) \neq f(x_3) \wedge t_1 = f(x_1) \wedge t_2 = f(x_2)$$

再引入新变量 t_3，且令

$$t_3 = t_1 - t_2$$

则原命题净化为

$$f(t_3) \neq f(x_3) \wedge t_1 = f(x_1) \wedge t_2 = f(x_2) \wedge t_3 = t_1 - t_2$$

则原命题最终被净化为四个子命题，其中前三个属于等式与未解释函数理论，最后一个属于线性算术理论。

接下来，Nelson-Oppen 协助过程用分治的思想，对属于每个理论 $\mathcal{T}_i$ 的命题分别进行判定。我们重新考虑例8.1中给定的命题，经过净化后，命题被转换成

$$(x_2 \geqslant x_1) \wedge (x_1 - x_3 \geqslant x_2) \wedge (x_3 \geqslant 0) \wedge f(t_3) \neq f(x_3) \wedge$$
$$t_3 = t_1 - t_2 \wedge$$
$$t_1 = f(x_1) \wedge$$
$$t_2 = f(x_2)$$

这些命题分属两个不同的理论，如表 8.1 所示。

表 8.1　不同理论的命题

线性算术理论（$\mathbb{R}$）	等式与未解释函数理论
$x_2 \geqslant x_1$	$f(t_3) \neq f(x_3)$
$x_1 - x_3 \geqslant x_1$	$t_2 = f(x_1)$
$x_3 \geqslant 0$	$t_2 = f(x_2)$
$t_3 = t_1 - t_2$	
$\star x_3 = 0$	$x_3 = 0$
$\star x_1 = x_2$	$x_1 = x_2$
$t_1 = t_2$	$\star t_1 = t_2$
$\star t_3 = 0$	$t_3 = 0$
	$\star\text{Unsat}$

算法首先对线性算术理论的命题进行求解,得到一组(两条)等式

$$x_3 = 0$$
$$x_1 = x_2$$

接着,Nelson-Oppen 算法进入第三个步骤——等式传播,即将某个理论判定得到的等式传播到其他理论。仍考虑上述例子,将两个等式从线性算术理论传播到等式与未解释函数理论后,等式与未解释函数理论共计包括 5 个命题,状态如表 8.1 所示(其中,⋆ 标识的等式表示该等式是由当前理论所推导出的结果,而没有标识 ⋆ 的等式,表示由其他理论传播而来)。

最后,算法跳到第二步,继续用分治法对理论进行求解。在上述例子中,等式与未解释函数求解后,得到新的等式 $t_2 = t_3$。该等式被传播到线性算术理论。我们把剩余的求解过程,作为练习留给读者。最终,命题被判定为不可满足 unsat。

算法14给出了 Nelson-Oppen 协作过程判定算法的伪代码。算法接受命题 P 作为输入,对其进行可满足性判定并返回结果。算法首先调用 purify() 函数对命题 P 进行净化。然后,算法对每个理论中的命题进行判定;如果有理论中的命题不可满足,则算法直接返回不可满足 unsat;如果有新的等式 $e_i = e_j$ 被发现,则算法把该等式传播到其他理论并继续执行,而如果没有新的等式被发现,循环迭代终止,算法返回可满足 sat。

算法 14　Nelson-Oppen 协作过程判定算法

输入: 逻辑命题 P

输出: 对 P 可满足性判定的结果:sat 或 unsat

1: **procedure** Nelson-Oppen(P)
2:     $P = \text{purify}(P)$
3:     **while True do**
4:        solveTheory()
5:        **if** some theory is Unsat **then**
6:           **return** unsat
7:        **if** new equality $e_i = e_j$ is discovered **then**
8:           propagateEquality($e_i = e_j$)
9:        **else**
10:          **Break**
11:    **return** sat

8.3 凸理论

8.2 节讨论的 Nelson-Oppen 协作过程,并不能判定有些命题的可满足性。

例 8.7 判定命题

$$(x \geqslant 1) \wedge (x \leqslant 2) \wedge P(x) \wedge \neg P(1) \wedge \neg P(2)$$

是否可满足,其中 $x \in \mathbb{Z}$。

对例8.7给定的命题进行净化后,结果如下:

线性算术理论($\mathbb{Z}$)	等式与未解释函数理论
$x \geqslant 1$	$P(x)$
$x \leqslant 2$	$\neg P(a_1)$
$a_1 = 1$	$\neg P(a_2)$
$a_2 = 1$	

根据8.2节讨论的 Nelson-Oppen 协作过程的步骤,我们无法根据两个理论的任何一个得出更多的等式,因此,无法判定命题的可满足性。但是,不难发现上述命题其实是不可满足的,直观上,我们可以从

$$x \geqslant 1 \wedge x \leqslant 2$$

得到

$$x = 1 \vee x = 2$$

则我们可以对变量 x 的值分情况讨论,分别将等式 $x = 1$ 或 $x = 2$ 传播到等式与未解释函数理论中,在两种情况下,命题都不可满足。

为了形式化这个过程,我们给出如下定义:

定义 8.4 (凸理论) 我们称理论 $\mathcal{T}$ 是凸的 (convex),如果该理论中的任何合取命题 P 满足以下性质:

$$\left(P \to \bigvee_{i=1}^{n} x_i = y_i \right) \to (P \to x_k = y_k)$$

其中,$k \in \{1, \cdots, n\}, n > 1$ 是有限值。

定义8.4表示,如果合取命题 P 蕴含满足析取关系的 n 个等式 $x_i = y_i (1 \leqslant i \leqslant n)$,$n > 1$ 是有限值,那么合取命题 P 必定蕴含至少其中某一个等式 $x_k = y_k (k \in \{1, \cdots, n\})$。

如果命题 P 不满足定义8.4的要求,则称理论 $\mathcal{T}$ 是非凸的 (nonconvex)。

例 8.8 实数域 $\mathbb{R}$ 上的线性算术理论是凸的。

实数域 $\mathbb{R}$ 上的合取命题 P 蕴含的等式,只有三种可能的取值范围,一是空集,如命题

$$(x \geqslant 1) \wedge (x \leqslant 0)$$

二是单元素集合,如命题

$$(x \geqslant 1) \wedge (x \leqslant 1)$$

三是无限元素集合,如命题

$$(x \geqslant 0) \wedge (x \leqslant 1)$$

上述三种情况中,没有一种情况是 $n > 1$ 的有限等式,故由凸理论的定义可知,实数域 $\mathbb{R}$ 上的线性算术理论是凸的。

例 8.9 整数域 $\mathbb{Z}$ 上的线性算术理论是非凸的。

整数域 $\mathbb{Z}$ 上的合取命题 P 蕴含的等式，只有三种可能的取值范围，一是空集，如命题

$$(x \geqslant 1) \wedge (x \leqslant 0)$$

二是单元素集合，如命题

$$(x \geqslant 1) \wedge (x \leqslant 1)$$

三是大于 $n > 1$ 个的有限元素集合，如命题

$$(x \geqslant 1) \wedge (x \leqslant 2)$$

考虑第三种情况，显然从中不能推出 $x = 1$ 或 $x = 2$ 某一个等式成立，故由凸理论的定义可知，整数域 $\mathbb{Z}$ 上的线性算术理论是非凸的。这也是我们在例8.7中看到的情况。

例 8.10 等式与未解释函数理论是凸的。

由第 5 章的讨论可知，等式与未解释函数理论中的合取命题 P 将变量分成若干个不相交的等价类，每个等价类中的变量分别相等。因此，该合取命题 P 肯定能够推出任何一个等式成立。

8.4 非凸理论

事实上，我们在8.2节给出的判定算法，仅适用于凸理论的判定。在本节，我们把该算法推广到非凸理论。

设命题 P 来自理论组合 $\mathcal{T}_1 \oplus \mathcal{T}_2$，对命题 P 进行可满足性判定，可采用如下步骤：第一，净化，通过引入辅助变量对命题进行解耦；第二，分治，即判定解耦后的每个理论中的命题是否可满足；第三，等式传播，将一个理论判定后得到的等式，传播到其他理论；第四，分裂（splitting），对非凸理论，递归进行判定。

相比对凸理论的判定，对非凸理论的判定增加了分裂步骤。具体地，假设理论 $\mathcal{T}_1$ 中蕴含析取式

$$x_1 = y_1 \vee \cdots \vee x_n = y_n \quad (n > 1)$$

但没有蕴含其中任何一个等式

$$x_i = y_i \quad (1 \leqslant i \leqslant n)$$

则分别判定命题

$$P \wedge x_i = y_i$$

是否可满足，其中 $i \in \{1, \cdots, n\}$。如果这些命题都可满足，那么命题 P 为可满足；如果其中有一个不可满足，那么命题 P 为不可满足。

算法15给出了 Nelson-Oppen 协作过程对非凸理论判定算法的伪代码。算法接受命题 P 作为输入，对其进行可满足性判定，并返回结果 `sat` 或者 `unsat`。算法的前三个步骤和凸理论的判定算法相同。从第 12 行开始，算法进行分裂操作：如果某个理论 $\mathcal{T}_i$ 中的命

题 P_i 蕴含了一组等式析取 $x_1 = y_1 \vee \cdots x_k = y_k(k > 1)$，但没有蕴含其中任何一个等式 $x_i = y_i(1 \leqslant i \leqslant k)$，则我们把每个等式 $x_m = y_m(1 \leqslant m \leqslant k)$ 逐个合取到命题 P 上，得到 $P \wedge (x_m = y_m)$ 并递归调用自身对其进行判定。

算法 15　Nelson-Oppen 协作过程对非凸理论的判定算法

输入：逻辑命题 P

输出：对 P 可满足性判定的结果:`sat` 或 `unsat`

1: **procedure** Nelson-Oppen-Nonconvex(P)
2: 　　$P_1, \cdots, P_n = \text{purify}(P)$
3: 　　**while True do**
4: 　　　　**for** each theory $\mathcal{T}_i$, $i \in \{1, \cdots, n\}$ **do**
5: 　　　　　　$r_i = \text{solveTheory}(P_i)$
6: 　　　　　　**if** $r_i ==$ `unsat` **then**
7: 　　　　　　　　**return** `unsat`
8: 　　　　　　**if** new equality $e_i = e_j$ is discovered in $\mathcal{T}_k$ **then**
9: 　　　　　　　　propagate the equality $(e_i = e_j)$ to $\mathcal{T}_m$ except for $\mathcal{T}_k$
10: 　　　　　　**else**
11: 　　　　　　　　**Break**
12: 　　**if** some $P_i \rightarrow (x_1 = y_1 \vee \cdots x_k = y_k)$ but $P_i \nrightarrow (x_j = y_j)$ **then**
13: 　　　　**for** $m = 1$ to k **do**
14: 　　　　　　**if** Nelson-Oppen-Nonconvex($P \wedge (x_m = y_m)$) == `sat` **then**
15: 　　　　　　　　**return** `sat`
16: 　　**return** `sat`

我们使用算法15，来对例8.7所给的命题 P 重新进行判定。进行线性算术理论的判定后，所得结果如下：

线性算术理论（$\mathbb{Z}$）	等式与未解释函数理论
$x \geqslant 1$	$P(x)$
$x \leqslant 2$	$\neg P(a_1)$
$a_1 = 1$	$\neg P(a_2)$
$a_2 = 1$	
$\star x = 1 \vee x = 2$	

接着，算法对析取式 $x = 1 \vee x = 2$ 分解，分解成等式 $x = 1$ 和 $x = 2$，再分别和每个理论进行合取，得到如下两个状态：

线性算术理论（$\mathbb{Z}$）	等式与未解释函数理论
$x \geqslant 1$	$P(x)$
$x \leqslant 2$	$\neg P(a_1)$
$a_1 = 1$	$\neg P(a_2)$
$a_2 = 1$	
$x = 1$	$x = 1$

和

线性算术理论（$\mathbb{Z}$）	等式与未解释函数理论
$x \geqslant 1$	$P(x)$
$x \leqslant 2$	$\neg P(a_1)$
$a_1 = 1$	$\neg P(a_2)$
$a_2 = 1$	
$x = 2$	$x = 2$

接下来, 算法对这两个新状态继续递归判定, 最终得到命题不可满足并返回 unsat。

8.5　DPLL(T) 算法

不管是对单个理论命题 P 的判定, 还是使用 Nelson-Oppen 协作过程对理论组合命题 P 的判定, 前提条件都要求给定的命题 P 必须是合取形式, 亦即命题中如果包含除合取外的其他逻辑联接词时, 这些判定算法就不适用。在本节, 我们将讨论一种名为 DPLL(T) 的判定算法, 它可以适用于对任意无量词命题的判定。

例 8.11　判定命题

$$x = 1 \wedge (x = 2 \vee x = 3) \tag{8.1}$$

的可满足性。

尽管从直观上看, 上述命题不可满足, 但是, 由于命题中包括析取联接词 $\vee$, 我们无法使用线性算术理论或 Nelson-Oppen 协作过程对其进行判定。

我们可以对这个命题进行如下变换: 首先, 我们引入三个新的命题逻辑命题 P, Q, R 来代表原命题中的关系谓词

$$P \triangleq x = 1$$
$$Q \triangleq x = 2$$
$$R \triangleq x = 3$$

这样, 原命题（8.1）被替换成为

$$P \wedge (Q \vee R) \tag{8.2}$$

不难判定命题（8.2）是可满足的, 这是由于替换过程将具体谓词替换成了抽象命题, 因此, 替换得到的命题可能由于缺少了显式约束, 而由不可满足变成能够满足。

由于变换得到的命题（8.2）完全是命题逻辑公式, 我们可以使用 SAT 求解器对其进行判定（例如我们在第 3 章讨论过的 DPLL 求解算法）。假设判定的结果是

$$P = \top \wedge Q = \top \wedge R = \top \tag{8.3}$$

则其对应于

$$(x = 1) \wedge (x = 2) \wedge (x = 3) \tag{8.4}$$

可以看到命题（8.4）满足合取形式，则可以用 Nelson-Oppen 协作过程进行判定（实际上，这个命题是一个线性算术理论的命题）。

显然，对命题（8.4）的判定将返回不可满足 unsat，这说明 SAT 求解器返回的解（8.3）是不满足要求的一组解，则我们将这组解取非后合取到原命题（8.2）上，得到

$$P \land (Q \lor R) \land \lnot(P \land Q \land R) \tag{8.5}$$

接下来，我们将命题（8.5）继续交由 SAT 求解器进行求解。本质上，我们令 SAT 求解器求解命题 $P \land (Q \lor R)$，但告诉它 $\lnot(P \land Q \land R)$，即 $(P \land Q \land R)$ 不是我们想要的解。SAT 可能返回的一组新的解是

$$P = \top \land Q = \top \land R = \bot \tag{8.6}$$

此即

$$(x = 1) \land (x = 2) \land (x \neq 3) \tag{8.7}$$

类似地，我们可将命题（8.7）继续交由理论求解器进行求解，一直到求解过程结束为止。我们把剩余的求解过程，留作练习由读者自行完成。

为了将上述过程形式化，我们首先给出如下定义：

定义 8.5（**命题骨架**）　给定谓词逻辑命题 P，其命题骨架（propositional skeleton）$\mathcal{K}$ 返回 P 对应的命题逻辑命题，且由以下函数定义：

$$\mathcal{K}(\top) = \top$$
$$\mathcal{K}(\bot) = \bot$$
$$\mathcal{K}(P \land Q) = \mathcal{K}(P) \land \mathcal{K}(Q)$$
$$\mathcal{K}(P \lor Q) = \mathcal{K}(P) \lor \mathcal{K}(Q)$$
$$\mathcal{K}(P \to Q) = \mathcal{K}(P) \to \mathcal{K}(Q)$$
$$\mathcal{K}(r(\cdots)) = A$$

其中，A 是一个全新的命题逻辑命题。

例 8.12　计算命题

$$(x = 1) \land (x = 2) \land (x = 3)$$

的命题骨架。

利用定义，计算过程如下：

$$\mathcal{K}((x = 1) \land (x = 2) \land (x = 3))$$
$$= \mathcal{K}(x = 1) \land \mathcal{K}(x = 2) \land \mathcal{K}(x = 3)$$
$$= P \land Q \land R$$

基于命题骨架，算法16的伪代码如下：

算法 16　DPLL(T) 判定算法

输入：逻辑命题 P

输出：对 P 可满足性判定的结果:sat 或 unsat

 1: **procedure** dpllt(P)
 2: 　　$\mathcal{B} = \mathcal{K}(P)$
 3: 　　**while True do**
 4: 　　　　$(\mathcal{M}, res) = \mathrm{SAT}(\mathcal{B})$
 5: 　　　　**if** $res ==$ unsat **then**
 6: 　　　　　　**return** unsat
 7: 　　　　$Q = \mathcal{M}(\mathcal{B})$
 8: 　　　　$res =$ Nelson-Oppen(Q)
 9: 　　　　**if** $res ==$ sat **then**
10: 　　　　　　**return** sat
11: 　　　　$\mathcal{B} \wedge = \neg \mathcal{M}$
12: 　　**return** unsat

8.6　实　　现

Z3 实现了基于 Nelson-Oppen 算法的理论组合的判定,以及 DPLL(T) 算法。在本节,我们将结合本章已经讨论的实例,给出 Z3 对组合理论实例的判定。

例 8.13　判定命题

$$(x_2 \geqslant x_1) \wedge (x_1 - x_3 \geqslant x_2) \wedge (x_3 \geqslant 0) \wedge f(f(x_1) - f(x_2)) \neq f(x_3)$$

的可满足性。

我们给出如下的 Z3 实现:

```
1  x1, x2, x3 = Ints('x1 x2 x3')
2  f = Function('f', IntSort(), IntSort())
3  solver = Solver()
4  solver.add(x2 >= x1, x1-x3>=x2, x3>=0, f(f(x1)-f(x2))!=f(x3))
5  if solver.check() == sat:
6      print(solver.model())
7  else:
8      print("unsat")
```

程序执行后将输出 unsat,这表明该命题不可满足。

例 8.14　判定命题

$$f(a[32], b[1]) = f(b[32], a[1]) \wedge a[32] = b[32]$$

的可满足性。其中 a, b 是两个位向量,f 是未解释函数。

我们可给出如下的 Z3 实现:

```
1  bsort = BitVecSort(1)
2  a, b = BitVecs('a b', 64)
3  ah: bsort = Extract(32, 32, a)
4  al: bsort = Extract(1, 1, a)
5  bh: bsort = Extract(32, 32, b)
6  bl: bsort = Extract(1, 1, b)
7  sort = DeclareSort('sort')
8  f = Function('f', bsort, bsort, sort)
9  solver = Solver()
10 solver.add(f(ah, bl) == f(bh, al), ah==bh)
11 if solver.check() == sat:
12     print(solver.model())
13 else:
14     print("unsat")
```

程序执行后将输出:

```
[b = 0, a = 0, f = [else -> sort!val!0]]
```

这表明该命题可满足,且一组解是 $a, b = 0$,且 f 是任意函数。

例 8.15　判定命题

$$x = store(v, i, e) \wedge y = x[j] \wedge y > e$$

的可满足性,其中 v 是数组。

我们可给出如下的 Z3 实现:

```
1  v = Array('v', IntSort(), IntSort())
2  x = Array('x', IntSort(), IntSort())
3  i, j, e, y = Ints('i j e y')
4  solver = Solver()
5  solver.add(x == Store(v, i, e), y==x[j], y>e)
6  if solver.check() == sat:
7      print(solver.model())
8  else:
9      print("unsat")
```

程序执行后将输出:

```
[v = Store(K(Int, 2), 4, 1),
 i = 3,
 e = 0,
 j = 4,
 y = 1,
 x = Store(Store(K(Int, 2), 4, 1), 3, 0)]
```

这表明该命题可满足,请读者自行对该组解进行验证。

例 8.16 判定命题

$$x + 2 = y \land f(store(A, x, 3)[y - 2]) \neq f(y - x + 1)$$

的可满足性。其中，A 是数组，f 是未解释函数。

我们可给出如下的 Z3 实现：

```
1  x, y = Ints('x y')
2  A = Array('A', IntSort(), IntSort())
3  f = Function('f', IntSort(), IntSort())
4  solver = Solver()
5  solver.add(x+2==y, f(Store(A, x, 3)[y-2])!= f(y-x+1))
6  if solver.check() == sat:
7      print(solver.model())
8  else:
9      print("unsat")
```

程序执行后将输出 unsat，这表明该命题不可满足。

Z3 也支持对非凸理论的判定。

例 8.17 判定命题

$$(x \geqslant 1) \land (x \leqslant 2) \land P(x) \land \neg P(1) \land \neg P(2)$$

是否可满足，其中 $x \in \mathbb{Z}$。

我们可给出如下的 Z3 实现：

```
1  x = Int('x')
2  f = Function('f', IntSort(), BoolSort())
3  solver = Solver()
4  solver.add(x>=1, x<=2, f(x), Not(f(1)), Not(f(2)))
5  if solver.check() == sat:
6      print(solver.model())
7  else:
8      print("unsat")
```

程序执行后将输出 unsat，这表明该命题不可满足。

Z3 支持对包含任意逻辑联接词命题的判定。

例 8.18 判定命题

$$x = 1 \land (x = 2 \lor x = 3) \tag{8.8}$$

的可满足性，其中 $x \in \mathbb{Z}$。

我们可给出如下的 Z3 实现：

```
1  x = Int('x')
2  solver = Solver()
3  solver.add(x==1, Or(x==2, x==3))
4  if solver.check() == sat:
5      print(solver.model())
```

```
6  else:
7      print("unsat")
```

程序执行后将输出 unsat,这表明该命题不可满足。

本 章 小 结

本章主要讨论了理论组合、Nelson-Oppen 协作过程、凸理论和 DPLL(T) 算法。首先,本章讨论了理论组合的基本概念;其次,本章讨论了 Nelson-Oppen 协作过程,它主要包括四个步骤:净化、解耦后命题可满足性判定、等式传播、分解;接着,本章讨论了理论凸性的主要概念并给出了实例;最后,本章还讨论了 DPLL(T) 算法,并给出了其典型应用。

深 入 阅 读

Bonacina 等[94] 讨论了理论组合问题的可判定性;Nelson 等[95, 96] 以及 Shostak 等[45],讨论了对理论组合的判定算法。Tinelli 等[97] 提供了对判定算法正确性的完整理论证明。

Tinelli[104] 最早给出了 DPLL(T) 的一般形式。Armando 等[105] 和 Audemard 等[106] 研究了理论传播问题。Ganzinger 等[107] 给出了理论传播的更高效的实现算法。Nieuwenhuis 等[108] 给出了 DPLL(T) 从理论到实现的全面介绍。Moura 等[109] 讨论了 Z3 对理论组合和 DPLL(T) 的具体实现。

思 考 题

1. 请判断以下命题由哪些理论组合而成:

（1）$(x_2 \leqslant x_1) \wedge (x_1 + x_3 \leqslant x_2) \wedge (x_3 \geqslant 0) \wedge f(f(x_1) - f(x_2)) \neq f(x_3)$;

（2）$g(k[2], t[1]) = s(f(2), t[1]) \wedge k[2] = t[1]$;

（3）$x = store(v, i, e) \wedge y = v[j] \wedge x > e \wedge x > y$。

2. 请判断以下命题由哪些理论组合而成:

（1）$(x_2 + x_3 \leqslant x_1) \wedge f(x_1 - f(x_2)) \neq f(x_3) \wedge a[x_1] = b[x_2]$;

（2）$x_1 \& x_2 = 0 \wedge f(x_1) \neq f(x_2) \wedge a[x_1] = b[x_2]$。

3. 请构造一个由等式理论和数组理论构成的理论组合命题,其中等式理论和数组理论皆可满足,但是组合后的理论命题不可满足。

4. 请给出一个由等式理论、数组理论和指针构成的理论组合命题,且该命题可满足。

5. 请完成例8.1中 DPLL（T）算法的求解过程。

6. 请使用 Nelson-Oppen 算法判断以下命题是否可满足:

（1）$1 \leqslant x \wedge x \leqslant 2 \wedge cons(1, y) \neq cons(x, y) \wedge cons(2, y) \neq cons(x, y)$;

（2）$x + y = z \wedge f(z) = z \wedge f(x + y) \neq z$;

（3）$g(x + y, z) = f(g(x, y)) \wedge x + z = y \wedge z \geqslant 0 \wedge x \geqslant y \wedge g(x, x) = z \wedge f(z) \neq g(2x, 0)$。请给出其 Z3 实现。

7. 请判断以下命题是否适用 Nelson-Oppen 算法,并给出理由:

（1）$1 \leqslant x \wedge x \leqslant 3 \wedge f(x) = f(1)$;

（2）$1 \leqslant x \wedge x \leqslant 3 \wedge f(x) \neq f(1) \wedge f(x) \neq f(2)$。

8. 请判断命题

$$f(x) = x + y \wedge x \leqslant y + z \wedge x + z \leqslant y \wedge y = 1 \wedge f(x) \neq f(2)$$

是否是凸性。请给出其 Z3 实现。

9. 请描述基于凸理论的 Nelson-Oppen 算法和基于非凸理论的 Nelson-Oppen 算法的本质区别。

10. 请完成命题8.7的求解过程。

11. 请使用 DPLL(T) 算法判断命题

$$2 \leqslant x \wedge x \leqslant 3 \wedge f(x) \neq f(2) \vee f(x) \neq f(3)$$

是否可满足。请给出其 Z3 实现。

第 9 章　符号执行

符号执行是形式化方法,尤其是可满足性模理论的重要应用,它利用符号值对程序进行抽象运行,能够有效覆盖程序尽可能多的执行路径,因此,该技术已经被广泛用于软件测试、程序分析、漏洞检测等领域。本章讨论符号执行的理论和技术,内容主要包括:命令式 IMP 语言的定义及其操作语义、符号执行与混合执行、符号执行的相关工程实现。本章还将以符号执行系统 KLEE 为实例,讨论符号执行的实际实现,并给出典型应用。

9.1　命令式语言 IMP

我们首先讨论一个小型的程序语言 IMP,该语言针对典型的命令式程序设计语言建立了一个通用模型,用于讨论本章的操作语义和符号执行等重要概念;同时,它也将为第 10 章要讨论的霍尔逻辑奠定重要基础。

9.1.1　IMP 的定义

我们首先给出如下定义:

定义 9.1 (IMP **语言的语法**)　IMP 语言的语法由如下的上下文无关文法给出:

$$e ::= n \mid x \mid e+e \mid e-e \mid e \times e \mid e/e$$
$$b ::= \text{true} \mid \text{false} \mid e == e \mid e <= e \mid !b \mid b\&\&b \mid b||b$$
$$s ::= \text{skip} \mid x=e \mid s;s \mid \text{if } b \text{ then } s \text{ else } s \mid \text{while } b \text{ do } s$$

非终结符 e 给定了算术表达式的语法,包括整型常量 n、整型变量 x,以及加法(+)、减法(−)、乘法(×)和除法(/)等算术四则运算;非终结符 b 给出了布尔表达式的语法,包括布尔常量 true 和 false,算术表达式 e 上的比较操作,以及布尔表达式上的布尔运算与(&&)、或(||)、非(!)等。

语句 s 包括空语句 skip、赋值语句 $x=e$、语句序列 $s;s$、条件语句 if 和循环语句 while;条件和循环语句的条件部分分别包含布尔表达式 b。

例 9.1　以下 IMP 实例程序,计算从 1 到 n 的整型数的和:

```
1  sum = 0;
2  n = 100;
3  i = 0;
```

```
4  while i<= n do
5    sum = sum + i;
6    i = i + 1;
```

9.1.2 IMP 的实现

根据我们在第 1 章中讨论的文法实现技术,我们可以给出对 IMP 语言的实现。例如,对于算术表达式 e,我们可给出如下的 Python 实例实现代码:

```
1  from dataclasses import dataclass
2
3  class E:
4    pass
5
6  # e ::= n
7  @dataclass
8  class ENum(E):
9    n: int
10
11 # e ::= x
12 @dataclass
13 class EVar(E):
14   x: String
15
16 # e ::= e+e
17 @dataclass
18 class EAdd(E):
19   l: E
20   r: E
21
22 # e ::= e-e
23 @dataclass
24 class ESub(E):
25   l: E
26   r: E
27
28 # e ::= e*e
29 @dataclass
30 class ETimes(E):
31   l: E
32   r: E
33
34 # e ::= e/e
35 @dataclass
36 class EDiv(E):
```

```
37    l: E
38    r: E
```

我们可以用递归的机制,实现对该语法树节点的遍历。例如,我们可以用如下代码,来计算给定的语法树的节点数量:

```
1   def num_nodes(e: E) -> int:
2     match e:
3       case ENum(_):
4         return 1
5       case EVar(_):
6         return 1
7       case EAdd(l, r):
8         return 1 + num_nodes(l) + num_nodes(r)
9       case ESub(l, r):
10        return 1 + num_nodes(l) + num_nodes(r)
11      case ETimes(l, r):
12        return 1 + num_nodes(l) + num_nodes(r)
13      case EDiv(l, r):
14        return 1 + num_nodes(l) + num_nodes(r)
15      case _:
16        raise Exception()
```

对其他语言机制以及其他操作的实现类似,我们留给读者作为练习。

最后需要指出的是,IMP 语言比较简单,例如 IMP 中不包括函数定义和函数调用,但是由于 IMP 中包括了分支和循环语句,因此,它也是图灵完备的。

9.2 操作语义

为了形式化 IMP 语言的执行行为,我们需要用严格的数学工具来刻画 IMP 语言的语义。在程序设计语言的研究中,主要有三种刻画程序形式语义的理论和方法。

操作语义(operational semantics)通过定义一个抽象机器模型,并通过刻画程序在这个抽象机器模型上的执行行为来定义语言的形式语义。抽象机器模型不使用低级微处理器指令集,而是使用更加高层的靠近语言语法的抽象机器结构。抽象机器的行为通过一个转换函数来定义,即从抽象机器模型的任何状态出发,执行程序的语句后,达到抽象机器模型的下一个状态,当所有的程序语句执行完毕后,抽象机器模型执行停止。出于不同的设计目标,操作语义可以定义在较高的层次上,此时抽象机器模型更接近程序语法;也可以定义在较低层次上,此时抽象机器模型更接近物理机器。

指称语义(denotational semantics)采取更抽象的观点来描述程序语言的语义,即它没有采用抽象机器模型,而是采用了一些数学对象和结构,这些结构包括数和函数,等等。指称语义首先需要定义一组语义论域(domain),然后需要定义一组解释函数(interpretation function),将程序语法结构映射到这组语义论域上。这样,给不同的程序语法结构寻找合适的语义论域就成为非常重要且关键的研究领域,称为论域理论(domain theory)。指称语义的主要优点是它一般能够抽取语言结构中的核心抽象,并忽略无关细节。此外,由于指称语义选取的语义论域具有抽象性,因此,指称语义可以用来建立和推理程序的一般属性。例如,指称语义可以用来证明程序具有相同的运行行为。指称语义从所选择的语义论域,可以证明某些性质在目标语言中一定不会出现。

公理语义(axiomatic semantics)使用数理逻辑刻画程序的行为,并基于逻辑推理规则证明程序的性质。公理语义已经在程序性质推理和证明领域得到了广泛应用。

从历史发展的角度来看,公理语义和指称语义在 20 世纪六七十年代就得到了广泛的研究,并取得了丰富的研究成果,但是,在 20 世纪 80 年代后,这两种语义系统处理函数抽象、并发等编程特性时,都遇到了很多挑战。与此同时,操作语义由于其简单性和灵活性,而逐渐流行起来。接下来,我们也将使用操作语义来形式化定义 IMP 语言的语义。

9.2.1 抽象机器模型

为了给 IMP 语言定义形式语义,我们需要为其定义一个抽象机器模型,并将语义规则定义为该抽象机器模型的状态转换。由于 IMP 语言中包含变量,所以,我们定义的抽象机器模型需要为变量到值的映射建模。

定义 9.2 (抽象机器模型)　抽象机器模型只包括存储 σ 将变量 x 映射到值 v:

$$\sigma : x \to v$$

其中,值 v 定义为

$$v ::= n \mid \text{true} \mid \text{false}$$

我们将存储 σ 上对变量 x 的读操作记为 $\sigma(x)$,而将存储 σ 上将变量 x 的值更新为 v 的操作记为 $\sigma[x \mapsto v]$。

9.2.2 归约规则

我们按照对 IMP 中语法结构的归纳,以推理规则的方式,分别给出整型表达式 e,布尔型表达式 b,以及语句 s 的归约规则。

整数表达式 e 的归约规则的一般形式是

$$\frac{\cdots}{\langle e, \sigma \rangle \to n} \tag{Name}$$

即整数表达式 e 在抽象机器模型 σ 下,归约得到整型值 n。注意到,归约过程省略了具体的中间步骤而直接得到了结果,因此,这种风格的归约称为大步归约(big-step evaluation)。

按照对表达式 e 具体语法形式的归纳,我们给出如下规则:

$$\frac{}{\langle n, \sigma \rangle \to n} \tag{E-Num}$$

即整型常量 n,被归约为 n 自身。

$$\frac{}{\langle x, \sigma \rangle \to \sigma(x)} \quad \text{(E-Var)}$$

即变量 x 值,被归约为 x 在存储 σ 中的值 $\sigma(x)$。

$$\frac{\langle e_1, \sigma \rangle \to n_1 \quad \langle e_2, \sigma \rangle \to n_2 \quad n = n_1 + n_2}{\langle e_1 + e_2, \sigma \rangle \to n} \quad \text{(E-+)}$$

对加法表达式 $e_1 + e_2$ 做归约,首先分别将子表达式 e_1 和 e_2 分别归约为整型值 n_1 和 n_2,然后将 n_1 和 n_2 相加得到最终结果。以下对其他运算符的归约规则,与此规则类似。

$$\frac{\langle e_1, \sigma \rangle \to n_1 \quad \langle e_2, \sigma \rangle \to n_2 \quad n = n_1 - n_2}{\langle e_1 - e_2, \sigma \rangle \to n} \quad \text{(E--)}$$

$$\frac{\langle e_1, \sigma \rangle \to n_1 \quad \langle e_2, \sigma \rangle \to n_2 \quad n = n_1 \times n_2}{\langle e_1 \times e_2, \sigma \rangle \to n} \quad \text{(E-×)}$$

$$\frac{\langle e_1, \sigma \rangle \to n_1 \quad \langle e_2, \sigma \rangle \to n_2 \quad n = n_1/n_2}{\langle e_1/e_2, \sigma \rangle \to n} \quad \text{(E-/)}$$

布尔表达式 b 的归约规则的一般形式是

$$\frac{\cdots}{\langle b, \sigma \rangle \to v} \quad \text{(Name)}$$

即布尔表达式 b 在抽象机器模型 σ 下,归约得到值 v,其中值 v 只可能取 true 或 false。按照对布尔表达式 b 具体语法形式的归纳,我们给出如下规则:

$$\frac{}{\langle \text{true}, \sigma \rangle \to \text{true}} \quad \text{(E-True)}$$

$$\frac{}{\langle \text{false}, \sigma \rangle \to \text{false}} \quad \text{(E-False)}$$

上述两条规则表明:布尔表达式常量 true 或 false 都分别归约到其自身。

$$\frac{\langle e_1, \sigma \rangle \to n_1 \quad \langle e_2, \sigma \rangle \to n_2 \quad n_1 == n_2}{\langle e_1 == e_2, \sigma \rangle \to \text{true}} \quad \text{(E-==1)}$$

$$\frac{\langle e_1, \sigma \rangle \to n_1 \quad \langle e_2, \sigma \rangle \to n_2 \quad n_1 \neq n_2}{\langle e_1 == e_2, \sigma \rangle \to \text{false}} \quad \text{(E-==2)}$$

对等式 $e_1 == e_2$ 做归约时,首先分别归约子表达式 e_1 和 e_2 到值 v_1 和 v_2,然后对 v_1 和 v_2 进行比较,得到最终的归约结果。

$$\frac{\langle e_1, \sigma \rangle \to n_1 \quad \langle e_2, \sigma \rangle \to n_2 \quad n_1 <= n_2}{\langle e_1 <= e_2, \sigma \rangle \to \text{true}} \quad \text{(E-<=1)}$$

$$\frac{\langle e_1, \sigma\rangle \to n_1 \qquad \langle e_2, \sigma\rangle \to n_2 \qquad n_1 > n_2}{\langle e_1 <= e_2, \sigma\rangle \to \texttt{false}} \qquad \text{(E-<=2)}$$

对不等式 $e_1 <= e_2$ 做归约时，首先分别归约子表达式 e_1 和 e_2 到值 v_1 和 v_2，然后对 v_1 和 v_2 进行比较，得到最终的归约结果。

$$\frac{\langle b, \sigma\rangle \to \texttt{true}}{\langle !b, \sigma\rangle \to \texttt{false}} \qquad \text{(E-!1)}$$

$$\frac{\langle b, \sigma\rangle \to \texttt{false}}{\langle !b, \sigma\rangle \to \texttt{true}} \qquad \text{(E-!2)}$$

对否定 $!b$ 做归约时，首先归约子表达式 b，得到值 $\texttt{true}$ 或 $\texttt{false}$，然后对得到的值进行求否定运算 $!$，得到最终的归约结果。

$$\frac{\langle b_1, \sigma\rangle \to v_1 \qquad \langle b_2, \sigma\rangle \to v_2 \qquad v = v_1 \&\& v_2}{\langle b_1 \&\& b_2, \sigma\rangle \to v} \qquad \text{(E-\&\&)}$$

对布尔运算 $b_1 \&\& b_2$ 做归约时，首先分别归约子表达式 b_1 和 b_2 到值 v_1 和 v_2，然后对 v_1 和 v_2 进行布尔运算 $\&\&$，得到最终的归约结果。

$$\frac{\langle b_1, \sigma\rangle \to v_1 \qquad \langle b_2, \sigma\rangle \to v_2 \qquad v = v_1 || v_2}{\langle b_1 || b_2, \sigma\rangle \to v} \qquad \text{(E-||)}$$

对布尔运算 $b_1 \&\& b_2$ 做归约时，首先分别归约子表达式 b_1 和 b_2 到值 v_1 和 v_2，然后对 v_1 和 v_2 进行布尔运算 $||$，得到最终的归约结果。

需要特别注意的是，上述布尔运算 $\&\&$ 和 $||$，不支持短路计算。例如，对布尔表达式 $\texttt{false} \&\& b$ 进行归约时，会对子表达式 b 进行归约。

语句 s 的归约规则的一般形式是

$$\frac{\cdots}{\langle s, \sigma\rangle \to \sigma'} \qquad \text{(Name)}$$

即语句 s 在抽象机器模型状态 σ 下，归约得到一个新的抽象机器模型状态 σ'，即语句 s 的归约产生了副作用。按照对语句 s 具体语法形式的归纳，我们给出如下规则：

$$\frac{}{\langle \texttt{skip}, \sigma\rangle \to \sigma} \qquad \text{(E-Skip)}$$

即空语句 $\texttt{skip}$ 不改变抽象机器模型 σ 的状态。

$$\frac{\langle e, \sigma\rangle \to n}{\langle x = e, \sigma\rangle \to \sigma[x \mapsto n]} \qquad \text{(E-Assign)}$$

对赋值语句 $x = e$ 做归约时，首先归约表达式 e 到值 n，然后将存储 σ 中的变量 x 更新成值 n，得到新的存储 $\sigma[x \mapsto n]$。

$$\frac{\langle s_1, \sigma \rangle \rightarrow \sigma'' \qquad \langle s_2, \sigma'' \rangle \rightarrow \sigma'}{\langle s_1; s_2, \sigma \rangle \rightarrow \sigma'} \tag{E-Seq}$$

对语句序列 $s_1; s_2$ 做归约时,首先归约语句 s_1,得到新的存储 σ'',然后再归约语句 s_2,得到新的存储 σ',即为最终结果。

$$\frac{\langle b, \sigma \rangle \rightarrow \text{true} \qquad \langle s_1, \sigma \rangle \rightarrow \sigma'}{\langle \text{if } b \text{ then } s_1 \text{ else } s_2, \sigma \rangle \rightarrow \sigma'} \tag{E-If1}$$

$$\frac{\langle b, \sigma \rangle \rightarrow \text{false} \qquad \langle s_2, \sigma \rangle \rightarrow \sigma'}{\langle \text{if } b \text{ then } s_1 \text{ else } s_2, \sigma \rangle \rightarrow \sigma'} \tag{E-If2}$$

对条件语句 if b then s_1 else s_2 做归约时,首先归约条件表达式 b,并根据具体得到的值为 true 或 false,来继续归约语句 s_1 或 s_2,得到新的存储 σ' 作为最终结果。

$$\frac{\langle b, \sigma \rangle \rightarrow \text{false}}{\langle \text{while } b \text{ do } s, \sigma \rangle \rightarrow \sigma} \tag{E-While1}$$

$$\frac{\langle b, \sigma \rangle \rightarrow \text{true} \qquad \langle s, \sigma \rangle \rightarrow \sigma'' \qquad \langle \text{while } b \text{ do } s, \sigma'' \rangle \rightarrow \sigma'}{\langle \text{while } b \text{ do } s, \sigma \rangle \rightarrow \sigma'} \tag{E-While2}$$

对循环语句 while b do s 做归约时,首先归约条件表达式 b,并根据具体得到的值为 true 或 false,来决定是否继续归约循环体语句 s。

根据上述对 IMP 的归约规则,我们可以给出具体归约关系成立的证明。

例 9.2 对任意给定的存储 σ,证明归约关系

$$\langle 2 + 3, \sigma \rangle \rightarrow 5$$

成立。

我们给出如下的推导过程:

$$\frac{\overline{\langle 2, \sigma \rangle \rightarrow 2} \qquad \overline{\langle 3, \sigma \rangle \rightarrow 3} \qquad 5 = 2 + 3}{\langle 2 + 3, \sigma \rangle \rightarrow 5}$$

例 9.3 对任意给定的存储 σ 满足 $\sigma(x) = 0$,证明归约关系

$$\langle (x + 1) + (2 + 3), \sigma \rangle \rightarrow 6$$

成立。

我们给出如下的推导过程:

$$\frac{\dfrac{\overline{\langle x, \sigma \rangle \rightarrow \sigma(x)} \qquad \overline{\langle 1, \sigma \rangle \rightarrow 1} \qquad 1 = 0 + 1}{\langle x + 1, \sigma \rangle \rightarrow 1} \qquad \dfrac{\varSigma}{\langle 2 + 3, \sigma \rangle \rightarrow 5} \qquad 6 = 1 + 5}{\langle (x + 1) + (2 + 3), \sigma \rangle \rightarrow 6}$$

我们省略了 $\varSigma$ 部分的推导过程,这部分推导和例9.2给出的推导过程相同。

对整型表达式 e 的归约具有确定性,即:

定理 9.1 (**整型表达式** e **的归约确定性**) 对任意给定的整型表达式 e,若有

$$\langle e,\sigma\rangle \to n \quad 且 \quad \langle e,\sigma\rangle \to n'$$

则 $n=n'$。

证明 基于对整型表达式 e 的结构归纳。

（1）对于 $e=n$,则只有归约规则（E-Num）可以使用,则不难得到 $n=n'$;

（2）对于 $e=x$,则只有归约规则（E-Var）可以使用,则不难得到 $n=n'=\sigma(x)$;

（3）对于 $e=e_1+e_2$,则只有只有归约规则（E-+）可以使用,即有

$$\frac{\langle e_1,\sigma\rangle \to n_1 \quad \langle e_2,\sigma\rangle \to n_2 \quad n=n_1+n_2}{\langle e_1+e_2,\sigma\rangle \to n}$$

且

$$\frac{\langle e_1,\sigma\rangle \to n_1' \quad \langle e_2,\sigma\rangle \to n_2' \quad n=n_1'+n_2'}{\langle e_1+e_2,\sigma\rangle \to n'}$$

则由归纳假设,命题对于

$$\langle e_1,\sigma\rangle \to n_1 \quad 且 \quad \langle e_1,\sigma\rangle \to n_1'$$

成立,因此,我们可得到 $n_1=n_1'$。同理,命题对于

$$\langle e_2,\sigma\rangle \to n_2 \quad 且 \quad \langle e_2,\sigma\rangle \to n'$$

成立,因此,我们可以得到 $n_2=n_2'$。于是,有

$$n=n_1+n_2=n_1'+n_2'=n'$$

命题得证。

（4）对于 $e=e_1-e_2$ 以及 $e=e_1\times e_2$,证明过程类似。

综上,原命题成立。

类似地,我们可给出对布尔表达式 b,以及语句 s 的归约确定性定理。

定理 9.2 (**布尔表达式** b **的归约确定性**) 对任意给定的布尔表达式 b,若有

$$\langle b,\sigma\rangle \to v \quad 且 \quad \langle b,\sigma\rangle \to v'$$

则 $v=v'$。

定理 9.3 (**语句** s **的归约确定性**) 对任意给定的语句 s,若有

$$\langle s,\sigma\rangle \to \sigma' \quad 且 \quad \langle s,\sigma\rangle \to \sigma''$$

则 $\sigma'=\sigma''$。

我们把对这两个定理的证明,留给读者作为练习。

9.2.3　实现

基于操作语义的规则,我们可给出其具体实现。首先,我们定义存储:

```
1  class Sigma:
2      d: dict[str, int]
3      def __init__(self):
4          self.d = dict()
5      def insert(self, k: str, v: int):
6          self.d[k] = v
7      def lookup(self, k: str) -> int:
8          return self.d[k]
```

注意,存储的关键字类型为 str,而值类型为 int(第 2 行)。为简单起见,我们用整型 int 来表示布尔类型:0 代表 false,1 代表 true。存储被初始化为一个空的字典 dict(第 4 行),而存储的插入 insert 和查找 lookup 操作分别使用了字典的对应操作(第 6 和第 8 行)。

我们用如下函数定义归约规则:

```
1  def eval_e(e: E, sig: Sigma) -> int:
2  def eval_b(b: B, sig: Sigma) -> int:
3  def eval_s(s: S, sig: Sigma) -> Sigma:
```

接下来,我们给出函数 eval_e 的具体实现:

```
1  def eval_e(e: E, sig: Sigma) -> int:
2   match e:
3     case ENum(n):
4       return n
5     case EVar(x):
6       return sig.lookup(x)
7     case EAdd(l, r):
8       return eval_e(l, sig) + eval_e(r, sig)
9     case ESub(l, r):
10      return eval_e(l, sig) - eval_e(r, sig)
11    case ETimes(l, r):
12      return eval_e(l, sig) * eval_e(r, sig)
13    case EDiv(l, r):
14      return eval_e(l, sig) / eval_e(r, sig)
```

其他两个函数 eval_b 和 eval_s 的实现与 eval_e 类似,我们将其留作练习。

9.3　符号执行

程序语言的操作语义针对具体给定的变量值,对程序进行执行,在每次执行的过程中,只会遍历程序的一条固定的执行路径。而在程序分析或软件测试的任务中,我们往往关心程序的特定性质是否成立,以及在哪条执行路径上会成立。为此,我们通常可以采用程序测试或模糊测试的技术,即用随机产生的变量值作为输入,对程序进行测试,以期完成测试目标。但是,程序测试和模糊测试由于只采用了特定或随机的值,它们在提高路径覆盖度方面还面临挑战。

例 9.4 针对如下实例程序:

```
1  void f(int x, int y){
2    if(x == 123456789)
3      if(y == 987654321)
4        1/0;
5  }
```

如果要测试定位到第 4 行的"除零错",输入的两个值 x 和 y 都必须等于两个特定的整数值(即 $x = 123456789$ 且 $y = 987654321$),而如果在随机给定输入进行测试的条件下,这两个变量都恰好取目标值的概率为 $2^{-32} \times 2^{-32} = 2^{-64}$。在实际(黑盒)测试中,能够执行该分支的可能性非常低。

符号执行(symbolic execution)是提高程序执行路径覆盖度的有效技术,在符号执行过程中,我们需要使用程序变量的符号值,而不是其具体值。为此,我们需要对 IMP 中值 v 的定义进行扩展。

定义 9.3 (符号值)   程序的符号值 v 的定义为

$$v ::= n \mid \alpha \mid v + v \mid v - v \mid v \times v \mid v/v$$

其中,希腊字母 α 表示变量的符号值。

由于符号值 v 一般是静态未知的,因此我们无法对其进行化简。这样,符号值 v 具有和表达式 e 本质上相同的结构。

定义 9.4 (抽象机器符号模型)   抽象机器符号模型只包括存储 σ,它将变量 x 映射到符号值 v:

$$\sigma : x \to u$$

我们仍使用符号 $\sigma(x)$ 和 $\sigma[x \mapsto v]$,分别表示对存储 σ 的读写操作。

在对程序做符号执行的过程中,由于变量可能是符号值,因此面对分支条件判断时,一般我们无法得知条件具体的值,此时,我们必须对条件表达式进行记录,本质上,这些条件表达式记录了程序的执行路径,被称为路径条件(path conditions)。

我们用函数 $\mathcal{R}(e, \sigma)$ 表示整数表达式 e 在抽象机器符号模型 σ 上的执行过程,则其一般形式是

$$\mathcal{R}(e, \sigma) = v$$

根据对整数表达式 e 的语法结构归纳,我们给出函数 $\mathcal{R}(e, \sigma)$ 的计算规则:

$$\mathcal{R}(n, \sigma) = n$$
$$\mathcal{R}(x, \sigma) = \sigma(x)$$
$$\mathcal{R}(e_1 + e_2, \sigma) = \mathcal{R}(e_1, \sigma) + \mathcal{R}(e_2, \sigma)$$
$$\mathcal{R}(e_1 - e_2, \sigma) = \mathcal{R}(e_1, \sigma) - \mathcal{R}(e_2, \sigma)$$

$$\mathcal{R}(e_1 \times e_2, \sigma) = \mathcal{R}(e_1, \sigma) \times \mathcal{R}(e_2, \sigma)$$
$$\mathcal{R}(e_1 / e_2, \sigma) = \mathcal{R}(e_1, \sigma) / \mathcal{R}(e_2, \sigma)$$

对常量 n 的计算，得到其自身对应的符号值；对变量 x 的计算，将得到其符号值 $\sigma(x)$；而对加法（+）、减法（−）、乘法（×）、和除法（/）等算术运算，符号执行将在运算的子表达式上分别进行，并将子表达式的计算结果组合成整个算术表达式的计算结果。需要注意的是，此时得到的结果是一个符号表达式，而不是具体的数值。

例 9.5 给定初始的抽象机器符号模型 $\sigma = [x \mapsto \alpha, y \mapsto \beta]$，给出对表达式 $(x+1) + (y+2)$ 符号执行的结果。

由符号执行规则，我们有

$$\begin{aligned}
&\mathcal{R}((x+1) + (y+2), \sigma) \\
&= \mathcal{R}((x+1), \sigma) + \mathcal{R}((y+2), \sigma) \\
&= (\mathcal{R}(x, \sigma) + \mathcal{R}(1, \sigma)) + (\mathcal{R}(y, \sigma) + \mathcal{R}(2, \sigma)) \\
&= (\sigma(x) + 1) + (\sigma(y) + 2) \\
&= (\alpha + 1) + (\beta + 2)
\end{aligned}$$

对布尔表达式 b 的符号执行规则 $\mathcal{R}(b, \sigma)$，与整型表达式类似，但这些规则执行得到的结果是一个谓词逻辑的命题 P：

$$\mathcal{R}(b, \sigma) = P$$

基于对布尔表达式 b 的语法归纳，我们给出其计算规则：

$$\begin{aligned}
\mathcal{R}(\mathtt{true}, \sigma) &= \top \\
\mathcal{R}(\mathtt{false}, \sigma) &= \bot \\
\mathcal{R}(e_1 == e_2, \sigma) &= \mathcal{R}(e_1, \sigma) == \mathcal{R}(e_2, \sigma) \\
\mathcal{R}(e_1 <= e_2, \sigma) &= \mathcal{R}(e_1, \sigma) \leqslant \mathcal{R}(e_2, \sigma) \\
\mathcal{R}(!b_1, \sigma) &= \neg \mathcal{R}(b_1, \sigma) \\
\mathcal{R}(b_1 \&\& b_2, \sigma) &= \mathcal{R}(b_1, \sigma) \wedge \mathcal{R}(b_2, \sigma) \\
\mathcal{R}(b_1 || b_2, \sigma) &= \mathcal{R}(b_1, \sigma) \vee \mathcal{R}(b_2, \sigma)
\end{aligned}$$

具体地，对布尔表达式常量 `true` 和 `false`，符号执行将分别得到命题常量 $\top$ 和 $\bot$；对于比较运算 $e_1 == e_2$ 或 $e_1 <= e_2$，将分别符号执行子表达式 e_1 和 e_2，并分别得到符号形式的表达式 $\mathcal{R}(e_1, \sigma)$ 和 $\mathcal{R}(e_2, \sigma)$ 作为结果；对于布尔运算 $!b_1$、$b_1 \&\& b_2$ 或 $b_1 || b_2$，将分别符号执行子表达式 b_1 和 b_2，并分别用适当的联接词 $\neg$、$\wedge$、或 $\vee$ 联接子结果 $\mathcal{R}(b_1, \sigma)$ 和 $\mathcal{R}(b_2, \sigma)$，最终得到复合命题作为结果。

例 9.6 给定初始的抽象机器符号模型 $\sigma = [x \mapsto \alpha, y \mapsto \beta]$，给出对布尔表达式 $(x == 5) \&\& !(y <= 8)$ 符号执行的结果。

由符号执行规则，我们有

$$\begin{aligned}
&\mathcal{R}((x == 5) \&\& !(y <= 8), \sigma) \\
&= \mathcal{R}((x == 5), \sigma) \wedge \mathcal{R}(!(y <= 8), \sigma)
\end{aligned}$$

$$= (\mathcal{R}(x,\sigma) == \mathcal{R}(5,\sigma)) \wedge \neg(\mathcal{R}(y <= 8,\sigma))$$
$$= (\sigma(x) == 5) \wedge \neg(\mathcal{R}(y,\sigma) \leqslant \mathcal{R}(8,\sigma))$$
$$= (\alpha == 5) \wedge \neg(\sigma(y) \leqslant 8)$$
$$= (\alpha == 5) \wedge \neg(\beta \leqslant 8)$$

在给定的抽象机器符号模型 σ 和路径条件 P 上,对语句 s 进行符号执行 $\mathcal{R}(s,\sigma,P)$,将得到新的抽象机器符号模型 σ' 和新的路径条件 P',它们构成的二元组 (σ',P') 作为返回值:

$$\mathcal{R}(s,\sigma,P) = (\sigma',P')$$

基于对语句 s 的语法结构归纳,我们给出如下的计算规则:

$$\mathcal{R}(\mathbf{skip},\sigma,P) = (\sigma,P)$$
$$\mathcal{R}(x=e,\sigma,P) = (\sigma[x \mapsto \mathcal{R}(e,\sigma)],P)$$
$$\mathcal{R}(s_1;s_2,\sigma,P) = \mathbf{let}\ (\sigma',P') = \mathcal{R}(s_1,\sigma,P)$$
$$\mathbf{in}\ \mathcal{R}(s_2,\sigma',P')$$
$$\mathcal{R}(\mathbf{if}\ b\ \mathbf{then}\ s_1\ \mathbf{else}\ s_2,\sigma,P) = \begin{cases} \mathcal{R}(s_1,\sigma,P \wedge \mathcal{R}(b,\sigma)) \\ \mathcal{R}(s_2,\sigma,P \wedge \neg\mathcal{R}(b,\sigma)) \end{cases}$$
$$\mathcal{R}(\mathbf{while}\ b\ \mathbf{do}\ s,\sigma,P) = \begin{cases} (\sigma,P \wedge \neg\mathcal{R}(b,\sigma)) \\ \mathcal{R}(s;\mathbf{while}\ b\ \mathbf{do}\ s,\sigma,P \wedge \mathcal{R}(b,\sigma)) \end{cases}$$

对于 $\mathbf{skip}$ 语句,符号执行直接返回初始的符号存储 σ 和路径条件 P;对赋值语句 $x=e$,对表达式 e 进行符号执行,并将得到的符号值 $\mathcal{R}(e,\sigma)$ 更新到符号存储 σ 的变量 x 中;对语句序列 $s_1;s_2$,符号执行先执行语句 s_1,得到新的符号存储 σ' 和新的路径条件 P' 组成的二元组 (σ',P'),并根据这个新的二元组,继续执行语句 s_2。

对条件判断语句 $\mathbf{if}\ b\ \mathbf{then}\ s_1\ \mathbf{else}\ s_2$,由于条件表达式 b 的值一般是静态未知的,因此,我们需要讨论 b 成立或不成立两种情况,分别进入两个分支执行:如果 b 成立,则需要继续执行语句 s_1,即 $\mathcal{R}(s_1,\sigma,P \wedge \mathcal{R}(b,\sigma))$,此时的路径条件 $P \wedge \mathcal{R}(b,\sigma)$ 累积了由条件表达式 b 符号执行得到的命题 $\mathcal{R}(b,\sigma)$;类似地,当假定条件表达式 b 不成立时,则其符号执行得到命题 $\mathcal{R}(b,\sigma)$ 为假,可继续符号执行语句 s_2。

对循环语句 $\mathbf{while}\ b\ \mathbf{do}\ s$,符号执行也按照对条件表达式 b 的可能取值,分成两种不同的情况讨论:如果布尔表达式 b 不成立,则循环体 s 不进入执行,并得到符号执行结果 $(\sigma,P \wedge \neg\mathcal{R}(b,\sigma))$;否则,符号执行将在路径条件 $P \wedge \mathcal{R}(b,\sigma)$ 下继续执行 $s;\mathbf{while}\ b\ \mathbf{do}\ s$。

例 9.7 对例9.4中给定的程序,进行符号执行的结果如下(为清晰起见,我们直接在程序中以注释的形式,标记了符号执行相应语句 s 后得到的符号存储 σ 和路径条件 P):

```
1  void f(int x, int y){ // σ = [x ↦ α, y ↦ β], P = ⊤
2    if(x == 123456789) // σ = [x ↦ α, y ↦ β], P = ⊤ ∧ (α = 123456789)
3      if(y == 987654321)// σ = [x ↦ α, y ↦ β], P = ⊤ ∧ (α = 123456789) ∧ (β = 987654321)
4        1/0;
5      ; // σ = [x ↦ α, y ↦ β], P = ⊤ ∧ (α = 123456789) ∧ ¬(β = 987654321)
6    ; // σ = [x ↦ α, y ↦ β], P = ⊤ ∧ ¬(x = 123456789)
```

```
7 }
```

特别地,在执行第 4 行语句前,我们得到的路径条件是

$$P = \top \wedge (\alpha = 123456789) \wedge (\beta = 987654321) \tag{9.1}$$

对这个实例,还有两个关键点需要注意:首先,路径条件(9.1)意味着,当上述变量 α 和 β 正好取这两个特定值时,程序执行恰好能够执行这条路径,并到达这个程序点。一般来说,我们可以使用约束求解器(如 Z3 等)对路径条件进行自动求解,得到符号变量的实际值。

其次,在上述符号执行过程中,基于不同的路径条件,程序第 3 行和第 6 行的代码都会被执行,而这两部分代码分别对应条件语句的两个不同分支,条件分支的同时执行是符号执行的典型特性。

例 9.8 对例9.1中的求和程序进行符号执行,假设其中的变量 n 是输入的参数,我们将得到:

```
1 sum = 0; // σ = [n ↦ α, sum ↦ 0], P = ⊤
2 i = 0; // σ = [n ↦ α, sum ↦ 0, i ↦ 0], P = ⊤
3 while i<= n do // σ = [n ↦ α, sum ↦ 0, i ↦ 0], P = ⊤ ∧ (0 ⩽ α)
4   sum = sum + i; // σ = [n ↦ α, sum ↦ 0 + 0, i ↦ 0], P = ⊤ ∧ (0 ⩽ α)
5   i = i + 1; // σ = [n ↦ α, sum ↦ 0, i ↦ 0 + 1], P = ⊤ ∧ (0 ⩽ α)
6 // σ = [n ↦ α, sum ↦ 0, i ↦ 0], P = ⊤ ∧ ¬(0 ⩽ α)
```

需要注意,对上述实例,我们只给出了对循环符号执行一次的结果,而由于循环上界 n 是符号值,因此,对循环进行符号执行的过程可以一直进行,从而得到更加复杂的路径条件,我们把这个过程作为练习留给读者。

9.3.1 实现

基于符号执行的规则,我们可给出其具体实现。首先,我们定义符号存储:

```python
1 from typing import Callable
2
3 class Sigma:
4     d: Callable[[str], E]
5     def __init__(self):
6         self.d = lambda x: EVar(x)
7     def insert(self, k: str, v: E):
8         self.d = lambda x: v if x==k else self.d(x)
9     def lookup(self, k: str) -> E:
10        return self.d(k)
```

为了方便定义非空的存储 σ,我们使用匿名恒等函数 $\lambda x : x$ 实现了初始存储(第 6 行),在默认情况下,该初始存储把每个变量 x 映射到其对应的语法树节点 `EVar(x)`。符号存储的插入操作 `insert` 利用了匿名函数的封装(第 8 行),而符号存储的查找操作 `lookup` 利用了匿名函数的调用(第 10 行)。

我们用如下函数实现符号执行的规则:

```python
1 def eval_e(e: E, sig: Sigma) -> E:
```

```
2  def eval_b(b: B, sig: Sigma) -> B:
3  def eval_s(s: S, sig: Sigma, P: B) -> (Sigma, B):
```

接下来，我们给出函数 `eval_e` 的具体实现：

```
1  def eval_e(e: E, sig: Sigma) -> E:
2    match e:
3      case ENum(n):
4        return ENum(n)
5      case EVar(x):
6        return sig.lookup(x)
7      case EAdd(l, r):
8        return EAdd(eval_e(l, sig), eval_e(r, sig))
9      case ESub(l, r):
10       return ESub(eval_e(l, sig), eval_e(r, sig))
11     case ETimes(l, r):
12       return ETimes(eval_e(l, sig), eval_e(r, sig))
13     case EDiv(l, r):
14       return EDiv(eval_e(l, sig), eval_e(r, sig))
```

其他两个函数 `eval_b` 和 `eval_s` 的实现与 `eval_e` 类似，我们将其留作练习。

9.4 混合执行

符号执行会尝试执行程序中的所有可能路径，尽管从理论上看，这种对程序进行分析的方式是完备的，但是，实际的软件系统可能比较庞大和复杂，还可能调用了库、操作系统或第三方模块，并且这些库函数和模块等也可能是不开源的，这些都给全程序级别的符号执行带来了挑战。具体来说，全程序级别的符号执行，可能存在如下困难：

（1）可能生成过多的符号执行路径，导致实际的路径完全遍历无法在有效时间内完成；

（2）外部的库或第三方模块可能并不开源，导致无法对其进行源代码级别的符号执行；

（3）程序可能包含副作用，如输入/输出、文件操作、网络访问，导致对这些操作的符号执行难以进行；

（4）约束求解器的限制：由于在符号执行的过程中，需要进行约束求解，而生成的约束（如路径条件）可能超过了求解器的求解能力（如非线性约束），导致求解失败，而即便能够求解成功，由于约束求解的 NP 难解的特性，其求解时间也可能超过实际能够接受的范围。

为了解决上述困难，一个可行的技术路径是把我们前面讨论的具体执行（操作语义）和符号执行结合起来，引入混合执行（concolic execution）的技术。其核心思想是在程序执行期间，同时维护变量的具体值以及符号值，并且在程序执行期间对这两种值进行同步更新，在遇到分支或循环语句时，根据具体值进行条件的判断和跳转，同时记录路径条件。这样，每次程序结束执行过程中，只会走某条确定的执行路径，我们会得到如下路径条件：

$$\bigwedge_{i=1}^{n} P_i; \tag{9.2}$$

其中，$P_i(1 \leqslant i \leqslant n)$ 是第 i 个条件判定点所增加的路径条件命题。我们取

$$Q_j = P_1 \wedge \cdots P_{j-1} \wedge \neg P_j (1 \leqslant j \leqslant n) \tag{9.3}$$

并对命题 Q_j 进行求解，则可得到一组具体值，这组值能够使得控制流在第 1 到 $j-1$ 处和原来的控制流相同，但在第 j 个条件判断点和初始的条件跳转方向相反，这意味着执行引擎可以探索一条新的执行路径。

定义 9.5（**抽象机器模型**）　混合执行的抽象机器模型由二元组 (σ, π) 构成，其中存储 σ 和符号存储 π:

$$\sigma : x \to u$$
$$\pi : x \to v$$

分别将变量 x 映射到值 u 和符号值 v:

$$u ::= n \mid \mathtt{true} \mid \mathtt{false}$$
$$v ::= n \mid \alpha \mid v + v \mid v - v \mid v \times v \mid v/v$$

我们仍使用符号 $\sigma(x)$ 和 $\sigma[x \mapsto v]$，以及 $\pi(x)$ 和 $\pi[x \mapsto v]$，分别表示对存储 σ 以及符号存储 π 的读写操作。

我们用函数 $\mathcal{R}(e, \sigma, \pi)$ 表示整数表达式 e 在抽象机器模型 (σ, π) 上的混合执行过程，其一般形式是

$$\mathcal{R}(e, \sigma, \pi) = (u, v)$$

即执行表达式 e 会同时得到其具体值 u 和符号值 v 构成的二元组 (u, v)。

根据对整数表达式 e 的语法结构归纳，我们给出函数 $\mathcal{R}(e, \sigma, \pi)$ 的计算规则：

$$\mathcal{R}(n, \sigma, \pi) = (n, n)$$
$$\mathcal{R}(x, \sigma, \pi) = (\sigma(x), \pi(x))$$
$$\begin{aligned}
\mathcal{R}(e_1 + e_2, \sigma, \pi) = {} &\mathtt{let}\ (u_1, v_1) = \mathcal{R}(e_1, \sigma, \pi) \\
&\mathtt{let}\ (u_2, v_2) = \mathcal{R}(e_2, \sigma, \pi) \\
&\mathtt{in}\ (u_1 + u_2, v_1 + v_2)
\end{aligned}$$
$$\begin{aligned}
\mathcal{R}(e_1 - e_2, \sigma, \pi) = {} &\mathtt{let}\ (u_1, v_1) = \mathcal{R}(e_1, \sigma, \pi) \\
&\mathtt{let}\ (u_2, v_2) = \mathcal{R}(e_2, \sigma, \pi) \\
&\mathtt{in}\ (u_1 - u_2, v_1 - v_2)
\end{aligned}$$
$$\begin{aligned}
\mathcal{R}(e_1 \times e_2, \sigma, \pi) = {} &\mathtt{let}\ (u_1, v_1) = \mathcal{R}(e_1, \sigma, \pi) \\
&\mathtt{let}\ (u_2, v_2) = \mathcal{R}(e_2, \sigma, \pi) \\
&\mathtt{in}\ (u_1 \times u_2, v_1 \times v_2)
\end{aligned}$$
$$\begin{aligned}
\mathcal{R}(e_1/e_2, \sigma, \pi) = {} &\mathtt{let}\ (u_1, v_1) = \mathcal{R}(e_1, \sigma, \pi) \\
&\mathtt{let}\ (u_2, v_2) = \mathcal{R}(e_2, \sigma, \pi) \\
&\mathtt{in}\ (u_1/u_2, v_1/v_2)
\end{aligned}$$

对变量 x 的计算，将得到其具体值和符号值 $(\sigma(x), \pi(x))$，而对加法（$+$）、减法（$-$）、乘法（$\times$）、除法（$/$）等算术运算，混合执行将在运算的子表达式 e_1 和 e_2 上分别进行，并将子表

达式的计算结果 $\mathcal{R}(e_1, \sigma, \pi)$ 和 $\mathcal{R}(e_2, \sigma, \pi)$ 组合成整个算术表达式的计算结果。需要注意的是,此时得到的符号值 v 仍是一个符号表达式。

例 9.9 给定初始的抽象机器存储 σ 和符号存储 π:

$$\sigma = [x \mapsto 3, y \mapsto 7]$$
$$\pi = [x \mapsto \alpha, y \mapsto \beta]$$

给出对表达式 $(x+1) + (y+2)$ 混合执行的结果。

由混合执行规则,我们有

$$\mathcal{R}((x+1) + (y+2), \sigma, \pi)$$
$$= (13, (\alpha + 1) + (\beta + 2))$$

我们把具体的计算过程,留给读者作为练习。

布尔表达式 b 的混合执行规则 $\mathcal{R}(b, \sigma, \pi)$,与整型表达式 e 的混合执行规则类似,但执行得到的结果是布尔值 v 和逻辑命题 P 构成的二元组:

$$\mathcal{R}(b, \sigma, \pi) = (v, P)$$

基于对布尔表达式 b 的语法归纳,我们给出其计算规则:

$$\mathcal{R}(\mathbf{true}, \sigma, \pi) = (\mathbf{true}, \top)$$
$$\mathcal{R}(\mathbf{false}, \sigma, \pi) = (\mathbf{false}, \bot)$$
$$\mathcal{R}(e_1 == e_2, \sigma, \pi) = \mathbf{let}\ (u_1, v_1) = \mathcal{R}(e_1, \sigma, \pi)$$
$$\mathbf{let}\ (u_2, v_2) = \mathcal{R}(e_2, \sigma, \pi)$$
$$\mathbf{in}\ (u_1 == u_2, v_1 == v_2)$$
$$\mathcal{R}(e_1 <= e_2, \sigma, \pi, P) = \mathbf{let}\ (u_1, v_1) = \mathcal{R}(e_1, \sigma, \pi, P)$$
$$\mathbf{let}\ (u_2, v_2) = \mathcal{R}(e_2, \sigma, \pi, P)$$
$$\mathbf{in}\ (u_1 <= u_2, v_1 \leqslant v_2)$$
$$\mathcal{R}(!b_1, \sigma, \pi) = \mathbf{let}\ (u_1, v_1) = \mathcal{R}(b_1, \sigma, \pi)$$
$$\mathbf{in}\ (!u_1, \neg v_1)$$
$$\mathcal{R}(b_1 \&\& b_2, \sigma, \pi) = \mathbf{let}\ (u_1, v_1) = \mathcal{R}(b_1, \sigma, \pi)$$
$$\mathbf{let}\ (u_2, v_2) = \mathcal{R}(b_2, \sigma, \pi)$$
$$\mathbf{in}\ (u_1 \&\& u_2, v_1 \wedge v_2)$$
$$\mathcal{R}(b_1 || b_2, \sigma, \pi) = \mathbf{let}\ (u_1, v_1) = \mathcal{R}(b_1, \sigma, \pi)$$
$$\mathbf{let}\ (u_2, v_2) = \mathcal{R}(b_2, \sigma, \pi)$$
$$\mathbf{in}\ (u_1 || u_2, v_1 \vee v_2)$$

具体地,对布尔表达式常量 `true` 和 `false`,混合执行将分别得到具体值 `true` 和 `false`,以及逻辑命题常量 $\top$ 和 $\bot$;对于比较运算 $e_1 == e_2$ 或 $e_1 <= e_2$,符号执行将分别计算子表达式 e_1 和 e_2,并得到具体值以及符号形式的逻辑命题作为结果;对于布尔运算 $!b_1$、$b_1 \&\& b_2$ 或 $b_1 || b_2$,符号执行将分别计算子表达式 b_1 或 b_2,并得到具体值、以及谓词逻辑命题作为结果。

例 9.10 给定初始的抽象机器具体存储 σ 和符号存储 π:

$$\sigma = [x \mapsto 5, y \mapsto 10]$$
$$\pi = [x \mapsto \alpha, y \mapsto \beta]$$

给出对布尔表达式 $(x == 5)\&\&!(y <= 8)$ 符号执行的结果。

由混合执行规则,我们可得到

$$\mathcal{R}((x == 5)\&\&!(y <= 8), \sigma, \pi)$$
$$= (\text{true}, (\alpha == 5) \wedge \neg(\beta \leqslant 8))$$

我们把具体的计算过程,留给读者作为练习。

给定抽象机器具体存储 σ、符号存储 π 和路径条件 P,对语句 s 进行混合执行 $\mathcal{R}(s, \sigma, \pi, P)$,将得到新的抽象机器具体存储 σ'、新的符号存储 π' 和新的路径条件 P':

$$\mathcal{R}(s, \sigma, \pi, P) = (\sigma', \pi', P')$$

基于对语句 s 的语法结构归纳,我们给出如下的计算规则:

$$\mathcal{R}(\text{skip}, \sigma, \pi, P) = (\sigma, \pi, P)$$
$$\mathcal{R}(x = e, \sigma, \pi, P) = \text{let } (u, v) = \mathcal{R}(e, \sigma, \pi)$$
$$\text{in } (\sigma[x \mapsto u], \pi[x \mapsto v], P)$$
$$\mathcal{R}(s_1; s_2, \sigma, \pi, P) = \text{let } (\sigma', \pi', P') = \mathcal{R}(s_1, \sigma, \pi, P)$$
$$\text{in } \mathcal{R}(s_2, \sigma', \pi', P')$$
$$\mathcal{R}(\text{if } b \text{ then } s_1 \text{ else } s_2, \sigma, \pi, P) = \text{let } (u, v) = \mathcal{R}(b, \sigma, \pi)$$
$$\text{in } \begin{cases} \mathcal{R}(s_1, \sigma, \pi, P \wedge v), & \text{if } u == \text{true} \\ \mathcal{R}(s_2, \sigma, \pi, P \wedge \neg v), & \text{if } u == \text{false} \end{cases}$$
$$\mathcal{R}(\text{while } b \text{ do } s, \sigma, \pi, P) = \text{let } (u, v) = \mathcal{R}(b, \sigma, \pi)$$
$$\text{in } \begin{cases} (\sigma, \pi, P \wedge \neg v), & \text{if } u == \text{false} \\ \mathcal{R}(s; \text{while } b \text{ do } s, \sigma, \pi, P \wedge v), & \text{if } u == \text{true} \end{cases}$$

对于 skip 语句,混合执行直接返回初始的存储 σ、符号存储 π 和路径条件 P;对赋值语句 $x = e$,混合执行对表达式 e 进行混合求值 $\mathcal{R}(e, \sigma, \pi)$,并将得到的具体值 u 和符号值 v 分别更新到具体存储 σ 和符号存储 π 中。

对语句序列 $s_1; s_2$,混合执行先执行语句 s_1,得到新的具体存储 σ'、新的符号存储 π' 和新的路径条件 P',并根据这三个新的值,继续执行语句 s_2。

对条件判断语句 if b then s_1 else s_2,混合执行先执行条件判断 b,得到具体值 u 和符号值 v,如果具体值 $u == \text{true}$,则继续执行语句 s_1,即 $\mathcal{R}(s_1, \sigma, \pi, P \wedge v)$,注意此时的路径条件 $P \wedge v$ 记录了执行的具体路径;如果条件表达式 b 执行得到的具体值 $u == \text{false}$,则记录路径条件 $P \wedge \neg v$ 后,继续执行语句 s_2。需要特别注意的是,在混合执行中,条件语句的两个分支 s_1 和 s_2 有且只有一个会被执行。

对循环语句 while b do s,混合执行先执行布尔表达式 b,分别得到具体值 u 和符号值 v:若具体值 $v ==$ false,则循环直接执行结束,并得到结果 $(\sigma, \pi, P \wedge \neg v)$;若具体值 $v ==$ true,则混合执行将在路径条件 $P \wedge v$ 下,继续执行 s; while b do s。

例 9.11 对例9.4中给定的程序,在给定初始输入 $x = 0, y = 0$ 的条件下,进行混合执行,其结果如下(为清晰起见,我们直接在程序中以注释的形式,标记了对应语句执行后得到的存储 σ、符号存储 π 和路径条件 P):

```
1  void f(int x, int y){
2    // σ = [x ↦ 0, y ↦ 0], π = [x ↦ α, y ↦ β], P = ⊤
3    if(x == 123456789)
4      if(y == 987654321)
5        1/0;
6    // σ = [x ↦ 0, y ↦ 0], π = [x ↦ α, y ↦ β], P = ⊤ ∧ ¬(α = 123456789)
7  }
```

在程序开始执行时,我们给出初始存储 $\sigma = [x \mapsto 0, y \mapsto 0]$,其中变量 x 和 y 分别具有初始值 0。需要注意的是,变量的初始值既可以是确定的值,也可以是随机产生的值,而用随机产生的值,来执行程序,也是模糊测试(fuzzing)采用的核心技术。

混合执行在执行第 3 行语句时,同时进行具体执行和符号执行,但需要按照具体执行的结果进行控制转移,由于判断条件 0 == 123456789 为假,因此,程序未进入条件语句而执行到第 6 行。函数 f 执行结束时,得到的路径条件是

$$P = \top \wedge \neg(\alpha = 123456789) \tag{9.4}$$

而要让程序执行另外可能的路径,我们可以按照式(9.2)和式(9.3),对路径条件(9.4)进行取非操作。对本例,我们将得到

$$\alpha = 123456789 \tag{9.5}$$

因此,我们对约束(9.5)进行求解,重新生成一组具体输入 $[x \mapsto 123456789, y \mapsto 0]$,对程序进行新一轮的混合执行:

```
1  void f(int x, int y){
2    //σ = [x ↦ 123456789, y ↦ 0], π = [x ↦ α, y ↦ β], P = ⊤
3    if(x == 123456789)
4      //σ = [x ↦ 123456789, y ↦ 0], π = [x ↦ α, y ↦ β], P = ⊤ ∧ (α = 123456789)
5      if(y == 987654321)
6        1/0;
7      //σ = [x ↦ 123456789, y ↦ 0], π = [x ↦ α, y ↦ β], P = ⊤ ∧ (α = 123456789)∧
8      // ¬(y = 987654321)
9  }
```

则当函数 f 执行结束,得到的路径条件是

$$P = \top \wedge (\alpha = 123456789) \wedge \neg(y = 987654321) \tag{9.6}$$

对约束(9.6)最后一个组成部分进行取非操作,得到

$$P = \top \wedge (\alpha = 123456789) \wedge (y = 987654321) \tag{9.7}$$

对式（9.7）进行求解,可得到一组新的具体输入:

$$[x \mapsto 123456789, y \mapsto 987654321]$$

利用这组输入,可以继续对程序进行混合执行,直到触发程序中的漏洞。我们把剩余过程作为练习留给读者完成。

对混合执行,还有三个关键点需要注意:首先,混合执行是具体执行驱动的,即在执行的过程中,程序总是按照变量的具体值进行控制流的判断和转移,但是,在控制流的转移点,会记录路径条件,并在本次执行结束后,根据路径条件生成新的输入,再次进行混合执行。

其次,混合执行解决了本节开头提到的部分挑战。例如,对于外部库函数或第三方模块,我们可以只对这些函数或模块进行具体执行。在如下的实例中:

```
1  //  σ = [x ↦ n,···],π = [x ↦ α,···],P = ···
2  x = f(...);
3  //  σ = [x ↦ k,···],π = [x ↦ k,···],P = ···
```

第 2 行代码调用函数 f,此时,我们可以只用具体值去调用该函数具体执行,假设返回的结果是 k,则在第 3 行的存储状态中,变量 x 对应的具体值和符号值都更新成 k 即可。

最后,和符号执行相比,混合执行一般不能保证完备性,即一般不能保证可以覆盖所有可能的执行路径,但是,混合执行的执行效率相对更高并且可以有效解决符号执行中出现的执行路径过多的问题,因此,它有更强的实用性。

基于混合执行的规则,我们可以给出混合执行的具体实现。实际上,由于混合执行综合了操作语义和符号执行,因此,其实现可完全基于两者。另外,我们可以采用队列来保存每次混合执行后得到的路径条件,并结合每个分支点的覆盖度信息（即两个分支方向是否都被执行过）,来覆盖不同的执行路径。我们把这些实现过程作为练习留给读者完成。

9.5　符号执行工程

在对符号执行或混合执行进行工程实现时,需要考虑工程实现中可能出现的实际问题,并给出有效的解决方案。这些解决方案的选择策略和实现质量,很大程度决定了符号执行的运行效率和执行效果。在本节,我们讨论对符号执行进行工程实现时,可能面临的实际工程问题及解决方案。

9.5.1　内存模型

前面的讨论中使用了一个只包括变量的简单内存模型,实际的程序中可能还会包括指针、数组等类型的变量。为了给指针、数组等建模,我们需要把符号存储进行扩展,把内存地址映射到符号表达式,已有工作采用了不同的技术。

完全符号存储（fully symbolic memory）把所有的内存地址都映射到符号值,这可以采用至少两种不同技术来实现:状态复制和条件表达式。在状态复制中,符号执行引擎会考虑一条内存操作语句有可能影响到的所有内存地址,并对每个可能的地址,复制当前的符号执行状态。

例 9.12 对如下的实例程序进行符号执行:

```
1  void f(unsigned i, unsigned j){
2    // σ = [i ↦ α, j ↦ β], P = ⊤
3    int a[2] = {0};
4    // σ = [i ↦ α, j ↦ β, a[0] ↦ 0, a[1] ↦ 0], P = ⊤
5    if(i>1 || j>1)
6      return;
7    // σ = [i ↦ α, j ↦ β, a[0] ↦ 0, a[1] ↦ 0], P = ⊤ ∧ ¬(α > 1 ∨ β > 1)
8    a[i] = 5;
9    // 1: σ = [i ↦ α, j ↦ β, a[0] ↦ 5, a[1] ↦ 0], P = ⊤ ∧ ¬(α > 1 ∨ β > 1) ∧ (α = 0)
10   // 2: σ = [i ↦ α, j ↦ β, a[0] ↦ 0, a[1] ↦ 5], P = ⊤ ∧ ¬(α > 1 ∨ β > 1) ∧ (α = 1)
11   assert(a[j] != 5);
12   // 3: σ = [i ↦ α, j ↦ β, a[0] ↦ 5, a[1] ↦ 0],
13   //    P = ⊤ ∧ ¬(α > 1 ∨ β > 1) ∧ (α = 0) ∧ (a[0] = 5)
14   // 4: σ = [i ↦ α, j ↦ β, a[0] ↦ 5, a[1] ↦ 0],
15   //    P = ⊤ ∧ ¬(α > 1 ∨ β > 1) ∧ (a[1] = 5)
16   // 5: σ = [i ↦ α, j ↦ β, a[0] ↦ 0, a[1] ↦ 5],
17   //    P = ⊤ ∧ ¬(α > 1 ∨ β > 1) ∧ (a[0] = 5)
18   // 6: σ = [i ↦ α, j ↦ β, a[0] ↦ 0, a[1] ↦ 5],
19   //    P = ⊤ ∧ ¬(α > 1 ∨ β > 1) ∧ (a[1] = 5)
20 }
```

并判断其中的 assert 语句是否可能被触发。

在执行第 8 行语句 a[i]=5 时,由于变量 i 可能有两种不同的取值 $i \in \{0,1\}$,则我们可以对这两个可能的取值分情况进行讨论,分别得到第 9 和第 10 行的两个执行状态。而在第 11 行,本质上我们需要将触发 assert 语句的条件 $\mathrm{assert}(a[j] = 5)$ 加入到路径条件中,同样地,此处的变量 $j \in \{0,1\}$,因此共计得到 4 种不同的执行状态(分别标记了 3 到 6)。以执行状态 3 为例,其路径条件

$$(\alpha \leqslant 1 \land \beta \leqslant 1) \land (\alpha = 0) \land (5 = 5)$$

求解后得到

$$\alpha = 0 \land \beta = 0$$

即该输入会触发程序中的 assert 语句。对其他执行状态的分析类似,留给读者作为练习。

条件表达式将符号内存的读写操作,表达成符号表达式并进行推理。一般地,符号表达式形如 $ite(c, t, f)$,即条件 c 为真时,得到分支 t 的值,否则得到分支 f 的值。假设符号值 $\alpha \in \{a_1, \cdots, a_n\}$,则对 α 的内存读操作可表示成符号表达式

$$ite(\alpha = a_1, \sigma(a_1), ite(\alpha = a_2, \sigma(a_2), \cdots))$$

而对符号值 α 的写操作 $\alpha = e$ 可表示成,对所有可能的 a_i:

$$\sigma(a_i) = ite(\alpha = a_i, e, \sigma(a_i))$$

例 9.13　对如下的实例程序进行符号执行：

```
1   void f(unsigned i, unsigned j){
2     // σ = [i ↦ α, j ↦ β], P = ⊤
3     int a[2] = {0};
4     // σ = [i ↦ α, j ↦ β, a[0] ↦ 0, a[1] ↦ 0], P = ⊤
5     if(i>1 || j>1)
6       return;
7     // σ = [i ↦ α, j ↦ β, a[0] ↦ 0, a[1] ↦ 0], P = ⊤ ∧ ¬(α > 1 ∨ β > 1)
8     a[i] = 5;
9     // σ = [i ↦ α, j ↦ β, a[0] ↦ ite(α = 0, 5, 0), a[1] ↦ ite(α = 1, 5, 0)],
10    // P = ⊤ ∧ ¬(α > 1 ∨ β > 1)
11    assert(a[j] != 5);
12    // σ = [i ↦ α, j ↦ β, a[0] ↦ ite(α = 0, 5, 0), a[1] ↦ ite(α = 1, 5, 0)],
13    // P = ⊤ ∧ ¬(α > 1 ∨ β > 1) ∧ (ite(β = 0, a[0], a[1]) = 5)
14  }
```

并判断其中的 assert 语句是否可能被触发。

符号执行的中间符号状态已经标记在程序中。第 8 行的写操作，将产生两个条件表达式：

$$a[0] \mapsto ite(\alpha = 0, 5, 0) \tag{9.8}$$

$$a[1] \mapsto ite(\alpha = 1, 5, 0) \tag{9.9}$$

第 11 行的数组读操作将产生条件表达式

$$ite(\beta = 0, a[0], a[1]) = 5 \tag{9.10}$$

由式（9.8）可得

$$ite(\beta = 0, ite(\alpha = 0, 5, 0), ite(\alpha = 1, 5, 0)) = 5 \tag{9.11}$$

用约束求解器对式（9.10）求解，可得到其一个可能的解

$$\alpha = 0, \quad \beta = 0$$

9.5.2　和执行环境的交互

程序在执行过程中，需要和执行环境交互。执行环境包括库、文件系统、网络、内核，等等，符号执行引擎也同样需要考虑程序和执行环境间的交互。一般地，这些执行环境比较复杂，难以模拟，并且，有些第三方库并不开源，给符号执行带来了更大的挑战。

一种可行的技术是采用混合执行的思想，即在程序执行过程中，对库或第三方模块采用具体执行。但是，由于文件系统或网络都是全局资源，因此可能导致不同的符号执行路径产生意外的副作用。例如，一条执行路径删除了文件，但另一条执行路径需要对文件进行写操作；或者，一条执行路径关闭了一个套接字，但另一条执行路径需要向套接字发送数据。以上这些问题，可以统称为由符号执行导致的状态不一致问题。

为了解决状态不一致问题,有的符号执行系统引入了虚拟文件系统,即引入 n 个符号文件,用户可以控制这些文件的数量和大小,在对文件进行操作时,需要复制 $n+1$ 个不同执行状态,每个文件一个,还有一个标志出错状态。类似地,符号执行系统还可以通过引入虚拟套接字、虚拟环境变量等,对这些系统资源进行符号建模。

解决状态不一致问题的另外一个可行的技术思路是采用系统虚拟机。例如,可以使用类似 QEMU 这样的虚拟机平台对整个软件栈进行虚拟化,在符号执行遇到条件分支时,可以复制一个新的虚拟机实例,来符号执行相应的分支。

最后一个解决状态不一致问题的技术是随机化,即不真正去执行可能会导致全局副作用的外部函数,而是选择一个合法的符合函数返回类型的值。但这种方法失去了执行的完备性。

最后,上述讨论的这些技术除了用于公共库之外,还可以用于第三方模块,但由于这些第三方模块可能并不开源,因此,为它们构建精确的符号模型往往比较困难。

9.5.3　路径爆炸

在符号执行时,我们需要维护程序的符号状态和路径条件,对于条件和循环语句,符号执行会产生新的符号状态,并添加新的路径条件,这可能导致符号状态或路径条件的快速增长,这种现象被称为路径爆炸(path explosion)。

考虑例9.8中给定的实例程序,假设进行到第 k 轮符号执行后,循环退出,则得到路径条件

$$P = \top \wedge (0 \leqslant \alpha) \wedge \cdots \wedge ((k-1) \leqslant \alpha) \wedge \neg(k \leqslant \alpha)$$

显然这个路径条件可以为任意长。为了有效求解路径条件 P,我们可以在循环执行若干次后退出符号执行,但这种技术无法保证完备性。

我们可以利用几种不同的技术,来解决路径爆炸问题。第一种技术是路径剪枝(path pruning),其基本思想是在符号执行的过程中,分支时调用约束求解器对产生的路径条件进行求解,如果该解不可行,则意味着不会有具体值使得对应的分支进入执行,则相应分支被放弃,不影响完备性。

例 9.14　对如下的实例程序进行符号执行(只给出了路径条件 P):

```
1   // P
2   if(a>0){
3     // P ∧ (a > 0)
4     ...
5   }
6   // P ∧ ¬(a > 0)
7   if(a>1){
8     // P ∧ ¬(a > 0) ∧ (a > 1)
9     ...
10  }
```

在程序的第 8 行,我们有路径条件 $P \wedge \neg(a > 0) \wedge (a > 1)$,在对该分支符号执行前,我们可以调用约束求解器,对该路径条件进行求解。求解可以验证该路径条件不可满足,这

也意味着不会有变量 a 的具体值使得该分支执行,因此,我们可以直接放弃对该分支的符号执行。

第二种可行技术是函数或循环摘要(function or loop summarization),其基本思想是在符号执行过程中,为避免反复对函数或者循环体符号执行,我们可以先计算得到函数或循环的符号状态并缓存,在符号执行的过程中,直接使用缓存的状态即可。以函数为例,假设我们得到其符号状态为 $P_{pre} \wedge P_{post}$,其中 P_{pre} 是对函数参数的约束,而 P_{post} 是对函数返回结果的约束,则在对程序符号执行时,可直接使用 $P_{pre} \wedge P_{post}$。而函数符号状态 $P_{pre} \wedge P_{post}$ 可通过混合执行得到:假设我们执行一次混合执行,得到路径条件是 $\varnothing$,则执行多次后可得到其函数摘要 $\bigvee_i \varnothing_i$。

另一种可行技术是路径包容(path consumption),其基本思想是在符号执行过程中,对某个分支跳转程序点 p,我们把在该程序点不可行的路径条件 P 进行记录,这里的路径条件不可行是指该路径虽然会执行,但并没有定位到任何程序错误。接下来,在符号执行的过程中,假设在同样的程序点 p,我们得到新的路径条件 Q,则我们使用定理证明器,尝试证明 $P \to Q$;如果该命题成立,则意味着命题 Q 弱于命题 P,则可以放弃对该路径的符号执行;如果命题成立,则继续对该分支进行符号执行。

低约束符号执行(under-constrained symbolic execution)尝试对对函数或代码块进行模块化符号执行,由于缺少函数运行时上下文等信息,该技术将函数的参数(或其他全局数据等信息)标记为低约束的。在符号执行的过程中,低约束变量和普通的约束符号变量计算的过程相同,唯一的不同点在于对有可能出错的程序点的处理:对于低约束变量,我们要求该错误必须在变量所有可能值的情况下都触发(即该错误是一个真阳性且上下文无关),否则,我们把这个错误条件取非,并加入到路径条件中继续执行。

例 9.15　对实例程序

```
1   struct list{
2     int must_lock;
3     int lock;
4     ...;
5   };
6   void f(list *l){
7     if(l->must_lock)
8       lock(&l->lock);
9     get(l);
10  }
11  void lock(int *lock){
12    assert(0 == *l);
13    *l = 1;
14  }
15  int get(list *l){
16    if(l->must_lock)
17      lock(&l->lock);
18    ...;
19  }
```

按低约束进行执行。

第 6 行的函数参数 1 是低约束的，因此，在第 7 行，我们假定其满足必须的安全约束 1≠null；同时，由于该条件判断无法得到 lock 字段的值，因此，符号执行按照路径条件 1->must_lock==0 和 1->must_lock!=0，分别进入两个分支执行。进入条件语句的分支将在第 8 行调用 lock 函数，而由于 1->lock 字段同样是低约束的，因此第 12 行的 assert 语句能够成立，但之后第 13 行会将其置为 1。这样，在第 9 行，字段 1->must_lock 在一个符号执行引擎中为 0（记为引擎 A），而在另一个符号执行引擎中为 1（记为引擎 B）。随后，在第 16 行，引擎 B 进入条件语句执行，并在第 12 行导致 assert 语句报错。符号执行引擎定位到了一个重复上锁漏洞。

前条件符号执行（preconditioned symbolic execution）的基本思想是通过给函数或者代码段增加显式额外约束（称为前条件）P，有效控制符号执行对该函数或代码段需要遍历的状态空间，令其维持在满足 P 的范围内。

例 9.16 对实例程序

```
1  void process_packet(){
2    packet_t packet[128];
3  L:
4    get_input(&packet);
5    for(int i=0; i<128; i++){
6      if(packet[i] != header[i])
7        goto L;
8    }
9    parse_payload(packet);
10 }
```

进行符号执行。

符号执行到第 5 行代码时，如果不对 packet[] 的性质作任何规定，则第 7 行代码总是可以跳转到第 3 行，从而导致符号执行状态爆炸。但是，我们在第 4 行执行完后，增加新的路径条件

$$\bigwedge_{i=0}^{127} (packet[i] == header[i])$$

即假设所有读入的包 packet 都和预期的包 header 一致，则可以引导符号执行到第 9 行，进入对包 packet 的处理程序。

状态合并（state merging）尝试将不同的符号执行状态合并成一个状态，从而有效减少符号状态的数量。一般地，合并后的状态是合并前状态的析取。

例 9.17 对实例程序的符号执行

```
1  int f(int x, int y){
2    // σ = [x ↦ α, y ↦ β], P = ⊤
3    if(x<5)
4      // σ = [x ↦ α, y ↦ β], P = ⊤ ∧ (α < 5)
5      y = y + 2;
6      // σ = [x ↦ α, y ↦ (β + 2)], P = ⊤ ∧ (α < 5)
```

```
7    else
8      // σ = [x ↦ α, y ↦ β], P = ⊤ ∧ ¬(α < 5)
9      y = y * 3;
10     // σ = [x ↦ α, y ↦ (β × 3)], P = ⊤ ∧ ¬(α < 5)
11   // σ = [x ↦ α, y ↦ (β + 2)], P = ⊤ ∧ (α < 5)
12   // σ = [x ↦ α, y ↦ (β × 3)], P = ⊤ ∧ ¬(α < 5)
13   return y;
14 }
```

进行状态合并。

对于第 13 行的 return 语句,由于有两个执行分支可到达该语句,因此,会有两个不同的符号执行状态 (如第 11 和 12 行所示),符号执行引擎可将这两个符号执行状态合并成一个状态,其符号存储

$$\sigma = [x \mapsto \alpha, y \mapsto ite(\alpha < 5, \beta + 2, \beta \times 3)]$$

其中,ite 是条件表达式,根据条件 $\alpha < 5$ 成立与否,取分支 $\beta + 2$ 或 $\beta \times 3$ 的值。

路径条件

$$P = (\top \wedge (\alpha < 5)) \vee (\top \wedge \neg(\alpha < 5)) = \top$$

9.5.4 约束求解

约束求解尝试对符号执行得到约束进行求解,并返回得到的具体解,以供符号执行器使用。尽管现代约束求解器能够高效求解很多不同的理论以及理论组合,但现代约束求解器仍然难以处理如非线性约束等复杂命题,也难以处理库函数调用等情况。在本小节,我们重点讨论在约束求解时,约束求解器会面临的一些问题以及可能的解决方案。

符号执行引擎可以采用的第一类技术是约束化简,即符号执行引擎在把生成的约束传给约束求解器进行求解之前,先利用类似编译器优化中常采用的优化技术,把约束进行化简。这些编译器优化包括但不限于常量折叠、强度削弱等。

符号执行引擎可以采用的另一项有效技术是约束缓存,即符号执行引擎把约束以及求解器求解得到的结果缓存起来,符号执行引擎对某个具体约束求解前,先到缓存中查找该约束是否已经被求解过,如果已被求解,则直接返回缓存的结果;否则,把该约束发给约束求解器进行求解。通过使用缓存,符号执行引擎可以有效减少调用约束求解器的频率。

在混合执行的过程中,由于我们同时维护了具体存储 σ 和符号存储 π,因此,如果路径条件过于复杂难以求解的话,我们可以将具体存储里变量的值,代替路径条件中相应符号变量,从而能够简化路径条件,使得难以求解甚至不可解的路径条件可解。

例 9.18 对如下程序进行混合执行:

```
1 void f(int x, int y){
2    // σ = [x ↦ 3, y ↦ 5], π = [x ↦ α, y ↦ β], P = ⊤
3    if(x*x*x == y)
4      if(x+y < 10)
5        error(...);
6    // σ = [x ↦ 3, y ↦ 5], π = [x ↦ α, y ↦ β], P = ⊤ ∧ ¬(α × α × α = β)
7 }
```

混合执行初始选定的具体存储 $\sigma = [x \mapsto 3, y \mapsto 5]$,混合执行过程中,第 3 行的条件判断为假,执行转到第 6 行结束。

为了得到其他可行的执行路径,我们可将程序结束时的路径条件的否定

$$\neg\neg(\alpha \times \alpha \times \alpha = \beta) \tag{9.12}$$

输入到约束求解器,但是,由于该命题包括非线性约束 $\alpha \times \alpha \times \alpha = \beta$,其约束求解可能失败(一般地,非线性整数约束的求解是不可判定问题)。为解决这个问题,我们可以将最终具体存储 σ 中变量 x 的值 $x \mapsto 3$ 代入路径条件(9.12),得到

$$3 \times 3 \times 3 = \beta \tag{9.13}$$

得到 $\beta == 27$。基于第一轮的结果,我们将 $[x \mapsto 3, y \mapsto 27]$ 作为新的具体输入,对程序开始新一轮的混合执行,此时,第 3 行代码的条件判断为真,程序可以执行到第 4 行。需要注意的是,一般来说,基于具体值代入的约束求解,虽然会降低约束求解的难度,但可能会失去完备性。例如,上面的实例程序,由于第 4 行条件判断为假,执行仍然不能触发第 5 行的错误,为此,我们需要重新选择变量 x 的值作为新的输入,并开始新的混合执行过程。

9.6 实　　现

现在已经有很多运行在不同平台、针对不同语言的符号执行的软件系统实现。在本节,我们结合 KLEE,讨论符号执行引擎中非常典型的一种实现,该系统初始设计支持 C/C++ 语言,现在也支持 Rust、JavaScript 等很多其他语言。在本节,我们将主要结合 C/C++ 语言,讨论 KLEE 的相关设计和实现。

9.6.1 基本架构

KLEE 基于 LLVM 架构,首先,需要被符号执行的程序由 clang 编译器编译成 LLVM 字节码,LLVM 字节码是一种基于静态单赋值形式的编译器中间表示;然后,KLEE 读入生成的 LLVM 字节码,对其中的字节码指令进行符号执行。在执行的过程中,LLVM 分别为每个执行状态维护符号化的寄存器、栈、堆、路径条件等信息。

和我们前面讨论的符号执行的一般执行过程类似,对于运算指令,KLEE 维护每个变量的符号值。例如,对于 LLVM 的加法指令

```
%dst = add i32 %src0, %src1
```

KLEE 会将操作数 %src0 及 %src1 的符号值从符号存储中取出来,构造成加法符号表达式 Add(%src0, %src1),并将该表达式存储到变量%dst 中。

对于分支跳转指令,KLEE 首先利用定理证明器,检查分支条件是否成立:如果分支条件确定为真(或为假),则 KLEE 继续执行该条件对应的分支;如果分支条件既可能为真也可能为假,则说明两个状态都有可能,KLEE 对当前执行状态进行复制,并对两个分支分别进行符号执行。

有些指令可能会导致错误或抛出异常，例如，LLVM 中的有符号整数除法指令

```
%dst = sdiv i32 %src0, %src1
```

当除数 %src1==0 时，会产生未定义行为。KLEE 会检查该条件是否成立，如果条件成立，则 KLEE 成功检测到一个除零错。同时，KLEE 也会把条件

$\%src1 \neq 0$

加入到路径条件，并执行接下来的语句，以期发现更多的潜在错误。

对于 LLVM 中的访存指令

```
%val = load i32, i32* %ptr    // 读
store i32 3, i32* %ptr        // 写
```

KLEE 会生成检查条件，判定指针 ptr 是非空的，且在允许的内存范围内。并且，如果指针 ptr 可能会指向 N 个可能的内容对象，则 KLEE 会将当前的执行状态复制 N 份，在每一份中指针 ptr 都指向一个不同的对象，KLEE 在这 N 个执行状态上，分别继续进行符号执行。

9.6.2　约束化简

为了对待求解的约束进行有效化简，KLEE 采用了如下典型的优化技术。

代数化简。代数化简主要借鉴优化编译器中的一些优化技术，尝试按照代数计算规则对约束进行化简。这些化简规则包括算术化简（如 $x + 0 = x$）、强度削弱（如 $x * 2^n = x << n$）、线性表达式化简（如 $2x - x = x$），等等。

路径条件化简。符号执行得到的约束条件，一般比较庞大和繁杂。但是，由于程序对变量的取值判断有特定的规律，因此，符号执行可尝试对路径条件进行化简。例如，如果路径条件中已经有一个不等式 $x < 10$，在后续执行中，又加入了一个等式 $x = 5$，则可将该等式传播到不等式中，从而能够将不等式化简。

值具体化。如果在符号执行过程中出现等式，则符号执行可将该等式求解，并将变量的值进行传播，从而有效化简约束。例如，如果符号执行得到约束 $x + 1 = 10$，则可得到该变量的值 $x = 9$，则可将该等式传播到其他约束中，从而化简约束。

约束独立性。许多约束引用的变量并不重合，因此，在约束求解时，我们可将约束按照它们涉及的变量进行分组，这样可有效减小每次约束求解的规模。例如，如果符号执行得到约束 $\{i < 100, i + j > 200, k < 10, m \neq 8\}$，我们需要对变量 i 进行求解，则可以只将前两个约束发送给定理证明器。

约束缓存。约束缓存的核心思想是通过将约束求解的结果进行缓存，有效减少对定理证明器的调用次数，从而提高执行效率。KLEE 采用了一个更复杂的、基于约束子集关系比较的缓存算法。该算法的核心思想是缓存 C 中存储了已经求解过的约束集合 S 以及它的求解结果

$$C : S \mapsto \{\mathcal{M}, \text{unsat}\}$$

求解结果可能是使得约束集合 S 满足的某个具体模型 $\mathcal{M}$ 或者 unsat（如果该约束集合 S 不可满足的话）。在约束求解时，对待求解的约束 T，符号执行引擎首先在缓存 C 中查询 T，对查询结果分情况讨论：

（1）如果存在 $(S \mapsto \mathcal{M}) \in C$ 且 $T \subseteq S$，则模型 $\mathcal{M}$ 也一定满足约束集合 T，此时，直接从缓存中返回模型 $\mathcal{M}$ 即可；

（2）如果存在 $(S \mapsto \mathcal{M}) \in C$ 且 $S \subseteq T$，则模型 $\mathcal{M}$ 也可能满足约束集合 T，此时，符号执行引擎可将模型 $\mathcal{M}$ 代入约束集合 T 进行验证：如果可满足，则直接返回模型 $\mathcal{M}$，否则，调用定理证明器对约束集合 T 进行求解，并将求解的结果缓存到 C 中；

（3）如果存在 $(S \mapsto \text{unsat}) \in C$ 且 $T \subseteq S$，则符号执行引擎调用定理证明器，对约束集合 T 进行求解，并将求解的结果缓存到 C 中；

（4）如果存在 $(S \mapsto \text{unsat}) \in C$ 且 $S \subseteq T$，则约束集合 T 不可能满足，此时，直接返回结果 unsat 即可。

例 9.19　假设缓存

$$C = \{\{i < 10, i = 10\} \mapsto \text{unsat}, \{i < 10, j = 8\} \mapsto \{i = 5, j = 8\}\}$$

则可判定约束集合 $\{i < 10, i = 10, j = 12\}$ 无解，而约束集合 $\{i < 10\}$ 或 $\{j = 8\}$ 显然有模型 $\{i = 5, j = 8\}$。由于将模型 $\{i = 5, j = 8\}$ 代入约束集合 $\{i < 10, j = 8, i \neq 3\}$ 后，该约束集合成立，可知该模型满足该约束集合。

KLEE 在 CoreUtil 上的实验结果表明，加入以上讨论的这些优化后，程序的符号执行总时间以及约束求解时间都有明显降低，两者分别降低到原来的 $1/10$ 和 $1/20$。

9.6.3　状态调度

对于待执行的状态，KLEE 采用了两种状态调度策略。

随机路径策略。 符号执行维护程序状态的一棵二叉树，树的叶子节点是所有活跃的执行状态，中间节点是进行的条件判断。这样，每次符号执行进行调度时，都随机选择一条路径所对应的执行状态执行。这种策略具有两个优点：首先，路径较短（因此约束也较少）的状态会优先被执行，这样有利于提高求解效率；其次，避免了重复执行循环的问题。

覆盖优先策略。 符号执行优先执行那些可能会覆盖新的程序代码的状态。为此，符号执行对执行状态维护了相关的执行信息，如调用栈深度、离最近的未执行代码的距离等，并根据这些信息采用启发式算法对状态进行调度。

9.6.4　执行环境建模

为了对执行环境进行符号执行，KLEE 对执行环境进行了符号建模。以文件系统为例，KLEE 建立了虚拟的符号文件系统。用户可以指定虚拟符号文件系统中文件的数量、大小以及文件内容。如果程序运行过程中使用到的文件是虚拟文件，则 KLEE 可以操作这个虚拟的符号文件系统。例如，如果用户指定了虚拟符号文件系统中共有 $N = 1$ 个符号文件，则如下代码

```
int fd = open(argv[1], O_RDNLY);
```

会打开输入的参数 argv[1] 对应的文件，而由于符号执行期间，该文件是未知的，因此，
KLEE 在这里会进行条件跳转：一个分支打开用户指定的符号文件，继续符号执行的过程；
另一个分支，则假定文件打开失败。

　　KLEE 对 Linux 系统调用而不是 C 库函数进行建模，这种设计决策带来两方面的技术
优势：首先，Linux 系统调用比 C 库函数个数更少，而且语义更简单，这使得对系统调用进行
建模要更容易实现；其次，由于符号执行的检查在系统调用层面进行，符号执行还可以完成
对 C 库函数的检查（KLEE 使用 uClibc 作为其库函数）。

　　系统调用有可能由于各种异常情况而执行失败。例如，系统调用 write() 可能由于磁
盘已满而无法写入（返回错误码 ENOSPC）。对于这样的情况，KLEE 同样可以对该调用的
不同返回值，执行不同的符号执行分支，从而能够检查各种错误情况。这种全面检查很难通
过增加测试用例达到，这也再次印证了符号执行的更强的检查能力。

　　符号执行结束后，KLEE 根据符号执行产生的结果，制造真实的执行环境，如文件、终端
输入、套接字等，并重新执行原始的程序，来触发并复现程序的实际问题。

9.7　应　　用

　　符号执行相关技术已经在很多领域得到了广泛应用。在本节，我们将结合 KLEE 对符
号执行在软件测试和漏洞检测方面的应用进行讨论。

　　例 9.20　测试实例程序中的 get_sign 函数：

```
1   #include <klee/klee.h>
2
3   int get_sign(int x) {
4     if (x == 0)
5       return 0;
6     if (x < 0)
7       return -1;
8     else
9       return 1;
10  }
11
12  int main() {
13    int a;
14    klee_make_symbolic(&a, sizeof(a), "a");
15    return get_sign(a);
16  }
```

由于 KLEE 接受符号值作为输入，因此，在 main 函数中，我们通过调用 KLEE 提供的接口
klee_make_symbolic 将变量 a 声明为一个符号值，并将其作为参数传入 get_sign 函数。

　　KLEE 读入程序的 LLVM 字节码，并进行符号执行。因此，我们首先执行如下命令，将

其编译为 LLVM 字节码：

```
clang -I ../../include -emit-llvm -c -g -O0 -Xclang
  -disable-O0-optnone get_sign.c
```

编译生成字节码文件 get_sign.bc。接下来，我们使用 KLEE 对得到的 LLVM 字节码文件进行符号执行：

```
klee get_sign.bc
```

符号执行完成后，KLEE 将输出：

```
KLEE: output directory = "klee-out-0"
KLEE: Using STP solver backend

KLEE: done: total instructions = 33
KLEE: done: completed paths = 3
KLEE: done: generated tests = 3
```

上述输出信息表明了好几个重要信息：首先，在这次符号执行中，KLEE 将输出文件都写入了当前执行目录下的 klee-out-0 子目录，如果再次运行 KLEE 进行符号执行，则会写入到 klee-out-1 子目录，依此类推。为了方便区分，KLEE 生成了一个名为 klee-last 的符号链接，它总是指向最后一次执行生成的目录。

其次，KLEE 使用了 STP 作为其后端的约束求解器，STP 是一个非常高效的可满足性模理论求解器，被广泛用于程序分析构建、定理证明、漏洞检测、加密算法、模糊测试和模型检测。但同时，KLEE 也允许用户指定其他的后端，例如，如果要使用 Z3 作为后端的约束求解器，则可在运行时指定：

```
klee --solver-backend=z3 get_sign.bc
```

最后，符号执行一共执行了 33 条指令，覆盖了 3 条不同的执行路径，并且产生了 3 个不同的测试用例（在 klee_last 目录下），即

```
test000001.ktest
test000002.ktest
test000003.ktest
```

需要注意的是，生成的指令条数等信息，依赖使用的具体编译器版本等外部条件。

由于 klee_last 目录下的这三个测试用例都是二进制文件，我们无法直接读取并分析其内容。此时，我们可借助 KLEE 提供的 ktest-tool 工具，来辅助读取其文件内容：

```
ktest-tool test000001.ktest
```

读取结果类似于（注意，在不同的平台和测试环境下，产生的结果可能会不同）：

```
ktest file : 'test000001.ktest'
args       : ['get_sign.bc']
num objects: 1
object 0: name: 'a'
object 0: size: 4
object 0: data: b'\x00\x00\x00\x00'
object 0: hex : 0x00000000
object 0: int : 0
object 0: uint: 0
object 0: text: ....
```

输出结果表明,KLEE 为一个大小是 4 字节、名字为 a 的变量产生了具体测试输入值 0。需要注意的是,上面的输出给出了变量 a 的几种不同的数据格式,包括二进制、十六进制、整型以及无符号整型等。

类似地,我们可以查看剩余两个测试例文件 test000002.ktest 和 test000003.ktest 的内容,分别为 16843009 和 −2147483648。

不难分析得到,这三个测试用例正好可以覆盖 get_sign 函数的三条不同的执行路径,亦即这组测试用例达到了 100% 的路径覆盖度。

我们可以手动将这三组测试用例输入源程序以完成对程序的测试,但 KLEE 提供了一个更方便的测试库 libkleeRuntest,来帮助我们完成对该程序的自动测试,这个库提供了对 KLEE 函数 klee_make_symbolic 的实现,该实现可以自动读取测试例里面的变量实际值,并自动赋值给相应的变量。为使用 KLEE 的测试库,我们编译该程序时,显式链接该库:

```
clang -lkleeRuntest get_sign.c
```

会得到可执行程序 a.out。

在运行该测试程序 a.out 时,我们可以使用环境变量 KTEST_FILE,显式指定待使用的测试例文件,并分别测试三个用例:

```
KTEST_FILE=klee-last/test000001.ktest ./a.out
KTEST_FILE=klee-last/test000002.ktest ./a.out
KTEST_FILE=klee-last/test000003.ktest ./a.out
```

除了上述基本使用外,KLEE 官网上还有详细文档,介绍了 KLEE 更多的使用和实例,感兴趣的读者可以进一步参考。

本 章 小 结

本章讨论了符号执行的相关理论及应用。首先,我们讨论了一个小的命令式语言 IMP,并定义了其操作语义;然后,我们讨论了符号执行和混合执行,并讨论了符号执行在实际工程实现中出现的问题及其可能的解决方案;最后,我们结合一个典型的符号执行引擎 KLEE,讨论了符号执行的实际实现和应用。

深 入 阅 读

　　IMP 语言是一个被深入研究的命令式语言的模型。Winskel[125] 对 IMP 语言及其操作语义进行了详细讨论。操作语义是三种主流的语义定义机制之一,Pierce[126] 详细讨论了操作语义和类型系统。

　　符号执行是一个非常古老的研究课题。最早在 20 世纪 70 年代,King 等[110,111] 就在软件测试领域,对符号执行的基本理论进行了先驱性研究。但是,受限于硬件的计算能力以及约束求解器的求解能力,符号执行在很长时间内并未得到广泛的应用。进入 21 世纪后,随着约束求解器求解能力的提升[114],符号执行重新引起研究者的兴趣,很多实用的符号求解工具被开发出来。Cadar 等[120-124] 等研究了符号执行,并给出了 EXE、KLEE 等几个具体实现;Godefroid 等[115-117] 研究了混合执行,发布了 Sage、DART 等几个不同实现。

　　随着符号执行理论的发展和完善,研究者给出了一系列有影响力的符号执行实现。这些实现包括针对 C 语言的 CUTE[127]、CREST[131];针对 Java 语言的 jCUTE[128]、PathFinder[134]、jDART[145];针对二进制程序的 BitBlaze[130]、BAP[135]、Mayhem[136]、S2E[138]、FuzzBALL[139]、Pathgrind[140]、ANGR[142, 143];针对 Dalvik 字节码的 SymDroid[137];针对.NET 平台的 PEX[132];针对 Ruby 程序的 Rubyx[133];针对 JavaScript 语言的 Jalangi[129]、SymJS[141]。

　　符号执行被用于很多研究领域,包括但不限于软件测试[146-154];漏洞利用[155, 136];认证绕过[142,143],[156-160] ,等等。

　　Pasareanu[161]、Cadar[124]、Chen[162]、Baldoni[163] 等给出了对符号执行相关研究的综述。

思 考 题

　　1. 请给出操作语义中的两个归约函数 eval_b 和 eval_s 的具体实现。

　　2. 请给出符号执行的两个函数 eval_b 和 eval_s 的具体实现。

　　3. 请给出对 IMP 语言的混合执行的具体实现。

　　4. 给定以下代码:

```
1   int f(int a, int b){
2     int x = 1;
3     int y = 0;
4     if(a != 0){
5       y = x + 3;
6       if(b == 0)
7         x = 2 * (a + b);
8     }
9     return x;
10  }
```

请回答:

　　(1)在函数 f 上进行符号执行,会产生多少条不同路径?

　　(2)列出符号执行过程中,每条路径的符号内存。

　　(3)列出符号执行过程中,所有产生的路径条件。

5. 给定以下代码:

```
1   int f(int x, int y, char *str, int len) {
2     int t = 0;
3     while(x < y)
4       if(x <= 0){
5         t = write(y, str, len);
6         x = 1;
7       }
8       else
9         x = x * 2;
10    return x * t;
11  }
```

其中,write() 是 Linux 的系统调用。请回答下列问题:

（1）在对函数 f() 符号执行过程中,如何处理函数 write()?

（2）在混合执行过程中,如何处理函数 write()?

6. 给定以下代码:

```
1   int f_loop(int m, int n){
2     while(m < n)
3       if(m > 0)
4         m = m * 2;
5       else
6         m = m + 1;
7     return m;
8   }
```

请回答下列问题:

（1）当对函数 f_loop() 进行符号执行时,请给出每一条执行路径上的符号内存和路径条件。

（2）当对函数 f_loop() 进行混合执行时,假定输入的值为 m=0 且 n=4,请给出路径条件。

（3）当对函数 f_loop() 进行混合执行时,假定输入的值为 m=6 且 n=2,请给出路径条件。

第 10 章 程 序 验 证

形式化程序验证基于严格的数学基础,验证程序是否符合预期的设计属性和安全规范。形式化验证使用形式语义和形式规范,将程序验证问题转化为逻辑推理问题或形式模型的判定问题,利用定理证明器、约束求解器或者原型工具来完成验证。本章主要将讨论程序验证相关知识,内容包括霍尔三元组、公理语义、最弱前条件、验证条件、后向以及前向的验证条件生成、验证条件的证明。我们还将结合最新的面向程序验证的语言 Dafny,讨论程序验证系统的实际实现和典型应用。

10.1 霍尔三元组

我们给出如下定义:

定义 10.1 (霍尔三元组) 霍尔三元组 (Hoare triple) 指的是如下形式的元组:

$$\{P\}\,S\,\{Q\}$$

其中,P, Q 是谓词逻辑命题,S 是 IMP 语言的语句。命题 P 被称为霍尔三元组的前条件 (pre-condition),命题 Q 被称为霍尔三元组的后条件 (post-condition)。

我们在第 4 章和第 9 章分别讨论了谓词逻辑以及 IMP 语言,此处不再赘述。

直观上,霍尔三元组的含义为:若语句 S 在满足命题 P 的机器状态 ρ 下执行,如果 S 能够执行终止,并得到新的机器状态 ρ',那么机器状态 ρ' 满足命题 Q。这里需要注意的是,霍尔三元组的定义并未要求语句 S 的执行要终止,因此,我们称霍尔三元组规定了程序的部分正确性 (partial correctness)。

更进一步,如果要求语句 S 在满足命题 P 的机器状态 ρ 下执行,并且要求语句 S 的执行必须终止,且得到的新的机器状态是 ρ',则新的机器状态 ρ' 满足命题 Q,则我们称霍尔三元组规定了程序的完全正确性 (full correctness)。为了和刚才讨论的部分正确性区分,我们用

$$[P]\,S\,[Q]$$

表示完全正确性。

需要指出的是,由于实际语言 (包括这里使用的 IMP 语言) 通常都包括循环和函数递归调用等语法结构,而这些语法结构会导致程序执行可能不终止,因此,程序的部分正确性比完全正确性更加常用。本章主要讨论部分正确性。

例 10.1　给定霍尔三元组

```
1  {n = 0}
2  n = n + 1;
3  {n = 1}
```

其中,前条件命题 $n = 0$ 和后条件命题 $n = 1$ 都是谓词逻辑命题(且具体属于线性算术理论)。该霍尔三元组的含义是:在程序语句执行前,程序内存满足前条件 $n = 0$ 的要求,则语句 n=n+1 执行后,显然内存里变量值 n=1,它满足后条件 $n = 1$ 的要求。因此,该霍尔三元组成立。

需要注意的是,在上述(以及后面的)例子中,我们用变量的不同字体 n 或者 n 来特别区分该变量是属于逻辑命题,还是属于程序语句。

例 10.2　给定霍尔三元组

```
1  {n = 0}
2  while(1)
3    n = n+1;
4  {n = 1}
```

其含义是:在程序语句执行前,内存满足前条件命题 $n = 0$,但程序执行不终止,则该霍尔三元组成立。

例 10.3　给定霍尔三元组

```
1  {n < 0}
2  while(n<5)
3    n = n+1;
4  {n = 5}
```

在程序语句执行前,内存满足前条件命题 $n < 0$,程序执行后,内存中的变量 n 的值为 5,显然满足后条件命题 $n = 5$,亦即该霍尔三元组成立。

霍尔逻辑三元组 $\{P\}\,S\,\{Q\}$ 的前/后条件命题 P, Q 中一般会显式引用程序变量,因此,我们需要给出命题 P 针对机器状态 ρ 的语义,在本章中,为不失一般性,我们假定机器状态总是指内存。

定义 10.2（命题语义）　命题 P 在内存 ρ 下的语义由断言

$$\rho \vDash P$$

给出,该断言的规则基于对命题 P 的语法结构归纳:

$\rho \vDash \top$	总是成立
$\rho \vDash \bot$	一定不成立
$\rho \vDash E_1 = E_2$	如果 $\langle \rho, E_1 \rangle \to n_1$、$\langle \rho, E_2 \rangle \to n_2$ 且 $n_1 = n_2$
$\rho \vDash E_1 < E_2$	如果 $\langle \rho, E_1 \rangle \to n_1$、$\langle \rho, E_2 \rangle \to n_2$ 且 $n_1 < n_2$
$\rho \vDash P_1 \wedge P_2$	如果 $\rho \vDash P_1$ 且 $\rho \vDash P_2$
$\rho \vDash P_1 \to P_2$	如果 $\rho \vDash P_1$ 蕴含 $\rho \vDash P_2$
$\rho \vDash \forall x.P$	如果 $\forall n. \rho[x \mapsto n] \vDash P$

真命题 $\top$ 对任意机器内存 ρ 总成立,而假命题 $\bot$ 总不成立。对等式 $E_1 = E_2$,断言 $\rho \vDash E_1 = E_2$ 成立,当且仅当在内存 ρ 下,$\langle \rho, E_1 \rangle \to n_1$ 且 $\langle \rho, E_2 \rangle \to n_2$,即表达式 E_1 和 E_2 分别归约到整型值 n_1 和 n_2,且两个值 $n_1 = n_2$。表达式 $E_1 < E_2$ 的推理过程类似。需要注意的是,我们用更简洁的 $\langle \rho, E \rangle \to n$ 来定义操作语义规则,它跟前面章节提到的计算规则 eval_E(sig, e) = n 一致。

合取命题 $P_1 \wedge P_2$ 在内存 ρ 上成立 $\rho \vDash P_1 \wedge P_2$,当且仅当两个命题 P_1 和 P_2 分别在内存 ρ 上成立,即 $\rho \vDash P_1$ 且 $\rho \vDash P_2$。蕴含式 $P_1 \to P_2$ 和全称量词命题 $\forall x.P$ 的推理过程类似。

需要注意的是:上述定义的断言中只给出了谓词逻辑命题 P 的一个子集(例如,其中不包括析取联接词 $\vee$),主要的原因不是技术上的困难,而是在霍尔三元组中,最常用到这个子集。

例 10.4 证明断言

$$[m \mapsto 0, n \mapsto 1] \vDash (n+1) < 5$$

成立。

由断言的计算规则,我们有

$$\langle \rho, (n+1) \rangle \to 2$$
$$\langle \rho, 5 \rangle \to 5$$

则不难由定义,证明原命题成立。

例 10.5 证明断言

$$[m \mapsto 0, n \mapsto 1] \vDash \forall x.x = x$$

成立。

由断言的计算规则,我们只需要证明对任意 k,断言

$$[m \mapsto 0, n \mapsto 1, x \mapsto k] \vDash x = x$$

成立。我们把对该断言的验证,作为练习留给读者。

基于命题 P, Q 在内存 ρ 上的语义 $\rho \vDash P$ 和 $\rho \vDash Q$,我们给出霍尔三元组 $\{P\} S \{Q\}$ 的语义。

定义 10.3 (霍尔三元组的语义) 霍尔三元组 $\{P\} S \{Q\}$ 的语义,记作

$$\vDash \{P\} S \{Q\}$$

由命题

$$\forall \rho. \forall \rho'. (\rho \vDash P \wedge \langle \rho, S \rangle \to \rho') \to \rho' \vDash Q$$

给出。

该语义表示:内存 ρ 满足前条件命题 P,即 $\rho \vDash P$,且程序 S 在内存 ρ 上运行结束得到新的内存 ρ',则后条件命题 Q 在内存 ρ' 上成立。

例 10.6 给定霍尔三元组 $\{P\} S \{Q\}$:

```
1  {n < 0}
2  while(n<5)
3    n = n+1;
4  {n = 5}
```

证明 $\vDash \{P\}\, S\, \{Q\}$。

按照霍尔三元组语义的定义,我们需要证明如下事实:对任意给定的内存 ρ 满足 $\rho \vDash \{n < 0\}$ 且 $\langle \rho, S \rangle \to \rho'$,证明结论 $\rho' \vDash \{n = 5\}$。我们把证明的详细过程,作为练习留给读者完成。

10.2　公 理 语 义

为了使用霍尔三元组进行推理和证明,我们将在本节讨论霍尔逻辑公理语义。我们用断言

$$\vdash \{P\}\, S\, \{Q\}$$

表达霍尔逻辑公理语义的推理规则。

我们先给出一条非语法制导的蕴含规则(Conseq),它对任意形式的语句 S 都成立。

蕴含

$$\frac{\vdash P \to A \qquad \vdash \{A\}\, S\, \{B\} \qquad \vdash B \to Q}{\vdash \{P\}\, S\, \{Q\}} \tag{Conseq}$$

该规则表明要证明霍尔三元组 $\{P\}\, s\, \{Q\}$ 成立,则我们只需要证明霍尔三元组 $\{A\}\, S\, \{B\}$ 成立,且分别证明命题间蕴含关系 $P \to A$ 和 $B \to Q$。由于蕴含规则不是语法制导的,因此,它给证明规则的自动化实现带来了挑战。

接下来将给出的规则都是语法制导的,即都基于对语句 S 的语法结构归纳。

空语句

$$\frac{}{\vdash \{P\}\, \texttt{skip}\, \{P\}} \tag{Skip}$$

规则(Skip)表示:由于 skip 语句不改变程序的内存状态,因此,任意满足前条件 P 的内存 ρ,仍然会满足后条件 P。

例 10.7　证明如下霍尔三元组

```
1  {x = 3 ∧ y = 4}
2  skip;
3  {x = 3 ∧ y = 4}
```

成立。

不难直接利用推理规则(Skip),完成证明:

$$\frac{}{\vdash \{x = 3 \land y = 4\}\, \texttt{skip}\, \{x = 3 \land y = 4\}}$$

赋值语句

$$\overline{\vdash \{P[x \mapsto e]\}\, \mathrm{x} = \mathrm{e}\, \{P\}} \tag{Assign}$$

对赋值语句 x=e，如果前条件是命题 $P[x \mapsto e]$，则赋值后的后条件是命题 P。注意，记号 $P[x \mapsto e]$ 表示把命题 P 中出现的自由变量 x 全部替换为表达式 e。

例 10.8 证明如下霍尔三元组

1 $\{y + z > k\}$
2 x = y+z
3 $\{x > k\}$

成立。

可通过规则（Assign），直接证明：

$$\overline{\vdash \{(x > k)[x \mapsto (y + z)]\}\, \mathrm{x} = \mathrm{y} + \mathrm{z}\, \{x > k\}} \tag{Assign}$$

语句序列

$$\frac{\vdash \{P\}\, S_1\, \{R\} \qquad \vdash \{R\}\, S_2\, \{Q\}}{\vdash \{P\}\, S_1; S_2\, \{Q\}} \tag{Seq}$$

规则（Seq）表明：要证明目标霍尔三元组 $\{P\}\, S_1; S_2\, \{Q\}$ 成立，只需要找到一个中间命题 R，并分别证明对两个语句 S_1 和 S_2 的两个子霍尔三元组 $\{P\}\, S_1\, \{R\}$ 和 $\{R\}\, S_2\, \{Q\}$ 都成立。

例 10.9 证明霍尔三元组

1 $\{\top\}$
2 x = 9;
3 y = 4;
4 $\{x = 9 \wedge y = 4\}$

成立。

利用规则（Seq），我们给出如下证明过程：

$$\frac{\dfrac{\overline{\mathcal{G}_1}}{\vdash \{\top\}\, \mathrm{x} = 9\, \{x = 9\}} \qquad \dfrac{\overline{\mathcal{G}_2}}{\vdash \{x = 9\}\, \mathrm{y} = 4\, \{x = 9 \wedge y = 4\}}}{\vdash \{\top\}\, \mathrm{x} = 9; \mathrm{y} = 4; \{x = 9 \wedge y = 4\}}$$

注意到，我们选取了中间命题

$$R \triangleq (x = 9)$$

但需要注意的是，证明过程 $\mathcal{G}_1$ 和 $\mathcal{G}_2$ 并不能直接由赋值的证明规则（Assign）得到，而是需要用到我们前面讨论的蕴含规则（Conseq）。我们给出证明过程 $\mathcal{G}_1$：

$$\frac{\vdash \top \to 9 = 9 \qquad \overline{\vdash \{9 = 9\}\, \mathrm{x} = 9\, \{x = 9\}}}{\vdash \{\top\}\, \mathrm{x} = 9\, \{x = 9\}}$$

其中引入了对前条件命题的逻辑蕴含式 $\vdash \top \to 9 = 9$。

对 $\mathcal{G}_2$ 的证明过程类似：

$$\frac{\vdash x = 9 \to x = 9 \land 4 = 4 \quad \overline{\vdash \{x = 9 \land 4 = 4\}\, \mathsf{y} = \mathsf{4}\, \{x = 9 \land y = 4\}}}{\vdash \{x = 9\}\, \mathsf{y} = \mathsf{4}\, \{x = 9 \land y = 4\}}$$

其中，对逻辑蕴含式

$$x = 9 \to x = 9 \land 4 = 4$$

的证明，需要用到本书前面讨论过的线性算术理论。

条件语句

$$\frac{\vdash \{P \land b\}\, s_1\, \{Q\} \qquad \vdash \{P \land \neg b\}\, s_2\, \{Q\}}{\vdash \{P\}\, \texttt{if}\ b\ \texttt{then}\ s_1\ \texttt{else}\ s_2\, \{Q\}} \tag{If}$$

规则（If）表示：如果要在前条件命题 P 成立的条件下证明条件语句 $\texttt{if}\ b\ \texttt{then}\ s_1\ \texttt{else}\ s_2$，则需要证明两个子目标，一是 $\vdash \{P \land b\}\, s_1\, \{Q\}$，即在命题 $P \land b$ 成立的条件下，证明语句 s_1 执行后满足命题 Q；二是 $\vdash \{P \land \neg b\}\, s_2\, \{Q\}$，即在命题 $P \land \neg b$ 成立的条件下，证明语句 s_2 执行后也满足命题 Q。

例 10.10　证明霍尔逻辑三元组

```
1  {⊤}
2  if(x >= 0)
3    y = x;
4  else
5    y = 0 - x;
6  {y ⩾ 0}
```

成立。

根据证明规则（If），我们可给出如下证明：

$$\frac{\dfrac{\overline{\mathcal{G}_1}}{\{\top \land x \geqslant 0\}\, \mathsf{y} = \mathsf{x}\, \{y \geqslant 0\}} \qquad \dfrac{\overline{\mathcal{G}_2}}{\{\top \land \neg(x \geqslant 0)\}\, \mathsf{y} = \mathsf{0} - \mathsf{x}\, \{y \geqslant 0\}}}{\{\top\}\, \texttt{if(x>=0)}\ \mathsf{y=x};\ \texttt{else}\ \mathsf{y=0-x};\, \{y \geqslant 0\}}$$

注意，对两个子目标 $\mathcal{G}_1$ 和 $\mathcal{G}_2$ 的证明，同样要用到前面讨论过的蕴含规则（Conseq）。我们把具体的证明过程，作为练习留给读者完成。

循环语句

$$\frac{\vdash \{P \land b\}\, s\, \{P\}}{\vdash \{P\}\, \texttt{while}\ b\ \texttt{do}\ s\, \{P \land \neg b\}} \tag{While}$$

要证明关于语句 $\texttt{while}\ b\ \texttt{do}\ s$ 的霍尔三元组，我们需要找到一个命题 P，并证明子目标 $\{P \land b\}\, s\, \{P\}$ 成立。注意到命题 P 在循环体 s 执行前后保持不变，因此，我们称命题 P 是该循环语句的循环不变式（Loop invariant）。规则（While）表明，当循环结束时，作为后条件的命题 $P \land \neg b$ 成立，亦即循环不变式 P 当循环退出执行时仍有效。

例 10.11 证明霍尔三元组

```
1  {n < 0}
2  while n<5 do
3    n = n+1
4  {n = 5}
```

成立。

我们选取循环不变式为 $n \leqslant 5$，从而尝试证明一个更强的结论：

$$\vdash \{n \leqslant 5\}\, \text{while n<5 do n=n+1;}\, \{n \leqslant 5 \land \neg(n < 5)\} \tag{10.1}$$

我们称其为更强，是因为结合对如下两个蕴含式的证明：

$$n < 0 \to n \leqslant 5$$
$$n \leqslant 5 \land \neg(n < 5) \to n = 5$$

我们可以使用蕴含规则（Conseq），并结合对霍尔三元组（10.1）的证明，完成对例10.11的证明。

下面，我们利用循环语句的证明规则（While），给出对霍尔三元组（10.1）的证明：

$$\cfrac{\vdash (n \leqslant 5) \land (n < 5) \to n \leqslant 4 \quad \cfrac{}{\vdash \{(n \leqslant 5)[n \mapsto (n+1)]\}\, \text{n=n+1}\, \{n \leqslant 5\}}}{\cfrac{\vdash \{(n \leqslant 5) \land (n < 5)\}\, \text{n=n+1}\, \{n \leqslant 5\}}{\vdash \{n \leqslant 5\}\, \text{while n<5 do n=n+1;}\, \{(n \leqslant 5) \land \neg(n < 5)\}}}$$

其中，再次用到了蕴含规则（Conseq）。

还要指出的是，在使用循环语句的证明规则（While）进行证明的过程中，最大的挑战在于需要找到合适的循环不变式，并且这个过程很难自动化。

10.3 最弱前条件

霍尔逻辑的公理语义使用一组推理规则，完成对霍尔三元组的证明 $\vdash \{P\}\, S\, \{Q\}$。但是，这个证明过程需要手工完成，对大型程序来说，工作量大，繁琐易错。为解决这个问题，我们在本节讨论一个更具有计算风格的推理系统——最弱前条件（weakest precondition）。

最弱前条件的基本思想是根据霍尔三元组 $\{P\}\, S\, \{Q\}$ 中的语句 S 和后条件 Q，计算得到一个能使该霍尔三元组成立的前条件 A，然后只需要证明蕴含式 $P \to A$ 成立即可。注意，由于能够使霍尔三元组 $\{P\}\, S\, \{Q\}$ 成立的前条件 P 一般不是唯一的（由蕴含规则（Conseq）可得），因此，我们要求对所有可能的 $\{P\}\, S\, \{Q\}$ 以及计算得到的前条件 A，都有 $P \to A$；从这个意义上，前条件 A 是最弱的。我们把这个概念，形式化描述为如下定义：

定义 10.4（**最弱前条件**） 假定霍尔三元组 $\{A\}\, S\, \{Q\}$ 成立，且对于任何其他成立的霍尔三元组 $\{P\}\, S\, \{Q\}$，我们总有 $P \to A$，那么我们把命题 A 称作为程序 S 和命题 Q 的最弱前条件，并记作 $W(S, Q)$。

接下来,我们将给出一组计算规则,用于从给定的程序 S 和后条件命题 Q 出发,来计算最弱前条件 $\mathcal{W}(S, Q)$。

对于空语句,我们给出计算规则:

$$\mathcal{W}(\texttt{skip}, Q) = Q \tag{10.2}$$

该规则表示,若程序为空语句 skip,那么其最弱前条件就是 Q。

例 10.12　计算霍尔三元组

$$\{P\} \, \texttt{skip} \, \{x > 10\}$$

的最弱前条件。

根据最弱前条件的计算规则,我们有

$$\mathcal{W}(\texttt{skip}, x > 10) = x > 10$$

对赋值语句,我们给出计算规则:

$$\mathcal{W}(x = e, P) = P[x \mapsto e] \tag{10.3}$$

符号 $x \mapsto e$ 表示把命题 P 中出现的自由变量 x 全部替换为表达式 e。

例 10.13　计算霍尔三元组

$$\{P\} \, \texttt{x=x-5} \, \{x > 10\}$$

的最弱前条件。

根据最弱前条件的计算规则,我们有

$$
\begin{aligned}
&\mathcal{W}(\texttt{x=x-5}, x > 10) \\
&= \mathcal{W}(x > 10)[x \mapsto x - 5] \\
&= (x - 5 > 10) \\
&= x > 15
\end{aligned}
$$

不难验证:命题 $x > 15$ 已经是最弱前条件,任何更弱的条件(如 $x \geqslant 15$),都不能使得该霍尔三元组成立。

对序列语句,我们给出计算规则:

$$\mathcal{W}(s_1; s_2, Q) = \mathcal{W}(s_1, \mathcal{W}(s_2, Q)) \tag{10.4}$$

该规则表明,对序列语句 $s_1; s_2$,我们首先需要计算语句 s_2 的最弱前条件 $\mathcal{W}(s_2, Q)$,再以此计算 s_1 的最弱前条件 $\mathcal{W}(s_1, \mathcal{W}(s_2, Q))$。

例 10.14　计算霍尔三元组

$$\{P\} \, \texttt{x=x-15;y=2*x;} \, \{x > 20\}$$

的最弱前条件。

根据最弱前条件的计算规则,我们有

$$
\begin{aligned}
&\mathcal{W}(\text{x=x-5};\text{x=2*x}, x > 20) \\
&= \mathcal{W}(\text{x=x-5}, \mathcal{W}(\text{x=2*x}, x > 20)) \\
&= \mathcal{W}(\text{x=x-5}, 2 * x > 20) \\
&= 2 * (x - 5) > 20 \\
&= x > 15
\end{aligned}
$$

对条件语句,我们给出计算规则:

$$
\mathcal{W}(\text{if } b \text{ then } s_1 \text{ else } s_2), Q) = b \to \mathcal{W}(s_1, Q) \land \neg b \to \mathcal{W}(s_2, Q) \tag{10.5}
$$

该规则表明:计算条件语句的最弱前条件,首先需要分别计算语句 s_1 和 s_2 的最弱前条件 $\mathcal{W}(s_1, Q)$ 和 $\mathcal{W}(s_2, Q)$;然后再将两个蕴含式 $b \to \mathcal{W}(s_1, Q)$ 和 $\neg b \to \mathcal{W}(s_2, Q)$ 进行合取运算。

例 10.15 计算霍尔三元组

$$
\{P\} \text{if x>=0 then y=x else y=0-x} \{y \geqslant 0\}
$$

的最弱前条件。

根据最弱前条件的计算规则,我们有

$$
\begin{aligned}
&\mathcal{W}(\text{if x>=0 then y=x else y=0-x}, y \geqslant 0) \\
&= (x \geqslant 0) \to \mathcal{W}(\text{y=x}, y \geqslant 0) \land \neg(x > 0) \to \mathcal{W}(\text{y=0-x}, y \geqslant 0) \\
&= (x \geqslant 0 \to x \geqslant 0) \land (\neg(x \geqslant 0) \to (0 - x \geqslant 0))
\end{aligned}
$$

再继续调用线性算术理论的求解器,可得到最终的最弱前条件为真命题 $\top$。

我们先对循环语句做一层展开,得到

while b do $s = $ if b then $(s; \text{while } b \text{ do } s)$ else skip,

对展开得到的条件语句,我们可以使用最弱前条件计算规则,得到

$$
\begin{aligned}
&\mathcal{W}(\text{while } b \text{ do } s, Q) \\
&= \mathcal{W}(\text{if } b \text{ then } (s; \text{while } b \text{ do } s) \text{ else skip}, Q) \\
&= b \to \mathcal{W}(s; \text{while } b \text{ do } s, Q) \land \neg b \to \mathcal{W}(\text{skip}, Q) \\
&= b \to \mathcal{W}(s; \mathcal{W}(\text{while } b \text{ do } s, Q)) \land (\neg b \to Q)
\end{aligned}
$$

我们记

$$
\Theta = \mathcal{W}(\text{while } b \text{ do } s, Q)
$$

则循环语句的最弱前条件公式,可简化为

$$
\Theta = b \to \mathcal{W}(s; \Theta) \land \neg b \to Q \tag{10.6}
$$

需要注意的是,方程(10.6)是一个关于命题 Θ 的递归方程,在一般情况下,方程可能无解。

进一步地,如果我们引入函数

$$f(x) = b \to \mathcal{W}(s; x) \land \neg b \to Q$$

则待求的解 Θ 是函数 f 的不动点。

例 10.16 计算霍尔三元组

$$\{P\} \text{ while x<=5 do x=x+1} \{x \geqslant 7\}$$

的最弱前条件。

根据最弱前条件的计算规则,我们用 $\mathcal{W}_i$ 代表循环最多执行 i 次的最弱前条件,则有一般的方程

$$\mathcal{W}_{i+1} = b \to \mathcal{W}(s, \mathcal{W}_i) \land \neg b \to Q \tag{10.7}$$

具体地,对于变量 i 从 0 开始的每个具体取值,我们有

$$
\begin{aligned}
\mathcal{W}_0 &= \neg b \to Q \\
&= \neg(x \leqslant 5) \to (x \geqslant 7) \\
&= x \neq 6 \\
\mathcal{W}_1 &= b \to \mathcal{W}(s, \mathcal{W}_0) \land \neg b \to Q \\
&= ((x \leqslant 5) \to (x \neq 5)) \land x \neq 6 \\
&= ((x \leqslant 5) \to x \neq 5) \land x \neq 6 \\
&= x \neq 5 \land x \neq 6 \\
\mathcal{W}_2 &= b \to \mathcal{W}(s, \mathcal{W}_1) \land \neg b \to Q \\
&= x \neq 4 \land x \neq 5 \land x \neq 6 \\
&\quad \vdots \\
\mathcal{W}_i &= b \to \mathcal{W}(s, \mathcal{W}_{i-1}) \land \neg b \to Q \\
&= x \neq (6 - i) \land \cdots \land x \neq 5 \land x \neq 6 \\
&\quad \vdots
\end{aligned}
$$

则我们得到最弱前条件

$$
\begin{aligned}
\mathcal{W} &= \bigwedge_{i=0}^{\infty} \mathcal{W}_i \\
&= \mathcal{W}_0 \land \mathcal{W}_1 \land \mathcal{W}_2 \land \cdots \\
&= x \neq 6 \land x \neq 5 \land x \neq 4 \land \cdots \\
&= x \geqslant 7
\end{aligned}
$$

例 10.17 计算霍尔三元组

$$\{P\} \text{ while x>=5 do x=x+1} \{x \geqslant 7\}$$

的最弱前条件。

根据最弱前条件的计算规则,和例10.16类似,我们同样用 $\mathcal{W}_i$ 代表循环最多执行 i 次的最弱前条件,则有

$$
\begin{aligned}
\mathcal{W}_0 &= \neg b \to Q \\
&= \neg(x \geqslant 5) \to x \geqslant 7 \\
&= x \geqslant 5 \\
\mathcal{W}_1 &= b \to \mathcal{W}(s, \mathcal{W}_0) \wedge \neg b \to Q \\
&= ((x \geqslant 5) \to \mathcal{WP}(x = x + 1, x \geqslant 5)) \wedge x \geqslant 5 \\
&= ((x \geqslant 5) \to x \geqslant 4) \wedge x \geqslant 5 \\
&= x \geqslant 5 \\
\mathcal{W}_2 &= b \to \mathcal{W}(s, \mathcal{W}_1) \wedge \neg b \to Q \\
&= x \geqslant 5 \\
&\;\;\vdots \\
\mathcal{W}_i &= b \to \mathcal{W}(s, \mathcal{W}_{i-1}) \wedge \neg b \to Q \\
&= x \geqslant 5 \\
&\;\;\vdots
\end{aligned}
$$

则我们得到最弱前条件

$$
\begin{aligned}
\mathcal{W} &= \bigwedge_{i=0}^{\infty} \mathcal{W}_i \\
&= \mathcal{W}_0 \wedge \mathcal{W}_1 \wedge \mathcal{W}_2 \wedge \cdots \\
&= x \geqslant 5 \wedge x \geqslant 5 \wedge x \geqslant 5 \wedge \cdots \\
&= x \geqslant 5
\end{aligned}
$$

例 10.18 计算霍尔三元组

$$\{P\}\,\texttt{while x<5 do x=x+1}\,\{x = 5\}$$

的最弱前条件。

根据最弱前条件的计算规则,和例10.16类似,我们同样用 $\mathcal{W}_i$ 代表循环最多执行 i 次的最弱前条件,则有

$$
\begin{aligned}
\mathcal{W}_0 &= \neg b \to Q \\
&= \neg(x < 5) \to x = 5 \\
&= (x \leqslant 5) \\
\mathcal{W}_1 &= b \to \mathcal{W}(s, \mathcal{W}_0) \wedge \neg b \to Q \\
&= ((x < 5) \to \mathcal{WP}(x = x + 1, x \leqslant 5)) \wedge (x \leqslant 5) \\
&= ((x < 5) \to (x \leqslant 4)) \wedge (x \leqslant 5) \\
&= (x \leqslant 5) \\
\mathcal{W}_2 &= b \to \mathcal{W}(s, \mathcal{W}_1) \wedge \neg b \to Q
\end{aligned}
$$

$$= ((x < 5) \to \mathcal{WP}(x = x + 1, x \leqslant 5)) \wedge (x \leqslant 5)$$
$$= ((x < 5) \to (x \leqslant 4)) \wedge (x \leqslant 5)$$
$$= (x \leqslant 5)$$
$$\vdots$$
$$\mathcal{W}_i = b \to \mathcal{W}(s, \mathcal{W}_{i-1}) \wedge \neg b \to Q$$
$$= (x \leqslant 5)$$
$$\vdots$$

则我们得到最弱前条件

$$\mathcal{W} = \bigwedge_{i=0}^{\infty} \mathcal{W}_i$$
$$= \mathcal{W}_0 \wedge \mathcal{W}_1 \wedge \mathcal{W}_2 \wedge \cdots$$
$$= (x \leqslant 5) \wedge (x \leqslant 5) \wedge (x \leqslant 5) \wedge \cdots$$
$$= x \leqslant 5$$

对给定的霍尔三元组 $\{P\}\, S\, \{Q\}$, 在计算得到其最弱前条件 $\mathcal{W}(S, Q)$ 后, 我们只需要证明

$$P \to \mathcal{W}(S, Q)$$

即可证明原霍尔三元组 $\{P\}\, S\, \{Q\}$ 成立。

例 10.19　证明霍尔三元组

$$\{x \geqslant 10\}\, \texttt{while x<=5 do x=x+1}\, \{x \geqslant 7\}$$

成立。

我们计算该霍尔三元组的最弱前条件

$$\mathcal{W}(\texttt{while x<=5 do x=x+1}, x \geqslant 7)$$
$$= x \geqslant 7$$

则只需证明蕴含式

$$x \geqslant 10 \to x \geqslant 7$$

成立。因此, 原霍尔三元组成立。

10.4　验证条件

尽管最弱前条件给出了从程序 s 和后条件 Q 出发, 计算最弱前条件的一般规则, 但由于循环语句的计算涉及无限迭代, 因此, 最弱前条件的计算在一般情况下难以自动化进行。为了解决这一难题, 在本节, 我们将讨论一种能更加有效地进行计算的程序前条件的形式——验证条件 (verification conditions, VC)。

验证条件的核心思想是改造循环语句的计算:通过给循环语句增加显式的循环不变式(loop invariant),对循环的验证条件的计算可一步完成,而不必无限迭代。从技术本质上看,验证条件有两个主要特征:第一验证条件拥有比最弱前条件计算更简单有效的自动计算方法,从而把无限运算转成了有限运算;第二,尽管验证条件一般要比最弱前条件弱(即从最弱前条件能够证明验证条件,但反之未必成立),但验证条件仍然能够自动化证明相当一大类程序的性质,从这个角度上说,验证条件用完备性来换取了实际可用性。

为了讨论验证条件,我们给出如下定义:

定义 10.5 (扩展 IMP 语言的语法) 扩展 IMP 语言的语法由如下的上下文无关文法给出:

$$e ::= n \mid x \mid e + e \mid e - e \mid e \times e \mid e/e$$
$$b ::= \text{true} \mid \text{false} \mid e == e \mid e <= e \mid !b \mid b \&\& b \mid b||b$$
$$I ::= b$$
$$s ::= \text{skip} \mid x = e \mid s; s \mid \text{if } b \text{ then } s \text{ else } s \mid \text{while } b \text{ do}_I s$$

与第 9 章中讨论的 IMP 语言的语法相比,上述定义唯一变化的是循环语句 while 的语法,其中显式增加了循环不变式 I,它被定义为一个布尔表达式 b。

对循环不变式 I,我们还需要注意两个关键点:第一,在实际程序构建中,循环不变式往往由程序员提供(也存在推断算法,对特定程序的循环不变式做自动推断),因此,对程序进行自动验证的难度并没有降低,只是由验证器转移到了程序员一方;第二,直观上,循环不变式 I 在循环执行前、循环执行期间以及循环执行结束退出时,共计三个程序点都必须成立。

例 10.20 给定霍尔三元组

```
1  {n < 0}
2  while n<5 do{n⩽5}
3    n = n+1
4  {n = 5}
```

其循环语句显式标注了循环不变式 $n \leqslant 5$。

我们不难验证循环不变式 $n \leqslant 5$ 的成立性:

(1)在循环执行前,显然我们有

$$n < 0 \to n \leqslant 5$$

(2)在循环执行期间,我们有

$$\{n < 5\}\,\text{n=n+1}\,\{n \leqslant 5\}$$

(3)在循环退出执行时,我们有

$$\neg(n < 5) \wedge (n \leqslant 5) \to n = 5$$

实际上,上述命题证明了该程序的后条件。

我们用函数

$$\mathcal{V}(s, Q)$$

代表从语句 s 和后条件 Q 出发,计算语句 s 的验证条件,其计算规则仍然基于对语句 s 的语法归纳:

$$\mathcal{V}(\text{skip}, Q) = Q$$
$$\mathcal{V}(x = e, Q) = Q[x \mapsto e]$$
$$\mathcal{V}(s_1; s_2, Q) = \mathcal{V}(s_1, \mathcal{V}(s_2, Q))$$
$$\mathcal{V}(\text{if } b \text{ then } s_1 \text{ else } s_2, Q) = b \to \mathcal{V}(s_1, Q) \land \neg b \to \mathcal{V}(s_2, Q)$$
$$\mathcal{V}(\text{while } b \text{ do}_I s, Q) = I \land (\forall x_1.\forall x_2.\cdots.\forall x_n.(I \to$$
$$((b \to \mathcal{V}(s, I)) \land (\neg b \to Q))))$$

在处理最后语句的规则中,变量 $x_i(1 \leqslant i \leqslant n)$,代表在循环体语句 s 中被修改的所有变量。该规则规定了循环的三个阶段。

第一,在进入循环前,循环不变式 I 要成立。

第二,如果循环判断条件 b 成立,则进入执行循环体 s,由于执行完 s 后,程序重新回到循环开始处,因此,命题

$$I \to (b \to \mathcal{V}(s, I)) \tag{10.8}$$

成立。

第三,如果循环判断条件 b 不成立,则循环退出执行,因此,命题

$$I \to (\neg b \to Q) \tag{10.9}$$

成立。

综合式(10.8)和式(10.9),我们有

$$I \to ((b \to \mathcal{V}(s, I)) \land (\neg b \to Q)) \tag{10.10}$$

由于式(10.10)需要对任意一轮循环都成立,因此,需要把循环体 s 中所有发生了改变的变量 $x_i(1 \leqslant i \leqslant n)$,作为量词的约束变量,得到

$$\forall x_1.\forall x_2.\cdots.\forall x_n.(I \to ((b \to \mathcal{V}(s, I)) \land (\neg b \to Q))) \tag{10.11}$$

注意到,由于量词都在最外层,因此,式(10.11)满足前束范式形式(见第 4 章)。

例 10.21　计算霍尔三元组

```
1  {n < 0}
2  while n<5 do{n⩽5}
3    n = n+1
4  {n = 5}
```

的验证条件。

由验证条件的计算规则,我们有

$$\mathcal{V}(\text{while n<5 do}_{\{n \leqslant 5\}} \text{ n=n+1}, n = 5)$$
$$= (n \leqslant 5) \land (\forall n.((n \leqslant 5) \to$$

$$((n < 5 \rightarrow \mathcal{V}(\mathbf{n=n+1}, n \leqslant 5)) \wedge (\neg(n < 5) \rightarrow (n = 5)))))$$
$$= (n \leqslant 5) \wedge (\forall n.((n \leqslant 5) \rightarrow$$
$$((n < 5 \rightarrow n < 5) \wedge (\neg(n < 5) \rightarrow n = 5))))$$
$$= (n \leqslant 5) \wedge (\forall n.(n \leqslant 5 \rightarrow (\neg(n < 5) \rightarrow n = 5)))$$
$$= n \leqslant 5$$

请读者特别注意该例和例10.18之间的区别：循环不变式 I 的加入，将最弱前条件的无限计算，转变成了对验证条件的有限步骤的计算。

对给定的霍尔三元组 $\{P\} S \{Q\}$，在计算得到其验证条件 $\mathcal{V}(S, Q)$ 后，如果我们能够证明

$$P \rightarrow \mathcal{V}(S, Q) \tag{10.12}$$

成立，即可证明原霍尔三元组 $\{P\} S \{Q\}$ 成立。

仍考虑例10.21，在计算得到验证条件 $\mathcal{V}(S, Q) = x \leqslant 5$ 后，我们不难证明

$$P \rightarrow \mathcal{V}(S, Q) = (x \leqslant 0) \rightarrow (x \leqslant 5)$$

成立，因此，原霍尔三元组成立。

需要指出的是，条件（10.12）是使得霍尔三元组 $\{P\} S \{Q\}$ 成立的充分但非必要条件，即有可能存在霍尔三元组 $\{P\} S \{Q\}$ 成立，但 $P \rightarrow \mathcal{V}(S, Q)$ 不成立，亦即从命题证明的角度看，验证条件不够"弱"。

例 10.22 计算霍尔三元组

```
1   {n ⩾ 7}
2   while n<5 do{n⩾10}
3     n = n+1
4   {n ⩾ 7}
```

的验证条件。注意，其中循环不变式 $I = n \geqslant 10$。

由验证条件的计算规则，我们有

$$\mathcal{V}(\mathbf{while\ n<5\ do}_{\{n\geqslant10\}}\ \mathbf{n=n+1}, n \geqslant 7)$$
$$= (n \geqslant 10) \wedge (\forall n.((n \geqslant 10) \rightarrow$$
$$((n < 5) \rightarrow \mathcal{V}(\mathbf{n=n+1}, n \geqslant 10) \wedge \neg(n < 5) \rightarrow (n \geqslant 7))))$$
$$= (n \geqslant 10) \wedge (\forall n.((n \geqslant 10) \rightarrow$$
$$((n < 5) \rightarrow (n \geqslant 9) \wedge \neg(n < 5) \rightarrow (n \geqslant 7))))$$
$$= n \geqslant 10$$

但注意，此时命题

$$P \rightarrow \mathcal{V}(S, Q) = (x \geqslant 7) \rightarrow (x \geqslant 10)$$

并不成立，因此无法证明原霍尔三元组成立。

直观上,不难判断例10.22中的霍尔三元组成立,主要的技术原因在于该霍尔三元组中给定的不变式 I "过强"。如果我们尝试将该不变式改为 $I = n \geqslant 7$,则可证明该霍尔三元组成立,我们把具体证明过程留给读者作为练习。

一般来说,针对具体程序构造恰当的循环不变式是非常困难的工作,甚至很多情况下,循环不变式的构造难度超过了程序本身的构造难度。

10.5　前向验证条件生成

在上一节,我们讨论的验证条件生成遵循后向计算(backward computation),即对于给定的霍尔三元组 $\{P\} S \{Q\}$,我们从后条件 Q 和语句 S 出发,按照从后向前的顺序计算得到验证条件 $\mathcal{V}(S, Q)$。这种计算顺序很适用于像 IMP 这样的高层结构化程序语言的验证。

本节,我们将讨论与后向模式相对应的一种前向计算(forward compuation),即从前条件 P 出发,从前向后扫描语句 S 并进行验证条件计算。前向验证条件生成既适用于结构化的高层语言,也适用于非结构化的中间语言或目标语言。

为了给出前向验证条件生成的推理规则,我们讨论一个被称为 TAC(three-address code)的中间语言。首先,我们给出如下定义:

定义 10.6(**TAC 语言的语法**)　TAC 语言的语法由如下的上下文无关文法给出:

$$e ::= n \mid x \mid e + e \mid e - e \mid e \times e \mid e / e$$
$$b ::= \texttt{true} \mid \texttt{false} \mid e == e \mid e <= e \mid !b \mid b\&\&b \mid b||b$$
$$I ::= b$$
$$s ::= \texttt{skip} \mid x = e \mid s; s \mid \texttt{L}: \mid \texttt{if}(b, \texttt{L}_1, \texttt{L}_2) \mid \texttt{goto L} \mid \texttt{inv } I$$

和 IMP 语言的语法类似,非终结符 e、b 和 I 分别代表整数表达式、布尔表达式和循环不变式,非终结符 s 代表语句,包括空语句 $\texttt{skip}$、赋值语句 $x = e$、语句序列 $s; s$、标号语句 $\texttt{L}:$(表示跳转的目标);条件跳转语句 $\texttt{if}(b, \texttt{L}_1, \texttt{L}_2)$ 根据布尔条件 b 的值为真或假,分别跳转到标号 $\texttt{L}_1$ 或 $\texttt{L}_2$;无条件跳转语句 $\texttt{goto L}$ 直接跳转到标号 $\texttt{L}$ 处开始执行;循环不变量语句 $\texttt{inv } I$,表示循环不变式 I 在该程序点上成立。

需要注意的是,TAC 语言在结构上非常类似于编译器中常用的三地址码中间表示,但有一个重要的区别:编译器的三地址码的语句中只能进行原子计算,而 TAC 允许复合运算。例如,赋值语句 $a = x + y * z$ 是合法的 TAC 语句,但在编译器的三地址码中间表示上,它一般会被表达成由更基本的赋值语句构成的序列 $t_1 = y * z; a = x + t_1;$,其中每个赋值语句最多包括三个变量(这也是三地址码名称的由来)。

对于 TAC 语言,我们同样可以给出霍尔三元组的定义 $\{P\} s \{Q\}$,其中 s 是 TAC 语言的语句。基于该定义,我们同样可以给出霍尔三元组的语义 $\vDash \{P\} s \{Q\}$、基于推理规则的公理语义 $\vdash \{P\} s \{Q\}$,等等。由于这些语义和推理规则等都和 IMP 语言的对应部分非常类似,我们把它们作为练习留给读者。

例 10.23　重新考虑例10.21中给定的 IMP 程序,如下霍尔三元组

```
1  {n < 0}
2  L_1:
3    inv n ⩽ 5
4    if(n<5, L_2, L_3)
5  L_2:
6    n = n+1
7    goto L_1
8  L_3:
9  {n = 5}
```

给定了与例10.21中程序等价的 TAC 程序。需要特别注意的是,程序的第 3 行给出了一条循环不变式 $n \leqslant 5$。

一般地,由于 TAC 程序相对比较底层,我们直接手工显式构造 TAC 语言的程序比较繁杂易错,因此,更常用的方式是将高层语言构建的程序自动编译生成 TAC 语言的程序,并进行验证。

接下来,我们结合 IMP 高级语言,讨论 TAC 程序的自动编译生成。为此,我们用函数

$$[\![\cdot]\!] : \text{IMP} \to \text{TAC}$$

给出把 IMP 程序编译成 TAC 程序的算法,该函数的规则基于对语句 s 的语法结构归纳:

$$[\![\text{skip}]\!] = \text{skip}$$
$$[\![x = e]\!] = x = e$$
$$[\![s_1; s_2]\!] = [\![s_1]\!]; [\![s_2]\!]$$
$$[\![\text{if } b \text{ then } s_1 \text{ else } s_2]\!] = \text{if}(b, \text{L}_1, \text{L}_2)$$
$$\text{L}_1 :$$
$$[\![s_1]\!]$$
$$\text{goto } \text{L}_3$$
$$\text{L}_2 :$$
$$[\![s_2]\!]$$
$$\text{goto } \text{L}_3$$
$$\text{L}_3 :$$
$$[\![\text{while } b \text{ do}_I s]\!] = \text{L}_1 :$$
$$\text{inv } I$$
$$\text{if}(b, \text{L}_2, \text{L}_3)$$
$$\text{L}_2 :$$
$$[\![s]\!]$$
$$\text{goto } \text{L}_1$$
$$\text{L}_3 :$$

函数 $[\![\cdot]\!]$ 本质上把结构化的 IMP 程序编译成了非结构化的 TAC 程序。对空语句 skip 和赋值语句 $x = e$,编译得到的 TAC 程序保持不变;对序列语句 $s_1; s_2$,编译器递归编译 s_1 和 s_2,并将得到的结果 $[\![s_1]\!]$ 和 $[\![s_2]\!]$ 拼接得到 $[\![s_1]\!]; [\![s_2]\!]$。

对条件语句 if b then s_1 else s_2，编译器生成 TAC 的条件判断语句 $\text{if}(b, \text{L}_1, \text{L}_2)$，它根据条件 b 的值为真或假，选择跳转到 L_1 或 L_2 处，这两个标号后分别放置了递归编译两个条件分支块 s_1 和 s_2 所生成的语句 $[\![s_1]\!]$ 和 $[\![s_2]\!]$，这两个标号都跳转到结尾标号 L_3。

对循环语句 while b do$_I$ s，编译器首先生成一个起始标号 L_1，然后生成循环不变式语句 inv I，接着生成条件判断语句 $\text{if}(b, \text{L}_2, \text{L}_3)$，即根据条件判断 b 的值，控制流跳转到标号 L_2 或 L_3 处执行，标号 L_2 后放置了循环体 s 的递归编译结果 $[\![s]\!]$，并跳转到循环开头标号 L_1，而标号 L_3 标记了循环结束。

例 10.24 将霍尔三元组

```
1  {n < 0}
2  while n<5 do{n⩽5}
3     n = n+1
4  {n = 5}
```

中的 IMP 程序，编译为 TAC 程序。

根据函数 $[\![\cdot]\!]$ 的规则，我们有

$$
\begin{aligned}
& [\![\text{while n<5 do}_{n \leqslant 5}\ \text{n} = \text{n} + 1]\!] \\
={}& \text{L}_1: \\
& \quad \text{inv}\ n \leqslant 5 \\
& \quad \text{if}(n < 5, \text{L}_2, \text{L}_3) \\
& \quad \text{L}_2: \\
& \quad\quad [\![\text{n} = \text{n} + 1]\!] \\
& \quad\quad \text{goto}\ \text{L}_1 \\
& \quad \text{L}_3: \\
={}& \text{L}_1: \\
& \quad \text{inv}\ n \leqslant 5 \\
& \quad \text{if}(n < 5, \text{L}_2, \text{L}_3) \\
& \quad \text{L}_2: \\
& \quad\quad \text{n} = \text{n} + 1 \\
& \quad\quad \text{goto}\ \text{L}_1 \\
& \quad \text{L}_3:
\end{aligned}
$$

前向验证条件生成，依赖符号执行的技术，即我们需要在一个抽象符号机器模型上对程序进行符号执行。为此，我们给出如下定义：

定义 10.7（**符号机器模型**）符号机器模型 $\mathcal{M}$ 定义为三元组

$$\mathcal{M} = (\mathcal{I}, p, \rho, \Sigma),$$

其中，$\mathcal{I}$ 代表指令存储，$\mathcal{I}(k)$ 代表地址 k 处存放的指令；p 是一个整型数，代表指令计数器，指向指令存储 $\mathcal{I}$ 将要被执行的下一条指令的地址；$\rho: x \mapsto e$ 是符号内存，将变量 x 映射到其对应的符号值表达式 e；而循环不变式集合 $\Sigma \subseteq \mathbb{Z}$ 是一个整型数集合，记录了已经被执行过的循环不变式 inv I 的指令地址。

注意,我们仍然用符号 $\rho(x)$ 和 $\rho[x \mapsto e]$ 分别代表对符号内存 ρ 的读取和写入操作;用 $\rho(e)$ 代表在符号内存 ρ 下计算表达式 e 的符号值,其定义基于对表达式 e 的语法结构的归纳:

$$\rho(e) = \begin{cases} n, & 若 e = n \\ \rho(x), & 若 e = x \\ \rho(e_1) \oplus \rho(e_2), & 若 e = e_1 \oplus e_2 \ (\oplus 为整型运算) \end{cases}$$

在符号机器模型 $\mathcal{M}$ 上,前向符号执行函数

$$\mathcal{V} : (\mathcal{I}, p, \rho, \Sigma, s) \to (\mathcal{I}, p', \rho', \Sigma') \tag{10.13}$$

对当前地址 p 处的指令 $\mathcal{I}(p)$ 进行符号执行,得到新的符号内存 ρ' 以及新的循环不变式集合 Σ',并跳转到相应的下一条语句 p' 处。需要注意的是:本质上,式(10.13)中左侧的语句 $s = \mathcal{I}(p)$,但在等式左侧包含额外的 s,方便我们给出前向符号执行的规则;另外,由于指令内存 $\mathcal{I}$ 是常量,因此,我们经常将其省略,而把式(10.13)简写为

$$\mathcal{V} : (p, \rho, \Sigma, s) \to (p', \rho', \Sigma') \tag{10.14}$$

我们基于对语句 s 语法形式的归纳,给出函数 $\mathcal{V}(\mathcal{I}, p, \rho, \Sigma, s)$ 的定义(特别地,我们将程序的后条件 Q 作为最后一条特殊语句):

$$\mathcal{V}(p, \rho, \Sigma, \texttt{skip}) = \mathcal{V}(p+1, \rho, \Sigma)$$
$$\mathcal{V}(p, \rho, \Sigma, x = e) = \mathcal{V}(p+1, \rho[x \mapsto \rho(e)], \Sigma)$$
$$\mathcal{V}(p, \rho, \Sigma, \texttt{L} :) = \mathcal{V}(p+1, \rho, \Sigma)$$
$$\mathcal{V}(p, \rho, \Sigma, \texttt{goto L}) = \mathcal{V}(\texttt{L}, \rho, \Sigma)$$
$$\mathcal{V}(p, \rho, \Sigma, \texttt{if}(b, \texttt{L}_1, \texttt{L}_2)) = (\rho(b) \to \mathcal{V}(\texttt{L}_1, \rho, \Sigma)) \wedge (\neg\rho(b) \to \mathcal{V}(\texttt{L}_2, \rho, \Sigma))$$
$$\mathcal{V}(p, \rho, \Sigma, \texttt{Inv } I) = \begin{cases} \rho(I) \wedge (\forall y_1. \cdots . \forall y_n. \rho'(I) \\ \quad \to \mathcal{V}(p+1, \rho', \Sigma \cup \{p\})), & 若 p \notin \Sigma \\ \rho(I), & 否则 \end{cases}$$
$$\mathcal{V}(p, \rho, \Sigma, Q) = \rho(Q)$$

对空语句 $\texttt{skip}$,符号执行直接执行其下一条位于 $p+1$ 位置上的语句;对赋值语句 $x = e$,符号执行对符号内存 ρ 进行更新 $\rho[x \mapsto \rho(e)]$ 后,继续执行下一条位于 $p+1$ 位置上的语句;对标号语句 $\texttt{L}:$,符号执行直接执行位于 $p+1$ 位置上的下一条语句;对无条件跳转语句 $\texttt{goto L}$,符号执行直接跳转到位置为 $\texttt{L}$ 的语句执行。

对条件跳转语句 $\texttt{if}(b, \texttt{L}_1, \texttt{L}_2)$,符号执行分别对标号 $\texttt{L}_1$ 和 $\texttt{L}_2$ 处的语句符号执行,并分别递归计算得到命题 $\mathcal{V}(\texttt{L}_1, \rho, \Sigma)$ 和 $\mathcal{V}(\texttt{L}_2, \rho, \Sigma)$,再结合判断条件 b,将这两个命题组成合取命题

$$(\rho(b) \to \mathcal{V}(\texttt{L}_1, \rho, \Sigma)) \wedge (\neg\rho(b) \to \mathcal{V}(\texttt{L}_2, \rho, \Sigma))$$

对循环不变式 $\texttt{inv } I$,需要分成两种情况讨论:

如果该语句所在的指令地址 $p \notin \Sigma$,则意味着符号执行第一次遇到该循环不变式 I,此时的符号内存 ρ 要使得该循环不变式 I 成立,即 $\rho(I)$ 成立;并且,循环不变式 I 要蕴含从

下一条指令地址 $p+1$ 位置开始执行的结果,并把地址 p 加入到循环不变式集合 Σ 中,即 $\Sigma \cup p$。需要注意的是,在继续执行过程中,使用的符号内存

$$\rho' = \rho[x_1 \mapsto y_1] \cdots [x_n \mapsto y_n]$$

其中,$x_i(1 \leqslant i \leqslant n)$,是循环体 s 中被改变的所有变量,而 $y_i(1 \leqslant i \leqslant n)$,是新生成的 n 个全新变量。

如果当前指令地址 $p \in \Sigma$,则意味着符号执行已经执行过该循环不变式 I,则直接生成命题 $\rho(I)$ 即可。对循环语句的符号执行过程也说明:对循环只会执行两次,而不是任意多次。

当符号执行完最后一条语句 s 后,遇到程序的后条件 Q,则我们生成验证条件 $\rho(Q)$。

基于语句 s 的验证条件生成规则,对给定的霍尔三元组 $\{P\} s \{Q\}$,我们可以先初始化符号内存

$$\rho_0 = [x_1 \mapsto x_1, \cdots, x_n \mapsto x_n]$$

其中,$x_i(1 \leqslant i \leqslant n)$ 是程序中出现的所有变量;然后初始化不变式集合 $\Sigma_0 = \varnothing$,并从符号内存 ρ_0 和不变式集合 Σ_0 出发,计算验证条件

$$\mathcal{V}(1, \rho_0, \Sigma_0)$$

其中,1 是程序第一条语句的指令地址,则对霍尔三元组最终生成的验证条件是

$$\forall x_1. \cdots . \forall x_n. (\rho_0(P) \to \mathcal{V}(1, \rho_0, \Sigma_0))$$

例 10.25　按照前向方式,计算霍尔三元组

```
1  {n < 0}
2  L1:
3    inv n ⩽ 5
4    if(n<5, L2, L3)
5  L2:
6    n = n+1
7    goto L1
8  L3:
9  {n = 5}
```

的验证条件。

我们给定初始执行状态 $\rho_0 = [n \mapsto n]$ 且 $\Sigma_0 = \varnothing$,则我们从第 2 行开始执行程序(即 $p = 2$):

$$
\begin{aligned}
\mathcal{V}(2, \rho_0, \Sigma_0) \\
&= \mathcal{V}(2, [n \mapsto n], \varnothing) \\
&= \mathcal{V}(3, [n \mapsto n], \varnothing) \\
&= (n \leqslant 5) \wedge \forall y. (y \leqslant 5 \to \mathcal{V}(4, [n \mapsto y], \{3\})) \\
&= (n \leqslant 5) \wedge \forall y. (y \leqslant 5 \to (y < 5 \to \mathcal{V}(5, [n \mapsto y], \{3\}))
\end{aligned}
$$

$$\wedge \neg(y < 5) \to \mathcal{V}(8, [n \mapsto y], \{3\})))$$
$$= (n \leqslant 5) \wedge \forall y.(y \leqslant 5 \to (y < 5 \to \mathcal{V}(6, [n \mapsto y], \{3\})$$
$$\wedge \neg(y < 5) \to \mathcal{V}(9, [n \mapsto y], \{3\})))$$
$$= (n \leqslant 5) \wedge \forall y.(y \leqslant 5 \to (y < 5 \to \mathcal{V}(7, [n \mapsto y + 1], \{3\})$$
$$\wedge \neg(y < 5) \to y = 5))$$
$$= (n \leqslant 5) \wedge \forall y.(y \leqslant 5 \to (y < 5 \to \mathcal{V}(2, [n \mapsto y + 1], \{3\})$$
$$\wedge \neg(y < 5) \to y = 5))$$
$$= (n \leqslant 5) \wedge \forall y.(y \leqslant 5 \to (y < 5 \to \mathcal{V}(3, [n \mapsto y + 1], \{3\})$$
$$\wedge \neg(y < 5) \to y = 5))$$
$$= (n \leqslant 5) \wedge \forall y.(y \leqslant 5 \to (y < 5 \to (y + 1) \leqslant 5$$
$$\wedge \neg(y < 5) \to y = 5))$$

结合前条件 $P = (n < 0)$,对该霍尔三元组,最终得到验证条件:

$$\forall n.(\rho_0(P) \to \mathcal{V}(2, \rho_0, \Sigma_0))$$
$$= \forall n.(n < 0 \to (n \leqslant 5) \wedge \forall y.(y \leqslant 5 \to (y < 5 \to (y + 1) \leqslant 5$$
$$\wedge \neg(y < 5) \to y = 5)))$$

不难证明上述验证条件为真。我们把具体证明过程作为练习留给读者。

10.6 实　　现

基于霍尔逻辑的程序验证技术,已经在很多程序设计语言中得到了实现和应用。在本节,我们将结合 Dafny 语言,对霍尔逻辑和程序验证的具体实现进行讨论。Dafny 的官方网站上有丰富的相关材料和较多的实例,请读者自行安装相关软件工具,并运行和实验相关实例。

Dafny 是一种面向程序验证而设计的语言,其内置了对程序验证的语言机制,支持在开发过程中对程序性质进行静态检查和证明。Dafny 程序除了包括程序代码外,还包括前后条件、循环不变式等用于验证的逻辑命题等语法结构。Dafny 提供了静态验证器,对程序代码和逻辑命题进行静态验证,如果程序验证不通过的话,静态验证器返回出错信息给程序员,程序员需要修改程序代码或逻辑命题等,并重新进行检查,直到通过为止。这个验证过程和类型检查器等静态检查机制非常类似。

从编译和执行的角度看,Dafny 依赖底层的 Boogie 完成具体程序验证工作,Boogie 是一种面向程序验证的中间语言,支持在中间语言层对程序进行验证。具体流程是:首先,Dafny 程序被编译为 Boogie 中间语言程序;然后,Boogie 对中间程序进行扫描并生成验证条件;接着,生成的验证条件被发送给定理证明器进行证明(Boogie 默认使用 Z3 定理证明器);最后,对验证通过的 Dafny 程序,Dafny 编译器将其中的逻辑断言和循环不变式等和程序执行无关的内容擦除,并生成 C#、Java、JavaScript、Go 或 Python 语言的程序。

Dafny 后端对语言的支持非常丰富,这使得把 Dafny 集成到现有语言的开发流程中相对方便和灵活。

作为一种通用程序设计语言,Dafny 支持的编程语言特性非常丰富,包括类和 trait、继承、数据类型、模式匹配、无界数据类型、子集类型、无名函数 λ 以及可变和不可变数据结构,等等。同时,Dafny 对程序验证的支持也非常丰富,包括有界和无界的量词、前/后条件、终止条件、循环不变式以及读写规范,等等。所有这些特性,使得 Dafny 成为兼具编程便利性和验证有效性的面向程序验证的语言。

接下来,我们结合具体实例,对 Dafny 进行更详细地讨论。Dafny 支持典型的命令式编程特性,如方法(在其他语言中经常被称为函数或过程)、可变变量、赋值语句、控制流,等等。下面是一个最基本的 Dafny 方法 Abs():

```
1  method Abs(x: int) returns (y: int){
2    if x < 0 {
3      return -x;
4    } else {
5      return x;
6    }
7  }
```

方法 Abs() 接受一个整型数 x 作为参数,求 x 的绝对值,并返回 y 作为返回值。注意,上述程序和相应的 C 函数非常类似,但条件语句的条件表达式部分没有圆括号,且条件语句的体必须有花括号。特别需要注意的是,和其他程序设计语言不同,Dafny 中的方法包括了一个显式的 returns (y: int) 结构,给出了函数返回值的显式命名 y 及其类型 int,这个语法结构主要是为了方便刻画和推理函数的性质。对这个程序编译,将产生输出:

```
Dafny program verifier finished with 0 verified, 0 errors
```

这表明 Dafny 并未完成任何程序的证明(0 verified)。

为了支持程序验证,Dafny 支持丰富的断言,以便利用这些断言完成程序性质证明。仍考虑上述实例,我们可以尝试证明:上述 Abs() 函数的返回值 y 应该总是非负的。为了形式化表达和刻画程序的这一性质,我们使用 Dafny 引入的关键字 ensures 来表达函数的后条件:

```
1  method Abs(x: int) returns (y: int)
2    ensures y >= 0
3  {
4    if x < 0 {
5      return -x;
6    } else {
7      return x;
8    }
9  }
```

ensures 后跟一个布尔表达式 y>=0 来表达返回值 y 总是非负这一条件。注意,后条件中的显式用到了函数返回值 y。

Dafny 编译上述程序,会产生输出:

```
Dafny program verifier finished with 1 verified, 0 errors
```

即程序验证通过,不包含任何错误。

上述实例及验证过程尽管并不复杂,但说明了程序验证的三个关键性质:

首先,和软件测试或符号执行等其他程序正确性或安全性保证技术相比,程序验证为程序性质提供了更强的正确性保证。例如,Dafny 对上述实例程序验证成功后,能够保证方法 Abs() 在运行时,对任意可能的输入值 x,总是返回非负值。相反,软件测试一般只能对给定的特定输入,遍历程序的部分路径,无法保证覆盖的完备性。

其次,程序验证是完全静态进行的,程序验证器在完成验证后,ensures 等逻辑断言将被移除,因此,程序验证没有给程序执行带来额外的代价。相反,运行时检查等机制,会在程序中插入额外的动态检测语句或断言,降低了程序运行效率。

最后,程序验证可以保证断言和程序代码相容,且共同演化。例如,如果我们修改了断言或者程序代码,且两者变得不一致,则程序验证可以检测到两者的不相容性。相反,程序注释或代码文档等非形式化的描述,在程序演化过程中,如果失去和程序代码的一致性,则难以进行自动检测。

程序验证过程可能会在两种情况下出错:一是规范错误,即规范未能正确刻画程序代码的性质;二是程序代码错误,即程序代码未能满足规范的要求。当然,还可能规范和代码同时出现错误,这可视为上述两种情况的组合。

我们先讨论第一种情况,在程序验证的过程中,如果规范错误,则程序验证器一般会报告在哪些程序点或者执行分支上,规范是不可能成立的。例如,我们将上述 Dafny 程序实例改写成:

```
1  method Abs(x: int) returns (y: int)
2    ensures y > 0
3  {
4    if x < 0 {
5      return -x;
6    } else {
7      return x;
8    }
9  }
```

即后条件改成了(错误的)y>0,则 Dafny 验证器会输出如下错误信息(错误信息较长,做了一些必要裁剪):

```
test.dfy(7,6): Error BP5003: A postcondition might not hold on this return path.
test.dfy(2,10): Related location: This is the postcondition that might not hold.
```

可以看到,该错误信息表明:对程序的第 7 行第 6 列的 return 语句报错,错误原因是第 2 行第 10 列的后条件 ensures y > 0 对这个 return 语句不成立。根据这个错误信息,我们可以进一步分析定位错误,并对错误进行更正。

第二种出错的情况是代码出错,例如,在下面的实例中:

```
1  method Abs(x: int) returns (y: int)
2    ensures y >= 0
```

```
3   {
4     if x < 0 {
5        return x;
6     } else {
7        return x;
8     }
9   }
```

第一个条件分支中的实现代码有误,请读者自行运行该实例,观察并分析输出的结果。

除了后条件外,Dafny 也支持程序的前条件。下面的 Dafny 程序:

```
1   method Abs(x: int) returns (y: int)
2     requires x != 0
3     ensures y > 0
4   {
5     if x < 0 {
6        return -x;
7     } else {
8        return x;
9     }
10  }
```

通过关键字 requires 引入了一个前条件 x!=0,则该程序代码肯定返回正整数,即返回值 y 满足后条件 y > 0。请读者自行尝试用 Dafny 检查上述程序,并分析运行结果。

特别需要指出的一点是,对程序代码所满足性质的断言描述不是固定或唯一的,而是需要根据验证的具体目标,来实现不同强度的断言,这些断言能够证明程序不同强度的性质。例如,对于上述 Abs() 方法,如果我们要给出一个更强的后条件断言:返回值 y 是输入参数 x 的绝对值,则我们可以给出实现:

```
1   method Abs(x: int) returns (y: int)
2     requires x != 0
3     ensures (x<0 ==> y == -x) && (x>=0 ==> y == x)
4   {
5     if x < 0 {
6        return -x;
7     } else {
8        return x;
9     }
10  }
11
12  method TestAbs(){
13     var a := -5;
14     var b := Abs(a);
15     assert b == 5;
16  }
```

方法 Abs() 的后条件 ensures 表明 $y = |x|$ 始终成立,基于该后条件,Dafny 可以保证第

15 行的断言 b == 5 始终成立。注意,第 15 行的断言被称为静态断言,即 Dafny 在静态推理中就可证明其成立,而许多程序语言中的断言（如 C 语言中的 assert 断言）一般是动态断言,即在程序运行过程中检查断言是否成立。

为了对含循环的程序的性质进行验证, Dafny 支持循环不变式。例如, 下面的 Dafny 程序:

```
1   method Foo(x: int) returns (y: int)
2     requires x <= 0
3     ensures y == 5
4   {
5     var n := x;
6     while n < 5
7       invariant n <= 5
8     {
9       n := n + 1;
10    }
11    return n;
12  }
```

第 7 行的循环不变式 invariant n<=5,给出了循环变量 n 的取值范围。Dafny 对该程序验证后输出:

```
1   Dafny program verifier finished with 3 verified, 0 errors
```

这表明程序的验证通过。

和我们对前后条件的讨论类似,循环不变式和程序代码也必须保持一致,否则验证不通过。仍考虑上面的例子,如果我们仅将第 6 行的循环条件改为 n<6,则 Dafny 编译时提示出错信息:

```
1   test.dfy(7,19): Error BP5005: This loop invariant might not be maintained by the loop.
2   test.dfy(7,19): Related message: loop invariant violation
```

即提示第 7 行给出的循环不变式在循环进行的过程中并不能被保持。而如果我们将第 2 行的函数前条件移除,则 Dafny 提示出错信息:

```
1   test.dfy(7,19): Error BP5004: This loop invariant might not hold on entry.
2   test.dfy(7,19): Related message: loop invariant violation
```

该错误信息表明:在第一次进入循环时,程序第 7 行的循环不变式就不成立。

循环不变式可以表达程序更复杂的性质,从而对程序的行为作出更精确的刻画。例如以下的 Dafny 程序:

```
1   method Sum(n: int) returns (y: int)
2     requires n >= 0
3     ensures y == n*(n+1)/2
4   {
5     var s := 0;
6     var i := 1;
7     while i <= n
8       invariant i<=n+1 && s==(i-1)*i/2
```

```
9    {
10     s := s + i;
11     i := i + 1;
12    }
13    return s;
14 }
15
16 method TestSum(){
17    var a := 100;
18    var b := Sum(a);
19    assert b == 5050;
20 }
```

程序中第 3 行的方法后条件 ensures y == n*(n+1)/2,表明该方法将计算从 1 到 n 的自然数的和。Dafny 依赖第 8 行给定的循环不变式,能够完成对这个后条件的自动证明。对于上述方法 Sum() 满足的后条件约束,我们给出其解析形式

$$y = \frac{n \times (n+1)}{2}$$

一般地,在程序验证的过程中,我们经常希望更加简洁方便地表达程序的计算结果能够满足的性质,该性质未必呈现为显式的解析形式。一方面,非解析形式表达的性质可能更加简单直观,更利于验证的进行;另一方面,许多待表达和验证的性质,未必能够写成显式的解析形式。为此,Dafny 提供了函数机制 function,来允许我们显式表达计算的任意性质,我们称这种方式为其定义形式。基于函数机制,程序验证过程中的前条件、后条件、循环不变式等断言,都可以显式调用函数,来对程序的性质进行刻画和验证。

例如,考虑上述和程序 Sum,我们希望表达其求和结果满足如下方程给出的性质:

$$S(n) = \begin{cases} 0, & 若 n = 0 \\ n + S(n-1), & 否则 \end{cases}$$

为表达这个性质 $S(n)$,我们给出函数 SumFun():

```
1 function SumFun(n: int): int{
2   if n<=0
3   then 0
4   else n + SumFun(n-1)
5 }
```

基于该函数,我们可以给出如下带断言的程序:

```
1 method Sum(n: int) returns (y: int)
2   requires n >= 0
3   ensures y == SumFun(n)
4 {
5   var s := 0;
6   var i := 1;
7   while i <= n
```

```
8      invariant i<=n+1 && s==SumFun(i-1)
9    {
10     s := s + i;
11     i := i + 1;
12   }
13   return s;
14 }
15
16 method TestSum(){
17    var a := 10;
18    var b := Sum(a);
19    assert b == 55;
20 }
```

上述程序能够验证通过。

本质上,基于函数机制定义断言,实际上给出了待验证程序的一个参考实现,并且由于该参考实现往往比实际实现更加简单,因此其实现正确性等性质更加容易保证。基于函数机制的验证过程,实际上说明了验证实际实现和参考实现具有一致性。这种验证技术,已经在实际软件系统的验证中,取得了很大的进展和成功。

就上述实例来说,在断言中直接写函数的解析形式或定义形式并没有本质区别。但是,对于更复杂的、不方便给出解析形式的函数来说,定义形式是更可行的定义方法。例如,考虑斐波那契数的定义

$$F(n) = \begin{cases} 1, & 若 n = 0 \\ 1, & 若 n = 1 \\ F(n-1) + F(n-2), & 否则 \end{cases}$$

其解析形式(通项公式)为

$$F(n) = \frac{1}{\sqrt{5}} \left(\left(\frac{1+\sqrt{5}}{2} \right)^n - \left(\frac{1-\sqrt{5}}{2} \right)^n \right)$$

由于其解析形式含有无理数 $\sqrt{5}$,一般难以直接在命题中表达。而用函数的定义形式,我们可直接给出其定义 FibFun():

```
1 function FibFun(n: int): int{
2   if n<=0
3   then 1
4   else if n == 1
5       then 1
6       else FibFun(n-1) + FibFun(n-2)
7 }
```

尽管函数的上述递归形式的定义形式易于给出,但是其代码 FibFun() 具有指数运行时间复杂度,并不高效。因此,我们给出如下更高效的基于迭代的方法实现 Fib():

```
1 method Fib(n: int) returns (y: int)
2   requires n >= 0
```

```
3    ensures y == FibFun(n)
4  {
5    var first := 1;
6    var second := 1;
7    var i := 0;
8    while i < n
9      invariant i<=n && first==FibFun(i) && second == FibFun(i+1)
10   {
11     var t := second;
12     second := first + second;
13     first := t;
14     i := i + 1;
15   }
16   return first;
17 }
18
19 method TestFib(){
20     var a := 10;
21     var b := Fib(a);
22     assert b == 89;
23 }
```

该方法的后条件和循环不变式的断言中，都包括了对函数 FibFun() 的调用。通过函数的定义形式，Dafny 在同一个验证框架里，把函数的简洁定义和高效实现完美地结合在一起。

尽管我们在本章中主要讨论程序的部分正确性，但在很多验证场景中，验证程序的完全正确性也非常重要。Dafny 对程序完全正确性的验证，也有很好的支持。由于 Dafny 程序包含循环或者递归函数调用，因此验证完全正确性也意味着验证循环能够执行结束，或者递归调用能够终止。为此，Dafny 引入了 decreases e 机制，来标识表达式 e 严格递减且有界（即满足第 1 章讨论的良基关系）。

为了验证循环的终止性，我们可以把 decreases 断言放到循环条件上。例如，我们可以把上面的求和实例程序 Sum() 写为：

```
1  method Sum(n: int) returns (y: int)
2    requires n >= 0
3    ensures y == n*(n+1)/2
4  {
5    var s := 0;
6    var i := 1;
7    while i <= n
8      invariant i<=n+1 && s==(i-1)*i/2
9      decreases n-i
10   {
11     s := s + i;
12     i := i + 1;
13   }
```

```
14      return s;
15   }
```

我们可以显式标记循环的良基关系 decreases n-i（第 9 行），表明表达式 n-i 是递减的，而又由于 n-i >= 0 是有下界的，因此，该循环一定终止。

为了递归程序的终止性，我们可以把 decreases 断言放在函数头后面。例如，我们可以把 FibFun() 函数:

```
1   function FibFun(n: int): int
2     decreases n
3   {
4     if n<=0
5     then 1
6     else if n == 1
7         then 1
8         else FibFun(n-1) + FibFun(n-2)
9   }
```

加入 decreases n 断言，该断言表明该函数的递归调用在函数参数 n 上递减。

需要特别注意的是，在许多情况下，Dafny 都能够自动推断循环或递归函数调用的终止断言，因此，我们实际上不需要显式提供这类断言。

Dafny 是一门非常强大的面向程序验证的编程语言，在本节，我们的主要目标是讨论 Dafny 最核心的程序验证特性和编程机制。除了这里讨论的特性外，Dafny 还支持很多其他高级特性，感兴趣的读者可进一步深入学习该语言。

本 章 小 结

本章主要讨论了基于霍尔逻辑的程序验证的基本理论、技术和实现。首先，我们讨论了霍尔三元组以及公理语义，并给出了最弱前条件及其计算;接着，我们讨论更有利于自动化计算的验证条件，并给出了后向和前向两种计算方式;最后，我们结合 Dafny 语言，讨论了霍尔逻辑和形式化验证的具体实现和应用。

深 入 阅 读

程序验证用数学的方法和工具，来证明程序的正确性或满足特定的安全属性，已经有数十年的研究历史。McCarthy[164, 165] 最早提出了"基于数学研究计算"的理念。Floyd[166] 和 Hoare[167] 针对带有循环等控制结构的命令式语言，最早研究了公理语义的程序逻辑，提出了部分和完全正确性的概念，该公理语义系统也因此被称为 Floyd-Hoare 逻辑，或简称为 Hoare 逻辑。Dijkstra[168] 提出了最弱前条件的概念。Backhouse[169] 讨论了程序逻辑、最弱前条件，并给出了大量练习和实例。Apt[170] 和 Francez[171] 等讨论了程序验证，并把验证规则扩展到了函数和并行等情况，并且研究了对数组的推理规则。

King[172] 提出了编译器验证的概念，即在编译过程中，从程序代码的逻辑标注中生成验证条件，这种概念被用到了很多后续的证明工作中，如操作系统、编译器、文件系统、分布式等领域。Detlefs 等 [173] 给出了 ESC-Java，这是一个给 Java 提供标注和静态检查的系统；Klein 等 [174] 研究了一个经过证明的操作系统内核 sel4；Leroy[175] 提出了一个经过证明的从 C 语言到汇编的优化编译器 CompCert；Chen 等 [176] 给出了一个经过证明的文件系统 FSCQ；Polikarpova 等 [177] 给出了一个被严格证明的容器；Hawblitzel 等 [178] 研究了一个被严格证明的分布式系统实现。

程序验证的快速发展和广泛应用，离不开定理证明器和软件验证工具的发展和成熟。这些验证工具和软件系统包括但不限于 VCC[180]、Dafny [179]、Havoc[181]、Chalice[182]、Spec#[183]、F*[184]，等等。

思 考 题

1. 对于给定的霍尔三元组 $\{P\} S \{Q\}$，请说明是否该三元组部分正确时，那么该三元组必定完全正确。请解释理由。

2. 使用公理语义的证明规则，证明以下霍尔三元组成立：

（1）$\{x > 0\} y = x + 1 \{y > 1\}$；

（2）$\{\top\} y = x; y = x + x + y \{y = 3 \times x\}$；

（3）$\{x > 1\} a = 1; y = x; y = y - a \{y > 0 \wedge x > y\}$。

3. 给出满足以下霍尔三元组的程序 S：

（1）$\{\top\} S \{y = x + 2\}$；

（2）$\{\top\} S \{z > x + y + 4\}$。

4. 根据以下霍尔三元组的描述，分别给出满足霍尔三元组的程序 S：

（1）$\{\top\} S \{z = \max(w, x, y)\}$，其中，$\max(w, x, y)$ 表示变量 w, x 和 y 中的最大值；

（2）$\{\top\} S \{x = 5 \rightarrow y = 3 \wedge x = 3 \rightarrow y = -1\}$。

5. 证明霍尔三元组 $\{\top\} S \{z = \min(x, y)\}$ 的有效性，其中，函数 $\min(x, y)$ 表示取变量 x 和 y 的最小值，程序 S 为：

```
1 if(x > y)
2   z = y;
3 else
4   z - x;
```

6. 证明霍尔三元组 $\{x \geqslant 0\} S \{x = y\}$ 有效，其中程序 S 如下：

```
1 a = x;
2 y = 0;
3 while(a != 0){
4   y = y+1;
5   a = a-1;
6 }
```

7. 证明霍尔三元组 $\{y \geqslant 0\} S \{z = x \times y\}$ 有效，其中程序 S 如下：

```
1 a = 0;
2 z = 0;
3 while(a != y){
```

```
4    z = z+x;
5    a = a+1;
6  }
```

8. 证明霍尔三元组 $\{y = y_0 \wedge y \geqslant 0\} \, S \, \{z = x \times y_0\}$ 有效,其中程序 S 如下:

```
1  z = 0;
2  while(y != 0){
3    z = z+x;
4    y = y+1;
5  }
```

9. 证明霍尔三元组 $\{x \geqslant 0\} \, S \, \{x = y\}$ 有效,其中程序 S 如下:

```
1  y = 0;
2  while(y != x)
3    y = y+1;
```

10. 程序 S 的功能是将整数 x 除以 y,即整数 d 是唯一的值使得 $x = d \times y + r$,其中整数 r 是余数,证明霍尔三元组

$$\{\neg(y = 0)\} \, S \, \{(x = d \times y + r) \wedge (r < y)\}$$

是有效的,其中程序 S 如下:

```
1  r = x;
2  d = 0;
3  while(r >= y){
4    r = r-y;
5    d = d+1;
6  }
```

11. 计算霍尔三元组

$$\{x > 1\} \, \mathsf{a} = 1; \mathsf{y} = \mathsf{x}; \mathsf{y} = \mathsf{y} - \mathsf{a} \, \{y > 0 \wedge x > y\}$$

的最弱前条件。

12. 给定霍尔三元组 $\{x \geqslant 0\} \, S \, \{x = y\}$,其中程序 S 如下:

```
1  y = 0;
2  while(y != x)
3    y = y+1;
```

请计算其最弱前条件。

13. 对如下霍尔三元组,用前向计算的方式计算其验证条件。

```
1  {n = 0}
2  L_1:
3    inv n ≤ 5
4    if(n<5, L_2, L_3)
5  L_2:
6    n = n+1
7    goto L_1
```

```
8  L_3:
9  {n = 5}
```

14. 给定阶乘函数

$$n! = \begin{cases} 1, & 若 n = 0 \\ n \times (n-1)!, & 若 n > 0 \end{cases}$$

其通项公式是

$$n! = \sqrt{2\pi n}\left(\frac{n}{e}\right)^n e^{\lambda_n}$$

其中

$$\frac{1}{12n+1} < \lambda_n < \frac{1}{12n}$$

因此,该公式难以通过显式的解析形式进行表达。请在 Dafny 中给出该函数的函数形式,即给出函数 FacFun(),并用该函数给出其高效实现方法 Fac() 的程序和断言:

```
1  function FacFun(n: int): int{
2     // Your code:
3  }
4
5  method Fac(n: int) return (y: int)
6     // Your code for pre- and post-conditions:
7  {
8     // Your code:
9  }
```

简要解释,如何证明该函数 FacFun() 和方法 Fac() 终止。

第11章 程序合成

程序合成指的是根据用户的意图，自动生成满足该意图的程序的过程。程序合成具有较长研究历史，基于证明器的发展，它在近些年取得了非常大的研究进展，并在许多领域内得到了广泛应用。本章主要从可满足性和定理证明的角度讨论程序合成。首先，我们讨论程序合成的基本概念；然后，我们基于语法的方法，讨论基于归纳的程序合成；接着，我们讨论程序合成的典型应用；最后，我们结合 Rosset 语言，讨论程序合成的实现。

11.1 基本概念

程序合成（program synthesis）旨在给定的编程语言中，自动找到符合用户意图的程序的过程。由于程序合成涉及的领域广泛、技术复杂，目前尚未有公认的程序合成的一般定义，但如果我们从程序的输入输出行为的角度考虑，我们可给出如下定义：

定义 11.1（程序合成） 对于给定的规范 ϕ，程序合成试图找到程序 P，令其对任意的输入 x，都满足

$$\exists P. \forall x. \phi(x, P(x))$$

该定义表明，对任意可能的输入 x，程序合成得到的程序 P 的输出 $P(x)$ 都满足规范 ϕ。我们也把合成目标程序的程序称为程序合成器（program synthesizer）。

尽管上述定义并不复杂，但其涉及了程序合成技术的三个重要方面：程序规范、搜索空间和搜索技术。首先，程序规范 ϕ 表达了用户的意图，即规定了被合成的程序 P 需要满足的性质。根据表达形式和表达能力的区别，程序规范 ϕ 呈现为多种可能形式，如输入输出实例、执行路径、自然语言描述、逻辑断言、参考实现等。

其次，搜索空间指的是待合成的程序 P 的可能集合。搜索空间应该在表达能力和搜索效率之间取得平衡。一方面，搜索空间应该足够大或者具有足够的表达能力，以提供足够大的可能程序空间。另一方面，程序的空间也应该有足够的限制，以便于进行足够高效地搜索。

最后，用于寻找被合成程序的搜索技术可以非常广泛。可能的搜索技术包括但不限于枚举、演绎、约束求解、统计，或这些技术的组合。这些技术具有不同的表达能力和适用场景。基于我们的目标，在本书中，我们主要讨论基于约束求解的搜索（以及合成）技术。

11.1.1 合成实例

为了更深入理解程序合成技术的三个重要方面,我们结合一个具体实例讨论程序合成的典型过程。下面的实例代码给出了两个不同版本的 Python 程序,它们同样都接受整型参数 x,并返回其两倍的值作为结果。尽管右侧的程序 double 给出了直截了当的计算方式,但由于许多指令集是结构上的乘法指令,执行性能较低,因此该算法的性能不佳。因此,我们希望能够自动合成一个如下面左侧所示的 double_new 程序,该程序具有和右侧程序相同的功能,但有更高的执行性能。注意到,左侧待合成的程序是不完整的,其中对变量 x 左移运算 << 的具体位数并未指明,而是用一个特殊的记号 ?? 表示。我们称这种形式的不完整的程序为一个框架(sketch)。这样,程序合成的任务是将框架补充完整,成为完整的程序。

```
1  def double_new(x: int) -> int:        1  def double(x: int) -> int:
2    return x << ??                       2    return x*2
```

我们为程序合成提供了框架(即基本语法结构),这带来了两个好处:首先,语法为待合成的程序提供了结构,这使得程序合成工具能进行更有效地搜索;其次,合成得到的程序具有确定的结构,因此也更易于解释。

尽管这个实例程序并不复杂,但很好地说明了程序合成的三个核心要素。首先,为了提供规范 ϕ 以便合成目标程序,我们有好几个可选的技术路径。我们先考虑基于逻辑断言的技术,稍后再讨论其他方式。根据待合成的程序 P(左侧程序)要实现的功能(即右侧程序),我们可以给出 P 要满足的断言

$$\phi_g(x,y) \triangleq y = 2 \times x$$

其中,x 是程序输入,而 y 是对应的输出。

其次,这个实例程序展示了程序合成的第二个重要方面:程序的搜索空间。一般来说,程序的搜索空间可能是巨大的。例如,对于上述实例,由于未知量 ?? 是 32 位的整数,所以其求解空间共计可能有 2^{32} 种可能值。程序合成的任务就是从这些可能值中找到符合要求的值。

最后,针对程序合成的第三个重要方面,我们使用基于约束求解的搜索技术。约束求解(不管是 SAT 求解器还是 SMT 求解器)都既有从输入到输出的正向求解能力,又有从输出到输入的逆向求解能力。针对上述实例,我们用约束求解器的逆向求解能力,根据其要满足的规范 ϕ_g,得到未知量 ?? 的值。

确定了待合成的程序框架(即左侧程序)、要满足的规范 ϕ_g、求解空间、拟采用的求解技术后,我们进行具体的程序的合成。首先,对给定的框架,我们需要将框架代码转换为一阶逻辑命题。为此,我们可以基于符号执行和霍尔逻辑的技术对程序进行转换,得到断言

$$\phi_s(x,y,h) \triangleq y = x \ll h$$

其中,h 是一个未知常量,代表框架程序中的未知量 ??。由于断言 ϕ_s 表征了框架的行为,则我们只需要令断言 ϕ_s 和给定的规范 ϕ_s 等价即可,即

$$\forall x.\forall y.\phi_g(x,y) \Longleftrightarrow \phi_s(x,y,h)$$

注意到，我们已经把程序合成问题转化为了一阶逻辑命题的可满足性问题，而后者我们在本书前面章节已经深入讨论过。

接下来，为了对逻辑命题进行求解，我们使用定理证明器找到常量 h 的值，从而进一步得到待合成的具体程序。具体地，对于上述实例，我们使用 Z3 定理证明器，可给出如下代码实现：

```
1  x, y, h = BitVecs('x y h', 32)
2  phi_g = y == 2*x
3  phi_s = y == x << h
4  P = ForAll([x, y], phi_s == phi_g)
5  solver = Solver()
6  solver.add(P)
7  if solver.check() == sat:
8      print(solver.model())
9  else:
10     print('unsat')
```

程序运行后将输出模型

```
[h = 1]
```

亦即找到了 h 的一个具体值，从而成功合成了一个目标程序：

```
1  def double_new(x: int) -> int:
2    return x << 1
```

由于在本书中我们主要使用定理证明器作为搜索技术，因此，我们着重讨论规范和搜索空间两个方面。

11.1.2　规范

给待合成的程序提供有效的程序规范 ϕ，是程序合成最有挑战的部分之一。在上面的例子中，我们以严格的逻辑命题的形式提供了程序规范。尽管逻辑命题形式的规范非常严格并消除了可能的歧义，但在实际应用中，直接提供这样的规范往往比较困难，这主要源于两方面原因：一是要解决的问题往往比较复杂，因此构造刻画该问题的逻辑命题非常困难；二是严格形式化编写的规范非常繁琐，甚至比待合成的程序更加复杂和冗长，缺乏现实可行性。为此，在本小节，我们将结合实例，讨论其他几种形式的规范，具体包括参考实现、输入输出元组等。

基于参考实现的规范指的是我们可以直接给定一个原型实现，程序合成器能够根据该实现合成出一个新的候选程序，该程序跟原型实现功能一致，但比原型实现更优，这里的"更优"取决于具体的合成目标，可以指运行效率更高、运行能耗更低、程序规模更小等。例如，为了合成一个实现符号表的程序，我们可以先给定一个基于单链表的参考实现，该实现虽然简单但性能并不是最优的；然后，我们可以使用程序合成器自动合成一个符合该参考实现的规范，其性能会比参考实现更优。要特别注意的是，基于参考实现的核心思想，不仅适用于程序合成的场景，也适用于程序验证的场景，在该场景中，我们可以验证实际实现符合参考实现。

例 11.1　为了让对参考实现的讨论更具体,我们仍考虑上一小节给定的实例程序,右侧的函数 double 即是参考实现,程序合成的目标是合成一个符合该参考实现的程序。

为解决这一问题,我们需要引入一个前置步骤,即根据参考实现,用符号执行和程序验证技术,生成一个断言

$$\phi_g(x, y) \triangleq y = 2 \times x$$

其中,x 是程序输入,而 y 是对应的输出。注意,上述我们用到的断言是由程序员手动提供的,而这里是自动生成的。接下来的步骤和上面讨论的步骤类似,我们留给读者完成。

基于输入/输出实例的程序生成技术,指的是用户提供若干输入/输出对应的实例,程序合成器根据这些实例自动合成目标程序。由于输入/输出实例是有限的,因此合成的程序往往并不完备。但是由于给出运行实例往往比给出程序规范容易,所以该技术在实际中应用比较广泛。

例 11.2　我们仍考虑上面的实例,假设我们给程序合成器提供了如下两组输入/输出实例:

(0, 0), (1, 2)

请给出程序合成的结果。

我们可给出对两个实例的编码:

$$((x = 0) \wedge (y = 0)) \vee ((x = 1) \wedge (y = 2))$$

则对于给定的程序框架,我们有

$$\forall x.\forall y.((x = 0) \wedge (y = 0)) \vee ((x = 1) \wedge (y = 2)) \rightarrow y = x << h$$

利用 Z3,我们可给出如下的具体实现:

```
1  x, y = BitVecs('x y', 32)
2  v = [And(x == 0, y == 0),
3      And(x == 1, y == 2)]
4  t = Or(v)
5  P = ForAll([x, y], Implies(t, y == x<<h))
6  solver = Solver()
7  solver.add(P)
8  if solver.check() == sat:
9      print(solver.model())
10 else:
11     print('unsat')
```

程序运行后将输出模型

```
[h = 1]
```

亦即找到了 h 的一个具体值,从而成功合成了一个目标程序:

```
1  def double_new(x: int) -> int:
2    return x << 1
```

程序合成不仅限于整数论域的问题,解决其他论域的问题也可采用类似的思路和步骤。

例 11.3 给定程序框架:

```
1  def foo(s1: str, s2: str) -> str:
2    return s1[0: ??1] + s2[0: ??2]
```

我们需要合成一个满足如下输入/输出实例的程序:

$$((\text{"Zhang"}, \text{"San"}), \text{"ZS"}), ((\text{"Li"}, \text{"Si"}), \text{"LS"})$$

直观上,函数 `foo()` 把用户名缩写成简写的形式。

我们可给出对两个输入/输出实例的编码 P:

$$P \triangleq ((s_1 = \text{"Zhang"}) \wedge (s_2 = \text{"San"}) \wedge (y = \text{"ZS"}))$$
$$\vee ((s_1 = \text{"Li"}) \wedge (s_2 = \text{"Si"}) \wedge (y = \text{"LS"}))$$

则对于给定的程序框架,我们有

$$\forall s_1. \forall s_2. \forall y. P \rightarrow y = s_1[0:h_1] + s_2[0:h_2]$$

利用 Z3,我们可给出如下的具体实现:

```
1  s1, s2, y = Strings('s1 s2 y')
2  h1, h2 = Ints('h1 h2')
3  v = [And(s1 == "Zhang", s2 == "San", y == "ZS"),
4      And(s1 == "Li", s2 == "Si", y == "LS")]
5  t = Or(v)
6  P = ForAll([s1, s2, y], Implies(t, y == Concat(SubString(s1, 0, h1),
7                                      SubString(s2, 0, h2))))
8  solver = Solver()
9  solver.add(P)
10 if solver.check() == sat:
11     print(solver.model())
12 else:
13     print('unsat')
```

程序运行后将输出模型

```
[h1 = 1, h2 = 1]
```

亦即找到了 h_1 和 h_2 的具体值,从而成功合成了一个目标程序:

```
1  def foo(s1: str, s2: str) -> str:
2    return s1[0: 1] + s2[0: 1]
```

不难验证该程序对该特殊输入/输出实例的正确性。

11.1.3 搜索空间

搜索空间指的是待合成的程序 P 的可能集合,该集合既可以是命令式也可以是函数式或面向对象语言,既可以是通用语言也可以是领域专用的语言。但不管其论域如何,待搜索的程序空间至少可以由两个属性来刻画：一是程序中使用的运算符；二是程序的控制结构。其中，程序的控制结构可以体现为用户提供的循环模板、带有洞的部分程序、直线程序，等等。

我们在上一小节讨论的实例中，主要使用了基于变量值的搜索空间。下面我们通过实例，讨论基于程序结构的搜索空间。

例 11.4 给定绝对值程序 abs 满足的规范：

$$\phi_g \triangleq if(x \geqslant 0, y = x, y = -x)$$

以及该程序满足的框架：

```
1 def abs(x: int) -> int:
2   if x >= 0:
3     y = ??1
4   else:
5     y = ??2
6   return y
```

请合成符合该规范的程序。其中，在上述程序框架中，待合成的洞 ??1 和 ??2 可能的形式为

$$?? ::= n + x \mid n - x \mid x$$

其中，n 是未知的常量。

我们可以根据程序洞的可能语法形式，给出如下的定义：

$$hole(x, n, h) = \begin{cases} n + x, & 若 h = 1 \\ n - x, & 若 h = 2 \\ x, & 其他 h \end{cases}$$

注意，我们引入辅助变量 h 来控制对具体语法形式的选择。

根据待合成程序的结构以及上述定义的函数 $hole$，两个分支的语法形式的定义分别为 $hole(x, n_1, h_1)$ 和 $hole(x, n_2, h_2)$，则利用符号执行，待合成程序满足的规范为

$$\phi_s \triangleq if(x \geqslant 0, y = hole(x, n_1, h_1), y = hole(x, n_2, h_2))$$

则我们仅需满足逻辑命题

$$\forall x. \forall y. \phi_s = \phi_g$$

利用 Z3，我们可给出如下的具体实现：

```
1 def hole(x, n, h):
2     return If(h==1,
3              n+x,
4              If(h==2,
5                n-x,
6                x))
7
```

```
8   x, y = Ints('x y')
9   n1, n2, h1, h2 = Ints('n1 n2 h1 h2')
10  phi_g = If(x>=0, y==x, y==-x)
11  phi_s = If(x>=0, y==hole(x, n1, h1), y==hole(x, n2, h2))
12  #print(phi_s)
13  solver = Solver()
14  solver.add(ForAll([x, y], phi_s == phi_g))
15  if solver.check() == sat:
16      print(solver.model())
17  else:
18      print('unsat')
```

程序运行后将输出模型:

[h2 = 2, n2 = 0, h1 = 0, n1 = -3]

将 h_1, h_2, n_1, n_2 的具体值代入框架后,得到目标程序:

```
1   def abs(x: int) -> int:
2     if x >= 0:
3       y = x
4     else:
5       y = 0 - x
6     return y
```

不难验证该程序满足给定的规范 ϕ_g。

我们也可以将基于输入/输出实例的技术,应用于以下实例。

例 11.5 针对上面例子给定的程序框架,给定输入/输出实例

$$(2, 2), (0, 0), (-3, 3)$$

请合成符合这些实例的程序。

结合实例,我们给出逻辑命题

$$P = \vee[(x = 2) \wedge (y = 2), (x = 0) \wedge (y = 0), (x = -3) \wedge (y = 3)]$$

则我们有

$$\forall x. \forall y. P \rightarrow \phi_s$$

利用 Z3,我们可给出如下的具体实现:

```
1   def hole(x, n, h):
2     return If(h==1,
3               n+x,
4               If(h==2,
5                 n-x,
6                 x))
7
8   x, y = Ints('x y')
```

```
9  n1, n2, h1, h2 = Ints('n1 n2 h1 h2')
10 phi_g = [And(x == 2, y == 2),
11         And(x == 0, y == 0),
12         And(x==-3, y==3)]
13 t = Or(phi_g)
14 phi_s = If(x>=0, y==hole(x, n1, h1), y==hole(x, n2, h2))
15 #print(phi_s)
16 solver = Solver()
17 solver.add(ForAll([x, y], Implies(t, phi_s)))
18 if solver.check() == sat:
19     print(solver.model())
20 else:
21     print('unsat')
```

程序运行后将输出模型:

```
[h2 = 1, n2 = 6, n1 = 1, h1 = 11]
```

将 h_1, h_2, n_1, n_2 的具体值代入框架后,得到目标程序:

```
1 def abs(x: int) -> int:
2   if x >= 0:
3     y = x
4   else:
5     y = 6 + x
6   return y
```

不难验证,尽管该程序满足给定的规范 ϕ_g (即所有的输入/输出实例),但它并不是我们意图合成的目标程序。这个例子也表明了不同的规范具有不同的适用场景和表达能力。

我们可以把输入/输出实例进一步增强,以合成符合预期的目标程序。我们把这个过程作为练习留给读者完成。

11.2　基于语法的合成

在上一节,我们通过实例讨论了程序合成的一般概念和主要步骤。在本节,我们将深入讨论基于语法框架的合成。

11.2.1　Sketch 语言

在基于框架的合成中,我们需要一个程序语言来构造程序框架。为此,我们给出 Sketch 语言的语法:

定义 11.2 (Sketch 语言的语法)　Sketch 语言的语法由如下的上下文无关文法给出:

$$e ::= n \mid x \mid e + e \mid e - e \mid e \times e \mid e/e \mid \texttt{??}$$
$$b ::= \text{true} \mid \text{false} \mid e == e \mid e <= e \mid !b \mid b\&\&b \mid b||b$$

$$s ::= \text{skip} \mid x = e \mid s; s \mid \text{if } b \text{ then } s \text{ else } s \mid \text{while } b \text{ do}_I \; s$$
$$\mid \text{loop(??)} s$$

本质上，Sketch 语言和我们讨论过的面向验证的 IMP 语言非常类似，但引入了为程序合成使用的专门的结构。首先，我们在表达式 e 中引入了未知量??，每个未知量都代表一个待合成的整型常量；其次，我们在语句 s 中引入了一个新的循环结构 $\text{loop(??)} s$，该语法结构表示共计执行循环体 s 语句 ?? 次，该次数也是待合成的目标值。

显然，该 Sketch 语言是图灵完备的，并且作为 IMP 语法的超集，能更方便地进行程序构建。

例 11.6 用 Sketch 语言实现的求两个值的最大值程序如下：

```
1  def max(x: int, y: int) -> int:
2    if x >= y:
3      t = ??
4    else:
5      y = ??
6    return t
```

注意到程序第 3 行和第 5 行分别包含一个未知量??。

例 11.7 用 Sketch 语言实现的对参数 x 累加的程序如下：

```
1  def accum(x: int) -> int:
2    t = 0
3    loop(??)
4      t = t + x
5    return t
```

注意到程序第 3 行包含一个未知量??，表明循环迭代次数是未知的。

11.2.2 合成条件生成

对于给定的 Sketch 程序，为了合成其中的未知量，我们需要建立刻画程序行为的逻辑命题——合成条件（synthesis conditions, SC）。和验证条件类似，若合成条件成立，则说明程序满足预期的规范；和验证条件不同的是，由于合成条件中包含未知量，因此我们往往更关心合成条件的可满足性。

例 11.8 用 Sketch 语言实现的对参数 x 自增的程序如下：

```
1  def inc(x: int) -> int:
2    return x + ??
```

注意到程序第 2 行包含一个未知量??。显然，该程序需要满足的合成条件是

$$y = x + h$$

注意，我们用变量 h 代表待合成的未知变量。

为了有效计算合成条件，我们引入函数

$$\mathcal{S}(s, Q)$$

从语句 s 和后条件 Q 出发,计算语句 s 的合成条件。其计算规则仍然基于对语句 s 的语法归纳:

$$\mathcal{S}(\mathtt{skip}, Q) = Q$$
$$\mathcal{S}(x = e, Q) = Q[x \mapsto e]$$
$$\mathcal{S}(s_1; s_2, Q) = \mathcal{S}(s_1, \mathcal{S}(s_2, Q))$$
$$\mathcal{S}(\mathtt{if}\ b\ \mathtt{then}\ s_1\ \mathtt{else}\ s_2, Q) = b \to \mathcal{S}(s_1, Q) \land \neg b \to \mathcal{S}(s_2, Q)$$
$$\mathcal{S}(\mathtt{while}\ b\ \mathtt{do}_I\ s, Q) = I \land (\forall x_1.\forall x_2.\cdots.\forall x_n.(I \to$$
$$((b \to \mathcal{S}(s, I)) \land (\neg b \to Q))))$$
$$\mathcal{S}(\mathtt{loop}(??)s, Q) = \mathcal{S}(unroll(s, h), Q)$$

这些规则和我们在第 10 章讨论的验证条件非常类似,我们不再赘述,但需要重点注意其中的三个关键差异点:

第一,由于我们的目标是程序合成,而不是程序验证,因此,整个程序的前条件(及后条件)一般都是平凡的真值 $\top$。

第二,对于表达式 e,我们将其中可能出现的未知量 ?? 分别替换为一个新变量 h,并将这些变量 h 作为待合成函数的额外输入,它们也是需要合成的目标变量。

第三,对于 loop 语句,由于其循环次数静态不可知,因此,我们利用 $unroll$ 函数,将其静态循环展开:

```
unroll(s, h) =
  if(h >= 1)
    s
    if(h-1 >= 1)
      s
      ...
        if(h-N >= 1)
          s
          assert(h-N == 0)
```

再利用顺序和条件语句的规则进行合成条件生成。注意:为简单起见,我们省略了其中的 else 分支。另外,其中的常量 N 是对循环 loop 做静态展开时选定的超参数,我们预估的对循环展开的最大次数为 $N+1$。

例 11.9 用 Sketch 语言实现的对参数 x 自增的程序如下:

```
1  def inc(x: int) -> int:
2    return x + ??
```

我们计算其合成条件。

我们利用合成条件生成公式,可得到

$$\phi_s(x, y, h) \triangleq y = x + h$$

其中变量 h 是针对未知量 ?? 引入的,而且已成为函数 ϕ_s 的参数。

例 11.10 用 Sketch 语言实现的对参数 x 累加的程序如下:

```
1  def accum(x: int) -> int:
2    y = 0
3    loop(??)
4      y = y + x
5    return y
```

我们计算其合成条件。

为简单起见,我们先设置循环的超参数 $N = 1$,则可将循环展开得到

```
if(h >= 1)
  y = y + x
  if(h-1 >= 1)
    y = y + x
    assert(h-2 == 0)
```

利用合成条件生成,我们得到合成条件

$$\phi_s(x, y, h) = ((h \geqslant 1) \to Q) \wedge (\neg(h \geqslant 1) \to y = 0)$$

其中命题

$$Q = ((h \geqslant 2) \to (y = 2 \times x \wedge h = 2)) \wedge (\neg(h \geqslant 2) \to y = x)$$

假定给定了对该函数 accum 的规范

$$\phi_g(x, y) \triangleq y = x$$

则我们有

$$\forall x. \forall y. \phi_s(x, y, h) = \phi_g(x, y)$$

不难得到 $h = 1$ 时,对应程序如下:

```
1  def accum(x: int) -> int:
2    t = 0
3    loop(1)
4      t = t + x
5    return t
```

在本节中,我们使用了后向技术,从给定的后条件出发处理所有语句后,生成了合成条件。我们同样也可以从前条件出发,用前向技术生成合成条件,我们把这个过程作为练习,留给读者完成。

11.3　基于符号执行的合成

前面我们讨论过,在基于参考实现的程序合成技术中,我们可以给定待合成程序一个参考实现,利用待合成程序和参考实现间的等价性关系指导程序合成。在本节,我们讨论一个基于符号执行的程序合成机制。

基于符号执行的程序合成的基本思想并不复杂,假定给定对同一功能的两个实现:待合成实现 F 和参考实现 G,我们利用符号执行函数 $\mathcal{I}$ 分别对其进行符号执行,得到两个逻辑命题

$$\phi_F = \mathcal{I}(F)$$
$$\phi_G = \mathcal{I}(G)$$

则我们仅需要求解命题

$$\forall x_1.\cdots.x_n.\phi_F = \phi_G$$

其中,变量 $x_i(1 \leqslant i \leqslant n)$ 是两个命题 ϕ_F 和 ϕ_G 中出现的所有自由程序变量。

为了让讨论更加具体,我们将结合 IMP 语言中的表达式 e 的符号执行,结合 Python 语言,讨论程序合成的实现。首先,我们给定表达式 e 的语法实现:

```
1   class E: pass
2   @dataclass
3   class Num(E): n: int
4   @dataclass
5   class Var(E): x: str
6   @dataclass
7   class Hole(E): x: str
8   @dataclass
9   class Add(E): left: E; right: E
10  @dataclass
11  class Sub(E): left: E; right: E
12  @dataclass
13  class Mul(E): left: E; right: E
14  @dataclass
15  class Sdiv(E): left: E; right: E
16  @dataclass
17  class Shl(E): left: E; right: E
18  @dataclass
19  class Lshr(E): left: E; right: E
20  @dataclass
21  class Ashr(E): left: E; right: E
```

其中的语法结构 Hole 代表了待合成的洞。

基于该语法结构 e 的定义,我们给出在表达式 e 上的符号执行:

```
1   normal_vars = set()
2   print_orig = True
3
4   def sym_exec(e: E) -> BitVecRef:
5       match e:
6           case Num(n):
7               return BitVecVal(n, 8)
8           case Var(x):
```

```
 9              zx = BitVec(x, 8)
10              normal_vars.add(zx)
11              return zx
12          case Hole(x):
13              return BitVec(x, 8)
14          case Add(l, r):
15              lv = sym_exec(l)
16              rv = sym_exec(r)
17              return lv + rv
18          case Sub(l, r):
19              lv = sym_exec(l)
20              rv = sym_exec(r)
21              return lv - rv
22          case Mul(l, r):
23              lv = sym_exec(l)
24              rv = sym_exec(r)
25              return lv * rv
26          case Sdiv(l, r):
27              lv = sym_exec(l)
28              rv = sym_exec(r)
29              return lv / rv
30          case Shl(l, r):
31              lv = sym_exec(l)
32              rv = sym_exec(r)
33              return lv << rv
34          case Lshr(l, r):
35              lv = sym_exec(l)
36              rv = sym_exec(r)
37              return LShR(lv, rv)
38          case Ashr(l, r):
39              lv = sym_exec(l)
40              rv = sym_exec(r)
41              return lv >> rv
```

本质上, 由于表达式 e 没有副作用, 符号执行函数 sym_exec 将 IMP 的表达式 e 转换为 Z3 中的 8 位宽的位向量表达 BitVecRef。注意到, 在符号执行过程中, 我们用集合 normal_vars (第 10 行) 收集了表达式中出现的普通变量 (即不是洞的变量)。

接下来, 基于符号执行函数 sym_exec, 我们用如下的 synth 函数实现程序合成过程:

```
1  def synth(target, ref, debug=False):
2      global print_orig
3      print("\nthe target:")
4      print_orig = True
5      print_exp(target, None)
6      print("\nthe reference:")
7      print_exp(ref, None)
```

```
8       normal_vars.clear()
9       z3_target = sym_exec(target)
10      z3_ref = sym_exec(ref)
11      e = ForAll(list(normal_vars), z3_target == z3_ref)
12      if debug:
13          print(e)
14      solver = Solver()
15      solver.add(e)
16      if solver.check() == sat:
17          if debug:
18              print(solver.model())
19          print("\nthe synthesized result:")
20          print_orig = False
21          print_exp(target, solver.model())
22      else:
23          print('unsat')
```

其中参数 `target` 是待合成的程序，而 `ref` 是给定的参考实现程序。该函数调用符号执行函数 `sym_exec` 分别将这两个程序转换为 Z3 中的相应程序（第 9 到 10 行），再调用定理证明器 Z3 对等价命题 e 进行求解（第 11 到 16 行），如果命题 e 有解，则按照模型输出求解得到的待合成程序（第 21 行）。

根据给定的程序合成函数 `synth`，我们仅需要将待合成的程序和参考实现输入即可。例如，如下的调用：

```
1   synth(Mul(Var("x"), Hole("??1")),
2       Add(Var("x"), Var("x")))
3
4   synth(Shl(Var("x"), Hole("??1")),
5       Mul(Var("x"), Num(2)))
```

将输出：

```
x * 2
```

```
x << 1
```

亦即我们成功为这两个语法框架合成了最终程序。

在结束本节前，我们还需要指出两个关键点。首先，尽管我们仅结合 IMP 中的表达式 e 进行了讨论，但这个技术具有一般性，不仅可以推广到 IMP 的其他语法结构，还可以推广到比 IMP 更复杂的语言，请读者在习题中尝试进行部分推广；其次，直接基于符号执行进行程序合成仍然繁琐，我们不但要手动实现所有的执行规则，还需要处理和底层的定理证明器交互等细节，因此，如果能借助更强有力的工具，则可以进一步提高程序合成的效率，并降低实现的工作量和难度。我们在下一节，将结合实例，深入讨论这类工具，并借助这类工具，更加有效地完成程序合成。

11.4　实　　现

程序合成的理论和技术,已经在很多系统中得到了实现,且在很多场景中得到了应用。在本节,我们将结合 Rosette 语言对程序合成的具体实现进行讨论。Rosette 的官方网站上有丰富的相关材料和较多的实例,请读者自行安装相关软件工具,并运行和实验相关实例。

Rosette 是一种由定理证明器支持的程序设计语言,该语言基于对 Racket 语言的扩展进行设计,并加入了支持程序合成(以及程序验证)的专门特性。为了对程序进行合成(或验证),Rosette 将程序编译为逻辑命题,并调用外部的定理证明器对得到的逻辑命题进行求解。这样,Rosette 通过其元编程的能力,将定理证明器进行了有效封装,从而使得程序合成(或验证)更容易进行。

在本节,我们将结合具体程序实例,对 Rosette 的程序合成(验证)的能力进行详细讨论。

11.4.1　基本定理证明

Rosette 同时支持具体值和符号值,其中最重要的是布尔类型的值。为了支持布尔类型的符号值,Rosette 可以使用如下的声明:

```
(define-symbolic b boolean?)
```

该声明定义了一个布尔符号值 b。注意,回想我们在前面讨论定理证明器 Z3 的 Python 接口时,曾经给出过 Python 形式声明的符号值:

```
b = Bool('b')
```

Rosette 符号值的定义与此类似。

基于符号形式布尔值,我们可以利用 Rosette 提供的定理证明能力,判定某个给定的布尔值(即命题)是否永真。例如,对于上述实例中的符号值 b,我们可以尝试证明命题 b:

```
1  #lang rosette
2
3  (solve (assert b))
```

命令 solve 对给定的命题进行求解,试图找到使得该命题成立的模型。就本例,上述程序运行后将输出:

```
(model
 [b #t])
```

其中,#t 是布尔常量“真”,亦即 Rosette 找到了该布尔值使得命题 b 为真。

上述推理过程不仅适用于原子命题,还适用于复合命题。例如,下面的 Rosette 代码求解命题 $b \lor \neg b$:

```
1  #lang rosette
2
```

```
3 (define sol (solve (assert (|| b (! b)))))
4 sol
5 (sat? sol)
```

程序运行后将输出

```
(model)
```

`#t`

即该命题对任意的 b 都成立,是真命题。上述复合命题中使用了逻辑联接词 || 和 !,来分别构成析取和否定命题。除了这两个联接词外,Rosette 还支持合取(&&)、蕴含(=>)、等价(<=>)等逻辑联接词。利用这些逻辑联接词,我们可以方便地构建命题并进行证明。

　　除了基本的命题逻辑外,Rosette 还支持丰富的理论。我们分别以线性算术以及位向量两个理论为例,讨论 Rosette 对理论的支持能力。

　　对于线性算术理论,在 Rosette 中,我们可以使用 integer? 类型声明符号整数。例如,下面的代码:

```
1 #lang rosette
2
3 (define-symbolic x y integer?)
4 (solve (assert (&& (= (+ x y) 8)
5                    (= (- x y) 2))))
```

声明了两个整型的符号值 x 和 y,并调用 solve 命令对线性方程组进行求解。程序运行后输出:

```
(model
 [x 5]
 [y 3])
```

即 Rosette 得到了该线性方程组的一组解。

　　对于位向量理论,在 Rosette 中,我们可以使用 bitvector n 类型声明位宽为 n 的位向量。例如,下面的代码:

```
1 #lang rosette
2
3 (define bv32? (bitvector 32))
4
5 (define (to-bv32 n)
6   (bv n bv32?))
```

定义了一个位宽为 32 比特的位向量 bv32?(第 3 行),并且定义了一个函数 to-bv32 将整型值 n 封装为位向量。

　　Rosette 支持丰富的位向量类型上的操作,表11.1 列出了 Rosette 支持的典型操作,包括类型和值的构建、比较操作、逻辑操作、算术操作等。需要注意的是,许多操作区分位向量是否有符号。例如,对有符号位向量的小于比较操作是 bvslt,而对无符号的位向量的小于比较操作是 bvult。

表 11.1 **Rosette 支持的位向量上的典型操作**

操作	解释	实例
bitvector	声明位向量类型	(bitvector 32)
bv	定义位向量的值	(bv 3 (bitvector 32))
bveq	位向量相等	(bveq x y)
bvslt	位向量小于（有符号）	(bvslt x y)
bvsle	位向量小于等于（有符号）	(bvsle x y)
bvsgt	位向量大于（有符号）	(bvsgt x y)
bvsge	位向量大于等于（有符号）	(bvsge x y)
bvult	位向量小于（无符号）	(bvult x y)
bvule	位向量小于等于（无符号）	(bvule x y)
bvugt	位向量大于（无符号）	(bvugt x y)
bvuge	位向量大于等于（无符号）	(bvuge x y)
bvnot	位向量按位非	(bvnot x)
bvand	位向量按位与	(bvand x y)
bvor	位向量按位或	(bvor x y)
bvshl	位向量左移	(bvshl x y)
bvneg	位向量取负	(bvneg x)
bvadd	位向量加法	(bvadd x y)
bvsub	位向量减法	(bvsub x y)
bvmul	位向量乘法	(bvmul x y)
bvsdiv	位向量除法（有符号）	(bvsdiv x y)

根据这些操作，Rosette 支持位向量上的相关推理和验证。例如，下面的程序实例判定命题 $a > 0 \wedge b > 0 \wedge (a+b) < 0$ 的可满足性：

```
1  (define (bv0)
2    (bv 0 bv32?)
3
4  (solve (assert (&&
5        (bvsgt a (bv0))
6        (bvsgt b (bv0))
7        (bvslt (bvadd a b) (bv0)))))
```

程序运行将输出：

```
(model
 [a (bv #x7fffffff 32)]
 [b (bv #x5fdfffff 32)])
```

即 Rosette 找到了该问题的一个模型。

我们可以尝试重新实现前面讨论过的二分查找算法，并验证其正确性：

```
1  (define (middle l h)
2    (bvsdiv (bvadd l h) (bv 2 bv32?))
3
```

```
4  (solve (assert (&& (bvsgt a (bv0))
5                      (bvsgt b (bv0))
6                      (bvslt (middle a b) (bv0)))))
```

上述程序试图证明命题

$$a > 0 \land b > 0 \land (a+b)/2 < 0$$

Rosette 运行后输出：

```
(model
 [a (bv #x7ffffffd 32)]
 [b (bv #x00000003 32)])
```

该反例表明对这两个正整数的中间值是负数。

11.4.2　程序验证

Rosette 支持丰富的程序验证功能。特别地，Rosette 支持霍尔逻辑风格的程序验证，它用 assume 表示程序的前条件，用 assert 代表程序的后条件，则霍尔三元组

$$\{P\}\,S\,\{Q\}$$

在 Rosette 中的表示如下：

```
1  (assume P)
2  S
3  (assert Q)
```

亦即 Rosette 分别用 assume 和 assert 表示程序的前、后条件。接着，Rosette 用 verify 命令来尝试验证命题 $P \to \mathcal{V}(S, Q)$ 成立（即验证条件）。

我们给出如下的程序验证实例：

```
1   #lang rosette
2
3   (define-symbolic x y integer?)
4
5   (define (inc x)
6     (+ x 1))
7
8   (define (check-inc f x)
9     (assume (>= x 0))
10    (define res (f x))
11    (assert (>= res 1)))
12
13  (verify (check-incr inc x))
```

对于上述定义的自增函数 inc，我们给出了其规范 check-inc。该规范表明：对于任意满足命题 $x \geqslant 0$ 的整数参数 x，我们计算函数 inc 的结果 res 后，该结果都满足命题 $res \geqslant 1$。上述结果运行后将输出：

(unsat)

亦即该程序的验证通过。

在程序验证过程中,非常重要的问题是如何给定最合适的规范,来刻画待验证程序的性质。规范制定得越精细,则越能刻画程序更深层的性质。例如,对于上述实例,我们还可以给出如下的规范:

```
1  (define (check-inc2 f x)
2    (define res (f x))
3    (assert (= res (+ x 1))))
4
5  (verify (check-inc2 inc x))
```

该规范更完整地刻画了自增函数的性质。我们把对该程序的运行验证作为练习留给读者完成。

我们接下来验证上述讨论的求中间值的程序,该程序代码如下:

```
1   (define (middle-bug l h)
2     (bvsdiv (bvadd l h) (bv 2 (bitvector 32))))
3
4   (define (middle-check f l h)
5     (assume (bvsge l (bv 0 (bitvector 32))))
6     (assume (bvsge h l))
7     (define mid (f l h))
8     (assert (bvsge mid (bv 0 (bitvector 32)))))
9
10  (define-symbolic l h (bitvector 32))
11  (verify (middle-check middle-bug l h))
```

程序运行后输出模型:

```
(model
  [l (bv #x07efdb7f 32)]
  [h (bv #x7f6c123e 32)])
```

即 Rosette 找到了程序的一个反例。而如果我们将程序代码改为:

```
1  (define (middle-correct l h)
2    (bvadd l (bvsdiv (bvsub h l) (bv 2 (bitvector 32)))))
3
4  (verify (middle-check middle-correct l h))
```

则程序运行后输出 unsat,即验证通过。

尽管 Rosette 非常方便地支持有界程序 (即不包括递归和循环) 的验证,其对无界程序的支持还比较有限。具体地,由于循环或递归的结束条件涉及对符号值的判定,因此,Rosette 对无界程序的判定一般不终止。例如,考虑如下的求和程序 sum:

```
1  (define (sum x)
2    (if (<= x 0)
3        0
```

```
 4        (+ x (sum (- x 1)))))))

 5

 6  (define (sum-check f x)
 7    (define res (f x))
 8    (assert (>= res 0)))

 9

10  (define-symbolic x integer?)
11  (verify (sum-check sum x))
```

由于条件判定（第 2 行）无法确定符号值 x 的界限，因此，该程序的验证过程不终止。

为了支持对无界程序的判定，Rosette 采用了程序有界化技术，基本思想是给待验证的程序同时提供具体值和符号值，符号值用于程序验证，而具体值用于控制程序验证进行的深度。例如，仍考虑上述求和函数，我们将其改写为有界程序：

```
 1  (define (sum-depth d x)
 2    (assume (> d 0))
 3    (if (<= x 0)
 4        0
 5        (+ x (sum-depth (- d 1) (- x 1)))))

 6

 7  (define (sum-depth-check f d x)
 8    (define res (f d x))
 9    (assert (>= res 0)))

10

11  (define-symbolic x integer?)
12  (verify (sum-check sum-depth 5 x))
```

该程序运行后将输出 unsat，即对其验证成功。但必须指出的是，Rosette 采用这种有界验证技术，实际上是用完备性来换取可用性，在这个意义上，"程序验证通过"实际上指的是"在给定的递归深度下，程序验证通过"。例如，考虑如下实例：

```
 1  (define (sum-depth-bug d x)
 2    (assume (> d 0))
 3    (if (> x 10)
 4        0
 5        (if (<= x 0)
 6            0
 7            (+ x (sum-depth-bug (- d 1) (- x 1))))))

 8

 9  (define (sum-check-eq f1 f2 d x)
10    (define res1 (f1 d x))
11    (define res2 (f2 d x))
12    (assert (= res1 res2)))

13

14  (define-symbolic x integer?)
15  (verify (sum-check-eq sum-depth sum-depth-bug 5 x))
16  (verify (sum-check-eq sum-depth sum-depth-bug 20 x))
```

程序运行后输出：

```
(unsat)
(model
 [x 19])
```

可以看到，在验证深度为 5 时，程序验证通过，而当程序验证深度为 20 时，程序验证不通过。Rosette 通过报告一个具体反例 $x = 19$，揭示了程序中的一个漏洞。因此，尽管有界验证不能保证验证的完备性，但它仍然可以发现程序中隐藏的漏洞，因此，它仍然是检查程序性质的有效技术。

11.4.3　程序合成

Rosette 通过 `synthesize` 命令支持程序合成的基本能力，该命令的基本格式是：

```
(synthesize #:forall input #:guarantee P)
```

它求解使得命题 P 成立的模型 m，其中 `input` 是命题 P 中出现的自由变量列表。

考虑本章最开始给出的例11.1，我们的目标是要合成一个更高效的完成变量乘法的程序。利用 Rosette，我们可给出如下的程序实现：

```
1  #lang rosette
2
3  (require rosette/lib/synthax) ; Require the sketching library.
4
5  (define bv32? (bitvector 32))
6
7  (define (double x)
8    (bvshl x (?? bv32?)))
9
10 (define (double2 x)
11   (bvmul x (bv 2 bv32?)))
12
13 (define-symbolic x bv32?)
14 (define sol
15   (synthesize
16   #:forall (list x)
17   #:guarantee (assert (bveq (double x) (double2 x)))))
18
19 (print-forms sol)
```

该程序定义了一个语法框架 double（第 7 行），其中包括一个洞 ??（第 8 行），该语法框架 double 对输入参数 x 进行左移操作 x<< ??。该程序的参考实现是 double2（第 10 行），它完成 x * 2。而程序合成的目标是找到模型 sol，使得命题

$$\forall x.\text{double } x = \text{double2 } x$$

成立（第 14 到 17 行）。该程序运行后,将输出:

```
(define (double x) (bvshl x (bv #x00000001 32)))
```

亦即 Rosette 找到了一个模型,不难验证该模型满足条件。

Rosette 也支持基于测例的程序合成。例如,同样针对上述程序框架 double,针对给定的两个具体实例:

$$x = 0 \wedge (\text{double } x) = 1$$
$$x = 1 \wedge (\text{double } x) = 4$$

进行合成:

```
1  (define sol2
2    (synthesize
3   #:forall (list x)
4   #:guarantee (assert
5            (&& (bveq (double (bv 0 bv32?)) (bv 0 bv32?))
6                (bveq (double (bv 1 bv32?)) (bv 4 bv32?)))))))
7
8  (print-forms sol2)
```

程序执行将输出结果:

```
(define (double x)
    (bvshl x (bv #x00000002 32)))
```

Rosette 成功合成了一个满足上述规范（第 5 行和第 6 行）的程序。

除了包括基本的洞的程序之外,Rosette 还支持对负责的语法结构形式的合成。我们先讨论简单的非递归的情况,后续再讨论更复杂的支持递归形式语法结构的合成。重新考虑例11.4中给出的计算绝对值程序的合成,下面的 Rosette 代码给出了其实现:

```
1   (define-grammar (gen-exp x)
2     [exp
3      (choose x
4            (?? bv32?)
5            (bvadd (?? bv32?) x)
6            (bvsub (?? bv32?) x))])
7
8   (define (abs x)
9     (if (bvsge x (bv 0 bv32?))
10        (gen-exp x)
11        (gen-exp x)))
12
13  (define sol3
14    (synthesize
15   #:forall (list x)
16   #:guarantee (assert
```

```
17              (&& (bveq (abs (bv 0 bv32?)) (bv 0 bv32?))
18                  (bveq (abs (bv 1 bv32?)) (bv 1 bv32?))
19                  (bveq (abs (bv -1 bv32?)) (bv 1 bv32?))))))
20
21  (print-forms sol3)
```

程序中的 gen-exp 函数（第 1 到 6 行）定义了表达式 exp 的语法框架；接着，函数 abs（第 8 到 11 行）中利用 gen-exp 函数提供的程序合成能力，定义了绝对值函数的程序框架；最后，我们利用给定的程序输入输出规范（第 16 到 19 行）来合成目标程序。上述程序运行后将输出：

```
(define (abs x)
  (if (bvsge x (bv 0 bv32?))
    x
    (bvsub (bv #x00000000 32) x)))
```

不难验证合成的上述程序，满足程序规范的要求。

由于上述语法框架的定义 gen-exp 具有一般性，因此，我们也可以用它来合成其他程序。例如，下述程序：

```
1  (define (inc x)
2    (gen-exp x))
3
4  (define sol4
5    (synthesize
6   #:forall (list x)
7   #:guarantee (assert
8                (&& (bveq (inc (bv 0 bv32?)) (bv 1 bv32?))
9                    (bveq (abs (bv 1 bv32?)) (bv 2 bv32?))))))
10
11 (print-forms sol4)
```

程序运行后，将合成以下程序：

```
(define (inc x)
  (bvadd (bv #x00000001 32) x))
```

Rosette 中的语法框架支持递归，这进一步提高了语法框架的表达能力。接下来，我们用 Rosette 来编码实现部分 IMP 语言：

```
1  (define-grammar (gen-exp x y)
2    [exp
3    (choose x
4          y
5          (?? bv32?)
6          ((bop) (exp) (exp)))]
7    [bop
```

```
8      (choose bvadd
9             bvsub
10            bvlshr
11            bvashr)])
```

简单起见，我们只包括了整数的加法、减法、逻辑右移和算术右移。根据这个语法框架，我们可以定义求平均值的函数 middle 以及其需要满足的命题 check-mid：

```
1   (define (middle x y)
2     (gen-exp x y #:depth 2))
3
4   (define (check-mid impl lo hi)
5     (assume (bvsle (bv 0 bv32?) lo))
6     (assume (bvsle lo hi))
7     (define mi (impl lo hi))
8     (define diff
9       (bvsub (bvsub hi mi)
10             (bvsub mi lo)))
11    (assert (bvsle lo mi))
12    (assert (bvsle mi hi))
13    (assert (bvsle (bv 0 bv32?) diff))
14    (assert (bvsle diff (bv 1 bv32?))))
15
16  (define (sol5)
17    (synthesize
18   #:forall (list x y)
19   #:guarantee (check-mid middle x y)))
```

注意，其中的 depth 属性（第 2 行）给定了允许对表达式展开的最大层次数。程序运行输出：

```
(define (middle x y)
  (bvlshr (bvadd y x)
          (bvsub (bv #x00000001 32)
                 (bv #x00000000 32)))))
```

不难验证，合成得到的程序满足程序性质的要求。

　　在结束这部分内容的讨论前，我们还有两个关键点需要讨论。首先，对包括递归结构的程序进行合成的主要代价是程序的性能执行问题，即递归结构可能显著增加程序合成的执行时间，例如，对于上述并不复杂的实例，程序消耗了约 20 秒时间找到待定的解。其次，程序合成的复杂度和执行时间还依赖于待合成的程序框架的复杂程度，如果程序框架中包括更复杂的形式，则需要的执行时间可能会更长。例如，如果我们把上述程序框架扩展如下：

```
1   (define-grammar (gen-exp x y)
2     [exp
3      (choose x
4              y
```

```
5              (?? bv32?)
6              ((bop) (exp) (exp)))]
7    [bop
8     (choose bvadd
9           bvsub
10          bvlshr
11          bvashr
12          bvmul
13          bvsdiv)])
```

即在二元运算 bop 中加入乘法 bvmul 和除法 bvsdiv，则该程序的执行时间约 40 秒，增加了一倍。我们把对这个现象的根因分析作为练习留给读者完成。

Rosette 是一门非常强大的面向程序验证的编程语言，而且还在快速演进中。在本节，我们结合实例，对 Rosette 最核心的程序合成（及验证）机制进行了讨论。除了我们这里讨论的特性外，Rosette 还支持很多其他高级特性，感兴趣的读者可结合其网站的相关材料，进一步深入学习。

本 章 小 结

本章主要讨论了程序合成的基本理论和技术。首先，我们讨论了程序合成的基本概念及关键要素；接着，我们讨论了基于语法的程序合成，并给出了基于符号执行和参考实现的程序合成方法；最后，我们结合 Rosette 程序语言，讨论了程序合成的具体实现。

深 入 阅 读

程序合成一直被认为是计算机科学的圣杯问题。Pnueli[185] 认为程序合成是程序设计理论中最核心的问题之一。Kolmogorov[186] 在构造数学的早期工作中，就考虑程序合成的问题。伴随着自动定理证明器的发展，演绎合成方法有很多开创性的进展[187-189]。在演绎合成后，David[191]、Phillip[192]、Alan[193]、Smith[194] 等深入讨论了基于归纳规范的程序合成方法。Sketch[195] 和 Flash Fill[196, 197] 等系统允许程序员编写部分程序框架，然后在给定一定规范的情况下自动完成程序合成。为辅助程序合成的实现，研究者已经开发了如 PROS[198] 和 Rosette[199] 等许多程序合成框架。

思 考 题

1. 请概述程序合成的基本概念和目标。

2. 在程序合成中，有几种方式来给出程序规范？这些方式各有哪些优劣？

3. 请结合 IMP 中其他语法形式（例如布尔表达式 b），给出其基于符号执行的程序合成的规则及其实现。

4. 请用 Rosette 证明逻辑命题 $\neg(p \wedge \neg p)$。

5. 请用 Rosette 求解线性方程组

$$\begin{cases} x + y = 8.0 \\ x - y = 4.0 \end{cases} \tag{11.1}$$

其中，$x, y \in \mathbb{R}$，并且 Rosette 中的实数类型为 `real?`。

6. 给定 Rosette 的求和函数的实现：

```
1  (define (sum-depth d x)
2    (assume (> d 0))
3    (if (<= x 0)
4        0
5        (+ x (sum-depth (- d 1) (- x 1)))))
```

请验证该函数满足性质

$$\sum_{i=0}^{n} = \frac{n \times (n+1)}{2}$$

7. 在本章中，我们指出过：如果把待合成的程序框架扩展如下：

```
1   (define-grammar (gen-e x y)
2     [exp
3      (choose x
4              y
5              (?? bv32?)
6              ((bop) (exp) (exp)))]
7     [bop
8      (choose bvadd
9              bvsub
10             bvlshr
11             bvashr
12             bvmul
13             bvsdiv)])
```

则程序合成的执行时间显著变长。请分析可能的原因。

8. 如果我们把上题中的位向量的宽度由 32 位改为 8 位，程序合成的执行效率是否会有提升？请通过改造上述实现，来验证你的结论。

第 12 章　Curry-Howard 同构

chap-lambda

Curry-Howard 同构在逻辑系统和类型系统之间建立了深刻的对应关系：命题逻辑对应于简单类型，谓词逻辑对应于依赖类型，而二阶逻辑对应于多态类型，等等。并且，这些对应关系体现在不同层面：逻辑命题对应于类型，逻辑证明对应于计算项，命题可证明对应于类型驻留（type inhabitation），证明的正规化（normalization）对应于项的规约（reduction），等等。本章主要讨论 Curry-Howard 同构的基本理论。首先，我们将讨论无类型和简单类型化 λ 演算，讨论类型系统以及类型安全定理，并建立命题逻辑和简单类型化 λ 演算间的同构关系；接着，我们讨论二阶逻辑系统和系统 F，并建立两者间的同构关系；最后，我们给出简单类型化 λ 演算的实现。而在第 13 章，我们将讨论针对谓词逻辑和依赖类型的 Curry-Howard 同构关系。

12.1　无类型 λ 演算

λ 演算（lambda calculus，或 λ-calculus）是一套形式演算系统，它仅包括函数定义和函数作用的基本语法形式，并用这些语法形式刻画所有计算。

12.1.1　匿名函数

函数通常可以用某种表达式来描述，例如，给定函数

$$f(x) = x^2 + 1 \tag{12.1}$$

它刻画了函数 f 在给定任意 x 输入值的情况下，计算输出值的规则。例如，若变量 x 输入值为 3，则函数值为

$$f(3) = 3^2 + 1 = 10 \tag{12.2}$$

很多情况下，我们只关心函数的抽象规则，而忽略具体的函数名，因此，为刻画变量 x 在函数表达式中的抽象作用，我们可引入特殊符号 λ，即在表达式前面添加 λx，其后用一个点号 . 作为分隔标记。按照这个语法规定，上述函数（12.1）可写作

$$\lambda x.x^2 + 1$$

即表示将变量 x 映射到项 $x^2 + 1$ 的函数。用 λ 表示的无名函数也被称为匿名函数（anonymous functions）。匿名函数的调用，需要将（匿名）函数和参数列在一起。例如，对于上述函数调用式（12.2），我们可写成

$$(\lambda x.x^2 + 1)\, 3 = 3^2 + 1 = 10$$

12.1.2　语法

我们给出如下：

定义 12.1 (**无类型 λ 演算语法**)　无类型 λ 演算由如下上下文无关文法给出：

$$E ::= x \mid \lambda x.E \mid E_1\, E_2$$
$$V ::= \lambda x.E$$

其中，符号 E 表示项，它包含三种语法形式：符号 x 表示项变量；符号 $\lambda x.E$ 表示函数抽象，其中变量 x 代表函数的参数，并可能出现在项 E 中；项 $E_1\, E_2$ 表示函数作用，即项 E_1 应用于项 E_2（或者说，函数 E_1 接受一个参数 E_2 进行调用）。符号 V 表示值，是项 E 的子集，它仅有函数抽象 $\lambda x.E$ 一种语法形式。

例 12.1　下面给出的项，都是无类型 λ 演算项的实例：

$$\lambda x.x$$
$$\lambda x.\lambda y.y$$
$$\lambda x.\lambda y.\lambda z.z$$
$$\lambda x.x\ x$$
$$\lambda x.\lambda y.x\ y\ x$$
$$\lambda x.\lambda y.\lambda z.x\ y\ x\ z$$

注意，我们假定函数作用的优先级高于函数定义，因此，项 $\lambda x.x\ x$ 表示 $\lambda x.(x\ x)$，而不是 $(\lambda x.x)\ x$。

按照项中的变量 x 是否被某个 λ 所约束，我们给出如下定义：

定义 12.2 (**绑定变量与自由变量**)　我们称项 E 中被 λ 约束的变量为绑定变量；相反地，没有被任何 λ 约束的变量称为自由变量，记为 $\mathcal{F}(E)$，其规则可基于对项 E 的语法归纳给出：

$$\mathcal{F}(x) = \{x\} \tag{12.3}$$
$$\mathcal{F}(\lambda x.E) = \mathcal{F}(E) - \{x\} \tag{12.4}$$
$$\mathcal{F}(E_1\, E_2) = \mathcal{F}(E_1) \cup \mathcal{F}(E_2) \tag{12.5}$$

其中，项变量 x 是一个自由变量（式（12.3））；对项抽象 $\lambda x.E$ 计算自由变量时，需要先计算子项 E 的自由变量集合 $\mathcal{F}(E)$，然后减去被 λ 绑定的变量 x（式（12.4））；对项应用 $E_1\, E_2$ 计算自由变量集合时，需要先分别计算两个子项 E_1 和 E_2 的自由变量集合 $\mathcal{F}(E_1)$ 和 $\mathcal{F}(E_2)$，然后取它们的并集（式（12.5））。

在计算绑定变量和自由变量时，需要特别注意变量的作用域。例如，在项 $\lambda x.x\ x$ 中，点号 $.$ 后的两个变量 x 都是绑定的；在项 $(\lambda x.x)\ x$ 中，点号 $.$ 后的变量 x 是绑定的，而最后出现的变量 x 是自由的。

例 12.2 计算项

$$E = \lambda x.\lambda y.\lambda z.x\ y\ x\ z$$

的自由变量。

根据自由变量的计算规则 $\mathcal{F}$，我们有

$$
\begin{aligned}
\mathcal{F}(E) &= \mathcal{F}(\lambda x.\lambda y.\lambda z.u\ x\ y\ x\ z) \\
&= \mathcal{F}(\lambda y.\lambda z.u\ x\ y\ x\ z) - \{x\} \\
&= \mathcal{F}(\lambda z.u\ x\ y\ x\ z) - \{x\} - \{y\} \\
&= \mathcal{F}(u\ x\ y\ x\ z) - \{x\} - \{y\} - \{z\} \\
&= \{u, x, y, z\} - \{x\} - \{y\} - \{z\} \\
&= \{u\}
\end{aligned}
$$

定义 12.3（闭项） 对于项 E，如果 $\mathcal{F}(E) = \phi$，则我们称项 E 是闭项（closed term），闭项也称为组合子（combinator）。

定义 12.4（替换） 给定项 E，我们记 $E[x \mapsto E_1]$ 为将项 E 中的自由变量 x 替换为项 E_1。其规则由以下公式给出：

$$x[x \mapsto E] = E \tag{12.6}$$

$$y[x \mapsto E] = y \qquad y \neq x \tag{12.7}$$

$$(\lambda y.E_1)[x \mapsto E] = \lambda y.E_1[x \mapsto E] \quad y \neq x\ \text{且}\ y \notin \mathcal{F}(E) \tag{12.8}$$

$$(E_1\ E_2)[x \mapsto E] = (E_1[x \mapsto E])(E_2[x \mapsto E]) \tag{12.9}$$

其中，若被替换的项变量 x 就是变量 x 本身，则直接进行替换（式（12.6））；若被替换的项变量 y 不是变量 x，则被替换的项 y 保持不变（式（12.7））；对项作用 $E_1\ E_2$，我们需要对子项 E_1 和 E_2 中的自由变量 x 分别进行递归替换 $E_1[x \mapsto E]$ 和 $E_2[x \mapsto E]$（式（12.9））；对项抽象 $\lambda y.E_1$，我们需要对子项 E_1 中的自由变量 x 进行递归替换 $E_1[x \mapsto E]$（式（12.8）），但要求替换变量 x 不能和绑定变量 y 相同，并且，绑定变量 y 不能自由出现在替换项 E 中，这是为了防止变量捕获（variable capture）的出现。例如，考虑替换

$$(\lambda y.x)[x \mapsto y] = \lambda y.y \tag{12.10}$$

可以看到，原本自由的变量 y，在替换后，被错误地替换成绑定的 y。为防止变量捕获，我们需要对项抽象 $\lambda y.E_1$ 的绑定变量 y 进行重命名，这由如下规则给出：

$$\lambda x.E = \lambda y.E[x \mapsto y] \tag{12.11}$$

其中，y 是一个全新的变量。规则（12.11）也称为 α-重命名或 α-变换。

应用 α-重命名，对于式（12.10），我们有

$$
\begin{aligned}
(\lambda y.x)[x \mapsto y] &= (\lambda z.x)[x \mapsto y] \\
&= \lambda z.y
\end{aligned}
$$

例 12.3　给出替换

$$E = (\lambda y.x)[x \mapsto \lambda z.z\ w]$$

的结果。

根据替换公式,我们有

$$(\lambda y.x)[x \mapsto \lambda z.z\ w] = \lambda y.(x[x \mapsto \lambda z.z\ w])$$
$$= \lambda y.\lambda z.z\ w$$

例 12.4　给出替换

$$(\lambda y.x\ y)[x \mapsto y\ z]$$

的结果。

由于绑定变量 y 自由出现在替换项 $y\ z$ 中,首先我们需要将绑定变量 y 进行 α-重命名,得到

$$\lambda y.x\ y = (\lambda w.x\ y)[y \mapsto w]$$
$$= \lambda w.x\ w$$

然后,根据替换公式进行替换,得到

$$(\lambda w.x\ w)[x \mapsto y\ z] = \lambda w.y\ z\ w$$

12.1.3　操作语义

为形式化刻画 λ 演算中项 E 的计算规则,我们将使用断言

$$E \to E'$$

来定义无类型 λ 演算的操作语义,该断言表示项 E 归约一步后得到项 E'。

下面给出无类型 λ 演算的归约规则:

$$\frac{E_1 \to E_1'}{E_1\ E_2 \to E_1'\ E_2} \tag{EU-APP1}$$

规则(EU-APP1)表示:若项 E_1 可以归约成 E_1',那么项应用 $E_1\ E_2$ 可以归约成 $E_1'\ E_2$。

$$\frac{E_2 \to E_2'}{V_1\ E_2 \to V_1\ E_2'} \tag{EU-APP2}$$

规则(EU-APP2)表示:若项 E_2 可以归约成 E_2',那么项应用 $V_1\ E_2$ 可以归约成 $V_1\ E_2'$。注意到,这条规则要求项 V_1 已经是一个值。

$$\frac{}{(\lambda x.E)\ V \to E[x \mapsto V]} \tag{EU-APPABS}$$

规则（EU-APPABS）是一条公理，表示项抽象 $\lambda x.E$ 应用于值 V_1 可以归约成替换 $[x \mapsto V]E$。

对于一个给定的项，反复应用上述三条归约规则，可完成对给定项的化简。但需要指出的是，项的归约可能不终止，例如，考虑项 $(\lambda x.x\ x)(\lambda x.x\ x)$，根据归约规则，我们有

$$
\begin{aligned}
(\lambda x.x\ x)(\lambda x.x\ x) &= (\lambda x.x\ x)(\lambda x.x\ x) \\
&= (\lambda x.x\ x)(\lambda x.x\ x) \\
&= \cdots
\end{aligned}
$$

其归约不终止。

12.2　简单类型化 λ 演算

本节讨论简单类型化 λ 演算。首先，我们给出其语法系统；然后，我们讨论其操作语义和类型系统；最后，我们证明其类型安全定理。

12.2.1　语法

我们给出如下定义：

定义 12.5（带布尔值的简单类型化 λ 演算语法）　带布尔值的简单类型化 λ 演算由如下上下文无关文法给出：

$$
\begin{aligned}
E &::= \text{true} \mid \text{false} \mid x \mid \lambda x:T.E \mid E\ E \mid \text{if } E \text{ then } E \text{ else } E \\
V &::= \text{true} \mid \text{false} \mid \lambda x:T.E \\
T &::= \text{bool} \mid T \rightarrow T \\
\Gamma &::= \phi \mid \Gamma, x:T
\end{aligned}
$$

其中，非终结符 E 表示项，它由六种语法形式组成：ture、false 分别表示布尔常量真和假；符号 x 表示项变量 x；式 $\lambda x:T.E$ 表示函数抽象，其中变量 x 的类型为 T；式 $E\ E$ 表示项的应用；式 if E then E else E 表示条件项。

非终结符 V 表示值，是项 E 的子集，它由三种语法形式组成：两个布尔常量 true 和 false，以及函数抽象 $\lambda x:T.E$。

非终结符 T 表示类型，它由两种语法形式组成：符号 bool 表示布尔类型；复合类型 $T \rightarrow T$ 表示函数类型。

符号 Γ 表示定型环境，将变量 x 映射到其类型 T，其中符号 ϕ 表示空的定型环境。

例 12.5　下面是符合简单类型 λ 演算语法的实例：

$$
\lambda x:\text{bool}.x
$$
$$
\lambda x:\text{bool} \rightarrow \text{bool}.(\lambda x:\text{bool}.x)
$$
$$
\lambda x:\text{bool} \rightarrow \text{bool} \rightarrow \text{bool}.\text{true}
$$

$$(\lambda x : \text{bool}.x)\ x$$

$$(\lambda x : \text{bool}.x)\ (\lambda y : \text{bool}.y)$$

$$(\lambda x : \text{bool} \to \text{bool}.x)\ (\lambda y : \text{bool}.y)$$

$$\text{if false then true else (if false then true else false)}$$

$$\text{if true then (if false then true else false) else false}$$

$$\text{if (if false then true else false) then true else false}$$

注意到,直观上,某些项并不具有合法的类型。例如,考虑项

$$(\lambda x : \text{bool}.x)\ (\lambda y : \text{bool}.y)$$

由于 x 的类型是 bool,因此,实际上参数项 $\lambda y : \text{bool}.y$ 的类型并不能与 bool 类型匹配。我们将在12.2.3 小节,对类型系统进行深入讨论。

12.2.2 操作语义

在本小节,我们将形式化地定义简单类型 λ 演算的操作语义。我们仍然使用断言

$$E \to E'$$

对于项的应用,其操作语义规则和无类型 λ 演算的操作语义规则类似。

$$\frac{E_1 \to E_1'}{E_1\ E_2 \to E_1'\ E_2} \tag{E-App1}$$

规则(E-App1)表示:若项 E_1 可归约成 E_1',则项应用 $E_1\ E_2$ 可归约成 $E_1'\ E_2$。

$$\frac{E_2 \to E_2'}{V_1\ E_2 \to V_1\ E_2'} \tag{E-App2}$$

规则 E-App2 表示:若项 E_2 可归约成 E_2',则项应用 $V_1\ E_2$ 可归约成 $V_1\ E_2'$。

$$\frac{}{(\lambda x : T.E)\ V \to E[x \mapsto V]} \tag{E-Appabs}$$

规则 E-Appabs 表示:项作用 $(\lambda x : T.E)\ V$ 的归约结果是 $E[x \mapsto V]$,即把项 E 中的项变量 x 替换成值 V。

对于条件项,我们同样可以给出一组归约规则。

$$\frac{}{\text{if true then } E_1 \text{ else } E_2 \to E_1} \tag{E-If-True}$$

规则(E-If-True)表示:若条件项的条件判定部分是布尔常量 true,则整个项可归约成第一个分支 E_1。

$$\frac{}{\text{if false then } E_1 \text{ else } E_2 \to E_2} \tag{E-If-False}$$

否则，若条件项的条件判定部分是布尔常量 false，则整个项可归约成第二个分支 E_2（规则（E-If-False））。

$$\frac{E_1 \rightarrow E_1'}{\text{if } E_1 \text{ then } E_2 \text{ else } E_3 \rightarrow \text{if } E_1' \text{ then } E_2 \text{ else } E_3} \tag{E-If}$$

否则，若项的条件判断的子表达式 E_1 可归约成 E_1'，则条件语句

$$\text{if } E_1 \text{ then } E_2 \text{ else } E_3$$

可归约成

$$\text{if } E_1' \text{ then } E_2 \text{ else } E_3$$

例 12.6 归约项

$$(\text{if true then } \lambda x : \text{bool}.x \text{ else false}) \text{ true} \tag{12.12}$$

根据上述归约规则，我们有

$$(\text{if true then } \lambda x : \text{bool}.x \text{ else false}) \text{ true}$$
$$\rightarrow (\lambda x : \text{bool}.x) \text{ true}$$
$$\rightarrow \text{true}$$

12.2.3 定型规则

定型规则通过给项中的每个子项确定类型，来确定整个项的类型。在本小节，我们将讨论简单类型 λ 演算的定型规则。

我们用断言

$$\Gamma \vdash E : T$$

来刻画定型规则，它表示在定型环境 Γ 下，项 E 具有类型 T。

我们基于对项 E 语法结构的归纳，来给出简单类型 λ 演算的定型规则。

$$\frac{}{\Gamma \vdash \text{true} : \text{bool}} \tag{T-True}$$

$$\frac{}{\Gamma \vdash \text{false} : \text{bool}} \tag{T-False}$$

规则（T-True）和规则（T-False）都是公理，说明了项 true 和 false 都是 bool 类型。

$$\frac{x : T \in \Gamma}{\Gamma \vdash x : T} \tag{T-Var}$$

规则（T-Var）表示：若项变量 x 的类型 T 属于定型环境 Γ，则可以在定型环境 Γ 下推出，项变量 x 的类型为 T。

$$\frac{\Gamma \vdash E_1 : \mathtt{bool} \quad \Gamma \vdash E_2 : T \quad \Gamma \vdash E_3 : T}{\Gamma \to \mathtt{if}\ E_1\ \mathtt{then}\ E_2\ \mathtt{else}\ E_3 : T} \qquad \text{(T-If)}$$

规则（T-If）表示：若项 E_1 是 bool 类型，且项 E_2 和 E_3 都是 T 类型，那么条件表达式整体是 T 类型。

$$\frac{\Gamma, x : T_1 \vdash E : T_2}{\Gamma \vdash \lambda x : T_1 . E : T_1 \to T_2} \qquad \text{(T-Abs)}$$

规则（T-Abs）表示：若在定型环境 $\Gamma, x : T_1$ 下，项 E 的类型为 T_2，那么，在定型环境 Γ 下，可推出项抽象 $\lambda x : T_1 . E$ 的类型为 $T_1 \to T_2$。

$$\frac{\Gamma \vdash E_1 : T_1 \to T_2 \quad \Gamma \vdash E_2 : T_1}{\Gamma \vdash E_1\ E_2 : T_2} \qquad \text{(T-App)}$$

规则（T-App）表示：若在定型环境 Γ 下，可推出项 E_1 的类型为 $T_1 \to T_2$，且项 E_2 的类型为 T_1，那么在定型环境 Γ 下，可推出项应用 $E_1\ E_2$ 的类型为 T_2。

例 12.7　证明定型断言

$$\vdash (\lambda x : \mathtt{bool}.x)\ \mathtt{true} : \mathtt{bool}$$

成立。

证明　根据上述定向规则，我们可给出如下的推导过程：

$$\frac{\dfrac{\dfrac{x : \mathtt{bool} \in x : \mathtt{bool}}{x : \mathtt{bool} \vdash x : \mathtt{bool}}\ \text{(T-Var)}}{\vdash \lambda x : \mathtt{bool}.x : \mathtt{bool} \to \mathtt{bool}}\ \text{(T-Abs)} \quad \dfrac{}{\vdash \mathtt{true} : \mathtt{bool}}\ \text{(T-True)}}{\vdash (\lambda x : \mathtt{bool}.x)\ \mathtt{true} : \mathtt{bool}}\ \text{(T-App)}$$

给出定型规则的重要目的，是保证一个项 E 具有某个类型 T。

定义 12.6（良类型）　对给定的项 E，若存在定型环境 Γ 和类型 T，使得 $\Gamma \vdash E : T$ 成立，则称项 E 是良类型的（well-typed），或称其是可类型化的（typable）。

12.2.4　类型安全

类型系统设计的重要目的是保证程序的安全性，即保证良类型的程序不会执行出错。非形式的执行出错是指程序归约到达了受阻转态，即归约未达到值状态，但却没有归约规则可以进一步应用于程序。

例 12.8　归约项

$$(\mathtt{if}\ \mathtt{false}\ \mathtt{then}\ \lambda x : \mathtt{bool}.x\ \mathtt{else}\ \mathtt{false})\ \mathtt{true}$$

根据归约规则，我们有

$$(\mathtt{if}\ \mathtt{false}\ \mathtt{then}\ \lambda x : \mathtt{bool}.x\ \mathtt{else}\ \mathtt{false})\ \mathtt{true}$$

$$\rightarrow \texttt{false true}$$

但不难发现最终的归约结果 false true 并不是一个值，并且也没有规则能对其进一步归约（对 false 进行调用也没有计算上的实际意义）。

但同时，注意到项

$$(\texttt{if false then } \lambda x : \texttt{bool}.x \texttt{ else false}) \texttt{ true}$$

if 的两个分支子项 $\lambda x : \texttt{bool}.x$ 和 false 的类型分别为 bool $\rightarrow$ bool 和 bool，因此，实际上该项并不是良类型的。

在本小节，我们要建立的主要结论是：良类型的不会执行出错。为此，我们需要先建立几个主要的引理。

引理 12.1（**定型规则的逆转**）　给定定型 $\Gamma \vdash E : T$，根据对项 E 的语法结构归纳，我们有：

（1）如果 $\Gamma \vdash x : T$，则 $x : T \in \Gamma$。

（2）如果 $\Gamma \vdash \lambda x : T_1.E_1 : T_2$，则对某个类型 T_3 使得 $\Gamma, x : T_1 \vdash E_1 : T_3$，且有 $T_2 = T_1 \rightarrow T_3$。

（3）如果 $\Gamma \vdash E_1\ E_2 : T$，则存在某个类型 T_1，使得 $\Gamma \vdash E_1 : T_1 \rightarrow T$ 并且 $\Gamma \rightarrow E_2 : T_1$。

（4）如果 $\Gamma \vdash \texttt{true} : T$，则 $T = \texttt{bool}$。

（5）如果 $\Gamma \vdash \texttt{false} : T$，则 $T = \texttt{bool}$。

（6）如果 $\Gamma \vdash \texttt{if } E_1 \texttt{ then } E_2 \texttt{ else } E_3 : T$，则 $\Gamma \vdash E_1 : \texttt{bool}$ 并且 $\Gamma \vdash E_2 : T$ 和 $\Gamma \vdash E_3 : T$。

证明　直接由定型规则的定义可得出。

引理 12.2（**类型唯一性**）　给定项 E 和定型环境 Γ 中，项 E 在 Γ 下的类型是唯一的。

类型唯一性说明对于良类型的项，可以根据类型规则推导出其类型，且该类型是唯一的。我们把该引理的证明作为练习留给读者。

引理 12.3（**典范形式**）　给定值 V，我们有：

（1）如果 V 具有 bool 类型，则 V 要么是 true，要么是 false。

（2）如果 V 具有 $T_1 \rightarrow T_2$ 类型，则 $V = \lambda x : T_1.E$。

证明　根据语言的语法定义，值 V 有三种形式：布尔常量 true、false，以及函数定义 $\lambda x.T.E$。显然，当值 V 的类型为 bool 时，值 V 只能是布尔常量 true 或者 false；而当值 V 的类型为 $T_1 \rightarrow T_2$ 时，显然值 V 的形式为 $\lambda x.T.E$，且 $T = T_1$。

根据上述引理，我们可以给出：

定理 12.1（**前进**）　假设 E 是一个封闭且良类型的项（即存在某个类型 T，有 $\vdash E : T$），则项 E 要么是一个值，要么存在某项 E'，使得 $E \rightarrow E'$。

证明　基于对项 E 的定型 $\vdash E : T$ 所使用的定型规则进行归纳。对于项常量 true 和 false，结论显然成立。因为项 E 是封闭的，变量情况不可能出现。对于条件项 $E = \texttt{if } E_1 \texttt{ then } E_2 \texttt{ else } E_3$，我们可得 $E_1 : \texttt{bool}$、$E_2 : T$ 且 $E_3 : T$。由归纳假设可知，项 E_1 要么是一个值，要么存在某个项 E_1' 使得 $E_1 \rightarrow E_1'$。如果项 E_1 是一个值，根据典范形式引

理12.3可知,项 E_1 必然是 true 或 false,因此可应用规则(E-If-True)或者(E-If-False)对整个命题进行归约,分别得到 E_2 或者 E_3;如果 $E_1 \to E_1'$,则可应用规则(E-If),命题得证。项抽象是一个值,所以命题直接得证。对于项应用 $E = E_1\ E_2$,由归纳假设可知,项 E_1 要么是一个值,要么存在某个项 E_1' 使得 $E_1 \to E_1'$,项 E_2 与项 E_1 的情况类似。如果 E_1 可归约成项 E_1',则可应用规则(E-App1)证明;如果 E_1 是一个值,且 E_2 可归约成 E_2',则可应用规则(E-App2)证明;如果项 E_1 和 E_2 都是值,则由典范形式引理12.3可知,项 E_1 有形式 $\lambda x : T.E$,则可应用规则(E-Appabs)证明。

给定断言 $\Gamma \vdash E : T$,其推导应该和定型环境 Γ 中类型断言出现的顺序无关。例如,假设推导 $\Gamma, x : T_1, y : T_2, z : T_3 \vdash E : T$ 成立,则以下推导:

$$\Gamma, y : T_2, z : T_3, x : T_1 \vdash E : T$$
$$\Gamma, z : T_3, x : T_1, y : T_2 \vdash E : T$$
$$\Gamma, x : T_1, z : T_3, y : T_2 \vdash E : T$$

也都分别成立。一般地,对于给定的定型环境 Γ,我们称对其元素的重新排序为排列(permutation):

引理 12.4(排列) 如果 $\Gamma \vdash E : T$,且设 Δ 是 Γ 的一个排列,则 $\Delta \vdash E : T$。此外,后一种推导与前一种具有相同的深度。

该引理可直接对类型推导 $\Gamma \vdash E : T$ 做归纳证明。其证明过程作为练习留给读者。

引理 12.5(弱化) 如果 $\Gamma \vdash E : T$,并且 $x \notin \mathrm{dom}(\Gamma)$,则 $\Gamma, x : S \vdash E : T$。

该引理的证明可直接基于对类型推导 $\Gamma \vdash E : T$ 的归纳完成。我们把对该引理的证明作为练习留给读者。

引理 12.6(类型在替换下保持) 如果 $\Gamma, x : T_2 \vdash E_1 : T_1$,并且 $\Gamma \vdash E_2 : T_2$,则 $\Gamma \vdash E_1[x \mapsto E_2] : T_1$。

证明 基于对断言 $\Gamma, x : T_2 \vdash E_1 : T_1$ 的归纳进行证明。如果断言是利用规则(T-True)进行推导,则我们有 $E_1 = $ true 且 $T_1 = $ bool,显然有 $E_1[x \mapsto E_2] = $ true 成立,所以命题直接得证。同理可证利用规则(T-False)的情况。

如果断言是利用规则(T-If)进行推导,则我们有

$$E = \text{if } E_{11} \text{ then } E_{12} \text{ else } E_{13}$$
$$\Gamma, x : T_2 \vdash E_{11} : \text{bool}$$
$$\Gamma, x : T_2 \vdash E_{12} : T_1$$
$$\Gamma, x : T_2 \vdash E_{13} : T_1$$

且待证的式为 $\Gamma \vdash (\text{if } E_{11} \text{ then } E_{12} \text{ else } E_{13})[x \mapsto E_2] : T_1$。使用归纳假设,我们可得到

$$\Gamma \vdash E_1[x \mapsto E_2] : \text{bool}$$
$$\Gamma \vdash E_2[x \mapsto E_2] : T_1$$
$$\Gamma \vdash E_3[x \mapsto E_2] : T_1$$

则由类型规则(T-If)即可证明原命题。

如果断言是利用规则（T-Var）进行推导，则 $E_1 = z$ 且 $z : T_1 \in (\Gamma, x : T_2)$，根据 z 是否等于变量 x，需要分情况讨论。若 $z = x$，则 $T_2 = T_1$ 且 $z[x \mapsto E_2] = E_2$，所以待证结果等价于 $\Gamma \vdash E_2 : T_1$，此即 $\Gamma \vdash E_2 : T_2$，显然这个即是引理的前提，所以得证；若 $z \neq x$，则 $z[x \mapsto E_2] = z$，显然结论成立。综上讨论，当语句属于规则（T-Var）的情况，引理成立。

如果断言是利用规则（T-Abs）进行推导，则我们有

$$E = \lambda y : T_{11}.E_{11}$$
$$T = T_{11} \to T_{12}$$
$$\Gamma, x : T_2, y : T_{11} \vdash E_{11} : T_{12}$$

且待证的式为 $\Gamma \vdash \lambda y : T_{11}.E_{11}[x \mapsto E_2] : T_{12}$。根据替换规则，我们假定 $x \neq y$ 且 $y \notin \mathcal{F}(E_2)$。对于式 $\Gamma, x : T_2, y : T_{11} \vdash E_{11} : T_{12}$，使用排列引理可得 $\Gamma, y : T_{11}, x : T_2 \vdash E_{11} : T_{12}$。对于式 $\Gamma \vdash E_2 : T_2$，使用弱化引理可得 $\Gamma, y : T_{11} \vdash E_2 : T_2$。由归纳假设可得 $\Gamma, y : T_{11} \vdash E_{11}[x \mapsto E_2] : T_{12}$，然后由定型规则（T-Apps）即可推出 $\Gamma \vdash \lambda y : T_{11}.E_{11}[x \mapsto E_2] : T_{12}$。

如果断言是利用规则（T-App）进行推导，则我们有

$$E = E_{11}\ E_{12}$$
$$\Gamma, x : T_2 \vdash E_{11} : T_{12} \to T_{11}$$
$$\Gamma, x : T_2 \vdash E_{12} : T_{12}$$
$$T_1 = T_{11}$$

且待证的式为 $\Gamma \vdash (E_{11}\ E_{12})[x \mapsto E_2] : T_{11}$。由归纳假设可得 $\Gamma \vdash E_{11}[x \mapsto E_2] : T_{12} \to T_{11}$ 以及 $\Gamma \vdash E_{12}[x \mapsto E_2] : T_{12}$。由定型规则（T-App）可得 $\Gamma \vdash (E_{11}[x \mapsto E_2])\ (E_{12}[x \mapsto E_2]) : T_{11}$，此即 $\Gamma \vdash (E_{11}\ E_{12})[x \mapsto E_2] : T_{11}$。

基于类型在替换下保持引理，我们有以下定理:

定理 12.2（**保持**） 如果 $\Gamma \vdash E : T$ 并且 $E_1 \to E_1'$，则 $\Gamma \vdash E_1' : T$。

我们把该定理的证明作为练习留给读者。

结合前进定理12.1和保持定理 12.2，我们可以建立该语言的类型安全性，即良类型的程序不会执行出错。

12.3　Curry-Howard 同构

Curry-Howard 同构（Curry-Howard isomorphism）是形式逻辑与类型理论之间的一种对应关系，在这种对应关系中，逻辑中的命题对应于类型系统中的类型，而对命题的证明过程等价于构建其相对应类型的程序。因此，Curry-Howard 同构也经常被称为命题作为类型。

具体地，我们可以把命题 P 视为一个类型 P，则对命题 P 的证明 Prf 可以视为具有类型 P 的项 t。基于这个基本对应，考虑逻辑命题的蕴含式 $P \to Q$，我们可以将其视为函

数类型 $P \to Q$，则对蕴含式 $P \to Q$ 的证明过程是：先证明命题 P，然后从命题 P 的证明推出命题 Q 的证明，而这个过程就是一个证明的转换函数。类似地，对命题 $P \wedge Q$ 的证明，可视为同时包括对命题 P 与命题 Q 的证明；对命题 $P \vee Q$ 的证明，可视为对命题 P 或 Q 的证明。我们把这些对应关系总结在表12.1中。进一步地，一个命题 P 能够被证明，当且仅当该命题 P 对应的类型是可驻留的（inhabitable）。例如，考虑命题

$$((A \to B) \to A) \to (A \to B) \to B$$

其在逻辑中是可证的，那么，与之对应的类型可被项

$$\lambda f. \lambda u. u(f\ u)$$

驻留。

表 12.1　逻辑和类型系统的对应关系

逻辑	类型
基本命题 P	基本类型 P
蕴含命题 $P \to Q$	函数类型 $P \to Q$
合取命题 $P \wedge Q$	元组类型 $P * Q$
析取命题 $P \vee Q$	和类型 $P + Q$
对命题 P 的证明 Prf	类型为 P 的项 t
命题 P 是可证明的	类型 P 是可驻留的
检查证明 Prf 是否证明了命题 P	检查项 t 是否有类型 P

就本章讨论的简单类型化 λ 演算而言，其类型与命题逻辑的命题对应，而其项与逻辑中的证明相对应。但是，Curry-Howard 同构不仅限于命题逻辑和简单类型化 λ 演算之间的对应，而且对于一般的逻辑和类型系统也成立。例如，一阶逻辑对应于依赖类型（我们将在下一章深入讨论），二阶逻辑对应于多态类型，等等。这种两个领域内的深刻对应关系，给双方理论的建立和发展都提供了不同的视角和帮助。

接下来，我们将形式化建立在命题逻辑和简单类型化 λ 演算间的 Curry-Howard 同构。为简单起见，我们的讨论先只考虑函数类型 $\to$ 的 λ 演算。

我们给出如下定义：

定义 12.7（**Curry-Howard 同构**）　我们在命题逻辑和简单类型化 λ 演算间建立如下同构关系：

（1）如果 $\Gamma \vdash E : T$ 成立，则 $ran(\Gamma) \vdash T$，其中 $ran(\Gamma) = \{T \mid x : T \in \Gamma\}$ 是定型环境 Γ 的值域。

（2）如果 $\Gamma \vdash T$ 成立，则存在项 E，使得 $\Delta \vdash E : T$ 成立，其中 $\Delta = \{x_T : T \mid T \in \Gamma\}$。

证明　为证明命题（1），我们可对定型断言 $\Gamma \vdash E : T$ 进行归纳，证明细节留给读者。

为证明命题（2），我们基于对断言 $\Gamma \vdash T$ 的推导做归纳，其中我们记 $\Delta = \{x_T : T \mid T \in \Gamma\}$。如果断言是用规则（Var）证明的，即

$$\frac{}{\Gamma, T \vdash T}$$

分两种情况讨论:

（1）若 $T \in \Gamma$,则有 $\Delta \vdash x : T$ 成立;

（2）若 $T \notin \Gamma$,则有 $\Delta, x_T : T \vdash x : T$ 成立。

如果断言是用规则（$\rightarrow$ E）证明,即

$$\frac{\Gamma \vdash T_1 \rightarrow T_2 \qquad \Gamma \vdash T_1}{\Gamma \vdash T_2}$$

由归纳假设,我们有 $\Delta \vdash E_1 : T_1 \rightarrow T_2$ 和 $\Delta \vdash E_2 : T_1$,因此可得 $\Delta \vdash E_1\,E_2 : T_2$。

如果断言是用规则（$\rightarrow$ I）证明,即

$$\frac{\Gamma, T \vdash T_2}{\Gamma \vdash T \rightarrow T_2}$$

分两种情况讨论:

（1）若 $T \in \Gamma$,由归纳假设可得 $\Delta \vdash E : T_2$,使用弱化引理（12.5）可得 $\Delta, x_T : T \vdash E : T_2$,其中 $x_T \notin dom(\Delta)$,因此可得 $\Delta \vdash \lambda x_T : T.E : T \rightarrow T_2$;

（2）若 $T \notin \Gamma$,由归纳假设可得 $\Delta, x_T : T \vdash E : T_2$,因此可得 $\Delta \vdash \lambda x_T : T.E : T \rightarrow T_2$。

尽管命题和类型具有对应关系,但并不是一一对应。

例 12.9 给定命题 $T \rightarrow T \rightarrow T$,请给出具有该类型的项。

我们可以给出如下的项及其推导过程:

$$\frac{\dfrac{\overline{x : T, y : T \vdash x : T}}{x : T \vdash \lambda y : T.x : T \rightarrow T}}{\vdash \lambda x : T.\lambda y : T.x : T \rightarrow T \rightarrow T}$$

同时,我们还可以给出如下的项及其推导过程:

$$\frac{\dfrac{\overline{y : T, x : T \vdash x : T}}{y : T \vdash \lambda x : T.y : T \rightarrow T}}{\vdash \lambda y : T.\lambda x : T.y : T \rightarrow T \rightarrow T}$$

这两个项语法形式并不相同,但具有相同的类型 $T \rightarrow T \rightarrow T$,且该类型对应的命题具有如下的基于自然演绎的证明:

$$\frac{\dfrac{\overline{T, T \vdash T}}{T \vdash T \rightarrow T}}{\vdash T \rightarrow T \rightarrow T}$$

我们可以把 Curry-Howard 同构关系推广到支持更丰富的命题联接词（亦即更丰富的 λ 演算的语法）。为此,我们扩展 λ 的语法,令其支持积类型和和类型。我们给出:

定义 12.8（带积类型和和类型的 λ 演算） 其语法由如下扩展的上下文无关文法给出:

$$E ::= \cdots \mid \langle E, E \rangle \mid \pi_1 E \mid \pi_2 E \mid \mathrm{in}_l^{T \vee T} E \mid \mathrm{in}_r^{T \vee T} E$$
$$\mid \quad \mathtt{match}\ E; x.E; y.E$$

$$V ::= \cdots \mid \langle V, V \rangle \mid \text{in}_l^{T \vee T} V \mid \text{in}_r^{T \vee T} V$$

$$T ::= \cdots \mid T \times T \mid T + T$$

表达式 E 的语法增加了几种新形式:语法形式 $\langle E_1, E_2 \rangle$ 表示由两个表达式 E_1 和 E_2 组成的一个元组表达式;$\pi_1 E$ 和 $\pi_2 E$ 表示投影操作,分别从元组表达式 E 中取出第一和第二元。元组表达式的值是 $\langle V_1, V_2 \rangle$,而元组表达式的类型是 $T_1 \times T_2$,其中 T_1 和 T_2 分别是表达式 E_1 和 E_2 的类型。

语法形式 $\text{in}_l^{T \vee T} E$ 和 $\text{in}_r^{T \vee T} E$ 分别表示由表达式 E 从左和右构成和表达式。注意,由于另一部分的类型未知,所以在语法形式上增加了类型上标 $T \vee T$。和表达式在很多语言中经常被称为联合或者代数数据类型。表达式 $\text{match } E; x.E; y.E$ 对第一个表达式 E 进行归约得到某个值 V,并按照值 V 是左或右,将其赋值给变量 x 或 y,并进一步归约变量后的表达式 E。所以,上述 match 非常类似其他语言中常见的 switch 语法结构。和表达式的值是 $\text{in}_l^{T \vee T} V$ 或 $\text{in}_r^{T \vee T} V$,而和表达式的类型是 $T_1 + T_2$。

为了把上面的讨论形式化,我们用断言形式

$$\Gamma \vdash E : T$$

给出针对新表达式的定型规则。

$$\frac{\Gamma \vdash E_1 : T_1 \qquad \Gamma \vdash E_2 : T_2}{\Gamma \vdash \langle E_1, E_2 \rangle : T_1 \times T_2} \tag{T-Prod-I}$$

$$\frac{\Gamma \vdash E : T_1 \times T_2}{\Gamma \vdash \pi_1 E : T_1} \tag{T-Prod-E1}$$

$$\frac{\Gamma \vdash E : T_1 \times T_2}{\Gamma \vdash \pi_2 E : T_2} \tag{T-Prod-E2}$$

$$\frac{\Gamma \vdash E : T_1}{\Gamma \vdash \text{in}_l^{T_1 \vee T_2} E : T_1 + T_2} \tag{T-Sum-I1}$$

$$\frac{\Gamma \vdash E : T_2}{\Gamma \vdash \text{in}_r^{T_1 \vee T_2} E : T_1 + T_2} \tag{T-Sum-I2}$$

$$\frac{\Gamma \vdash E_1 : T_1 + T_2 \qquad \Gamma, x : T_1 \vdash E_2 : T \qquad \Gamma, y : T_2 \vdash E_3 : T}{\Gamma \vdash \text{match } E_1; x.E_2; y.E_3 : T} \tag{T-Sum-E}$$

并且,我们仍然用断言形式 $E \to E'$ 给出小步风格的归约规则。我们给出元组的归约规则,为简化起见,下述 $i \in \{1, 2\}$,所以这里实际有六条规则。

$$\frac{E_1 \to E_1'}{\langle E_1, E_2 \rangle \to \langle E_1', E_2 \rangle} \tag{E-Prod-1}$$

$$\frac{E_2 \to E_2'}{\langle V_1, E_2 \rangle \to \langle V_1, E_2' \rangle} \quad \text{(E-Prod-2)}$$

$$\frac{E \to E'}{\pi_i E \to \pi_i E} \quad \text{(E-Pi-1)}$$

$$\overline{\pi_i \langle V_1, V_2 \rangle \to V_i} \quad \text{(E-Pi-2)}$$

对和表达式的归约,我们有规则:

$$\frac{E_1 \to E_1'}{\texttt{match } E_1; x.E_2; y.E_3 \to \texttt{match } E_1'; x.E_2; y.E_3} \quad \text{(E-Sum-1)}$$

$$\overline{\texttt{match in}_l^{T_1 \vee T_2} V; x.E_2; y.E_3 \to E_2[x \mapsto V]} \quad \text{(E-Sum-2)}$$

$$\overline{\texttt{match in}_r^{T_1 \vee T_2} V; x.E_2; y.E_3 \to E_3[y \mapsto V]} \quad \text{(E-Sum-3)}$$

基于新增加的定型规则和归约规则,我们可以把前面证明过的类型安全定理（即前进和保持）都扩展到新的规则上。我们把这个过程作为练习留给读者完成。

针对给定的 λ 演算的项,我们可以根据归约规则对其进行化简,从 Curry-Howard 同构的角度看,对项的化简等价于对命题的自然演绎证明树的正规化。

例 12.10 若将命题 $T \to T$ 视为类型,给出该类型对应的项。

我们可给出如下的具有该类型 $T \to T$ 的项,及其类型推导过程:

$$\frac{\overline{x : T \vdash x : T}}{\vdash \lambda x.T.x : T \to T}$$

根据元组表达式,我们还可以给出如下的具有该类型 $T \to T$ 的项,及其类型推导过程:

$$\frac{\dfrac{\overline{x : T \vdash x : T}}{\vdash \lambda x.T.x : T \to T} \quad \dfrac{\overline{y : T \vdash y : T}}{\vdash \lambda y.T.y : T \to T}}{\dfrac{\vdash \langle \lambda x.T.x, \lambda y.T.y \rangle : (T \to T) \times (T \to T)}{\vdash \pi_1 \langle \lambda x.T.x, \lambda y.T.y \rangle : T \to T}}$$

同时有

$$\pi_1 \langle \lambda x.T.x, \lambda y.T.y \rangle \to \lambda x.T.x$$

因此,上述第二个推导所对应的推导树实际上可简化为第一个推导对应的语法树。

12.4 二阶逻辑与系统 F

在本节,我们对 Curry-Howard 同构进行推广,将其由命题逻辑和简单类型 λ 演算的对应,推广到二阶逻辑和系统 F 的对应上。

我们给出如下定义:

定义 12.9 (二阶逻辑)　二阶逻辑的语法由如下上下文无关文法给出:

$$P ::= \top \mid \bot \mid X \mid P \to P \mid \forall X.P \mid \exists X.P$$

定义中引入了命题的量词约束 $\forall X.P$, 其中 X 是命题变量, P 是任意命题。带量词的命题 $\forall X.P$ 具有直观的含义: 命题 P 对任意的命题变量 X 都成立。例如, 考虑命题 $\forall X.X \to X$, 显然, 这应该是我们在证明系统里能够证明的一个合法的命题。语法形式 $\exists X.P$ 是二阶形式的存在量词, 其中 X 是约束变量。需要注意的是, 谓词逻辑中量词 $\forall$ 约束的是项变量 (用 x 等小写字母表示), 而二阶逻辑里的量词约束的是命题变量 (用 X 等大写字母表示), 因此, 我们这里给出的系统也称为二阶命题逻辑。

例 12.11　以下都是二阶逻辑的合法命题:

$$P \to Q \to R$$
$$\forall X.X \to X$$
$$\forall X.\forall Y.X \to Y$$
$$\exists X.X \to Y$$
$$\forall X.\exists Y.X \to Y$$

对二阶逻辑, 还需要注意两个关键点: 第一, 为简单起见, 我们这里只给出了蕴含联接词 $\to$, 没有包括存在量词 $\exists$。第二, 由于二阶逻辑命题中包括量词, 所以, 我们仍然可以定义自由变量、闭合公式、变量替换等概念和操作, 它们和一阶逻辑中的量词的处理类似, 因此我们将其留给读者自行完成。

接下来, 我们讨论对二阶逻辑命题的证明规则, 我们仍然使用基于断言

$$\Gamma \vdash P$$

的自然演绎的证明系统。为简单起见, 我们只给出针对量词的规则:

$$\frac{\Gamma \vdash P \qquad X \notin \mathcal{F}(\Gamma)}{\Gamma \vdash \forall X.P} \tag{$\forall$-I}$$

$$\frac{\Gamma \vdash \forall X.P}{\Gamma \vdash P[X \mapsto Q]} \tag{$\forall$-E}$$

$$\frac{\Gamma \vdash P[X \mapsto Q]}{\Gamma \vdash \exists X.P} \tag{$\exists$-I}$$

$$\frac{\Gamma \vdash \exists X.P \qquad \Gamma, P \vdash Q \qquad X \notin \mathcal{F}(\Gamma, Q)}{\Gamma \vdash Q} \tag{$\exists$-E}$$

规则 ($\forall$-I) 是对全称量词 $\forall$ 的引入规则, 它表明若要证明 $\forall X.P$, 则我们只需要证明 P, 但要求全称量词约束的变量 X 在 Γ 的所有命题中自由出现。规则 ($\forall$-E) 是对全称量词 $\forall$ 的消去规则, 它表明我们可以把全称量词 $\forall$ 约束的变量 X 替换为任意命题 Q。规则 ($\exists$-I) 是

对存在量词 ∃ 的引入规则,它表明若要证明 ∃X.P,则我们只需要证明 P 在对变量 X 的某个替换下成立 P[X ↦ Q]。规则(∃-E)是对存在量词 ∃ 的消去规则,它表明如果我们可以在把存在量词 ∃ 约束的变量 X 去掉的情况下证明 Q,则我们能够直接证明命题 Q。

例 12.12　证明 ⊢ ∀X.X → X。

根据规则,我们可给出如下的推导:

$$\frac{\dfrac{\overline{X \vdash X}}{\vdash X \to X}}{\vdash \forall X.X \to X}$$

例 12.13　证明 ⊢ ∀X.∀Y.X → Y → X。

根据规则,我们可给出如下的推导:

$$\frac{\dfrac{\dfrac{\dfrac{\overline{X, Y \vdash X}}{X \vdash Y \to X}}{\vdash X \to Y \to X}}{\vdash \forall Y.X \to Y \to X}}{\vdash \forall X.\forall Y.X \to Y \to X}$$

例 12.14　证明 ⊢ ∀X.X → ∀Y.Y。

根据规则,我们可给出如下的推导:

$$\frac{\dfrac{\dfrac{\dfrac{\overline{\forall X.X \vdash \forall X.X}}{\forall X.X \vdash Y}}{\forall X.X \vdash \forall Y.Y}}{\vdash \forall X.X \to \forall Y.Y}}{}$$

例 12.15　证明 ⊢ ∃X.X → X。

根据规则,我们可给出如下的推导:

$$\frac{\dfrac{\dfrac{\overline{X \vdash X}}{\vdash X \to X}}{\vdash \exists X.X \to X}}{}$$

例 12.16　证明 ⊢ ∀X.∀Y.X → Y → X。

根据规则,我们可给出如下的推导:

$$\frac{\dfrac{\dfrac{\dfrac{\overline{X, Y \vdash X}}{X \vdash Y \to X}}{\vdash X \to Y \to X}}{\vdash \exists Y.X \to Y \to X}}{\vdash \exists X.\exists Y.X \to Y \to X}$$

例 12.17　证明 ⊢ ∀X.X → ∀Y.Y。

根据规则,我们可给出如下的推导:

$$\frac{\dfrac{\dfrac{\dfrac{\overline{\exists X.X \vdash \exists X.X} \qquad \overline{\exists X.X, X \vdash X}}{\exists X.X \vdash X}}{\exists X.X \vdash \exists Y.Y}}{\vdash \exists X.X \to \exists Y.Y}}{}$$

例 12.18　证明 $\vdash \forall X.\exists Y.X \to Y$。

根据规则,我们可给出如下的推导:

$$\frac{\dfrac{\overline{X \vdash X}}{\dfrac{\vdash X \to X}{\dfrac{\vdash \exists Y.X \to Y}{\vdash \forall X.\exists Y.X \to Y}}}}{}$$

例 12.19　证明 $\vdash \exists X.\forall Y.X \to Y$。

根据规则,我们可给出如下的推导:

$$\frac{\dfrac{\vdots}{\vdash \forall Y.Y \to Y}}{\vdash \exists X.\forall Y.X \to Y}$$

最后一步的推导我们留给读者完成。

回想一下,我们在简单类型化 λ 演算中引入了显式类型,例如,下面的函数

$$\lambda x : \mathtt{bool}.x$$
$$\lambda x : \mathtt{bool} \to \mathtt{bool}.x$$
$$\lambda x : \mathtt{bool} \to \mathtt{bool} \to \mathtt{bool}.x$$

是在不同参数 x 类型上的恒等函数,亦即它们都具有相同的计算部分 $\lambda x.x$。从软件工程的角度上看来,这些函数的存在增加了程序构造和维护的难度。例如,我们如果要修改函数的具体实现,则需要修改多处冗余代码。

为了解决这一问题,一个可行的路径是将不同函数的不同部分(即类型)进一步提取抽象出来,而只保留公共的部分(即代码)。基于这一思想,我们可将恒等函数写成

$$\lambda X.\lambda x : X.x$$

其中,大写的 X 代表类型变量,则上式给出了在任意类型上的恒等函数,我们称这类函数为多态函数(polymorphic functions)。为了调用多态函数,我们要首先给其提供具体的类型,对其中的类型参数进行实例化,记为

$$t[T]$$

其中,t 是多态函数,而 T 是某个具体类型。例如,对于上述给定的三个具体类型上的恒等函数,我们可以将其写为

$$(\lambda X.\lambda x : X.x)[\mathtt{bool}]$$
$$(\lambda X.\lambda x : X.x)[\mathtt{bool} \to \mathtt{bool}]$$
$$(\lambda X.\lambda x : X.x)[\mathtt{bool} \to \mathtt{bool} \to \mathtt{bool}]$$

类型参数(如 bool)传入多态函数的过程,非常类似于值参数传入普通函数进行替换的过程。

把上述过程形式化,我们给出如下定义:

定义 12.10 (系统 F) 我们用如下上下文无关文法给出系统 F 的语法:

$$E ::= \cdots \mid \lambda X.E \mid E[T]$$
$$T ::= \cdots \mid X \mid \forall X.T$$
$$V ::= \cdots \mid \lambda X.t$$

为简单起见,我们给出了其相对简单类型化 λ 演算的扩展。表达式 E 中增加了多态函数定义 $\lambda X.E$ 和多态函数调用 $E[T]$;类型 T 中增加了类型变量 X 和多态类型 $\forall X.T$;值 V 中增加了类型抽象的值 $\lambda X.t$。

我们用断言

$$\Gamma \vdash E : T$$

来给出定型规则。

类型抽象的规则

$$\frac{\Gamma, X \vdash t : T}{\Gamma \vdash \lambda X.t : \forall X.T} \tag{T-TAbs}$$

表明,可以对项 t 进行类型抽象,从而形成多态类型 $\forall X.T$。

类型作用的规则

$$\frac{\Gamma \vdash t : \forall X.T}{\Gamma \vdash t[T_1] : T[X \mapsto T_1]} \tag{T-TApp}$$

表明,对多态函数 t 的类型调用 $t[T_1]$,其类型是在多态类型 $\forall X.T$ 上的替换 $T[X \mapsto T_1]$。

例 12.20 对项 $\lambda X.\lambda x : X.x$ 进行类型检查。

利用上述定型规则,我们有如下类型推导:

$$\frac{\dfrac{\overline{X, x : X \vdash x : X}}{X \vdash \lambda x : X.x : X \to X}}{\vdash \lambda X.\lambda x : X.x : \forall X.X \to X}$$

例 12.21 对项 $(\lambda X.\lambda x : X.x)[\text{bool}]\ \text{true}$ 进行类型检查。

利用上述定型规则,我们有如下类型推导:

$$\frac{\dfrac{\vdots}{\dfrac{\overline{\lambda X.\lambda x : X.x : \forall X.X \to X}}{(\lambda X.\lambda x : X.x)[\text{bool}] : \text{bool} \to \text{bool}}} \qquad \overline{\vdash \text{true} : \text{bool}}}{\vdash (\lambda X.\lambda x : X.x)[\text{bool}]\ \text{true} : \text{bool}}$$

例 12.22 对项 $\lambda Y.\lambda x : \forall X.X \to X.(x[Y \to Y]\ x[Y])$ 进行类型检查。

我们把这个检查过程作为练习留给读者。需要注意的是,如果把上述项中的类型擦除,则得到项 $\lambda x.x\ x$,这个项在简单类型化 λ 演算中不可类型化。

我们用断言

$$E \to E'$$

来给出表达式 E 的归约规则。

$$\frac{E \rightarrow E'}{E[T] \rightarrow E'[T]} \tag{E-TApp1}$$

$$\frac{}{(\lambda X.t)[T] \rightarrow t[X \mapsto T]} \tag{E-TApp2}$$

基于定型规则和归约规则,我们仍可以建立系统 F 的类型安全定理:

定理 12.3(**类型安全定理**)　系统 F 的类型安全定理基于以下两个定理:

(1)前进性:若 $\vdash E : T$,则要么 E 是一个值,要么存在项 E',使得 $E \rightarrow E'$;

(2)保持性:若 $\Gamma \vdash E : T$,且存在项 E',使得 $E \rightarrow E'$,则 $\Gamma \vdash E' : T$。

这两个定理的证明和简单类型化 λ 演算中的情况类似,我们将其作为练习留给读者完成。

建立了二阶逻辑和系统 F,我们可以把 Curry-Howard 同构关系推导到二阶情形。

定理 12.4(**Curry-Howard 同构**)　定型断言 $\Gamma \vdash E : T$ 在系统 F 中成立,当且仅当断言 $ran(\Gamma) \vdash T$ 在二阶逻辑中可证。

我们把证明细节留给读者。

12.5　实　　现

在本节,我们给出简单类型化 λ 演算的 Python 实现。

首先,我们给出类型 T 和定型环境 Γ 的实现:

```
1  # definition of types: in file "Type.py"
2  class t: pass
3  @dataclass
4  class Bool(t): pass;
5  @dataclass
6  class Arrow(t): left: t; right: t;
7
8  # definition of typing environment Gamma, in file "Check.py"
9  Gamma = Callable[[str], Type.t | None]
10 def empty() -> Gamma:
11   return lambda _: None
12 def update(g: Gamma, x: str, t: Type.t) -> Gamma:
13   lambda y: (t if y==x else g(y))
```

注意,为了定义一个函数式的符号表,我们使用了 Python 的 λ 机制。这里,函数式符号表指的是对符号表的更新操作,不会影响老的符号表的状态。特别地,对于符号表中不存在的变量,都返回空值 None。

接下来,我们给出项 E 的实现:

```
 1  # definition of expressions: in file "Exp.py"
 2  class t: pass
 3  @dataclass
 4  class Truee(t): pass
 5  @dataclass
 6  class Falsee(t): pass
 7  @dataclass
 8  class If(t): cond: t; then: t; elsee: t
 9  @dataclass
10  class Var(t): x: str
11  @dataclass
12  class Abs(t): x: str; t: Type.t; e: t
13  @dataclass
14  class App(t): l: t; r: t
```

我们仍使用类的继承来实现项 E 的抽象语法树。

我们用类型检查函数 type_check 来实现定型规则:

```
 1  # definition of expressions: in file "Check.py"
 2  def error(msg):
 3    print(msg, end="")
 4
 5  def type_check(env: Gamma, t: Exp.t) -> Type.t:
 6      match t:
 7          case Truee():
 8              return Type.Bool()
 9          case Falsee():
10              return Type.Bool()
11          case If(cond, l, r):
12              t = type_check(env, cond)
13              if t != Type.Bool:
14                  error("boolean value expected")
15              tl = type_check(env, l)
16              tr = type_check(env, r)
17              if tl != tr:
18                  error("if type matches")
19              return tl
20          case Var(x):
21              t = env(x)
22              if t is None:
23                  error("unbound variable: "); print(x)
24                  return Type.Bool()
25              return t
26          case Abs(x, t, b):
27              env1 = update(env, x, t)
28              t1 = type_check(env1, b)
```

```
29              return Type.Arrow(t, t1)
30          case App(l, r):
31              tl = type_check(env, l)
32              tr = type_check(env, r)
33              match tl:
34                  case Type.Arrow(ll, rr):
35                      if ll != tr:
36                          error("function argument mismatch")
37                      return rr
38                  case _:
39                      error("function type expected")
40                      return Type.Bool()
```

这个具体实现并不复杂,但其中有两个关键点需要注意:第一,这里用了 Python 的结构化相等(即 == 或!=)对类型进行判等操作(如第 13 行),例如以下代码:

```
1  Bool() == Bool()
```

先后在不同的内存地址分配了 Bool 的对象,即它们所在的内存地址并不相同,但上述代码会判定两边的结构相等性并返回 True,这个特性方便了相等性的判定。

第二,当检测到类型错误时,实现报合理的出错信息,并猜想一个可能合法的类型,以便让类型检查能够继续进行(例如,第 24 行)。和直接报错并退出的方式相比,这种处理方式能够检测尽可能多的类型错误。

本 章 小 结

本章我们主要讨论了 Curry-Howard 同构。首先,我们讨论了无类型和简单类型化 λ 演算,给出其详细的语法、语义,并讨论了类型系统和类型安全定理;然后,我们在命题逻辑和简单类型化 λ 演算间建立了同构关系;接着,我们给出了二阶逻辑系统和系统 F,并在两者间建立了二阶情形下的 Curry-Howard 同构关系;最后,我们讨论了对简单类型化 λ 演算的具体实现。

深 入 阅 读

λ 演算的历史比计算机科学或编程语言的历史还要久远。在 21 世纪的 20 年代和 30 年代,Church 等 [200] 提出了 λ 演算;Barendregt[201-203] 和 Hindley[202] 等对 λ 演算给出了全面的介绍。λ 演算出现后,被用于许多函数式编程语言的设计,如 Harold 和 Sussman [204]、Friedman[205]、Jones[206] 等,也被广泛用于编程语言语义的研究,如 Schmidt[207]、Gunter[208]、Winskel[125]、Mique[235]、Corrado 和 Berarducci[210] 等。

Curry-Howard 同构先后在逻辑学和计算机科学两个领域内发展起来。Curry[214] 从逻辑学领域,Howard[215] 在计算机科学领域先后给出了该同构关系。后续研究者们,对该同构关系进行了深入研究(如 Girard[216]、Gallier[217]、Heine 和 Urzyczyn[218]、Pfenning[219]、Goubault-Larrecq 和 Mackie[220]、Simmons[221] 等)。

思　考　题

1. 用推导树的方法证明下面项的类型:

$$f : \text{bool} \to \text{bool} \vdash f\,(\text{if false then true else false}) : \text{bool}$$

2. 用推导树的方法证明下面项的类型:

$$f : \text{bool} \to \text{bool} \vdash \lambda x : \text{bool}.f\,(\text{if } x \text{ then false else } x) : \text{bool} \to \text{bool}$$

2. 如果 $E \to E'$,并且 $E' : T$,则 $E : T$ 是否成立,如果成立,给出证明;如果不成立,给出反例。

3. 找一个定型环境 Γ,使得项 $f\,x; y$ 有类型 bool,并请简单描述所有满足这个要求的定型环境集合。

4. 是否存在定型环境 Γ 和类型 T,使得 $\Gamma \vdash x\,x : T$ 成立,如果存在,给出 Γ 和 T,并给出 $\Gamma \vdash x\,x : T$ 的类型推导;如果不存在,给出理由。

5. 证明事实:一个良类型项的每个子项是良类型的。

6. 完成类型唯一性引理12.2的证明。

7. 完成置换引理12.4的证明。

8. 完成弱化引理12.5的证明。

9. 完成保持定理12.2的证明。

第 13 章 依赖类型

在计算机科学和逻辑学中,依赖类型(dependent types)是指依赖于值的类型,它同时包含逻辑学的类型论和计算机科学中的类型系统两方面的理论。依赖类型的两个常见的实例是依赖乘积类型(又称依赖函数类型,π-类型)和依赖总和类型(又称依赖值对类型,Σ-类型)。在 Per Martin-Löf 的直觉类型论中,依赖乘积类型和依赖总和类型,分别对应于谓词逻辑中的全称量词和存在量词。

本章主要讨论依赖类型,内容包括依赖类型的基本概念、纯一阶依赖类型、依赖总和类型、构造演算、依赖类型的实现,以及语言实现和应用等。

13.1 基 本 概 念

在编程语言中,向量 Vector 通常可以被定义为

$$\text{Vector} :: \text{Nat} \to *$$

其中,符号 Nat 表示自然数类型,符号 $*$ 表示类型。该定义声明向量 Vector k 类型将一个自然数 k 映射到一个向量类型上,且向量的长度为 k,而向量中存储的元素的类型是固定的,可以设为 T。需要特别注意的是,Vector k 的具体类型依赖于自然数 k,若 $m \neq n$(m, $n \in \mathbb{N}$),则 Vector n 与 Vector m 表示不同的类型,所以向量 Vector k 类型可以被认为是依赖于自然数 k 的一个依赖类型。

为了使用依赖类型,我们需要在操作中引入依赖类型的值。例如,考虑向量的初始化函数 init,该函数接受向量长度 k 和一个初始值 $d : D$,返回一个长度为 k,元素值都为 d 的向量,则该函数的类型可记为

$$\pi k : \text{Nat}. D \to \text{Vector } k$$

则函数调用 init $n\, d$ 的类型是 Vector n。

像上述 init 函数具有的类型可称为依赖乘积类型(dependent product type),或者简称 π-类型,其一般形式是

$$\pi x : S.T$$

表示类型 T 依赖于 S 类型的具体值 x,即我们有

$$(\pi x : S.T)v \to T[x \mapsto v]$$

请注意依赖乘积类型和简单类型化 λ 演算中函数类型 $S \to T$ 的区别:后者的 T 类型不依赖于 S 类型的具体值,即简单类型化 λ 演算中函数类型 $S \to T$ 是依赖类型的特殊形式

$$S \to T \triangleq \pi x : S.T$$

其中,$x \notin \mathcal{F}(T)$,$\mathcal{F}(T)$ 是类型符号 T 中出现的自由变量集合。

使用依赖类型,我们可以更精细地刻画操作的具体类型。例如,为了把元素 $d : D$ 拼接在向量 v 前面,我们可以使用 cons 函数,其类型是

$$\text{cons} : \pi n : \text{Nat}.D \to \text{Vector } n \to \text{Vector } (n+1)$$

函数 cons 接受三个参数:向量的长度 n、类型为 D 的元素、类型为 Vector n 的向量,返回类型为 Vector $(n+1)$ 的向量。例如,假如我们有 $v : \text{Vector } 5$,则函数调用 cons 5 (3.14) v 的类型为 Vector 6(向量的元素类型为浮点型 Float)。

通常的程序设计语言不支持依赖类型,则对相同的函数,其具有的类型与依赖类型中的情况并不相同。例如,仍然考虑对向量的初始化函数 init,在通常语言中,其类型一般是

$$\text{init} : \text{Nat} \to D \to \text{Vector}$$

注意,返回值类型 Vector 只是一个类型符号,并不携带长度信息。相反,由于依赖类型携带了长度等信息,可以刻画表达式更精细的性质。例如,我们比较对拼接函数 init 的普通类型和依赖类型的两种实现:

$$\text{cons} : \text{Nat} \to D \to \text{Vector} \to \text{Vector} \tag{13.1}$$
$$\text{cons} : \pi n : \text{Nat}.D \to \text{Vector } n \to \text{Vector } (n+1) \tag{13.2}$$

可以看到,具有依赖类型的 cons 函数,可以更精确地表达函数的返回值是一个长度大于 0 的向量,而非依赖类型的 cons 函数则不能表达这一性质。

考虑另一个函数 first,它取向量第一个元素,其依赖类型可以是

$$\text{first} : \pi n : \text{Nat}.\text{Vector } (n+1) \to D$$

则由于函数 first 要求传入的向量类型为 Vector $(n+1)$,它无法调用长度为 0(即类型为 Vector 0)的向量。需要强调的是,由于我们使用了类型检查机制,因此该检查可以完全静态完成,而不需运行时检查,也不需返回特定的错误代码。

依赖类型还可以用于更复杂的场景中。例如,考虑 C 语言中的打印函数 printf,其原型是:

```
int printf(char *format, ...);
```

则我们可为函数 printf 引入依赖类型

$$\pi f : \text{Format}.D(f) \to \text{String}$$

其中 D 是在格式化字符串值 f 上的静态类型计算（只考虑格式化字符串中有且仅有一个格式化字符的情况）

$$D(\text{``\%d"}) = \text{int}$$
$$D(\text{``\%s"}) = \text{string}$$

显然，依赖类型的引入，也使得我们能够对函数 printf 进行更精细地检查。例如，我们可以排除如下形式的非法调用：

$$\text{printf}(\text{``\%d"}, \text{``abc"});$$

13.2　纯一阶依赖类型

本节我们将讨论依赖类型系统 λLF，它通过将箭头类型 $S \rightarrow T$ 推广到相关依赖乘积类型 $\pi x : S.T$，并通过引入类型族来推广简单类型化 λ 演算。我们称系统 λLF 是纯粹的，是因为它只含 π-类型；我们称系统 λLF 是一阶的，是因为在 Curry-Howard 同构下，该系统对应于一阶谓词逻辑中包括量词 $\forall$ 和连接词 $\rightarrow$ 的逻辑片段。

13.2.1　语法

我们给出如下定义：

定义 13.1（λLF 语法）

$$t ::= x \mid \lambda x : T.t \mid t\,t$$
$$T ::= X \mid \pi x : T.T \mid T\,t$$
$$K ::= * \mid \pi x : T.K$$
$$\Gamma ::= \phi \mid \Gamma, x : T \mid \Gamma, X :: K$$

其中，非终结符 t 表示项（term），它由 3 种语法形式组成：符号 x 表示项变量，符号 $\lambda x : T.t$ 表示项抽象，符号 $t\,t$ 表示项应用。

非终结符 T 表示类型（type），它由 3 种语法形式组成：符号 X 表示类型变量；类型变量 X 既可以取值具体的类型（如 Nat），也可以取值类型族（如 Vector : Nat $\rightarrow$ *）。符号 $\pi x : T.T$ 表示依赖乘积类型，例如，我们前面讨论的向量的初始化函数 init 具有类型 $\pi n : \text{Nat}.D \rightarrow \text{Vector } n$。符号 $T\,t$ 表示类型族应用，其中 T 是类型，t 是一个项，例如，类型族应用 Vector 5 表示长度为 5 的向量类型。需要特别注意的是，如果 T 是类型变量 X，那么类型变量 X 必须在上下文中被声明，且其不是绑定变量。

非终结符 K 表示类型的种类（kind），它由 2 种语法形式组成：符号 $*$ 表示合法种类，例如，类型符号 Nat 属于种类 $*$；符号 $\pi x : T.K$ 用来确定类型族的种类，例如，我们前面讨论的类型符号 Vector 就是一个具体的类型族，它具有种类 $\pi n : \text{Nat}.*$。

非终结符 Γ 表示环境，它由 3 种语法形式组成：符号 $\varnothing$ 表示空类型环境，符号 $\Gamma, x : T$ 表示项变量 x 到类型 T 的绑定，符号 $\Gamma, X :: K$ 表示类型变量 X 到种类 K 的绑定。

对于 λLF 系统语法使用的终结符与非终结符大小写,有两点需要说明:第一,符号类型变量 X 是一个终结符,这里主要是为了区别于项变量 x;第二,小写字母的项 t 是一个非终结符,这主要为了与 λ 演算符号系统保持一致。

13.2.2　类型系统

λLF 系统中有三种类型类检查规则,分别为种类形成规则(kinding formation rules)、种类规则(kinding rules)、类型规则(typing rules)。

种类形成规则的断言形式是 $\Gamma \vdash K$,表示在环境 Γ 下,种类 K 的语法形式是合法的。

种类形成规则共有两条:

$$\frac{}{\Gamma \vdash *} \quad \text{(WF-Star)}$$

$$\frac{\Gamma \vdash T :: * \quad \Gamma, x : T \vdash K}{\Gamma \vdash \pi x : T.K} \quad \text{(WF-Pi)}$$

推理规则(WF-Star)是一条公理,表示在环境 Γ 下,种类 $*$ 是合法的。推理规则(WF-Pi)表示,若在环境 Γ 下可推出类型 T 具有合法种类 $*$,且在类型环境 $\Gamma, x : T$ 下种类 K 是合法的,那么在类型环境 Γ 下可推出种类 $\pi x : T.K$ 是合法的。

种类检查规则具有断言形式 $\Gamma \vdash T :: K$,表示在环境 Γ 下,类型 T 具有种类 K。

种类检查规则共有四条:

$$\frac{X :: K \in \Gamma \quad \Gamma \vdash K}{\Gamma \vdash X :: K} \quad \text{(K-Var)}$$

$$\frac{\Gamma \vdash T_1 :: * \quad \Gamma, x : T_1 \vdash T_2 :: *}{\Gamma \vdash \pi x : T_1.T_2 :: *} \quad \text{(K-Pi)}$$

$$\frac{\Gamma \vdash S :: \pi x : T.K \quad \Gamma \vdash t : T}{\Gamma \vdash S\,t :: K[x \mapsto t]} \quad \text{(K-App)}$$

$$\frac{\Gamma \vdash T :: K \quad \Gamma \vdash K \equiv K'}{\Gamma \vdash T :: K'} \quad \text{(K-Conv)}$$

规则(K-Var)说明:若 $X :: K$ 属于环境 Γ,且种类 K 是合法的,则类型变量 X 的种类就是 K。规则(K-Pi)说明:若在环境 Γ 下,类型 T_1 具有种类 $*$,且在环境 $\Gamma, x : T_1$ 下,类型 T_2 具有种类 $*$,则依赖类型 $\pi x : T_1.T_2$ 具有种类 $*$。规则(K-App)说明:若在环境 Γ 下,类型 S 具有种类 $\pi x : T.K$,且项 t 具有类型 T,则类型应用 $S\,t$ 具有种类 $K[x \mapsto t]$,即把 K 中自由出现的变量 x 都替换成项 t。规则(K-Conv)说明:若在环境 Γ 下,类型 T 具有种类 K,且种类 K' 与种类 K 是等价的,则类型 T 也同样具有种类 K'。

类型检查规则的断言形式是 $\Gamma \vdash t : T$,表示在环境 Γ 下,项 t 具有类型 T。

类型检查共有四条规则:

$$\frac{x : T \in \Gamma \qquad \Gamma \vdash T :: *}{\Gamma \vdash x : T} \tag{T-Var}$$

$$\frac{\Gamma \vdash S :: * \qquad \Gamma, x : S \vdash t : T}{\Gamma \vdash \lambda x : S.t : \pi x : S.T} \tag{T-Abs}$$

$$\frac{\Gamma \vdash t_1 : \pi x : S.T \qquad \Gamma \vdash t_2 : S}{\Gamma \vdash t_1\, t_2 : T[x \mapsto t_2]} \tag{T-App}$$

$$\frac{\Gamma \vdash t : T \qquad \Gamma \vdash T \equiv T' :: *}{\Gamma \vdash t : T'} \tag{T-Conv}$$

规则（T-Var）说明：若 $x : T$ 属于环境 Γ，且类型 T 具有种类 $*$，则变量 x 的类型就是 T。规则（T-Abs）说明：若在环境 Γ 下，类型 S 具有种类 $*$，且在环境 $\Gamma, x : S$ 下，项 t 具有类型 T，则项 $\lambda x : S.t$ 具有依赖类型 $\pi x : S.T$。规则（T-App）说明：若在环境 Γ 下，项 t_1 具有依赖类型 $\pi x : S.T$，项 t_2 具有类型 S，则项 $t_1\, t_2$ 具有类型 $T[x \mapsto t_2]$。规则（T-Conv）说明：若在环境 Γ 下，项 t 具有类型 T，且类型 T' 与类型 T 是等价的，则项 t 也同样具有类型 T'。

13.2.3　等价规则

类型系统的一个核心问题是判断两个类型是否等价。在简单类型化 λ 演算中，由于不涉及类型上的计算，因此类型等价的判定只需比较两个类型 T_1 和 T_2 语法形式完全相同即可。

但是，在依赖类型中，由于类型 T 依赖于项 t，因此，比较两个类型 T_1 和 T_2 是否等价，一般要涉及比较项 t 的等价关系。例如，对于两个向量类型 $\mathrm{Vector}\ (3 + 4)$ 和 $\mathrm{Vector}\ 7$，由于有项上的等价（相等）关系 $3 + 4 = 7$，则我们有向量类型上的等价关系

$$\mathrm{Vector}\ (3 + 4) \equiv \mathrm{Vector}\ 7$$

而由于项 t 可能包含任意复杂的计算，导致依赖类型的等价判定非常困难。例如，假定函数 $f : \mathrm{Nat} \to \mathrm{Nat}$，而 x 是任意变量，则判定

$$\mathrm{Vector}\ (f\ (x)) \equiv \mathrm{Vector}\ 7$$

本质上需要判定 $f\ (x) \equiv 7$，即 f 是始终返回 7 的常函数。而如果函数 f 的代码非常复杂，或者不可得到（如 f 是不开源的库代码或者远程调用），或可能运行不终止的话，则在类型检查阶段试图静态判定 $f\ (x) \equiv 7$ 是不可能的。

因此，我们可以采用两种方案：一是对能出现在类型作用 $T\ t$ 中的项 t 进行限制，令其只包括特定的语法形式，例如，我们可以令 t 只包括线性算术表达式，则由第 6 章可知，该系统中存在对项 t 相等性的判定算法，因此，该系统是可判定的，但表达能力可能受限；二是不对项 t 进行限制，这样可以使系统的表达能力更加强大，但是可能失去类型检查算法的可判定性。

在 $\lambda\mathrm{LF}$ 系统中,我们使用归约关系来分别定义项 t、类型 T、种类 K 直接的等价关系。具体地,对于种类等价关系,我们有断言

$$\Gamma \vdash K \equiv K'$$

该断言共包括四条推理规则:

$$\frac{\Gamma \vdash T_1 \equiv T_2 :: * \qquad \Gamma, x : T_1 \vdash K_1 \equiv K_2}{\Gamma \vdash \pi x : T_1.K_1 \equiv \pi x : T_2.K_2} \qquad \text{(QK-Pi)}$$

$$\frac{\Gamma \vdash K}{\Gamma \vdash K \equiv K} \qquad \text{(QK-Refl)}$$

$$\frac{\Gamma \vdash K_1 \equiv K_2}{\Gamma \vdash K_2 \equiv K_1} \qquad \text{(QK-Sym)}$$

$$\frac{\Gamma \vdash K_1 \equiv K_2 \qquad \Gamma \vdash K_2 \equiv K_3}{\Gamma \vdash K_1 \equiv K_3} \qquad \text{(QK-Trans)}$$

规则(QK-Pi)表明:如果类型 T_1 和 T_2 等价,且种类 K_1 和 K_2 等价,则函数种类 $\pi x : T_1.K_1$ 和 $\pi x : T_2.K_2$ 等价;规则(QK-Refl)、规则(QK-Sym)和规则(QK-Trans)分别是种类等价的自反、传递和对称规则。

断言

$$\Gamma \vdash S \equiv T :: K$$

表明在种类 K 上的类型 S 和 T 是等价的,该断言共有五条推理规则:

$$\frac{\Gamma \vdash S_1 \equiv T_1 :: * \qquad \Gamma, x : T_1 \vdash S_2 \equiv T_2 :: *}{\Gamma \vdash \pi x : S_1.S_2 \equiv \pi x : T_1.T_2 :: *} \qquad \text{(QT-Pi)}$$

$$\frac{\Gamma \vdash S_1 \equiv S_2 :: \pi x : T.K \qquad \Gamma \vdash t_1 \equiv t_2 : T}{\Gamma \vdash S_1\, t_1 \equiv S_2\, t_2 :: K[x \mapsto t_1]} \qquad \text{(QT-App)}$$

$$\frac{\Gamma \vdash T :: K}{\Gamma \vdash T \equiv T :: K} \qquad \text{(QT-Refl)}$$

$$\frac{\Gamma \vdash T \equiv S :: K}{\Gamma \vdash S \equiv T :: K} \qquad \text{(QT-Sym)}$$

$$\frac{\Gamma \vdash S \equiv U :: K \qquad \Gamma \vdash U \equiv T :: K}{\Gamma \vdash S \equiv T :: K} \qquad \text{(QT-Trans)}$$

规则(QT-Pi)表明:如果两个类型 S_1 和 T_1 是等价的,且类型 S_2 和 T_2 也是等价的,则依赖乘积类型 $\pi x : S_1.S_2$ 和 $\pi x : T_1.T_2$ 也是等价的;规则(QT-App)表明:如果两个类型 S_1

和 S_2 是等价的，且项 t_1 和项 t_2 也是等价的，则依赖类型作用 $S_1\ t_1$ 和 $S_2\ t_2$ 也是等价的；规则（QT-Refl）、规则（QT-Sym）和规则（QT-Trans）分别给出了类型等价的自反、对称和传递规则。

断言

$$\Gamma \vdash t_1 \equiv t_2 : T$$

给出了项 t 上的等价关系，该关系共有七条规则：

$$\frac{\Gamma \vdash S_1 \equiv S_2 :: * \qquad \Gamma, x : S_1 \vdash t_1 \equiv t_2 : T}{\Gamma \vdash \lambda x : S_1.t_1 \equiv \lambda x : S_2.t_2 : \pi x : S_1.T} \tag{Q-Abs}$$

$$\frac{\Gamma \vdash t_1 \equiv s_1 \ : \pi x : S.T \qquad \Gamma \vdash t_2 \equiv s_2 : S}{\Gamma \vdash t_1\ t_2 \equiv s_1\ s_2 \ : T[x \mapsto t_2]} \tag{Q-App}$$

$$\frac{\Gamma, x : S \vdash t : T \qquad \Gamma \vdash s : S}{\Gamma \vdash (\lambda x : S.t)s \equiv t[x \mapsto s] : T[x \mapsto s]} \tag{Q-Beta}$$

$$\frac{\Gamma \vdash t : \pi x : S.T \qquad x \notin FV(t)}{\Gamma \vdash \lambda x : T.t\ x \equiv t : \pi x : S.T} \tag{Q-Eta}$$

$$\frac{\Gamma \vdash t : T}{\Gamma \vdash t \equiv t : T} \tag{Q-Refl}$$

$$\frac{\Gamma \vdash t \equiv s : T}{\Gamma \vdash s \equiv t : T} \tag{Q-Sym}$$

$$\frac{\Gamma \vdash s \equiv u : T \qquad \Gamma \vdash u \equiv t : T}{\Gamma \vdash s \equiv t : T} \tag{Q-Trans}$$

规则（Q-Abs）、规则（Q-App）分别给定了函数抽象和函数调用的等价规则；规则（Q-Beta）和规则（Q-Eta）分别给出了项上的归约规则；规则（Q-Refl）、规则（Q-Sym）和规则（Q-Trans）分别是项上的自反、对称和传递规则。

13.2.4　类型检查算法

为了实现 λLF 系统，我们需要给出针对该系统的一个类型检查算法，基本思想是将声明形式的类型规则改写为等价的基于语法制导的算法规则，即对于同一个语法形式有且仅有唯一的类型检查规则与其对应。

我们有种类的形成算法断言

$$\Gamma \Vdash K$$

规定种类 K 语法形式的合法性。该断言共有如下两条规则：

$$\frac{}{\Gamma \Vdash K} \tag{WFA-Star}$$

$$\frac{\Gamma \Vdash T :: * \qquad \Gamma, x : T \Vdash K}{\Gamma \Vdash \pi x : T.K} \tag{WFA-Pi}$$

算法种类检查规则的断言形式是

$$\Gamma \Vdash T :: K$$

表明类型 T 的种类是 K,该断言共有三条规则:

$$\frac{X :: K \in \Gamma}{\Gamma \Vdash X :: K} \tag{KA-Var}$$

$$\frac{\Gamma \Vdash T_1 :: * \qquad \Gamma, x : T_1 \Vdash T_2 :: *}{\Gamma \Vdash \pi x : T_1.T_2 :: *} \tag{KA-Pi}$$

$$\frac{\Gamma \Vdash S :: \pi x.T_1.K \qquad \Gamma \Vdash t : T_2 \qquad \Gamma \Vdash T_1 \equiv T_2}{\Gamma \Vdash S\,t : K[x \mapsto t]} \tag{KA-App}$$

算法类型检查规则的断言形式是

$$\Gamma \Vdash t : T$$

表明项 t 的类型是 T,该断言共有三条规则:

$$\frac{x : T \in \Gamma}{\Gamma \Vdash x : T} \tag{TA-Var}$$

$$\frac{\Gamma \Vdash S :: * \qquad \Gamma, x : S \Vdash t : T}{\Gamma \Vdash \lambda x : S.t : \pi x : S.T} \tag{TA-Abs}$$

$$\frac{\Gamma \Vdash t_1 : \pi x : S_1.T \qquad \Gamma \Vdash t_2 : S_2 \qquad \Gamma \Vdash S_1 \equiv S_2}{\Gamma \Vdash t_1\,t_2 : T[x \mapsto t_2]} \tag{TA-App}$$

从上述种类检查规则和类型检查规则可以看到,类型 T 直接的等价性比较在规则(KA-App)和规则(TA-App)中出现。

种类的算法等价断言形如

$$\Gamma \Vdash K \equiv K'$$

表明种类 K 和 K' 是算法等价的。该断言共有如下两条规则:

$$\frac{}{\Gamma \Vdash * \equiv *} \tag{QKA-Star}$$

$$\frac{\Gamma \Vdash T_1 \equiv T_2 \qquad \Gamma, x : T_1 \Vdash K_1 \equiv K2}{\Gamma \Vdash \pi x : T_1.K_1 \equiv \pi x : T_2.K_2} \tag{QKA-Pi}$$

算法类型等价规则的断言形式是

$$\Gamma \Vdash S \equiv T$$

表明类型 S 和类型 T 是等价的,该断言共有三条规则:

$$\frac{}{\Gamma \Vdash X \equiv X} \tag{QTA-Var}$$

$$\frac{\Gamma \Vdash S_1 \equiv T_1 \qquad \Gamma, x : T_1 \Vdash S_2 \equiv T_2}{\Gamma \Vdash \pi x : S_1.S_2 \equiv \pi x : T_1 : T_2} \tag{QTA-Pi}$$

$$\frac{\Gamma \Vdash S_1 \equiv S_2 \qquad \Gamma \Vdash t_1 \equiv t_2}{\Gamma \Vdash S_1 \ t_1 \equiv S_2 \ t_2} \tag{QTA-App}$$

算法项等价规则的断言形式是

$$\Gamma \Vdash s \equiv t$$

表明项 s 和项 t 是等价的,该断言共有六条规则:

$$\frac{\Gamma \Vdash \mathrm{whnf}(s) \equiv_{\mathrm{wh}} \mathrm{whnf}(t)}{\Gamma \Vdash s \equiv t} \tag{QA-Wh}$$

$$\frac{}{\Gamma \Vdash x \equiv_{\mathrm{wh}} x} \tag{QA-Var}$$

$$\frac{\Gamma, x : S \Vdash t_1 \equiv t_2}{\Gamma \Vdash \lambda x : S.t_1 \equiv_{\mathrm{wh}} \lambda x : S.t_2} \tag{QA-Abs}$$

$$\frac{\Gamma \Vdash s_1 \equiv_{\mathrm{wh}} s_2 \qquad t_1 \equiv_{\mathrm{wh}} t_2}{\Gamma \Vdash s_1 \ t_1 \equiv_{\mathrm{wh}} s_2 \ t_2} \tag{QA-App}$$

$$\frac{\Gamma, x : S \Vdash s \ x \equiv t \qquad s \ \mathrm{not\ a}\ \lambda}{\Gamma \Vdash s \equiv_{\mathrm{wh}} \lambda x : S.t} \tag{QA-NAbs1}$$

$$\frac{\Gamma, x : S \Vdash s \equiv t \ x \qquad t \ \mathrm{not\ a}\ \lambda}{\Gamma \Vdash \lambda x : S.s \equiv_{\mathrm{wh}} t} \tag{QA-NAbs2}$$

该断言递归调用了断言

$$\Gamma \Vdash s \equiv_{\mathrm{wh}} t$$

即项 s 和项 t 是弱头部范式(weak head normal form)等价的,其归约规则有两条:

$$\frac{t_1 \rightarrow_{\mathrm{wh}} t_1'}{t_1 \ t_2 \rightarrow_{\mathrm{wh}} t_1' \ t_2} \tag{WH-App1}$$

$$\frac{}{(\lambda x : T_1.t_1) \ t_2 \rightarrow_{\mathrm{wh}} t_1[x \mapsto t_2]} \tag{WH-App2}$$

13.3　依赖总和类型

依赖总和类型 $\Sigma x : T_1.T_2$ 与依赖乘积类型相似，依赖乘积类型是对普通函数类型的推广，而依赖总和类型则是对普通乘积类型 $T_1 \times T_2$ 的推广。即在退化到非依赖的情况下，若 x 在 T_2 中不是以自由变量出现，那么依赖总和类型 $\Sigma x : T_1.T_2$ 就等同于普通乘积类型 $T_1 \times T_2$。

13.3.1　语法

定义 13.2 (依赖总和系统语法)　依赖总和系统的语法由如下上下文无关文法给出：

$$t ::= \cdots \mid (t, t : \Sigma x : T.T) \mid t.1 \mid t.2$$
$$T ::= \cdots \mid \Sigma x : T.T$$

定义13.2给出了在 λLF 系统中加入依赖总和类型之后新的语法。语法中的项增加了有序对 $(t_1, t_2 : \Sigma x : T.T)$ 与投影操作 $t.1$ 和 $t.2$。有序对 (t_1, t_2) 的语法中显式标注了其类型 $\Sigma x : T_1.T_2$，其主要原因是有序对 (t_1, t_2) 的类型无法从两个分量 t_1 与 t_2 的类型唯一确定。例如，若类型 $S :: T \to *$ 且 $x : T$ 和 $y : S\ x$，那么有序对 (x, y) 可能存在 $\Sigma z : T.S\ z$ 与 $\Sigma z : T.S\ x$ 两种类型。

13.3.2　类型系统

依赖总和的类型系统中一共包括两种断言，分别是关于种类的断言和关于类型的断言。依赖总和类型的种类规则的断言形式是

$$\Gamma \vdash T :: K$$

表明在环境 Γ 下，类型 T 的种类是 K，其规则有一条：

$$\frac{\Gamma \vdash S :: * \qquad \Gamma, x : S \vdash T :: *}{\Gamma \vdash \Sigma x : S.T :: *} \tag{K-Sigma}$$

依赖总和类型的定型规则的断言形式是

$$\Gamma \vdash t : T$$

表明在环境 Γ 下，项 t 的类型是 T，其规则有三条：

$$\frac{\Gamma \vdash \Sigma x : S.T :: * \qquad \Gamma \vdash t_1 : S \qquad \Gamma \vdash t_2 : T[x \mapsto t_1]}{\Gamma \vdash (t_1, t_2 : \Sigma x : S.T) : \Sigma x : S.T} \tag{T-Pair}$$

$$\frac{\Gamma \vdash t : \Sigma x : S.T}{\Gamma \vdash t.1 : S} \tag{T-Proj1}$$

$$\frac{\Gamma \vdash t : \Sigma x : S.T}{\Gamma \vdash t_2 : T[x \mapsto t.1]} \qquad \text{(T-Proj2)}$$

依赖总和类型中项 t 等价的断言形式是

$$\Gamma \vdash t_1 \equiv t_2 : T$$

表明在环境 Γ 下,项 t_1 和项 t_2 是等价的,其规则有三条:

$$\frac{\Gamma \vdash \Sigma x : S.T :: * \qquad \Gamma \vdash t_1 : S \qquad \Gamma \vdash t_2 : T[x \mapsto t_1]}{\Gamma \vdash (t_1, t_2 : \Sigma x : S.T).1 \equiv t_1 : S} \qquad \text{(Q-Proj1)}$$

$$\frac{\Gamma \vdash \Sigma x : S.T :: * \qquad \Gamma \vdash t_1 : S \qquad \Gamma \vdash t_2 : T[x \mapsto t_1]}{\Gamma \vdash (t_1, t_2 : \Sigma x : S.T).2 \equiv t_2 : T[x \mapsto t_1]} \qquad \text{(Q-Proj2)}$$

$$\frac{\Gamma \vdash t : \Sigma x : S.T}{\Gamma \vdash (t.1, t.2 : \Sigma x : S.T) \equiv t : \Sigma x : S.T} \qquad \text{(Q-SurjPair)}$$

规则(Q-Proj1)和规则(Q-Proj2)定义了有序对上的投影等价。规则(Q-SurjPair),也被称为满射配对(surjective pairing),它将有序对的各分量重新构建成有序对。

13.3.3 类型检查算法

为了对 Σ 类型进行类型检查,我们同样也引入语法制导的类型检查规则。依赖总和类型检查系统中同样包括两种断言,分别是关于种类的算法断言和关于类型的算法断言。

依赖总和类型的种类算法断言形式是

$$\Gamma \Vdash T :: K$$

表明在环境 Γ 下,类型 T 的种类是 K,其规则有一条:

$$\frac{\Gamma \Vdash S :: * \qquad \Gamma, x : S \Vdash T :: *}{\Gamma \Vdash \Sigma x : S.T :: *} \qquad \text{(KA-Sigma)}$$

依赖总和类型的种类算法断言形式是

$$\Gamma \Vdash t : T$$

表明在环境 Γ 下,项 t 的类型是 T,其规则有三条:

$$\frac{\begin{array}{c} \Gamma \Vdash \Sigma x : T_1.T_2 :: * \\ \Gamma \Vdash t1 : T_1' \qquad \Gamma \Vdash T_1' \equiv T_1 \\ \Gamma \Vdash t_2 : T_2' \qquad \Gamma \Vdash \equiv T_2[x \mapsto t_1] \end{array}}{\Gamma \Vdash (t_1, t_2 : \Sigma x : T_1.T_2) : \Sigma x : T_1.T_2} \qquad \text{(TA-Pair)}$$

$$\frac{\Gamma \Vdash t : \Sigma x : T_1.T_2}{\Gamma \Vdash t.1 : T_1} \qquad \text{(TA-Proj1)}$$

$$\frac{\Gamma \Vdash t : \Sigma x : T_1.T_2}{\Gamma \Vdash t.2 : T_2[x \mapsto t.1]} \qquad \text{(TA-Proj2)}$$

算法类型等价的断言形式是

$$\Gamma \Vdash S \equiv T$$

表明在环境 Γ 下,类型 S 和类型 T 等价,该断言共有一条规则:

$$\frac{\Gamma \Vdash S_1 \equiv T_1 \qquad \Gamma, x : T_1 \Vdash S_2 \equiv T_2}{\Gamma \Vdash \Sigma x : S_1.S_2 \equiv \Sigma x : T_1.T_2} \qquad \text{(QTA-Sigma)}$$

算法项等价的断言形式是

$$\Gamma \Vdash t \equiv_{\text{wh}} t'$$

表明在环境 Γ 下,项 t 和项 t' 等价,该断言共有三条规则:

$$\frac{\Gamma \Vdash t_i \equiv t_i'}{\Gamma \Vdash (t_1, t_2 : T) \equiv_{\text{wh}} (t_1', t_2' : T')} \qquad \text{(QA-PAIR)}$$

$$\frac{\Gamma \Vdash t_i \equiv t.i \qquad t \text{ not a pair}}{\Gamma \Vdash (t_1, t_2 : T) \equiv_{\text{wh}} t} \qquad \text{(QA-Pair-Ne)}$$

$$\frac{\Gamma \Vdash t.i \equiv t_i \qquad t \text{ not a pair}}{\Gamma \Vdash t \equiv_{\text{wh}} (t_1, t_2 : T)} \qquad \text{(QA-Ne-Pair)}$$

上述归约规则用到了弱头部范式,其用到的 β 归约规则如下:

$$\frac{}{(t_1, t_2 : T).i \longrightarrow_\beta t_i} \qquad \text{(BETA-ProjPair)}$$

$$\frac{t \longrightarrow_\beta t'}{t.i \longrightarrow_\beta t'.i} \qquad \text{(BETA-Proj)}$$

$$\frac{t_1 \longrightarrow_\beta t_1'}{(t_1, t_2 : T) \longrightarrow_\beta (t_1', t_2 : T)} \qquad \text{(BETA-Pair1)}$$

$$\frac{t_2 \longrightarrow_\beta t_2'}{(t_1, t_2 : T) \longrightarrow_\beta (t_1, t_2' : T)} \qquad \text{(BETA-Pair2)}$$

则弱头部范式只有两种新的情况:

$$\frac{}{(t_1, t_2 : T).i \longrightarrow_{wh} t_i} \qquad \text{(WH-ProjPair)}$$

$$\frac{t \longrightarrow_{wh} t'}{t.i \longrightarrow_{wh} t'.i} \qquad \text{(WH-Proj)}$$

13.4　构　造　演　算

构造演算（calculus of constuction, CC）是最著名的依赖类型系统之一, 它由 Coquand 和 Huet 在 1988 年研究构造数学时引入。在本节, 我们将基于对 λLF 系统进行扩展, 讨论构造演算系统。

13.4.1　语法

定义 13.3（**构造演算语法**）　构造演算的语法由如下上下文无关文法给出:

$$t ::= \cdots \mid \text{all } x : T.t$$
$$T ::= \cdots \mid \text{Prop} \mid \text{Prf}$$

构造演算为 λLF 系统增添了一个新的基本类型 Prop, 以及一个新的类型族 Prf。其中 Prop 类型可以表示命题, 或者表示语言中的数据类型（如 nat 等）。而类型族 Prf 给命题 $p : \text{Prop}$ 指定一个证明 Prf p；或者, 对于数据类型, 它指定了该类型的一个具体元素。构造演算在 λLF 项 t 中增加了一个新的语法形式 all $x : T.t$。

13.4.2　类型系统

构造演算种类规则的断言形式是

$$\Gamma \vdash T :: K$$

即在环境 Γ 下, 类型 T 具有种类 K, 该断言共有两条规则:

$$\frac{}{\Gamma \vdash \text{Prop} :: *} \tag{K-Prop}$$

$$\frac{}{\Gamma \vdash \text{Prf} :: \pi x : \text{Prop}.*} \tag{K-Prf}$$

构造演算类型规则的断言形式是

$$\Gamma \vdash t :: T$$

即在环境 Γ 下, 项 t 具有类型 T, 该断言共有一条规则:

$$\frac{\Gamma \vdash T :: * \qquad \Gamma, x : T \vdash t : \text{Prop}}{\Gamma \vdash \text{all } x : T.t : \text{Prop}} \tag{T-All}$$

构造演算类型等价断言形式是

$$\Gamma \vdash S \equiv T :: K$$

即在环境 Γ 下, 类型 S 和类型 T 是等价的, 该断言共有一条规则:

$$\frac{\Gamma \vdash T :: * \qquad \Gamma, x : T \vdash t : \text{Prop}}{\Gamma \vdash \text{Prf}(\text{all } x : T.t) \equiv \pi x : T.\text{Prf } t :: *} \tag{QT-All}$$

13.4.3 类型检查算法

为了给出构造演算的算法类型检查,我们把 β 归约关系扩展了一个 `all` 子句:

$$\frac{t \longrightarrow_\beta t'}{\texttt{all } x:T.t \longrightarrow_\beta \texttt{all } x:T.t'} \tag{BETA-All}$$

构造演算的算法类别检查规则的断言形式是

$$\Gamma \Vdash T :: K$$

即在环境 Γ 下,类型 T 具有类别 K,该断言共有两条规则:

$$\frac{}{\Gamma \Vdash \texttt{Prop} :: *} \tag{KA-Prop}$$

$$\frac{\Gamma \Vdash \texttt{Prop}}{\Gamma \Vdash \texttt{Prf } t :: *} \tag{KA-Prf}$$

构造演算的算法类型检查规则的断言形式是

$$\Gamma \Vdash t : T$$

即在环境 Γ 下,项 t 具有类型 T,该断言共有一条规则:

$$\frac{\Gamma \Vdash T :: * \qquad \Gamma, x:T \Vdash t : \texttt{Prop}}{\Gamma \Vdash \texttt{all } x:T.t : \texttt{Prop}} \tag{QT-All-E}$$

构造演算的算法类型等价规则的断言形式是

$$\Gamma \Vdash S \equiv T$$

即在环境 Γ 下,类型 S 和类型 T 等价,该断言共有三条规则:

$$\frac{t \longrightarrow_{\text{wh}} \texttt{all } x:T_1.t_2 \qquad \Gamma \Vdash S_1 \equiv T_1 \qquad \Gamma, x:S_1 \Vdash S_2 \equiv \texttt{Prf } t_2}{\Gamma \Vdash \pi x:S_1.S_2 \equiv \texttt{Prf } t} \tag{QKA-Pi-Prf}$$

$$\frac{\Gamma \Vdash \pi x:S_1.S_2 \equiv \texttt{Prf } t}{\Gamma \Vdash \texttt{Prf } t \equiv \pi x:S_1.S_2} \tag{QKA-Prf-Pi}$$

$$\frac{\Gamma \Vdash s \equiv t}{\Gamma \Vdash \texttt{Prf } s \equiv \texttt{Prf } t} \tag{QKA-Prf}$$

构造演算的算法项等价规则的断言形式是

$$\Gamma \Vdash t \equiv_{\text{wh}} t'$$

即在环境 Γ 下,项 t 和项 t' 算法等价,该断言共有一条规则:

$$\frac{\Gamma \Vdash S \equiv T \qquad \Gamma, x:S \Vdash s \equiv t}{\Gamma \Vdash \texttt{all } x:S.s \equiv_{\text{wh}} \texttt{all } x:T.t} \tag{QA-All-E}$$

13.5　逻 辑 框 架

本节讨论依赖类型的一种重要应用——逻辑框架（logical framework, LF）。逻辑框架提供了一种对形式系统中语法和证明的统一表示。由于不同的逻辑框架实现使用了不同的语法形式，本节将结合一种具体的逻辑框架 Twelf，讨论依赖类型的具体应用。在 Twelf 中，证明系统中的断言被表达成（依赖）类型，而对断言的推理规则，以及证明被表达成具有特定类型的项。

我们从讨论自然数类型 nat 开始，其在 Twelf 中的定义如下：

```
nat: type.
z: nat.
s: nat -> nat.
```

nat 被声明为一个类型，其具有种类 type，需要注意的是，type 即对应于 λLF 中的 $*$ 种类。nat 类型具有两个项 z 和 s，可以用来构造具体的自然数，例如，如下分别定义了自然数 0 到 2：

```
zero = z.
one = s z.
two = s (s z).
```

Twelf 也支持对 λ 项的定义：

```
succ = [n: nat] s n.
three = succ two.
```

语法 [n: nat] s n 表示 $\lambda n : \text{nat}.s\,n$，我们可以将该 λ 作用到其他自然数上。

Twelf 用依赖类型，来表达断言和证明等更复杂的结构。例如，我们在自然数上考虑偶数性质，则我们可用断言

$$\vdash \text{even } n \tag{13.3}$$

表示一个自然数 n 是偶数，该断言有两条证明规则：

$$\frac{}{\vdash \text{even } z} \tag{Even-Z}$$

$$\frac{\vdash \text{even } n}{\vdash \text{even } s(s\,n)} \tag{Even-SS}$$

为了表示断言（13.3），我们可引入依赖类型：

```
1  even: nat -> type.
```

注意到 even 被定义为依赖于自然数 n 的类型族，即断言作为（依赖）类型出现。一般地，类型族应该写成 $\pi n : \text{nat}.\text{type}$，但由于参数 n 并不在种类 type 中出现，因此，可以简化写作 $\pi\_ : \text{nat}.\text{type}$，或者直接写成依赖类型的退化形式 $\text{nat} \rightarrow \text{type}$。

基于该类型族 even,两条证明规则被表达为两个项:

```
even_z: even z.
even_ss: {n: nat} even n -> even (s (s n)).
```

第一个项 even_z 表明它是类型为 even z 的项,或者也可以称该项是命题 even z 的证明;第二个项 even_z 也具有依赖类型,它可以理解为对命题进行转换的函数,即把对命题 even n 的证明,转换为对命题 even (s (s n)) 的证明。

基于证明项,我们直接可以给出对具体命题的证明。例如,下面的三个证明项 prf1, prf2 和 prf3 分别给出了自然数 0, 2 和 4 是偶数的证明。需要注意我们省略了 prf3 的类型,Twelf 可以自动推导出来。

```
prf1: even z = even_z.
prf2: even (s (s z)) = even_ss z even_z.
prf3 = even_ss (s (s z)) prf2.
```

证明更复杂的命题,可能需要对证明项进行函数抽象和作用等更复杂的操作。

例 13.1 对任意自然数 n,试证

$$\text{even } n \rightarrow \text{even } s\,(s\,(s\,(s\,n)))$$

直观上,我们需要一个证明项,将类型为 even n 的项转换为类型为 even $s\,(s\,(s\,(s\,n)))$ 的项,这可以通过 λ 抽象和作用完成。首先,我们将待证的命题表示成一个依赖类型 type1;然后,直接构造该类型的一个项 prf4 即可:

```
1  type1 = {n: nat}even n -> even (s (s (s (s n)))).
2  prf4: type1 = [n: nat][prf: even n] -> (even_ss (s (s n)) (even_ss n prf)).
```

依赖类型同样可以用来实现类型上的操作。例如,考虑自然数上的加法操作,我们可以使用断言

$$\vdash \text{plus } m\,n\,k$$

表示自然数 m 和 n 相加的结果是 k,则我们有如下两条证明规则:

$$\frac{}{\vdash \text{plus } z\,n\,n} \tag{Plus-Z}$$

$$\frac{\vdash \text{plus } m\,n\,k}{\vdash \text{plus } (s\,m)\,n\,(s\,k)} \tag{Plus-S}$$

则可给出对断言和两条证明规则的 Twelf 如下实现:

```
plus: nat -> nat -> nat -> type.
plus_z: {n: nat} plus z n n.
plus_s: {n1: nat} {n2: nat} {n3: nat}plus n1 n2 n3
        -> plus (s n1) n2 (s n3).
```

类似地,我们同样可以基于显式证明项,完成对命题的证明。例如,我们要证明命题

$$\forall n.0 + n = n$$

则可给出证明项:

```
prf: {n: nat}plus z n n = plus_z.
```

例 13.2　对任意自然数 n_1, n_2 和 n_3,试证

$$\text{plus } n_1 \, n_2 \, n_3 \rightarrow \text{plus } (s \, (s \, n_1)) \, n_2 \, (s \, (s \, n_3))$$

我们将待证的命题表达成如下类型 type1,并给出其显式的证明项 prf1:

```
type1 = {n1: nat} {n2: nat} {n3: nat} plus n1 n2 n3
  -> plus (s (s n1)) n2 (s (s n3)).
prf1: type1 =
  [n1: nat] [n2: nat] [n3: nat] [prf: plus n1 n2 n3]
    plus_s (s n1) n2 (s n3) (plus_s n1 n2 n3 prf).
```

下面的定理将自然数为偶数的性质以及加法联系起来。

定理 13.1　对任意自然数 n_1, n_2 和 n_3,我们有

$$\text{even } n_1 \rightarrow \text{even } n_2 \rightarrow \text{plus } n_1 \, n_2 \, n_3 \rightarrow \text{even } n_3$$

证明　基于对证明 even n_1 的结构化归纳。

(1)基础步:若该命题由规则(Even-Z)证明,可知 $n_1 = z$,则待证的命题为

$$\text{even } z \rightarrow \text{even } n_2 \rightarrow \text{plus } z \, n_2 \, n_2 \rightarrow \text{even } n_2$$

该命题显然成立;

(2)归纳步:若该命题由规则(Even-SS)证明,可知 $n_1 = s \, (s \, n_1')$,且 even n_1',则我们有归纳假设

$$\text{plus } s \, (s \, n_1') \, n_2 \, n_3$$

则有 $n_3 = s \, (s \, n_3')$ 且 plus $n_1' \, n_2 \, n_3'$,则可证明 even n_3',可进一步证明 even $s \, (s \, n_3')$。

综合以上步骤,原命题得证。

为了在 Twelf 中构建该证明,我们给出对命题的依赖类型表示:

```
even_plus: {n1: nat}{n2: nat}{n3: nat}even n1
  -> even n2 -> plus n1 n2 n3 -> even n3 -> type.
```

该依赖类型表示,对应于如下的断言:

$$\vdash \text{even\_plus } (\text{even } n_1) \, (\text{even } n_2) \, (\text{plus } n_1 \, n_2 \, n_3) \, (\text{even } n_3)$$

为了证明该命题,我们给出如下两个证明规则:

```
even_plus_z: {n1: nat}{n2: nat}{n3: nat}
  {n2: nat}{prf2: even n2}{prf3: plus z n2 n2}
  (even_plus z n2 n2 even_z prf2 prf3 prf2).
even_plus_ss:
  {n1: nat}{n2: nat}{n3: nat}
  {prf1: even n1} {prf2: even n2}
  {prf3: plus n1 n2 n3} {prf4: even n3}
  even_plus n1 n2 n3 prf1 prf2 prf3 prf4
  -> even_plus (s (s n1)) n2 (s (s n3))
    (even_ss n1 prf1)
    prf2
    (plus_s (s n1) n2 (s n3) (plus_s n1 n2 n3 prf3))
    (even_ss n3 prf4).
```

这两条规则对应如下的证明规则:

$$\frac{}{\vdash \text{even\_plus} \ (\text{even} \ z) \ (\text{even} \ n_2) \ (\text{plus} \ z \ n_2 \ n_2) \ (\text{even} \ n_2)} \quad \text{(Even-Plus-Z)}$$

$$\frac{\vdash \text{even\_plus} \ \mathcal{D}_1 \ \mathcal{D}_2 \ \mathcal{D}_3 \ \mathcal{D}_4}{\vdash \text{even\_plus} \ (\text{even\_ss} \ \mathcal{D}_1) \ \mathcal{D}_2 \ (\text{plus\_s} \ (\text{plus\_s} \ \mathcal{D}_3)) \ (\text{even\_ss} \ \mathcal{D}_4)} \quad \text{(Even-Plus-SS)}$$

作为逻辑框架的另外一个应用实例,接下来,我们在 Twelf 中对 λ 演算进行形式化,这里讨论的 λ 演算对第 12 章给出的系统进行了一些简化:它只包括一个基本类型 Unit,该类型有一个值 unit。

对于类型

$$\tau ::= \text{Unit} \mid \tau \to \tau$$

我们有 Twelf 实现:

```
ty: type.
ty_unit: ty.
ty_arrow: ty -> ty -> ty.
```

注意,上述语法结构没有用到依赖类型。

对于项

$$t ::= \text{unit} \mid x \mid \lambda x : \tau.t \mid t\,t$$

我们可给出 Twelf 的语法定义:

```
tm: type.
tm_unit: tm.
tm_abs: ty -> (tm -> tm) -> tm.
tm_app: tm -> tm -> tm.
```

上述定义使用了高阶抽象语法（higher-order abstract syntax：HOAS）来表达 λ 演算的语法。具体地，我们用 Twelf 变量表示 λ 演算的变量，用 Twelf 里的函数抽象表示 λ 演算里的函数抽象。表13.1给出了 λ 演算与 Twelf 语法形式之间对应关系的实例。

表 13.1　λ 演算与 Twelf 语法形式的对应

λ 演算语法	Twelf 语法
unit	tm_unit
x	x
$\lambda x : \text{Unit}.x$	tm_abs ty_unit ([x] x)
$\lambda x : \text{Unit} \rightarrow \text{Unit}.(x\,\text{unit})$	tm_abs (ty_arrow ty_unit ty_unit) ([x] (tm_app x tm_unit))

我们可以定义一个翻译函数 $[\![\cdot]\!] : t \rightarrow \text{tm}$，将 λ 演算的项 t 翻译成 Twelf 中的项 tm，该函数的定义如下：

$$[\![\text{unit}]\!] = \texttt{tm\_unit}$$
$$[\![x]\!] = \texttt{x}$$
$$[\![\lambda x : \tau.t]\!] = \texttt{tm\_abs}\,[\![\tau]\!]([x]\,[\![t]\!])$$
$$[\![t_1\,t_2]\!] = \texttt{tm\_app}\,[\![t_1]\!]\,[\![t_2]\!]$$

其中使用了对类型 τ 的翻译函数 $[\![\tau]\!]$，其定义如下：

$$[\![\text{Unit}]\!] = \texttt{ty\_unit}$$
$$[\![\tau_1 \rightarrow \tau_2]\!] = \texttt{ty\_arrow}\,[\![\tau_1]\!]\,[\![\tau_2]\!]$$

我们用如下的逻辑框架定义，实现简单类型 λ 演算的定型规则：

$$\frac{}{\Gamma \vdash \text{unit} : \text{Unit}} \tag{T-Unit}$$

$$\frac{x : \tau \in \Gamma}{\Gamma \vdash x : \tau} \tag{T-Var}$$

$$\frac{\Gamma, x : \tau_1 \vdash t : \tau_2}{\Gamma \vdash \lambda x : \tau_1.t : \tau_1 \rightarrow \tau_2} \tag{T-Abs}$$

$$\frac{\Gamma \vdash t_1 : \tau_1 \rightarrow \tau_2 \qquad \Gamma \vdash t_2 : \tau_1}{\Gamma \vdash t_1\,t_2 : \tau_2} \tag{T-App}$$

的定义

```
has: tm -> ty -> type.
has_unit: has tm_unit ty_unit.
has_abs: {t: tm -> tm} {ty1: ty} {ty2: ty}
```

```
  ({x: tm} has x ty1 -> has (t x) ty2)
  -> has (tm_abs ty1 ([x] (t x))) (ty_arrow ty1 ty2).
has_app: {t1: tm} {t2: tm} {ty1: ty} {ty2: ty}
  has t1 (ty_arrow ty1 ty2)
  -> has t2 ty1
  -> has (tm_app t1 t2) ty2.
```

即我们使用类型族 has 表示项 tm 具有类型 ty,规则 has_unit(第 2 行)表明项 tm_unit 具有类型 ty_unit;规则 has_app(第 6 行)给出了函数应用的定型规则;规则 has_abs（第 3 行）给出了函数抽象的类型规则,需要强调的是,其中我们再次使用了高阶抽象语法,将 λ 演算类型系统中的定型环境 $\varGamma$,抽象成了一个依赖类型:

```
{x: tm} has x ty1 -> has (t x) ty2
```

其中的第一个断言 has x ty1,表明了变量 x 的类型,因此,我们不必再给出针对变量的定型规则。

例 13.3 给出项

$$\lambda x : \mathrm{Unit}.x$$

的类型推导过程。

根据逻辑框架中项的定义,我们可给出如下的项:

```
prf1 = has_abs ([y] y) (ty_unit) (ty_unit)
  ([x] [prf: has x (ty_unit)] prf).
```

例 13.4 给出项

$$\lambda x : \mathrm{Unit} \to \mathrm{Unit}.(x\,\mathrm{unit})$$

的类型推导过程。

根据逻辑框架中项的定义,我们可给出如下的项:

```
prf1 = has_abs ([y] (tm_app y tm_unit))
    (ty_arrow ty_unit ty_unit) (ty_unit)
  ([x] [prf: has x (ty_arrow ty_unit ty_unit)]
  (has_app x (tm_unit) (ty_unit) (ty_unit)
  (prf)
  (has_unit))).
```

接下来,我们给出 λ 演算操作语义的实现。首先,我们给出值

$$v ::= \mathrm{unit} \mid \lambda x : \tau.t$$

的实现:

```
value: tm -> type.
value_unit: value tm_unit.
value_abs: {ty: ty} {t: tm}value (tm_abs ty ([x] t)).
```

接着,我们给出操作语义规则

$$\frac{t_1 \longrightarrow t_1'}{t_1\, t_2 \longrightarrow t_1'\, t_2} \tag{E-App1}$$

$$\frac{t_2 \longrightarrow t_2'}{v_1\, t_2 \longrightarrow v_1\, t_2'} \tag{E-App2}$$

$$\frac{}{(\lambda x : \tau.t)\, v_2 \longrightarrow t_1[x \mapsto v_2]} \tag{E-App1}$$

的实现:

```
eval: tm -> tm -> type.
eval1: {t1}{t1'}{t2}
  eval t1 t1'
  -> eval (tm_app t1 t2) (tm_app t1' t2).
eval2: {t1}{t2}{t2'}
  value t1
  -> eval t2 t2'
  -> eval (tm_app t1 t2) (tm_app t1 t2').
eval3: {t}{ty1}{t2}
  value t2
  -> eval (tm_abs ty1 ([x] t x)) (t t2).
```

　　基于类型规则和操作语义,我们可以给出标准的类型安全定理,即前进性定理和保持性定理。我们把对这两个定理的证明作为练习留给读者。

13.6　实　　现

　　依赖类型已经在许多程序设计语言中得到了实现和应用。在本节,我们结合 F* 语言对依赖类型和程序验证的具体实现进行讨论。F* 的官方网站提供了丰富的相关材料和较多的实例,读者可以自行安装相关软件工具,并运行和实验相关实例。

　　F* 是一种基于精化类型(refinement types),支持对程序进行精细化建模和验证的新型函数式编程语言。精化类型的主要技术路径是向类型添加逻辑命题,从而和依赖类型有密切联系。F* 将可满足性模理论所支持的证明工具的自动化,与基于依赖类型的逻辑表达能力有机结合起来。程序经验证后,自动化工具可以将 F* 程序提取为高效的 OCaml、F#、

C、WASM 或 ASM 代码。F* 在实际应用的工程中,可保证经验证后程序的功能正确性和安全性。

接下来,我们结合具体实例,对 F* 进行更详细的讨论。F* 支持典型的函数式编程特性,如函数、变量、表达式等。下面是一个基本的 F* 函数 abs():

```
1  module Test
2
3  let abs (x: int): int =
4    if x < 0 then -x
5    else x
```

功能是接受一个整型数 x 作为参数,返回其绝对值。关键字 let 定义了一个函数 abs(),其参数是整型 int 类型的变量 x,返回 int 类型的值;等号后是函数体。通过编译验证,产生输出:

```
Verified module: Test
All verification conditions discharged successfully
```

可以看出,上述函数 abs() 的返回值应该总是非负的,并且通过检查函数的实现代码,我们可以确认这一性质。为了形式化表达和刻画程序的这一性质,F* 支持更精确的精化类型,下面给出修改后的函数 abs1():

```
1  module Test
2
3  let abs1 (x: int): (y: int{y>=0}) =
4    if x < 0 then -x
5    else x
```

函数 abs1() 与函数 abs() 相比,在返回值类型上有较大的区别,函数 abs1() 显式给出了返回值的名字 y,并且标记返回值类型是 (y: int{y>=0}) 类型,表示返回值 y 是一个 int 类型,且其值必须大于等于 0。F* 编译验证,产生输出:

```
1  Verified module: Test
2  All verification conditions discharged successfully
```

注意,返回值类型 (y: int{y>=0}) 可以形式化为如下依赖类型。我们引入类型族

```
>=: int -> int -> type.
```

则上述返回值类型可写作

$$\pi y : \mathrm{int}. >= (y, 0)$$

F* 内置的类型检查规则能够对非法(类型检查不通过)的情况进行检查并排除。例如,若把函数 abs1() 再次修改为如下函数 abs2():

```
1  module Test
2
3  let abs2 (x: int): (y: int{y>0}) =
4    if x < 0 then -x
5    else x
```

F* 对该程序编译,将产生输出:

```
test.fst(5,8-5,9): (Error 19) Subtyping check failed; expected type y:
Prims.int{y > 0}; got type Prims.int; The SMT solver could not prove
the query, try to spell your proof in more detail or increase fuel/ifuel
(see also test.fst(3,25-3,28))
Verified module: Test
1 error was reported (see above)
```

该错误信息表明:对程序的第 5 行第 8~9 列的语句报错,错误原因是函数此处的返回值无法满足第 3 行对该函数返回值的要求,即该返回值必须是大于 0 的 int 型。根据这个出错信息,程序员可以进一步分析定位错误,并对错误进行更正。这里例子也可以说明,F* 能够表达和检查程序更加精细的性质。

与其他依赖类型语言类似,F*支持依赖类型的定义,下面给出一个归纳的类型族 intvec 的定义:

```
1  type intvec: nat -> Type =
2   | Nil : intvec 0
3   | Cons : #n: nat -> hd: int -> tl: intvec n -> intvec (n + 1)
```

该类型定义表示类型族 intvec n 是长度为 n(n 是自然数类型)的整型向量。该类型族有两个构造符:构造符 Nil 的类型是长度为 0 的整型向量类型 intvec 0;构造符 Cons 接受长度值 n,整型向量的头元素 hd 和类型为 intvec n 的向量的尾 tl,并构造得到类型为 intvec (n+1) 的新向量。需要注意的是,向量的长度信息被编码在依赖类型中。

根据上述给定的向量类型,我们给出一个向量追加函数 append():

```
1  let rec append #n #m (v1: intvec n) (v2: intvec m)
2   : intvec (n + m)
3   = match v1 with
4    | Nil -> v2
5    | Cons hd tl -> Cons hd (append tl v2)
```

该函数接受两个类型分别为 intvec n 和 intvec m 的向量,并返回类型为 intvec (n + m) 的向量。该函数可以通过 F* 的编译验证。虽然该函数并不复杂,但它说明了依赖类型的三个重要技术关键点。

第一,在依赖类型中使用归纳类型定义,可以使我们很方便地利用模式匹配机制来实现算法。例如,上述代码用模式匹配,按输入参数 v1 的值进行了匹配和讨论。

第二,F* 利用自动类型推导机制来推导构造符所需要的依赖类型参数,该机制大大简化了程序代码。例如,上述代码中的构造符 Nil、Cons 和函数 append() 都省略了所需的类型参数。如果不依赖类型推导机制,程序员也可以提供显式的参数,上述代码可写成如下代码:

```
1  let rec append #n #m (v1: intvec n) (v2: intvec m)
2   : intvec (n + m)
3   = match v1 with
4    | Nil -> v2
5    | Cons hd tl -> Cons #(n-1+m) hd (append #(n-1) #m tl v2)
```

其中第 5 行里以 # 开头的是显式的类型参数。可以看到,显式依赖类型参数的加入,使代码更加复杂和冗余,增加了程序员的编程负担,也更易出错。在接下来的讨论中,我们总是使用基于自动类型推导的版本。

第三,依赖类型使得程序员能够对程序性质进行更加精确的刻画,同时编译器能够对程序性质进行更加精确的检查,这极大提高了类型系统的表达能力。我们给出几个反例,若函数的类型被错误标记:

```
1  let rec append #n #m (v1: intvec n) (v2: intvec m)
2    : intvec (n + m + 1)
3    = match v1 with
4      | Nil -> v2
5      | Cons hd tl -> Cons hd (append tl v2)
```

即把函数的返回值类型改为 intvec (n + m + 1),则经过 F* 编译验证,会得到错误提示(错误提示已作简化,这里只为了说明 F* 的验证结果):

```
Subtyping check failed; expected type intvec (n + m + 1).
The SMT solver could not prove the query.
1 error was reported (see above)
```

而如果函数体的实现出错:

```
1  let rec append #n #m (v1: intvec n) (v2: intvec m)
2    : intvec (n + m)
3    = match v1 with
4      | Nil -> v2
5      | Cons hd tl -> Cons hd (append v1 v2)
```

则 F* 编译会提示类似的错误,我们留给读者自行验证。

函数 append() 可继续用于实现其他函数,其类型可以帮助对其他函数的类型检查并建立相关的不变式。下面给出的函数 reverse() 对输入的向量 v 进行逆置操作:

```
1  let rec reverse #n (v: intvec n)
2    : intvec n
3    = match v with
4      | Nil -> Nil
5      | Cons hd tl -> append (reverse tl) (Cons hd Nil)
```

可以看到,依赖类型 intvec n 能够非常精确地刻画该向量 v 逆置前后长度保持不变的性质。

在 F* 中,依赖类型同样能够方便地表达输入参数,以及返回值直接的约束关系。例如,我们给出取向量 v 的下标 i 处元素的操作 get():

```
1  let rec get #n (i: int{i>=0 && i<n}) (v: intvec n)
2    : int
3    = let Cons hd tl = v in
4      match i with
5      | 0 ->
6      | _ -> get (i-1) tl
```

注意函数参数 i 的类型为精化（依赖）类型 int{i>=0 && i<n}，该类型可以保证下标 i 始终在向量 v 合法的下标范围内。

依赖类型可以允许我们定义更加精细的类型。接下来，我们再次使用类型族，并结合归纳类型，给出更多实例。如果我们要定义长度分别为奇数和偶数的向量，一种方式是定义两个类型 elist 和 olist：

```
1  type elist: Type =
2    | ENil: elist
3    | ECons: int -> olist -> elist
4  and olist: Type =
5    | OCons: int -> elist -> olist
```

由于类型 elist 和 olist 相互递归定义，则其定义的函数也自然呈现递归的结构。例如，在两种类型上的求长度的函数 elength 和 olength 可分别定义为：

```
1  let rec elength (l: elist)
2    : int
3    = match l with
4    | ENil -> 0
5    | ECons hd tl -> 1 + olength tl
6  and olength (l: olist)
7    : int
8    = match l with
9    | OCons hd tl -> 1+ elength tl
```

上述类型和函数定义，由于都分别维护了两个递归的结构，因此，对程序的维护和性质的证明都并不方便。一个可行的改进是利用依赖类型来实现目标类型。为此，我们引入类型族 eolist：

```
1  type eolist: bool -> Type =
2    | EONil: eolist true
3    | EOCons: #b: bool -> int -> eolist b -> eolist (not b)
```

该类型族接受 bool 类型的值 b 作为参数，则 eolist true 代表偶数长度的向量，而 eolist false 代表奇数长度的向量。构造符 EONil 构造了平凡的偶数长度的向量，而构造符 EOCons 具有依赖类型，将一种类型的向量转换为另一种类型的向量。

在该依赖类型上的向量长度函数 eolength() 定义为：

```
1  let rec eolength (#b: bool) (l: eolist b)
2    : int
3    = match l with
4    | EONil -> 0
5    | EOCons hd tl -> 1 + eolength tl
```

有趣的地方是，该函数不考虑依赖类型 eolist b 上的布尔值 b。

接下来，我们讨论利用 F* 的依赖类型，进行程序性质规范和验证的基本技术。我们仍然使用在13.5节讨论过的自然数以及简单类型化 λ 演算作为实例，由于我们已经讨论过这两个系统的基本性质，此处略去。

对于自然数 n 为偶数的断言

$$\vdash \text{even } n$$

我们仍然可以给定的依赖类型 even n:

```
1  type even: nat -> Type =
2    | Even_z: even 0
3    | Even_ss: #n: nat -> even n -> even (n+2)
```

类型族 even 包括 Even_z 和 Even_ss 两个构造符,两者分别具有类型 even 0 和 even n -> even (n+2),后者接受隐式的参数 n。

基于构造符,我们可以给出典型的证明:

```
1  let prf1 = Even_z
2  let prf2 = Even_ss (Even_z)
3  let prf_gen4 #n =
4      fun (prf: even n) -> (Even_ss (Even_ss prf))
5  let prf3: even 6 = prf_gen prf2
```

其中,prf_gen4 是证明转换函数,将数字 n 为偶数的证明 prf,转换为 n+4 为偶数的证明 Even_ss (Even_ss prf)。

我们同样可以为加法断言

$$\vdash \text{plus } m\, n\, k$$

在 F* 中建立依赖类型 plus:

```
1  type plus: nat -> nat -> nat -> Type =
2    | Plus_z: #n: nat -> plus 0 n n
3    | Plus_s: #n: nat -> #m: nat -> #k: nat
4        -> plus n m k -> plus (n+1) m (k+1)
```

它包含两个构造符 Plus_z 和 Plus_s。

基于构造符,我们可以给出实例命题的证明:

```
1  let prf4: plus 0 5 5 = Plus_z
2  let plus_prf_gen #m #n #k = fun (prf: plus m n k)
3      -> Plus_s (Plus_s prf)
4  let prf5 = plus_prf_gen prf4
```

对于复杂命题的证明,我们同样可以在 F* 中建立基于归纳的证明。例如,重新考虑我们证明过的命题

$$\text{even } m \rightarrow \text{even } n \rightarrow \text{plus } m\, n\, k \rightarrow \text{even } k$$

我们可给出其 F* 的证明实现:

```
1  type even_plus: #m: nat -> #n: nat-> #k: nat
2      -> even m -> even n -> plus m n k -> even k -> Type =
3    | Even_plus_z: #n: nat -> #prf: even n -> #prf2: (plus 0 n n)
4      -> even_plus (Even_z) (prf) (prf2) (prf)
5    | Even_plus_s: #n1: nat -> #n2: nat -> #n3: nat
6      -> #prf1: even n1 -> #prf2: even n2
7      -> #prf3: plus n1 n2 n3 -> #prf4: even n3
```

```
8      -> even_plus prf1 prf2 prf3 prf4
9      -> even_plus (Even_ss prf1) prf2 (Plus_s (Plus_s prf3)) (Even_ss prf4)
```

其中的隐式参数,大大简化了证明的表示。

　　作为对 F* 中依赖类型应用的最后一个实例,我们在 F* 中重新实现简单类型化 λ 演算。首先,我们给出其类型的定义:

```
1  type ty: Type =
2    | Ty_unit: ty
3    | Ty_arrow: ty -> ty -> ty
```

接着,我们给出其高阶抽象语法表示:

```
1  #push-options "--__no_positivity"
2  noeq
3  type tm: Type =
4    | Tm_unit: tm
5    | Tm_abs: ty -> (tm -> tm) -> tm
6    | Tm_app: tm -> tm -> tm
7  #pop-options
```

和前面的讨论类似,高阶抽象语法仍然用元语言的语法结构,编码了对象语言的语法结构。例如,如下两个项

$$t_1 = \lambda x.\mathrm{Unit}.x$$
$$t_2 = \lambda x.\mathrm{Unit} \to \mathrm{Unit}.(x\,\mathrm{unit})$$

分别被实现为:

```
1  let t1 = Tm_abs Ty_unit (fun x -> x)
2  let t2 = Tm_abs (Ty_arrow Ty_unit Ty_unit)
3    (fun x -> Tm_app x Tm_unit)
```

　　λ 演算的类型定义可由如下依赖类型 has 给出:

```
1   #push-options "--__no_positivity"
2   noeq
3   type has: tm -> ty -> Type =
4     | Has_unit: has Tm_unit Ty_unit
5     | Has_abs: #ty1: ty -> #ty2: ty -> #f: (tm -> tm)
6       -> (#x: tm -> has x ty1 -> has (f x) ty2)
7       -> has (Tm_abs ty1 (fun y -> (f y))) (Ty_arrow ty1 ty2)
8     | Has_app: #t1: tm -> #t2: tm -> #ty1: ty -> #ty2: ty
9       -> has t1 (Ty_arrow ty1 ty2)
10      -> has t2 ty1
11      -> has (Tm_app t1 t2) ty2
12  #pop-options
```

我们可根据上述规则,给出特定项 t 具有特定类型 T 的证明。例如,对于上述给定的两个项 t_1 和 t_2,我们分别可给出其具有特定类型的证明:

```
1  let prf_t1: has t1 (Ty_arrow Ty_unit Ty_unit)
```

```
2      = Has_abs (fun prf -> prf)
3  let prf_t2: has t2 (Ty_arrow (Ty_arrow Ty_unit Ty_unit) Ty_unit)
4      = Has_abs (fun prf -> (Has_app prf Has_unit))
```

注意，为了让 F* 显式验证项的类型，我们给证明项 `prf_t1` 和 `prf_t2` 都显式标注了依赖类型。

λ 演算的操作语义可由如下依赖类型 eval 给出：

```
1  noeq
2  type value: tm -> Type =
3    | Value_unit: value Tm_unit
4    | Value_abs: #t: ty -> #f: (tm -> tm)
5        -> value (Tm_abs t f)
6
7  noeq
8  type eval: tm -> tm -> Type =
9    | Eval1: #t1: tm -> #t1': tm -> t2: tm
10       -> eval t1 t1'
11       -> eval (Tm_app t1 t2) (Tm_app t1' t2)
12   | Eval2: #t1: tm -> #t2: tm -> t2': tm
13       -> value t1
14       -> eval t2 t2'
15       -> eval (Tm_app t1 t2) (Tm_app t1 t2')
16   | Eval3: #t: ty -> #f: (tm -> tm) -> #t2: tm
17       -> value t2
18       -> eval (Tm_app (Tm_abs t f) t2) (f t2)
```

基于这些规则，我们可给出特定项满足操作语义规则的证明。例如，对于归约

$$(\lambda x : \text{Unit}.x)\,\text{unit} \to \text{unit}$$

我们有

```
1  let prf_eval_t1: eval (Tm_app t1 Tm_unit) Tm_unit = Eval3 (Value_unit)
```

最后，基于类型规则和操作语义，我们可以给出标准的类型安全定理，即前进性和保持性定理。我们把对这两个定理的证明作为练习留给读者。

F* 是一门非常强大的面向程序验证的编程语言。在本节，我们的主要目标是讨论 F* 最核心的基于依赖类型的程序设计特性和验证机制。除了我们这里讨论的内容外，F* 还支持很多其他高级特性，感兴趣的读者可进一步学习了解深入内容。

本 章 小 结

本章讨论了依赖类型的相关理论及应用。首先，本章给出了依赖类型的基本概念，给出了依赖乘积类型，并结合 λLF 系统详细讨论了纯一阶依赖类型，给出了其语法、类型规则、种类规则、类型检查算法等；然后，本章给出了依赖总和类型，讨论了构造演算；接着，本章结合 Twelf 逻辑框架，给出了 λLF 系统的重要应用；最后，本章结合 F* 语言，讨论了基于依赖类型的编程以及依赖类型的实现。

深 入 阅 读

依赖类型理论已被广泛研究, 大部分理论都建立在 Per Martin-Löf[222] 的开创性工作之上。

Pobert 等[223] 对爱丁堡逻辑框架及其类型系统进行了系统性描述。本章对 λLF 的讨论借鉴了爱丁堡逻辑框架相同的类型结构, 但省略了签名, 并使用了声明式相等判断, 而不是无类型等价关系。Pobert 和 Frank[224] 对逻辑框架进行了更完整的讨论, 其中包括了相等性判断。

许多研究者研究了比 λLF 更丰富的依赖类型理论。Coquand 和 Huet[225] 介绍了构造演算, 并在后续相关类型理论中得到了进一步发展, 如 Mohring[226], Luo[227] 和 Pollack[228] 等。Coquand[229], Cardelli[230, 231], 以及与 de Bruijn[232] 密切相关的 AUTOMATH 系统, 考虑了使用依赖类型进行类型检查的算法。

Barendregt[212] 给出了对纯类型系统的综述, 其中包括对 λ 立方体的描述。尽管纯类型系统的定义比较简短, 但建立纯类型系统的元理论却非常有挑战性。自 Barendregt 的开创性工作之后, 该领域已经取得了一些重要的成果和改进。例如, Pollack[228] 研究了类型论本身纯类型系统元理论的形式化, Erik[233] 建立了归一化纯类型系统的扩展延迟属性, Zwanenburg[234] 研究了带有子类型特性的纯类型系统。

结合了归纳类型和类型的量化的研究工作还不太多, 到目前为止, Miquel[235] 给出了归纳构造演算的部分证明; Goguen[236] 给出了类型化操作语义的概念, 并证明了强归约性定理。

已有大量的研究工作, 研究了依赖类型的语义。Hofmann[237] 给出了对特定方法以及与文献的一些比较, 其中比较重要的工作包括 Cartmell[238]、Erhard[239]、Streicher[240] 和 Jacobs[241]。

思　考　题

1. 根据依赖类型理论, 给出大小为 $n \times m$ 的矩阵和矩阵乘法的类型。

2. 根据依赖类型理论, 给出根据月份限制日期范围的日期类型。

3. 构造一个只包含蕴含联接词且恒为真的命题 (本书已给的例子除外), 根据 Curry-Howard 同构理论, 给出其类型表达式。

4. C 语言中 sprintf 是一个接收变参函数, 其功能是把格式化的数据写入某个字符串中, 根据依赖乘积类型理论, 写出其类型表达式。

5. 给出 λLF 系统中类型种类检查规则 $\Gamma \vdash T :: K$ 的解释。

6. 给出 λLF 系统中类型检测规则 $\Gamma \vdash t : T$ 的解释。

7. 给出命题

$$\vdash \forall n : \mathrm{nat}.n + 0 = n$$

的断言形式和证明规则; 并使用 Twelf, 给出对断言和证明规则的实现。

8. 给出一个自然数 n 是奇数的断言 odd n 及相关的证明规则, 并且给出命题

$$\vdash \forall n : \mathrm{nat}.\mathrm{even}\ n \iff \mathrm{odd}\ s\,n \tag{13.4}$$

$$\vdash \forall n : \mathrm{nat}.\mathrm{odd}\ n \iff \mathrm{even}\ s\ n \tag{13.5}$$

的证明,并使用 Twelf 给出对断言和证明规则的实现。

9. 证明简单类型化 λ 演算的类型安全定理,即

(1)(前进性):若 $\vdash t : \tau$,则要么 t 是一个值,要么存在 t',使得 $t \to t'$;

(2)(保持性):若 $\vdash t : \tau$,且 $t \to t'$,则 $\vdash t' : \tau$。

并使用 Twelf 给出对这两个定理的实现。

10. 用 F* 实现一个函数 `split_at(v, i)`,将给定的输入向量 `v`,从下标 `i` 处分割成首尾两个子向量,即分割得到的首向量的下标范围从 `0` 到 `i-1`,而尾向量的下标范围从 `i` 到 `length(v) - 1`。你的实现需要满足如下函数类型:

```
1  let rec split_at (#n: int) -> (v: intvec n) -> (i: int{i>=0 && i<n} =
2    // Your code
```

11. 用 F* 给出简单类型化 λ 演算类型安全定理的证明。

参考文献

[1] Herbert B E. Elements of Set Theory[M]. NewYork：Academic Press, 1977.

[2] Hopcroft J E, Motwani R, Jeffrey D. Ullman. Introduction to automata theory, languages, and computation, 2nd edition[J]. SIGACT News, 2001,(32)1: 60-65.

[3] Mitchell J C. Foundations for programming languages[M]. Cambridge: MIT Press, 1996.

[4] Appel A W. Modern compiler implementation in C[M]. Cambridge: Cambridge University Press, 2004.

[5] The Python website. https://python.org.

[6] Matthes E. Python crash course: A hands-on, project-based introduction to pro- gramming[M]. California: No Starch Press, 2019.

[7] Matthes, E. Python 编程: 从入门到实践[M]. 北京：人民邮电出版社, 2017.

[8] Harper R. Practical foundations for programming languages[M]. Cambridge: Cambridge University Press, 2016.

[9] Smullyan R M. First-Order Logic[M]. New York: Dover, 1968.

[10] Boole G. An Investigation of the Laws of Thought[M]. New York: Dover, 1854.

[11] Gentzen G. Investigations into logical deduction[M]// Szabo M E. The Collected Papers of Gerhard Gentzen. Amsterdam: North-Holland Publishing Company, 1969: 68-129.

[12] Prawitz D. Natural Deduction: A Proof-Theoretical Study[M].Stockholm: Almqvist & Wiksell, 1965.

[13] Huth M, Ryan M. Logic in Computer Science: Modelling and reasoning about systems[M]. Cambridge :Cambridge University Press, 2004.

[14] Bradley A R, Manna Z. The calculus of computation: decision procedures with appli- cations to verification[M]. Heidelberg: Springer, 2007.

[15] The Coq website. https://coq.inria.fr.

[16] Biere A, Heule M, Maaren H V, et al. Frontiers in Artificial Intelligence and Applications[M]// Handbook of Satisfiability: Volume 185. Amsterdam: IOS Press, 2009.

[17] Knuth D E.The Art of Computer Programming[M]. New York：Pearson Education, 2016.

[18] Davis M, Putnam H. A computing procedure for quantification theory[J]. Journal of the ACM, 1960, 7: 201-215.

[19] Davis M, Logemann G, Loveland D. A machine program for theorem proving[J]. Communications of the ACM, 1962, 5: 394-397.

[20] Montanari U. Networks of constraints: fundamental properties and applications to picture processing[J]. Information Science, 1976,7.

[21] Silva J, Sakallah K. GRASP-a new search algorithm for satisfiability[R]//Technical Report TR-CSE-292996. University of Michigan, 1996.

[22] Bayardo R, Schrag R. Using CSP look-back techniques to solve real-world SAT instances[C]//

Kuipers B, Webbe B L. Fourteenth National Conference on Artificial Intelligence (AAAI). AAAI Press, 1997: 203-208.

[23] Moskewicz M W, Madigan C F, Zhao Y, et al. Chaff: Engi-neering an efficient SAT solver[C]// 38th Design Automation Conference. 2001.

[24] Goldberg E, Novikov Y. Berkmin: A fast and robust SAT-solver[C]//Design, Automation and Test in Europe Conference and Exhibition. 2002: 142.

[25] Ryan L. Efficient algorithms for clause-learning SAT solvers[D]. Simon Fraser University, 2004.

[26] E'en N, S'orensson N. An extensible SAT-solver:ver 1.2[M]//Theory and Applications of Satisfiability Testing:volume 2919 of LNCS. Heidelberg: Springe: 2003, 512-518.

[27] Audemard G, Simon L. Predicting learnt clauses quality in modern SAT solvers[C]// Boutilier C. 21st International Joint Conference on Artificial Intelligence. 2009: 399-404.

[28] Biere A. PicoSAT essentials[J]. JSAT, 2008, 4(2-4): 75-97.

[29] Biere A. Lingeling, Plingeling, PicoSAT and PrecoSAT at SAT race 2010[J]. SAT race: system description, 2010.

[30] The Z3 website. http://github.com/Z3Prover/z3.

[31] The Z3Py website. http://z3prover.github.io/api/html/namespacez3py.html.

[32] Frege G. Grundgesetze der Arithmetik, begriffsschriftlich abgeleitet Paderbo rn: Mentis, 2009.

[33] Hodges W. Elementary predicate logic[M]// Gabbay D, Guenthner F. Handbook of Philosophical Logic: volume 1. Dordrecht: D. Reidel, 1983.

[34] Sperschneider V, Antoniou G. Logic, A Foundation for Computer Science[M]. Addison Wesley, 1991.

[35] Dalen D V. Logic and Structure[M]. 3rd Edition. Heidelberg: Springer, 1989.

[36] Gallier J H. Logic for Computer Science[M]. Hoboken: John Wiley, 1987.

[37] Fitting M. First-Order Logic and Automated Theorem Proving[M]. 2nd Edition. Heidelberg: Springer, 1996.

[38] Hamilton A G. Logic for Mathematicians[M]. Cambridge: Cambridge University Press, 1978.

[39] Boolos G, Jeffrey R. Computability and Logic[M]. 2nd Edition. Cambridge: Camb ridge University Press, 1980.

[40] Papadimitriou C H. Computational Complexity[M]. Addison Wesley, 1994.

[41] Krysia B, Khoshnevisan H, Eisenbach S. Reasoned Programming[M]. Prentice Hall, 1994.

[42] Ackermann W. Solvable cases of the Decision Problem[M]//Studies in Logic and the Foundations of Mathematics. Amsterdam: North-Holland, 1954.

[43] Downey P J, Sethi R, Tarjan R E. Variations on the common subex-pression problem[J]. Journal of the ACM, 1980, 27(4): 758-771.

[44] Nelson G, Oppen D C. Fast decision procedures based on UNION and FIND[C]// 18th Annual Symposium on Foundations of Computer Science (FOCS). IEEE, 1977: 114-119.

[45] Shostak R E. An algorithm for reasoning about equality[J]. Communications of the ACM, 1978, 21(7): 583-585.

[46] Horn R A, Johnson C R. Matrix Analysis[M]. Cambridge: Cambridge University Press, 1985.

[47] Loos R, Weispfenning V. Applying linear quantifier elimination[J]. Computer Joural, 1993, 36(5): 450-462.

[48] Dantzig G B. Linear Programming and Extensions[M]. Princeton: Princeton Univer sity Press, 1963.

[49] Kantorovich L. Mathematical methods of organizing and planning production[J]. Management

Science, 1939, 6: 366-422.

[50] Khachian L G. A polynomial algorithm in linear programming[J]. Soviet Mathematical Journal, 1979, 20: 191-194.

[51] Karmarkar N. A new polynomial-time algorithm for linear programming[J]. Combinatorica, 1984, 4: 373-395.

[52] Dutertre B, Moura L D. A fast linear-arithmetic solver for DPLL(T)[C]//18th In ternational Conference on Computer Aided Verification (CAV):Volume 4144 of LNCS. Heidelberg: Springer, 2006: 81-94.

[53] Hurst A P, Chong P, Kuehlmann A. Physical placement driven by sequential timing analy-sis[C]//International Conference on Computer-Aided Design. IEEE Computer Society/ACM, 2004: 379-386.

[54] Schrijver A. Theory of Linear and Integer Programming[M]. Wiley, 1998.

[55] Wolsey L. Integer Programming[M]. Wiley, 1998.

[56] Hillier F, Lieberman G. Introduction to Mathematical Programming[M]. McGraw- Hill, 1990.

[57] Vanderbei R J. Linear Programming: Foundations and Extensions[M]. Kluwer, 1996.

[58] Singerman E. Challenges in making decision procedures applicable to industry[J]. Electronic Notes in Computer Science, 2006, 144(2).

[59] Brinkmann R,Drechsler R. RTL-datapath verification using integer linear pro- gramming[C]// Proceedings of VLSI Design. IEEE, 2002: 741-746.

[60] Barrett C, Dill D, Levitt J. Validity checking for combinations of theories with equality[C]// Srivas M K, Camilleri A J. Formal Methods in Computer Aided Design, First International Conference (FMCAD:Volume 1166 of LNCS. Heidelberg: Springer, 1996: 187-201.

[61] Filliatre J, Owre S, Ruess H, et al.ICS: Integrated canonizer and solver[C]//13th International Conference on Computer Aided Verification (CAV):Volume 2102 of LNCS. Heidelberg: Springer, 2001, 246-249.

[62] Barrett C W, Dill D L, Levitt J R. A decision procedure for bit-vector arithmetic[C]//Design Automation Conference. ACM Press, 1998: 522-527.

[63] Barrett C, Berezin S. CVC Lite: A new implementation of the cooperating validity checker[C]//International Conference on Computer Aided Verification: Volume 3114 of LNCS. Heidelberg: Springer, 2004.

[64] Cook B, Kroening D, Sharygina N. Accurate theorem proving for program verifica-tion[C]//Leveraging Applications of Formal Methods, First International Symposium (ISoLA): Volume 4313 of LNCS. Heidelberg: Springer, 2006: 96-114.

[65] Binnig C, Kossmann D, Lo E. Reverse query processing[C]//23rd International Conference on Data Engineering. IEEE, 2007: 506-515.

[66] Binnig C, Kossmann D, Lo E,et al.Ozsu. QAGen: generating query-aware test databases[C]//ACM SIGMOD International Conference on Management of Data. ACM, 2007: 341-352.

[67] Brummayer R, Biere A. C32SAT: Checking C expressions[C]//Computer Aided Verification: Volume 4590 of LNCS. Heidelberg: Springer, 2007: 294-297.

[68] McCarthy J, Painter J. Correctness of a compiler for arithmetic expressions[C]//Proceedings Symposium in Applied Mathematic: Volume 19, Mathematical Aspects of Computer Science. American Mathematical Society, 1967: 33-41.

[69] Hoare C A R, Wirth N. An axiomatic definition of the programming language PASCAL[J]. Acta

Informatica, 1973,2(4): 335-355.

[70] Reynolds J C. Reasoning about arrays[J]. Communications of the ACM, 1979, 22(5): 290-299.

[71] Detlefs D, Nelson G, Saxe J B. Simplify: a theorem prover for program checking[J]. Journal of the ACM, 2005, 52(3): 365-473.

[72] Suzuki N, Jefferson D. Verification decidability of Presburger array programs[J]. Journal of the ACM, 1980, 27(1): 191-205.

[73] Mateti P. A decision procedure for the correctness of a class of programs[J]. Journal of the ACM, 1981, 28(2): 215-232.

[74] Jaffar J. Presburger arithmetic with array segments[J]. Information Processing Letters, 1981, 12(2): 79-82.

[75] Bradley A R, Manna Z, Sipma H B. What's decidable about arrays? [C]//Verification, Model Checking, and Abstract Interpretation, 7th International Conference (VMCAI): Volume 3855 of LNCS. Heidelberg: Springer, 2006: 427-442.

[76] Downey P J. Undecidability of Presburger arithmetic with a single monadic predicate letter[R]//Technical Report TR-18-72, Center for Research in Computing Technology. Harvard University, 1972.

[77] Stump A, Barrett C W, Dill D L, et al. A decision procedure for an extensional theory of arrays[C]//16th Annual IEEE Symposium on Logic in Computer Science. IEEE, 2001, 29-37.

[78] Armando A, Ranise S, Rusinowitch M. A rewriting approach to satisfiability procedures[J]. Inf. Comput., 2003, 183(2): 140-164.

[79] Brummayer R, Biere A. Lemmas on demand for the extensional theory of arrays[J]. JSAT, 2009, 6(1-3): 165-201.

[80] Moura L D, Bjorner N. Generalized, efficient array decision procedures[C]//9th International Conference on Formal Methods in Computer Aided Design. 2009: 45-52.

[81] Pnueli A, Strichman O. Reduced functional consistency of uninterpreted functions[J]. Electronic Notes in Computer Science, 2006, 144(2): 53-65.

[82] Christ J, Hoenicke J. Weakly equivalent arrays[C]// Rummer P, Wintersteiger C M. Satisfiability Modulo Theories: Volume 1163 of CEUR Workshop Proceedings. 2014: 39-49.

[83] Leino K R M. Toward reliable modular programs[D]. California Institute of Technology, 1995.

[84] Burstall R. Some techniques for proving correctness of programs which alter data structures[J]. Machine Intelligence, 1972, 7: 23-50.

[85] Immerman N, Rabinovich A M, Reps T W, et al. The boundary between decidability and undecidability for transitive-closure logics[C]//Computer Science Logic:Volume 3210 of LNCS. Heidelberg: Springer, 2004: 160-174..

[86] Moller A, Schwartzbach M I. The pointer assertion logic engine [C]//2001 ACM SIGPLAN Conference on Programming Language Design and Implementation. ACM, 2001: 221-231.

[87] Rabin M O. Decidability of second-order theories and automata on infinite trees[J]. Transactions of the American Mathematical Society, 1969, 141: 1-35.

[88] Reynolds J C. Separation logic: A logic for shared mutable data structures[C]//17th IEEE Symposium on Logic in Computer Science. IEEE Computer Society, 2002: 55-74.

[89] Calcagno C, Yang H, O'Hearn P W. Computability and complexity results for a spatial assertion language for data structures[C]//Foundations of Software Technology and Theoretical Computer Science: Volume 2245 of LNCS. Heidelberg: Springer, 2001: 108-119.

[90] Zheng Y H, Zhang X Y, Ganesh V. Z3-str: A Z3-based string solver for web application anal-

ysis[C]//Proceedings of the 2013 9th Joint Meeting on Foundations of Software Engineering. 2013.

[91] Zheng Y H, Ganesh V, Subramanian S, et al. Z3str2: An Efficient Solver for Strings, Regular Expressions, and Length Constraints[J]. Formal Methods in Systems Design, 2017, 50(2): 249-288.

[92] Berzish M, Ganesh V, Zheng Y H. Z3str3: A String Solver with Theory-Aware Heuristics Formal Methods in Computer Aided Design. 2017.

[93] Mora F, Berzish M, Kulczynski M, et al. Z3str4: A Multi-armed String Solver[C]// 24th International Symposium on Formal Methods. Virtual Event, 2021: 20-26.

[94] Bonacina M P, Ghilardi S, Nicolini E,et al. Decidability and undecidability results for Nelson-Oppen and rewrite-based decision procedures[M]//Automated Reasoning (IJCAR): Volume 4130 of LNCS. Heidelberg: Springer, 2006: 513-527.

[95] Nelson G,Oppen D C. Simplification by cooperating decision procedures[J]. ACM Transactions on Programming Languages and Systems, 1979, 1(2): 245-257.

[96] Oppen D C. Complexity, convexity and combinations of theories[J]. Theoretical Com- puter Science, 1980, 12(3): 291-302.

[97] Tinelli C,Harandi M T. A new correctness proof of the Nelson-Oppen combination proce-dure[M]//Frontiers of Combining Systems: 1st International Workshop. Kluwer Academic, 1996: 103-120.

[98] Tinelli C, Zarba C. Combining nonstably infinite theories[J]. Journal of Automated Reasoning, 2005, 34(3): 209-238.

[99] Ranise S, Ringeissen C, Zarba C G. Combining data structures with nonstably infinite theories using many-sorted logic[C]// Gramlich B. Frontiers of Com- bining Systems, 5th International Workshop (FroCoS): Volume 3717 of LNCS. Heidelberg: Springer, 2005: 48-64.

[100] Jovanovic D, Barrett C.Polite theories revisited[C]// Fermuller C G, Voronkov A. Logic for Programming, Artificial Intelligence, and Reasoning, 17th International Conference (LPAR): Volume 6397 of LNCS. Springer, 2010: 402-416.

[101] Barrett C W, Dill D L, Stump A. A generalization of Shostak's method for combining deci-sion procedures[C]//Armando AFrontiers of Combining Systems, 4th International Workshop (FroCos): Volume 2309 of LNCS. Springer, 2002: 132-146.

[102] Shostak R E. Deciding combinations of theories[J]. Journal of the ACM, 1984, 31(1): 1-12.

[103] Rodeh Y, Shtrichman O. Finite instantiations in equivalence logic with unin-terpreted func-tions[C]//Computer Aided Verification. 2001.

[104] Tinelli C. A DPLL-based calculus for ground satisfiability modulo theories[C]//Proc. 8th Eu-ropean Conference on Logics in Artificial Intelligence: Volume 2424 of LNAI,. Springer, 2002: 308-319.

[105] Armando A, Castellini C, Giunchiglia E. SAT-based procedures for temporal reasoning[C]//5th European Conference on Planning: Volume 1809 of LNCS. Springer, 1999: 97-108.

[106] Audemard G, Bertoli P, Cimatti A, et al. A SAT based approach for solving formulas over Boolean and linear mathematical propositions[C]//18th International Conference on Automated Deduction: Volume 2392 of LNCS. Springer, 2002: 195-210.

[107] Ganzinger H, Hagen G, Nieuwenhuis R, et al. DPLL(T): Fast decision procedures[C]//16th In-ternational Conference on Computer Aided Verification:Volume 3114 of LNCS. Springer, 2004: 175-188.

[108] Nieuwenhuis R, Oliveras A, Tinelli C. Solving SAT and SAT modulo theories: From an abstract Davis-Putnam-Logemann-Loveland procedure to DPLL(T)[J]. Journal of the ACM, 2006, 53(6): 937-977.

[109] Moura L D, Bjorner N. Z3: An efficient SMT solver[C]//Ramakrishnan C R, Rehof J. Tools and Algorithms for the Construction and References 335 Analysis of Systems, 14th International Conference (TACAS): Volume 4963 of LNCS. Springer, 2008: 337-340.

[110] King J C.A new approach to program testing[C]//Proc.Int. Conf. on Reliable Software. ACM, 1975: 228-233. http://doi.acm.org/10.1145/800027.808444. DOI:10.1145/800027.808444.

[111] King J C. Symbolic execution and program testing[J]. Communications of the ACM, 1976, 19(7): 385-394. http://doi.acm.org/10.1145/360248.360252.DOI: 10.1145/360248.360252.

[112] Boyer R S, Elspas B, Levitt K N. Select: a formal system for testing and debugging programs by symbolic execution[C]//Proc. of Int. Conf. on Reliable Software.ACM, 1975: 234-245. http://doi.acm.org/10.1145/800027.808445. DOI:10.1145/800027.808445.

[113] Howden W E. Symbolic testing and the dissect symbolic evaluation system[J]. IEEE Transactions on Software Engineering, 1977, 3(4): 266-278. http://dx.doi.org/10.1109/TSE.1977.231144. DOI:10.1109/TSE.1977.231144.

[114] Barrett C, Kroening D, Melham T. Problem solving for the 21st century: Efficient solver for satisfiability modulo theories[R]//Knowledge Transfer Report, Technical Report 3. London Mathematical Society and Smith Institute for Industrial Mathe-matics and System Engineering, 2014.

[115] Godefroid P, Klarlund N, Sen K.DART: Directed automated random testing[J].ACM SIGPLAN Notices, 2005, 40(6): 213-223. http://doi.acm.org/10.1145/1065010.10650 36.DOI:10.1145/1065010.1065036.

[116] Godefroid P. Compositional dynamic test generation[J].ACM SIGPLAN Notices,2007, 42(1): 47-54. http://doi.acm.org/10.1145/1190216.1190226.DOI: 10.1145/1190216.1190226.

[117] Godefroid P, Levin M Y, Molnar D. Sage: Whitebox fuzzing for security testing. Queue,2012, 10(1): 20-27. http://doi.acm.org/10.1145/2090147.2094081.DOI: 10.1145/2090147.2094081.

[118] Godefroid P, Levin M Y, Molnar D A. Automated whitebox fuzz testing[C]//Proc. Network and Distributed System Security Symp. 2008.

[119] Godefroid P,Luchaup D. Automatic partial loop summarization in dynamic test generation[C]// Proc. 2011 Int. Sym. on Software Testing and Analysis.ACM, 2011: 23-33. http://doi. acm. org/ 10.1145/2001420.2001424.DOI: 10.1145/2001420.2001424.

[120] Cadar C. Targeted program transformations for symbolic execution[C]//Proc. 2015 10th Joint Meeting on Foundations of Software Engineering. ACM, 2015: 906-909. http://doi. acm. org/10. 1145/2786805.2803205.DOI: 10.1145/2786805.2803205.

[121] Cadar C, Dunbar D, Engler D. KLEE: Unassisted and automatic generation of high-coverage tests for complex systems programs[C]//Proc. 8th USENIX Conf. on Operating Systems Design and Implementation.USENIX Association, 2008: 209-224. http://dl.acm.org/citation. cfm?id=1855741.1855756.

[122] Cadar C, Ganesh V, Pawlowski P M, et al. EXE: Automatically generating inputs of death[C]//Proc. 13th ACM Conf. on Computer and Communications Security. ACM, 2006: 322-335. http://doi.acm.org/10.1145/1180405.1180445.DOI:10.1145/1180405.1180445.

[123] Cadar C, Godefroid P,Khurshid S, et al. Symbolic execution for software testing in practice: Preliminary assessment[C]//Proc. 33rd Inter. Conf. on Software Engineering. ACM, 2011: 1066-1071. http://doi.acm.org/10.1145/1985793.1985995. DOI: 10.1145/1985793.1985995.

[124] Cadar C, Sen K. Symbolic execution for software testing: Three decades later[J]. Communications of the ACM, 2013: 56(2): 82-90. http://doi.acm.org/1 0.1145/2408776.2408795.DOI:10.1145/ 2408776.2408795,

[125] Winskel G. The formal semantics of programming languages: an introduction[M]. Cambridge: MIT Press, 1993.

[126] Pierce B C. Types and programming languages[M]. Cambridge: MIT Press, 2002.

[127] Sen K, Marinov D, Agha G. CUTE: A concolic unit testing engine for C[C]//Proc. 10th European Software Engineering Conf. Held Jointly with 13th ACM SIGSOFT Intern. Symp. on Foundations of Software Engineering, ESEC/FSE-13. ACM, 2005: 263-272. http://doi.acm.org/10. 1145/1081706. 1081750.DOI:10.1 145/1081706.1081750.

[128] Sen K, Agha G. CUTE and jCUTE: Concolic unit testing and explicit path model-checking tools[C]//Proc. 18th Int. Conf. on Computer Aided Verification.Springer, 2006: 419-423. http://dx. doi.org/10.1007/11817963_38. DOI: 10.1007/11817963 38.

[129] Sen K, Kalasapur S, Brutch T,et al. Jalangi: A selective record-replay and dynamic analysis framework for Javascript[C]//Proc. 2013 9th Joint Meeting on Foundations of Software Engineering, ESEC/FSE. ACM, 2013: 488-498. http://doi.acm.org/10.1145/2491411.2491447.DOI: 10.1145/2491411.2491447.

[130] Song D, Brumley D, Yin H, et al. Bitblaze: A new approach to computer security via binary analysis[C]//Proc. 4th Int. Conf. on Information Systems Security. Springer, 2008: 1-25. http://dx. doi.org/10.1007/978-3-540-89862-7_1.DOI: 10.1007/978-3-540-89862-71.

[131] Burnim J, Sen K. Heuristics for scalable dynamic test generation[C]//Proc. 23rd IEEE/ACM Int. Conf. on Automated Software Engineering. IEEE Computer Society, 2008: 443-446. http://dx. doi.org/10.1109/ASE.2008.69.DOI:10.110 9/ASE.2008.69.

[132] Tillmann N, Halleux D J. Pex: White box test generation for.net[C]//Proc. 2nd Intern. Conf. on Tests and Proofs, TAP 2008. Springer, 2008: 134-153. http://dl.acm.org/citation.cfm?id=1792786.1792798. DOI:10.1007/978-3-540-79124-9 10.

[133] Chaudhuri A, Foster J S. Symbolic security analysis of ruby-on-rails web applications[C]//Proc. 17th ACM Conf. on Computer and Communications Security. ACM, 2010: 5-594. http://doi. acm.org/10.1145/1866307.1866373.DOI: 10.1145/1866307.1866373.

[134] Pasareanu C S, Rungta N. Symbolic pathfinder: Symbolic execution of java bytecode[C]//In Proc. IEEE/ACM Int. Conf.on Automated Soft ware Engineering,. ACM, 2010: 179-180. http://doi. acm.org/10.1145/1858996.1859035. DOI:10.1145/1858996.1859035.

[135] Brumley D, Jager I, Avgerinos T, et al. BAP: A binary analysis platform[C]//Proc. 23rd Int. Conf. on Computer Aided Verification. Springer, 2011: 463-469. http://dl.acm.org/citation. cfm?id=2032305.2032342.DOI:10.1007/978-3-642-22110-1 37.

[136] Cha S K, Avgerinos T, Rebert A, et al. Unleashing mayhem on binary code[C]//Proc. of 2012 IEEE Symp. on Sec. and Privacy. IEEE Comp. Society, 2012: 380-394. http://dx.doi. org/10.1109/SP.2012.31.DOI: 10.1109/SP.2012.31.

[137] Jeon J, Micinski K K, Foster J S. SymDroid: Symbolic Execution for Dalvik Bytecode[R]//Technical Report CS-TR-5022. Univ. of Maryland. http://www.cs.umd.edu/ jfoster/papers/cs-tr-5022.pdf.

[138] Chipounov V, Kuznetsov V, Candea G. The S2E platform: Design, implementation, and applications[J]. ACM Transactions on Computer Systems, 2012, 30(1): 2. http://doi.acm. org/10. 1145/2110356.2110358.DOI: 10.1145/2110356.2110358.

[139] Caselden D, Bazhanyuk A, Payer M, et al. HICFG: construction by binary analysis and application to attack polymorphism[C]//18th European Symp. on Research in Computer Security. Springer, 2013: 164-181. http://dx.doi.org/10.1007/978-3-642-40203-6_10.DOI: 10.1007/978-3-642-40203-610.

[140] Sharma A. Exploiting undefined behaviors for efficient symbolic execution[C]// Companion Proceedings of the 36th Intern. Conf. on Software Engineering, ICSE Companion, 2014. ACM, 2014: 727-729. http://doi.acm.org/10.1145/2591062.25944 50.DOI: 10.1145/2591062.2594450.

[141] Li G, Andreasen E, Ghosh I. Symjs: Automatic symbolic testing of javascript web applications[C]//Proc. 22nd ACM SIGSOFT Int. Symp. on Foundations of Software Engineering, FSE 2014. ACM, 2014: 449-459. http://doi.acm.org/10.1145/263586 8.2635913.DOI: 10.1145/2635868. 2635913.

[142] Shoshitaishvili Y, Wang R, Hauser C, et al. Firmalice-automatic detection of authentication bypass vulnerabilities in binary firmware[C]//22nd Annual Network and Distributed System Security Symp., NDSS 2015. DOI: 10.14722/ndss. 2015. 23294.

[143] Shoshitaishvili Y, Wang R, Salls C, et al. SOK: (state of) the art of war: Offensive techniques in binary analysis[C]//IEEE Symp. on Security and Privacy. 2016:138-157. http://dx.doi.org/10.1109/SP. 2016. 17. DOI: 10.1109/SP.2016.17.

[144] Saudel F, Salwan J. Triton: A dynamic symbolic execution framework[C]//Symp. sur la securite des technologies de linformation et des com-munications. SSTIC, 2015: 31-54. http://triton.quarkslab. com/files/sstic2015_wp_fr_s audel_salwan.pdf.

[145] Luckow K, Dimjasevic M, Giannakopoulou D, et al. JDart: A dynamic symbolic analysis framework[C]//Proc. 22nd Int. Conf. on Tools and Algorithms for the Construction and Analysis of Systems. TACAS, 2016: 442-459. http://dx.doi.org/10.1007/978-3-662-49674-9_26.DOI: 10.1007/978-3-662-49674-9 26.

[146] Majumdar R, Sen K. Hybrid concolic testing[C]//Proc. 29th Intern. Conf. on Software Engineering.IEEE Computer Society, 2007: 416-426. DOI: 10.1109/ICSE.2007.41.

[147] Stephens N, Grosen J, Salls C, et al. Driller: Augmenting fuzzing through selective symbolic execution[C]//23nd Annual Network and Distr. System Sec. Symp., NDSS 2016. http://www. internetsociety.org/sites/default/files/blogs-media/driller- augmenting-fuzzing-through-selective-symbolic-execution.pdf.

[148] Qi D, Roychoudhury A, Liang Z, et al. Darwin: An approach to debugging evolving programs[J]. ACM Transactions on Software Engineering and Methodology, 2012, 21(3): 1-29. http://doi.acm.org/10.1145/2211616.2211622.DOI: 10.1145/2211616.2211622.

[149] Bohme M, Oliveira B C D S, Roychoudhury A. Partitionbased regression verification[C]// Proceedings of the 2013 International Conference on Software Engineering. IEEE Press, 2013: 302-311. http://dl.acm.org/citation.cfm?id=2486788.2 486829.

[150] Arzt S, Rasthofer S, Hahn R, et al. Using targeted symbolic execution for reducing false-positives in data ow analysis[C]//Proc. of the 4th ACM SIGPLAN Int. Workshop on State of the Art in Program Analysis. ACM, 2015: 1-6. http://doi.acm.org/10.1145/2771284.2771285.DOI: 10.1145/2771284.2771285.

[151] Geldenhuys J, Dwyer M B, Visser W. Probabilistic symbolic execution[C]//Proc. 2012 Int. Symp. on Software Testing and Analysis. ACM, 2012: 166-176. http://doi.acm.org/10. 1145/2338965.2336773. DOI:10.1145/2338965.2336773,

[152] Filieri A, Pasareanu C S, Visser W. Reliability analysis in symbolic pathfinder[C]//Proc. 2013

Int. Conf. on Software Engineering. Piscataway: IEEE Press, 2013: 622-631. http://dl.acm.org/ citation.cfm?id=2486788.2486870.

[153] Chen B, Liu Y, Le W.Generating performance distributions via probabilistic symbolic ex-ecution[C]//Proc. 38th Int. Conf. on Software Engineering. ACM, 2016: 49-60. http: //-doi.acm.org/10.1145/2884781.2884794.DOI: 10.1145/2884781.2884794.

[154] Loera J A D, Hemmecke R, Tauzer J, et al. Effective lattice point counting in rational convex poly-topes[J]. Journal of Symbolic Computation, 2004, 38(4): 1273-1302. http://www.sciencedirect. com/science/article/pii/S0747717104000422.

[155] Avgerinos T, Cha S K, Hao B L T, et al. AEG: automatic exploit generation[C]//Proc. Net-work and Distributed System Security Symp. 2011. http://www.isoc.org/isoc/ conferences/ ndss/11/pdf/5_5.pdf.

[156] Karger P A, Schell R R. Multics security evaluation: Vulnerability analysis[R]//Technical report, HQ Electronic Systems Division: Hanscom AFB, MA.1974.http://csrc.nist.gov/ publications/ history/karg74.pdf.

[157] Costin A, Zaddach J, Francillon A, et al. A largescale analysis of the security of embedded firmwares[C]//Proc. 23rd USENIX Security Symposium. USENIX Association, 2014: 95-110. https://www.usenix.org/conference/usenixsecurity14/tech nical-sessions/presentation/costin.

[158] Zitter K. How a crypto backdoor pitted the tech world against the nsa. 2013. https://www.wired. com/2013/09/nsa-backdoor/all/.

[159] Davidson D, Moench B, Jha S, et al. FIE on firmware: Finding vulnerabilities in embedded systems using symbolic execution[C]//Proc. 22nd USENIX Conf. on Security, SEC 2013.USENIX Association, 2013: 463-478. http://dl.acm.org/citati on.cfm?id=2534766.2534806.

[160] Zaddach J, Bruno L, Francillon A, et al. AVATAR: A framework to support dynamic security anal-ysis of embedded systems'firmwares[C]//21st Annual Network and Distributed System Security Symp., NDSS 2014. http://www.internetsociety.org/doc/ avatar-framework-support- dynamic-security-analysis-embedded-systems'-firmwares.

[161] Pasareanu C S, Visser W. A survey of new trends in symbolic ex-ecution for software testing and analysis[J]. Int. Journal on Software Tools for Technology Transfer, 2009, 11(4): 339-353. http://dx.doi.org/10.1007/s10009-009-0118-1.DOI: 10.1007/s10009-009-0118-1.

[162] Chen T, Zhang X S, Guo S Z, et al. State of the art: Dynamic symbolic execution for automated test generation[J]. Future Gen. Comp. Systems, 2013, 29(7): 1758-1773. http://www.sciencedirect.com/ sci-ence/article/pii/S0167739X12000398.

[163] Baldoni R, Emilio C, Daniele C D, et al. A survey of symbolic execution techniques[J]. ACM Computing Surveys (CSUR) , 2018,51(3): 1-39.

[164] McCarthy J. Towards a mathematical science of computation[J]. International Fed eration for Information Processing, 1962: 21-28,.

[165] McCarthy J. A basis for a mathematical theory of computation[J]. Computer Pro- gramming and Formal Systems, 1963.

[166] Floyd R W. Assigning meanings to programs[C]//Symposia in Applied Mathematics: Volume 19. American Mathematical Society, 1967: 19-32.

[167] Hoare C A R. An axiomatic basis for computer programming[J]. Communications of the ACM, 1969: 576-580.

[168] Dijkstra E W. A Discipline of Programming[M]. Prentice Hall, 1976.

[169] Backhouse R C. Program Construction and Verification[M]. Prentice Hall, 1986.

[170]   Apt K R, Olderog E R. Verification of Sequential and Concurrent Programs[M]. Springer, 1991.

[171]   France z N. Program Verification[M]. Addison Wesley, 1992.

[172]   King J. A Program Verifier[D]. Carnegie Mellon University, 1969.

[173]   Detlefs D L, Leino K R M, Nelson G, et al. Extended static checking[R].Technical Report 159, Compaq SRC. 1998.

[174]   Klein G, Elphinstone K, Heiser G, et al. seL4: Formal verification of an OS kernel[C]//Proceedings of the ACM SIGOPS 22nd symposium on Operating systems principles. 2009: 207-220.

[175]   Leroy X. Formal verification of a realistic compiler[J]. Communications of the ACM, 2009,52(7):107-115.

[176]   Chen H, Ziegler D, Chajed T, et al. Using Crash Hoare logic for certifying the FSCQ file system[C]//Proceedings of the 25th Symposium on Operating Systems Principles. 2015: 18-37.

[177]   Polikarpova N, Tschannen J, Furia C A. A Fully Verified Container Library[C]//Proc. 20th Int. Symp. Formal Methods (FM 15), LNCS 9109. Springer, 2015: 414-434.

[178]   Hawblitzel C, Howell J, Kapritsos M, et al. IronFleet: Proving Practical Distributed Systems Correct. Proc. 25th Symp. Operating Systems Principles (SOSP 15). 2015: 1-17.

[179]   Leino K R M. Dafny: An Automatic Program Verifier for Functional Correctness[C]// Proc. 16th Int. Conf. Logic for Programming, Artificial Intelligence, and Reasoning (LPAR 16), LNCS 6355.Springer, 2010: 348-370.

[180]   Dahlweid M, Mokal M, Santen T, et al. VCC: Contract-based modular verification of concurrent C[C]//31st International Conference on Software Engineering- Companion Volume. IEEE, 2009.

[181]   Lahiri S K, Shaz Q, Zvonimir R. Static and precise detection of concurrency errors in systems code using SMT solvers[C]//International Conference on Computer Aided Verification. Heidelberg: Springer, 2009.

[182]   Leino K, Rustan M, Peter M, et al. Verification of concurrent programs with Chalice[C]//Foundations of Security Analysis and Design V. Heidelberg: Springer, 2009: 195-222.

[183]   Barnett M, Leino K R M, Wolfram S. The Spec# programming system: An overview[C]//International Workshop on Construction and Analysis of Safe, Secure, and Interoperable Smart Devices. Heidelberg: Springer, 2004.

[184]   Swamy N, Hrital C, Keller C, et al. Dependent types and multi-monadic effects in F*[C]//Proceedings of the 43rd annual ACM SIGPLAN-SIGACT Symposium on Principles of Programming Languages. 2016.

[185]   Pnueli A, Rosner R. On the synthesis of a reactive module[C]//POPL. ACM, 1989:179-190.

[186]   Kolmogorov A N. Zur deutung der intuitionistischen logic[J]. Mathematische Zeitschrift, 1932, 35(1): 58- 65.

[187]   Green C C. Application of theorem proving to problem solving[C]//IJCAI. 1969: 219-240.

[188]   Manna Z, Waldinger R J. Toward automatic program synthesis[J]. Communications of the ACM, 1971,14(3): 151-165.

[189]   Waldinger R J, Lee R C T. PROW: A step toward automatic program writing[C]//IJCAI. 1969: 241-252.

[190]   Manna Z, Waldinger R J. Knowledge and reasoning in program synthesis[J]. Artificial Intelligence, 1975, 6(2): 175-208.

[191]   David E S, William R S, Green C C. Inferring LISP programs from examples[C]// Proceedings of the 4th International Joint Conference on Artificial Intelligence: Volume 1. Morgan Kaufmann,

1975:260-267.

[192] Phillip D S. A methodology for LISP program construction from examples[J]. Journal of the ACM, 1977, 24(1): 161-175.

[193] Alan W B. The inference of regular LISP programs from examples[J]. IEEE transactions on Systems, Man, and Cybernetics, 1978, 8(8): 585-600.

[194] Smith D C. Pygmalion: A Creative Programming Environment[D]. Stanford: Stanford University, 1975.

[195] Solar-Lezama A. Program synthesis by sketching[M]. ProQuest, 2008.

[196] Gulwani S. Automating string processing in spreadsheets using input-output examples[C]//Proceedings of the 38th ACM SIGPLANSIGACT Symposium on Princi ples of Programming Languages. 2011: 317-330.

[197] Gulwani S, Harris W R, Singh R. Spreadsheet data manipulation using examples[J]. Communications of the ACM, 2012, 55(8): 97-105.

[198] Polozov O, Gulwani S. FlashMeta: a framework for inductive program synthesis[C]//Proceedings of the 2015 ACM SIGPLAN International Conference on Object-Oriented Programming, Systems, Languages, and Applications. 2015: 107-126.

[199] Torlak E, Bodik R. Growing solver-aided languages with Rosette[C]//Proceedings of the 2013 ACM international symposium on New ideas, new paradigms, and reflections on programming & software.ACM, 2013: 135-152.

[200] Church A. The Calculi of Lambda Conversion[M]. Princeton University Press, 1941.

[201] Barendregt H P. The Lambda Calculus[M]. North Holland, 1984.

[202] Hindley J R, Jonathan P S. Introduction to Combinators and λ-Calculus: Volume 1 of London Mathematical Society Student Texts[M]. Cambridg: Cambridge University Press, 1986.

[203] Barendregt H P. Functional programming and lambda calculus[M]// Leeuwen J V. Handbook of Theoretical Computer Scienc:Volume B. Cambridge: MIT Press, 1990: 321-364.

[204] Harold A, Sussman G. Structure and Interpretation of Computer Programs[M]. Cambridge: MIT Press, 1996.

[205] Friedman D P, Mitchell W, Christopher T H. Essentials of Programming Languages[M]. New York: McGraw-Hill, 2001.

[206] Jones P S L, Lester D R. Implementing Functional Languages[M]. Prentice Hall, 1992.

[207] Schmidt D A. Denotational Semantics: A Methodology for Language Development[M]. Allyn and Bacon, 1986.

[208] Gunter C A. Semantics of Programming Languages: Structures and Techniques[M]. Cambridge: MIT Press, 1992.

[209] Mitchell J C. Foundations for Programming Languages[M]. Cambridge: MIT Press, 1996.

[210] Corrado B, Berarducci A. Automatic synthesis of typed Λ-programs on term algebras[J]. Theoretical Computer Science, 1985, 39(2-3): 135-154.

[211] Prawitz D. Ideas and results of proof theory[J]. Studies in Logic and the Foundations of Mathematics, 1971, 63: 235-307.

[212] Barendregt H P. Lambda calculi with types[M]//Abramsky S, Gabbay D M, Maibaum T S E. Handbook of Logic in Computer Science: Volume II. Oxford University Press, 1992: 117-309.

[213] Geuvers J H. Logics and Type Systems[D]. University of Nijmegen, 1993.

[214] Curry H B, Robert F. Combinatory Logic: Volume 1[M]. North Holland, 1968.

[215] Howard W A. The formulas-as-types notion of construction[C]// Seldin J P, Hindley J R. To H.

B. Curry: Essays on Combinatory Logic, Lambda Calculus, and Formalism. New York: Academic Press, 1980: 479-490.

[216] Girard J Y, Lafont Y, Taylor P. Proofs and Types: Volume 7 of Cambridge Tracts in Theoretical Computer Science[M]. Cambridge: Cambridge University Press, 1989.

[217] Gallier J. Constructive logics Part I: A tutorial on proof systems and typed calculi[J]. Theoretical Computer Science, 1993, 110(2): 249-339.

[218] Heine S M, Urzyczyn P. Lectures on the Curry-Howard isomorphism[R]//Technical Report 98/14 (TOPPS note D-368). Copenhagen: DIKU, 1998.

[219] Pfenning F. Computation and Deduction[M]. Cambridge: Cambridge University Press, 2001.

[220] Goubault-Larrecq J, Ian M. Proof Theory and Automated Deduction: Applied Logic Series, V. 6[M]. Kluwer, 1997.

[221] Simmons H. Derivation and Computation: Taking the Curry-Howard Corre spondence Seriously[M]//Number 51 in Cambridge Tracts in Theoretical Computer Science. Cambridge: Cambridge University Press, 2000.

[222] Per Martin-Löf. Intuitionistic type theory[M]//Studies in proof theory 1, Bibliopolis 1984, ISBN 978-88-7088-228-5, pp. 1-91.

[223] Robert H, Honsell F, Plotkin G. A framework for defining logics[J]. Journal of the ACM, 1993, 40(1): 143-184.

[224] Robert H, Frank P. On equivalence and canonical forms in the LF type theory[J]. ACM Transactions on Computational Logic, 2004.

[225] Coquand T, Huet G. The calculus of constructions[J]. Information and Computation, 1988, 76(2-3): 95-120.

[226] Mohring C. Algorithm development in the calculus of constructions[C]//IEEE Symposium on Logic in Computer Science. 1986: 84-91.

[227] Luo Z H. Computation and Reasoning: A Type Theory for Computer Science[C]//Number 11 in International Series of Monographs on Computer Science. Oxford University Press, 1994.

[228] Pollack R. The Theory of LEGO: A Proof Checker for the Extended Calculus of Constructions[D]. Edinburgh: University of Edinburgh, 1994.

[229] Coquand T. An algorithm for testing conversion in type theory[M]//Huet G, Plotkin G. Logical Frameworks. Cambridge: Cambridge University Press, 1991: 255-279.

[230] Cardelli L. A polymorphic λ-calculus with Type: Type[R]//Research report 10, DEC/Compaq Systems Research Center. 1986.

[231] Cardelli L. Phase distinctions in type theory. http://www.luca.demon.co.uk.

[232] de Bruijn D, Nicolas G. A survey of the project AUTOMATH[M]//Seldin J P, Hindley J R. To H. B. Curry: Essays in Combinatory Logic, Lambda Calculus, and Formalism. New York: Academic Press, 1980: 589-606.

[233] Erik P. Expansion Postponement for Normalising Pure Type Systems[J]. Journal of Functional Programming, 1998, 8(1): 89-96.

[234] Zwanenburg J. Pure type systems with subtyping[C]//International Conference on Typed Lambda Calculi and Applications: Volume 1581 of Lecture Notes in Computer Science. Springer, 1999: 381-396.

[235] Miquel A. Le calcul des constructions implicite: syntaxe et semantique[D]. Paris: University Paris, 2001.

[236] Goguen H. A Typed Operational Semantics for Type Theory[D]. Edinburgh: University of Ed-

inburgh, 1994.

[237] Hofmann M. Syntax and semantics of dependent types[M]//Pitts A M, Dybjer P. Semantics and Logic of Computation. Cambridge: Cambridge University Press, 1997: 79-130.

[238] Cartmell J. Generalised algebraic theories and contextual categories[J]. Annals of Pure and Applied Logic, 1986, 32: 209-243.

[239] Erhard T. A categorical semantics of constructions[C]//IEEE Symposium on Logic in Computer Science. 1988: 264-273.

[240] Streicher T. Semantics of Type Theory[M]. Springer, 1991.

[241] Jacobs B. Categorical Logic and Type Theory[M]//Studies in Logic and the Foundations of Mathematics 141. Elsevier, 1999.